ullstein

Robert Macfarlane

Alte Wege

Eine Reise zu Fuß

Aus dem Englischen von
Andreas Jandl und Frank Sievers

Ullstein

Besuchen Sie uns im Internet:
www.ullstein.de

Für Julia, Lily und Tom
und alle, die die Pfade offen halten

Neuausgabe im Ullstein Taschenbuch
1. Auflage Juli 2024

Typographie und Lithographie: Pauline Altmann, Berlin
Die deutsche Ausgabe dieses Buches erschien zuerst in der Reihe Naturkunden, herausgegeben von Judith Schalansky bei Matthes & Seitz.

Umschlaggestaltung: Büro Jorge Schmidt, München
Titelabbildung: shutterstock / © Arezz
Gesetzt aus der Abadi MT und MillerText
Druck und Bindearbeiten: CPI books GmbH, Leck
ISBN 978-3-548-06952-4

Inhalt

Vorbemerkung des Autors 7

I **Fährten** (England)

Fährte 11 ~ Pfad 17 ~ Kreide 37 ~ Watt 57

II **Fußstapfen** (Schottland)

Wasser – Süden 79 ~ Wasser – Norden 105 ~
Torf 125 ~ Gneis 149 ~ Granit 163

III **Ferne** (Ausland)

Kalkstein 185 ~ Wurzeln 205 ~ Eis 227

IV **Heimkehr** (England)

Schnee 253 ~ Flintstein 267 ~
Geist 291 ~ Spur 315

Anmerkungen 321
Glossar 328
Verwendete Literatur 333
Weiterführende Literatur 334
Danksagung 343

Vieles wurde schon über das Reisen geschrieben,
weit weniger über die Wege.

EDWARD THOMAS, The Icknield Way, 1913

Meine Augen waren in meinen Füßen ...

NAN SHEPHERD, The Living Mountain, 1977

Vorbemerkung des Autors

Dieses Buch hätte nicht im Sitzen geschrieben werden können. Es handelt von der Beziehung zwischen Pfaden, Gehen und Vorstellungskraft, weshalb sich das Denken zumeist im Laufen vollzog – und nicht anders hätte vollziehen können. Obwohl *Alte Wege* das dritte Buch einer losen Trilogie über Landschaften und das Innere des Menschen ist, lässt es sich auch ohne die Kenntnis oder das Geleit seiner Vorgänger lesen. Es erzählt davon, wie ich tausend und mehr Meilen auf alten Wegen zurücklege, um Fährten in die Vergangenheit zu finden, nur um immer und immer wieder in der Gegenwart zu landen. Es erkundet die Geister und Stimmen, die solche alten Pfade heimsuchen, die Geschichten, die den Wegen innewohnen und von ihnen erzählt werden, die Pilgerreisen und Grenzüberschreitungen, die Traumpfade und ihre Sänger und die sonderbaren Kontinente, die sich in einem Landstrich verbergen. Vor allem aber erzählt dieses Buch von Menschen und Orten: vom Gehen als einer Entdeckungsreise ins Innere und davon, auf welch subtile Weise die Landschaften, die wir durchqueren, uns prägen und formen.

I
Fährten
(England)

Fährte

Alle Dinge zeichnen unablässig ihre Geschichte auf ... nicht als Fußabdrücke in Schnee oder Erde, sondern in Form vielerlei Spuren, die kürzer oder länger überdauern, eine Kartografie ihres Vorübergehens. Der Erdboden ist überall von Hinweisen und Zeichen überzogen; und jedes Ding ist über und über mit Spuren bedeckt. In der Natur geschieht die ständige Fährtenlegung ganz automatisch, und ihre Aussage verhält sich zum Geschehen wie der Abdruck im Wachs zum Petschaft.

RALPH WALDO EMERSON, 1850

Zwei Tage vor der Wintersonnenwende; Gezeitenwechsel des Jahres. Den ganzen kalten Tag wirkten Stadt und Land wie angehalten, abgestellt. Fünf Grad unter null, die Luken der Erde dicht. Die Wolken voller Schnee, der nicht fallen wollte. Die Schulen in den Vororten geschlossen, die Menschen ans Haus gekettet, spiegelglatte Bürgersteige, vereiste Straßen. Im flachen Bogen zog die Sonne über den Himmel. Dann, kurz bevor es dämmerte, kam der Schnee – und fiel fünf Stunden ohne Pause, drei Zentimeter die Stunde.

Ich saß an diesem Abend am Schreibtisch, ohne zu arbeiten, weil das Wetter mich ablenkte. Immer wieder hielt ich inne, stand auf, sah aus dem Fenster. Der Schnee segelte durch den orangen Kegel einer Straßenlaterne, dicke Flocken wie Funken aus dem Hochofen.

Gegen acht Uhr hörte es auf zu schneien. Eine Stunde später ging ich hinaus, eine Runde drehen, den Flachmann mit Whisky zum Aufwärmen in der Tasche. Ich lief einige hundert Meter durch dunkle Nebenstraßen, auf denen reiner, unberührter Schnee lag. Die Häuser wurden weniger. Wo die Vorhänge nicht zugezogen waren, sah ich Familien vor flackernden plappernden Fernsehern. Die Kälte spitz wie Draht in der Nase. Ein Schwall Sterne, die Welt silbern überspült vom Mond.

Am südlichen Ende der Siedlung steht vor einer Weißdornhecke die letzte Laterne, daneben ein Loch in der Hecke, das auf einen schmalen Feldweg führt.

Ich folgte dem Feldweg in ostsüdöstlicher Richtung hinauf zur Kuppe eines langgestreckten Kreidehügels, der im Dunkeln wie ein Walfischrücken glänzte. Im Norden leuchtete die Stadt, rot blinkende Flugwarnleuchten auf Türmen und Kränen. Der Schnee knirschte trocken unter meinen Schritten. Über das Feld im Westen trabte ein Fuchs. Der Mond war so hell, dass alles scharfe Schatten warf. Schwarz auf Weiß, holzschnittartig. Hartriegel-Ruten warfen Zebra-Muster auf den Pfad; Weißdorne ein Gitter. Die Bäume weiß verziert, mit zentimeterdickem Schnee auf Ästen und Zweigen. Im Schnee wirkte alles größer, das Mondlicht schien alles zu verdoppeln.

Diesen Pfad bin ich vermutlich öfter gelaufen als jeden anderen. Es ist ein junger Weg, vielleicht fünfzig Jahre alt, kaum mehr. Die Hecke nach Osten hin besteht hauptsächlich aus Weißdorn und ist knapp drei Meter hoch; im Westen steht eine jüngere Mischung aus Schwarzdorn, Weißdorn, Haselnuss und Hartriegel. Keine sonderlich schöne Strecke, aber beidseitig von Hecken gesäumt fühle ich mich auf meinem Weg zwischen Feld und Straße angenehm abgeschirmt und geborgen. Im Sommer sah ich hier aus Kardenköpfen kleine Stieglitzwolken aufsteigen, die immer wieder ein Stück weiterflogen, sich kurz setzten und so, während ich mich näherte, immer denselben Abstand zu mir wahrten.

An diesem Abend war der Pfad eine graue Schneegasse, die ich bis zu einem mit Birken bewaldeten Hang hinaufging, oben auf dem Walrückenhügel, wo der Lehmboden in blanke Kreide übergeht. Am hinteren Saum des Birkenhains schlüpfte ich durch eine efeubedeckte Lücke auf das vierzig Morgen große freie Feld.

Auf den ersten Blick schien das Feld makellos; eine weite Eisfläche. Doch als ich es betrat und querfeldein lief, entdeckte ich mehr und mehr Abdrücke. Der Schnee war dicht überzogen mit den Spuren von Vögeln und Tieren – ein Archiv Hunderter Wegstrecken, aufgezeichnet seit dem Ende des jüngsten Schneefalls. Es gab markante Spuren von Rotwild, Abdrücke von Rebhühnern, die wie Pfeilspitzen den Weg wiesen, und die Löcher von Kaninchenpfoten. Einige Spuren führten im Bogen von mir weg, verschwanden in der Dunkelheit oder in einer Hecke. Auf der schrägen Feldfläche vertiefte das Mondlicht die näher gelegenen Abdrücke noch, sodass sie wie gefüllte Tintenfässer wirkten. Zu all diesen Spuren fügte ich meine hinzu.

Der Schnee war erstaunlich gut lesbar. Jede Fährte schien eine rückwärts zu lesende Abhandlung, eine Reihe von Hinweisen auf vergangene Geschehnisse. Ich entdeckte eine Linie von Fuchspfoten, die da und dort vom Schwanz verwischt waren, als hätte das Tier seine eigenen Spuren auslöschen wollen. Und ich sah, wie ich vermutete, Abdrücke eines Fasans beim Abflug: tiefe Fußspuren dort, wo er Anlauf genommen hatte, dann in einigen Abständen die Abdrücke von Federn zu beiden Seiten, die langsam feiner wurden und schließlich völlig verschwanden.

Ich beschloss, der Spur des Rotwilds zu folgen, die in einem scharfen Winkel um eine Ecke des Feldes verlief. Sie führte durch eine Schwarzdornhecke: Ich kletterte mühsam hindurch und betrat eine surreale Landschaft.

Im Norden fiel das Land über etwa 300 Meter sacht ab. Im Süden und oberhalb meines Standorts säumten große weiße Höcker scheinbar einen hübschen kleinen See, in dessen Mitte ein Flaggenstock steckte. Buchenwäldchen und Kiefernstände, jähe Senken und Rinnen, rundliche Hügel und lange Täler.

Ich ging zum See, betrat seine Oberfläche, setzte mich neben den Flaggenstock und nahm einen Schluck Whisky. In der Dunkelheit von den Golfern befreit, durch Schnee und Mondlicht verwandelt, war der exklusivste Golfplatz der Grafschaft zu einem seltsamen Reich der freien Natur geworden. Scheinheilig Entschuldigungen gegenüber den Clubmitgliedern murmelnd, verließ ich das erste Grün und machte mich daran, den Platz zu erkunden. Ich lief direkt in der Mitte der Fairways, meinen durch nichts deformierten Schatten an der Seite. In den Bunkern lag wadentief Schnee. Auf dem fünften Grün legte ich mich auf den Rücken und betrachtete das langsam drehende Rad der Sterne.

Die meisten Spuren auf der Anlage stammten von Kaninchen. Wer Kaninchenspuren im Schnee kennt, weiß, dass sie Geistermasken ähneln oder dem Gesicht von Edvard Munchs *Der Schrei*: Die Hinterläufe zeichnen seitlich zwei lang gezogene Augen, zwischen denen die Vorderpfoten auf leicht versetzter Linie eine Nase und einen ovalen Mund bilden. Aus dem Schnee starrten mich Tausende solcher Gesichter an.

Gelegentlich zogen Autoscheinwerfer als lange gelbe Lichttunnel die Straße nach Westen entlang. Auf dem zwölften Fairway rannte ein großes, dunkles Etwas aus dem Schatten eines Baumes ins Gebüsch: Es sah aus wie ein Wolf, musste aber ein Reh oder Fuchs gewesen sein und versetzte mir einen dummen Schreck, der mir wie Nadeln in die Handrücken fuhr.

Am anderen Ende des Golfplatzes folgte ich Kaninchenspuren durch eine weitere Schwarzdornhecke auf die Römerstraße, die kilometerweit über niedrige Kreidehügel führt. Unterm Schnee war die alte Trasse überwältigend schön – eine weiße, weit in beide Richtungen führende Linie –, der ich nach Südosten folgte. Zu beiden Seiten sah ich durch die Hecken weite Felder, die das Mondlicht als blasse harte Rechtecke nach oben zurückwarfen. Von einer hohen Esche ließ ein Vogel Schneetupfen auf den Weg fallen, wie helle Flecken auf alten Filmen.

Die Entfernungen schienen seltsam gedehnt oder die Zeit zusammengezogen, weil ich glaubte, bereits viele Kilometer oder Stunden gelaufen zu sein, als ich eine mir bekannte Stelle erreichte, an der eine breite Birkenallee von der Römerstraße abzweigt. Ich lief durch die Allee, die Wälle einer großen eisenzeitlichen Ringfestung entlang, überquerte eine Straße und kam auf eine weitläufige Wiese, die sich bis zur Kuppe eines unbewaldeten Kreidehügels erstreckt, dessen höchster Punkt gut achtzig Meter über dem Meeresspiegel liegt. Holzkohlenschwarze Bäume, auf der Zunge ein Geschmack von Zinn.

An der höchsten Erhebung setzte ich mich in den Schnee, Mondschein, in der Nähe schemenhaft ein bronzezeitliches Hünengrab, und trank noch einen Schluck Whisky. Als ich zurückblickte, sah ich die Linie meiner eigenen Fußspuren zum Gipfel hinauf. In einiger Entfernung liefen im Nordwesten Dutzende anderer Fährten wie gedruckt den Hügel hinab in die Ferne. Ich suchte mir eine dieser Fährten aus, um ihr zu folgen und zu sehen, wohin sie wohl führte.

Pfad

Fährte ~ Trampelpfade & Hohlwege ~ Eis blau & klar ~ Utsi's Stone ~ Ein Labyrinth von Freiheit ~ Einvernehmliches Tun ~ Wunschlinien ~ George Borrow ~ Die »horrors« ~ Geistertrassen ~ Ein territoriales Muster ~ Kosmisch-komische Visionen ~ Edward Thomas ~ »Geduldige sublunare Beine« ~ Hänsel & Gretel ~ Hodologie ~ Schritte als Wissen ~ Traumpfade ~ Der »Weg der Verdammnis« & Sternschnuppenschwärme ~ Biogeografie ~ Das poetische Knistern des Hochspannungsmasts

Menschen sind Tiere, und wie alle Tiere hinterlassen wir auf Schritt und Tritt Spuren: sichtbare Zeichen in Schnee, Sand, Schlamm, Gras, Tau, Erde oder Moos. Die Jägersprache besitzt ein lichtes Wort für diese Art von Ein- und Abdruck: ›Fährte‹. Die Fährte eines Tieres ist seine Spur. Nur vergessen wir heute oftmals, dass auch wir Spuren hinterlassen, weil wir zumeist auf Asphalt oder Beton laufen – Materialien, die nicht leicht zu prägen sind. »Immer und überall sind Menschen gegangen und haben die Erde mit sichtbaren und unsichtbaren, symmetrischen und mäandernden Pfaden überzogen«, schreibt Thomas Clark in seinem eindrücklichen Prosagedicht *In Praise of Walking* (Lob des Wanderns). Tatsächlich sieht jeder, der seine Aufmerksamkeit auf Pfade und Wege richtet, dass die Landschaft von ihnen durchfurcht ist – im Schatten des modernen Straßennetzes, das sie zuweilen schräg oder im rechten Winkel kreuzen. Spricht man all die verschiedenen Namen für Wege schnell vor sich hin, werden sie gleichsam zum Gedicht oder zur Liturgie: Saumpfade, Pilgerpfade, Feldwege, Viehtrifte, Leichenwege, Trampelpfade, Stege, Ley-Linien, Deichwege, Heckenwege, Handelspfade, Treidelpfade, Pässe, Gassen, Pisten, Gehsteige, Chausseen, Hohlwege, Wanderwege, Kreuzwege, Dammwege, Kirchwege, Seewege, Reitwege, Heidewege, Rennsteige.

In vielen Regionen gibt es noch die alten Wege, Verbindungstrassen zwischen den Orten, die über Pässe oder um Berge herum zu einer Kirche oder Kapelle, zu einem Fluss oder zum Meer führen. Nicht alle zeugen von einer frohen Vergangenheit. In Irland gibt es Hunderte Meilen *famine roads:* In den 1840er Jahren von verhungernden Menschen für fast nichts erbaute und ins Nichts führende Straßen, die auf keiner amtlichen Grundkarte verzeichnet sind. In den Niederlanden gibt es *doodwegen* und *spookwegen* – die Straßen der Toten und der Geister –, die zu den mittelalterlichen Friedhöfen führen. Spanien verfügt nicht nur über ein breites, funktionstüchtiges Netz an *cañada,* den Viehtriften, sondern hat auch den zigtausend Kilometer langen *Camino de Santiago,* dessen weit verzweigtes Wegenetz die Pilger zum Schrein in Santiago de Compostela führt. Auf dem Jakobsweg zählt jeder Schritt zweifach, einmal auf dem tatsächlichen Weg und einmal auf dem Weg des Glaubens. In Schottland gibt es *clachan* und *rathad* – schmale, gepflasterte Straßen und Gebirgspfade – und in Japan kleine Landwege, die der Dichter Bashō in seinem Band *Auf schmalen Pfaden durchs Hinterland* von 1689 beschreibt. Die amerikanischen Prärien des 19. Jahrhunderts sind von breiten ›Bisonwegen‹ durchschnitten, die von dichten Bisonherden geschaffen wurden und auf denen später die ersten Siedler über die ›Great Plains‹ nach Westen zogen.

Geschichtsträchtige Wege gibt es nicht nur an Land, sondern auch auf dem Wasser. Die Ozeane sind durchfurcht von Seewegen – Routen, deren Verlauf von den vorherrschenden Winden und Strömungen bestimmt ist –, und Flüsse zählen zu den ältesten Wegen überhaupt. Zum abgelegenen Zanskar-Tal im indischen Himalaya-Gebirge gibt es in den Wintermonaten nur einen einzigen Zugang: über den zugefrorenen Fluss. Der Zanskar fließt durch steilwandige Täler aus Schiefergestein, an deren Hängen Schneeleoparden jagen. In den tieferen Becken ist das Eis blau und klar. Möchte jemand die Reise den Fluss hinab antreten, *chadar* genannt, begleiten ihn die ›Eislotsen‹, erfahrene Wanderer, die alle Gefahren kennen.

Verschiedene Pfade haben verschiedene Eigenschaften, je nach Geologie und Zweck.

Auf manchen Leichenwegen in Cumbria liegen auf der hügelzugewandten Seite flache *resting stones,* ›Absetzsteine‹, auf denen die Sargträger ihre Last absetzen konnten, um die müden Arme auszuschütteln und die steif gewordenen Schultern kreisen zu lassen. Auf manchen Leichenwegen im irischen Westen sind ›Absetznischen‹ in den Hang gehauen, und jeder Trauernde legt einen Kieselstein in sie hinein. Die prähistorischen Trampelpfade über die Downs in Südostengland können wir noch heute nachverfolgen, weil auf dem durch jahrhundertelangen Tritt verdichteten, kreidehaltigen Boden Gänseblümchen gut gedeihen. Das Moor auf der Insel Lewis in den Äußeren Hebriden ist von tausend Wegen der Moorarbeiter durchkreuzt und erinnert aus der Vogelperspektive betrachtet an genarbtes Leder. Ich denke auch an die Serpentinen der Bergpfade im schottischen Hochland, an die mit Flaggen geschmückten und über Brücken führenden Packeselrouten in Yorkshire und Mid Wales und die eingesunkenen Grünsandpfade in Hampshire, an deren schattigen Rändern sich im Frühling gerollte Farne wie kleine Hirtenstäbe emporrecken.

Die Markierungsmethoden alter Pfade scheinen selbst einer geheimnisvollen Sage entnommen, in der es viel um Steinhaufen, Steinkreise, Sarsensteine, sogenannte *hoarstones* (Ehrensteine), Menhire, Meilensteine, Cromlechen und andere Landmarken geht. In den Sümpfen von Dartmoor liegen Brocken weißer Porzellanerde verstreut, um einen sicheren Weg durch die Dämmerung zu weisen, wie die Kieselspur bei Hänsel und Gretel. In Gebirgsgegenden markieren oft Findlinge die Stelle, an der sich Flüsse gut überqueren lassen, wie Utsi's Stone[1] in den Cairngorms, der die Furt durch den Allt Mor anzeigt, durch die man zu den traditionellen Weidegebieten gelangt, ein Stein, in den von geschickter Hand die Zeichnung eines Rentiers eingeritzt ist, das im abendlichen Sonnenlicht springlebendig zu werden scheint.

Pfade und ihre Markierungen können seit Langem meinen Blick ködern, auf sich ziehen, zu sich heran und weiter auf den Weg. Der Pfad lockt das Auge, das äußere wie das innere. Der Kopf kann nicht umhin, dieser Linie über das Land zu folgen – nicht nur voran durch den Raum, sondern auch zurück durch die Zeit, hinein in die Geschichte des Weges und all derer, die ihn genutzt haben. Wenn ich einem Pfad folge, denke ich oft an seine Anfänge, daran, warum er wohl entstand, an die regelmäßigen Reisen, deren Zeuge er ist, und die Geheimnisse, die er bewahrt, all die Abenteuer, Begegnungen und Abschiede. Ich selbst bin in meinem Leben vermutlich 1100 bis 1200 Kilometer auf Pfaden gegangen: mehr als die meisten Menschen, aber nicht annähernd so viel wie die großen Wanderer. Thomas De Quincey schätzt, dass Wordsworth 280 000, vielleicht sogar 300 000 Kilometer gelaufen ist: Seine bekanntermaßen knorrigen Beine, die »bei allen weiblichen Bekannten auf ostentative Ablehnung stießen«, wie De Quincey giftig notiert, verwandelten sich beim Wandern in Siebenmeilenstiefel. In Gedanken habe ich bereits Tausende Kilometer zurückgelegt, weil ich nachts, wenn ich nicht schlafen kann – fast jede Nacht –, die von mir gewanderten Pfade abgehe, bis ich manchmal doch in den Schlaf finde.

»Es freut mich einfach, auf ihnen zu gehen«, bringt John Clare sein Verhältnis zu Feldwegen auf den Punkt. Mir geht es genauso. »Meine linke Hand hakt sich um deine Hüfte«, verkündet Walt Whitman – freundschaftlich, erotisch, gebieterisch – in *Grasblätter* (1855), »Meine rechte Hand zeigt auf die Landschaften der Kontinente und die offene Straße«. Fußwege sind im besten Sinne des Wortes mundan: ›weltlich‹, für jeden offen. Vom Wegerecht geschützt und durch Benutzung erhalten, bilden sie ein Labyrinth von Freiheit, ein feingliedriges Netzwerk von Allmenden, das sich bis heute durch unsere aggressiv privatisierte Welt zieht, trotz aller Stacheldrahtzäune und Schranken, Überwachungskameras und ›Betreten-verboten‹-Schilder. Dass es dieses Labyrinth bei uns gibt, ist einer der wichtigsten Unterschiede zum Landnutzungsrecht in den USA.[2] Die Amerikaner haben uns Briten lange um unser Fußwegesystem und die damit verbundenen Freiheiten beneidet, so wie ich die Skandinavier um ihr *Allemansrätten* beneide, ihr Jedermannsrecht. Diese rechtliche Übereinkunft entstand in einer Gegend ohne jahrhundertelange Feudalherrschaft und vererbte Unterwürfigkeit gegenüber der grundbesitzenden Klasse und gestattet den Bürgern, alles Brachland zu betreten, vorausgesetzt, sie richten keinen Schaden an; es ist erlaubt, Feuer zu machen; überall außerhalb fester Wohnstätten zu schlafen; Blumen, Nüsse und Beeren zu sammeln und in allen Gewässern zu schwimmen (Rechte, denen sich auch die neoaufklärerischen schottischen Zugangsgesetze zunehmend annähern).

Pfade sind die Gewohnheiten der Landschaft. Sie entstehen aus einvernehmlichem Tun. Allein einen Pfad anzulegen ist schwierig. Der Künstler Richard Long hat einmal eine schnurgerade Linie in den Wüstensand getrampelt, indem er immer wieder, Dutzende Male, auf und ab ging. Aber das war eine Spur, kein Weg: Sie führte nirgendwohin, nur zu ihrem eigenen Ende, und während er auf ihr ging, war Long wie der Tiger im Käfig oder ein bahnenziehender Schwimmer. Ohne eine mögliche Verlängerung verhielt sich seine Linie zu einem Pfad wie ein abgebrochener Ast zu einem Baum. Pfade verbinden. Das ist ihre oberste Pflicht, ihre Daseinsberechtigung. Sie verbinden im wörtlichen Sinne Orte und im weiteren Sinne Menschen.

Pfade sind auch etwas Einvernehmliches, denn ohne gemeinschaftliche Instandhaltung und Nutzung verschwinden sie wieder: überwuchert von Vegetation, durchpflügt oder bebaut (obgleich sie möglicherweise im Erinnerungsschatz des Bodenrechts fortbestehen). Wie Fahrrinnen in Gewässern, die regelmäßig ausgebaggert werden müssen, um befahrbar zu bleiben, müssen Pfade begangen werden. In Suffolk wurden im 19. Jahrhundert kleine Sicheln, sogenannte *hooks,* an die Zaunübertritte und Pfosten am Anfang einiger vielgenutzter Wege gehängt, zum Beispiel zwischen zwei Dörfern oder auf den kleinen Pfaden zu den Pfarrkirchen. Der Wanderer griff sich eine solche Sichel und schnitt damit die überhängenden Zweige ab. Am anderen Ende des Pfades hängte er das Gerät für den nächsten Wanderer wieder auf, der in entgegengesetzter Richtung unterwegs war. So wurde der Pfad gemeinschaftlich für die allgemeine Nutzung instand gehalten. Doch nicht nur alte Pfade sind interessante Pfade. In jedem Ort und in jeder Stadt sehen wir heute jenseits der befestigten Bürgersteige und Straßen inoffizielle Wege, die die ausgetretenen Pfade verlassen und in Form einer Abkürzung Parkanlagen und Brachen durchschneiden. Stadtplaner nennen diese improvisierten Routen ›Wunschlinien‹. In Detroit – wo Zehntausende Häuser verlassen und weite Gebiete der Stadt von Vegetation überwuchert sind und sich nur noch die Wenigsten ein Auto leisten können – haben sich Spaziergänger und Radfahrer eigenmächtig Tausende solcher spontanen Wege geschaffen.

~~~

Jahrelang bin ich auf Pfaden gegangen, und jahrelang habe ich über sie gelesen. Die Wanderliteratur ist umfangreich, es gibt Gedichte, Lieder, Geschichten, Abhandlungen und Wanderführer, Landkarten, Romane und
~~~

Essays. Die Symbiose von Schreiben und Wandern ist fast so alt wie die Literatur selbst – auf jedem Spaziergang gibt es etwas zu erleben, und jeder Pfad hat etwas zu *erzählen.*

Der Charismatischste unter den modernen Wanderschreibern ist sicher George Borrow, der einen regelrechten Boom des romantischen Wanderns und Beschreitens alter Wege auslöste, eine Massenbewegung, die Mitte des 19. Jahrhunderts Europa und Amerika erfasste und bis heute nachwirkt. In den 1820er Jahren zog Borrow zunächst hier und dort durch die Gegend, wanderte Tausende Meilen durch England und Wales, dann auf der anderen Seite des Kanals durch Frankreich, Spanien, Portugal und Russland, sogar bis nach Marokko, und lernte so die fahrenden Kulturen und Völker kennen: die Roma, die Nomaden, die Landstreicher, Zunftgenossen, Schafhirten, Bauern und Gastwirte. Mit seinen gut 1,80 Meter, seinem fülligen Leib, dem typischen schwarzen Anzug mit weißen Socken, nicht selten gekrönt von einem Sombrero, gab Borrow auf den Pfaden eine markante Figur ab, besonders markant in so verschlafenen ostenglischen Örtchen wie Norwich oder Great Yarmouth, durch die man ihn manchmal ohne Sattel auf seinem ›Hochblüter‹ Sidi Habismilk reiten sah, einem schwarzen Araberhengst, den er auch zärtlich »Meinen Herrn den Erhalter unseres Königreichs« nannte.

Borrow war als Wanderer von erstaunlicher Ausdauer und als Autor von nahezu unfassbarem Talent, er beherrschte im Alter von achtzehn Jahren angeblich bereits zwölf Sprachen und erwarb im Laufe seines Lebens beachtliche Kenntnisse in über vierzig Sprachen – darunter Aztekisch, Tibetanisch, Armenisch und Malorussisch. Im Winter 1832/33 lud ihn die British and Foreign Bible Society kurzerhand zu einem Vorstellungsgespräch nach London ein, um zu prüfen, ob er womöglich die Bibel in einige schwierige Sprachen übersetzen könnte. Der Kommission gefiel, was sie sah, und Borrow wurde gebeten, das Neue Testament ins Mandschurische zu übertragen. Nur hatte er der Bibelgesellschaft nicht gesagt, dass er gar kein Mandschurisch konnte. Doch kein Problem. Nachdem er den Auftrag in der Tasche hatte, besorgte er sich »einige Bücher im mandschurisch-tatarischen Dialekt« sowie Amyots Mandschurisch-Französisch(!)-Wörterbuch. Anschließend kehrte er (verständlicherweise mit der Kutsche) nach Hause zurück und schloss sich mit den Büchern drei Wochen lang ein. Danach konnte er

»ohne größere Schwierigkeiten ins Mandschurische übersetzen« und den gewünschten Text abliefern.[3]

Borrows Gemütsverfassung war unstet, und wie viele Langstreckenwanderer litt er an Depressionen, seit seiner Jugend durchlebte er die von ihm so genannten *horrors*. Im Gehen konnte er seine Traurigkeit einfach abhängen. Legendär machte ihn sein Credo des Wanderers aus der kunstfertigen Para-Autobiografie *Lavengro* von 1851:

Es gibt Nacht und Tag, Bruder, und beide sind schön; die Sonne, der Mond und die Sterne, sie alle sind schön; und auf der Heide gibt es den Wind. Das Leben ist schön, Bruder, wer wollte da sterben?

Das Bemerkenswerte an *Lavengro* ist die unviktorianische, sprich: nonkonformistische Perspektive auf das England des frühen 19. Jahrhunderts. Im Buch vermischen sich Traum, Bekenntnis, Gesellschaftsgeschichte und Memoiren, und alle Romantik findet im schroffen Ton ihr Gegengewicht. Borrow kannte die Entbehrungen des Umherziehens ebenso gut wie dessen Genuss. Er wusste, wie fragwürdig es war, das Leben auf der Straße zu zelebrieren, während viele Menschen keine andere Wahl hatten und dort ein erbärmliches Dasein fristen mussten: die Arbeits- und Obdachlosen, die Landstreicher, Wanderarbeiter und Vagabunden, die Enteigneten und Erschöpften.

Doch das Borrow'sche Beispiel erlangte – in fein gewobener Prosa – einen ungeheuren Einfluss. Den frischen Wind im Gesicht, das Sternenzelt als Dach, das Feuer am Wegesrand, das Philosophieren in Hecken und das freie Wanderleben: Das waren die Bilder, die Borrow in die Vorstellungswelt des 19. Jahrhunderts einbrachte. Und obwohl die meisten seiner Nachahmer statt der Erkenntnis nur Blasen ernteten, wuchs der Kult um das müßiggängerische Vagabundieren. Zahlreiche Wandervereine wurden Ende des 19. Jahrhunderts gegründet, und es gab massenhaft Wanderliteratur über die alten Wege. Handliche Büchlein mit Titeln wie *The Open Road* oder *On Foot,* in grünes Steifleinen oder rotes Wildleder gebunden, wurden zu Bestsellern. Robert Louis Stevenson schrieb seine dunklen, mystischen *Songs of Travel* (1896) – deren Tempo dem gemächlich walzenden Schritt der

Langstreckenwanderer entspricht. Der Ornithologe W.H. Hudson wagte sich ins Gebiet der Psychogeografie, für die er monatelang über Englands Fußwege vagabundierte, um auf den »Charme des Unbekannten« zu hoffen, der seine Ruten ausschlagen ließe (wobei er für seine Reisen nicht nur von Borrow inspiriert wurde, sondern auch von früheren englischen Mystikern wie Thomas Traherne, Henry Vaughan und Thomas Browne). Zur Jahrhundertwende stiefelte Hilaire Belloc von Frankreich nach Italien und schrieb seine schwülstige Reiseerzählung *Der Weg nach Rom* (1902). John Muir wanderte 1867 zweitausend Kilometer von Indianapolis zu den Florida Keys und schwankte fortwährend zwischen zwei Extremen, Hunger und Ekstase; siebzehn Jahre später zog ein junger Mann namens Charles Lummis einmal quer durch Amerika, von Ohio nach Kalifornien, und erklärte, er habe »die längste jemals dokumentierte Wanderung aus reinem Vergnügen unternommen«. 1892 war das Gründungsjahr des Sierra Club, der sich Muirs Überzeugung zu eigen machte, dass der Kontakt des Wanderers mit der ursprünglichen, wilden Welt beiden nütze, dem Wanderer und der Welt, und dass »nach draußen zu gehen ... im Grunde (heißt), nach innen zu gehen«.

Der Schock des Ersten Weltkriegs steigerte das Interesse der Briten an den alten Wegen enorm. Einige heimkehrende Soldaten zogen sich mit ihren körperlichen und seelischen Wunden aufs Land zurück und hofften, das Gefühl von Zugehörigkeit zu einem bestimmten Ort und zur Natur könnte ihrem versehrten Leben wieder etwas Erhabenheit verleihen (genährt von dem Wunsch, das alles sei es irgendwie wert gewesen). Henry Williamson war einer von ihnen. Mit Gasvergiftung aus Frankreich heimgeschickt und ausgemustert, zog er sich ins ländliche Devon zurück, wo er Dartmoor durchwanderte und sich auf die Spur der dortigen Wildlinge begab. Diesen Jahren rang er sein Meisterwerk *Tarka, der Otter* (1927) ab – für das er sich, wie er es selbst einmal formulierte, »jedes einzelne Wort vom Brustbein hobeln musste«.[4]

Andere, vom Krieg bis zum Aberglauben traumatisiert, liefen die Pfade auf der Suche nach Geistern ab – auf den Spuren der Verschollenen und Zurückgelassenen. Alte Pfade wurden zu einem zweifachen Medium: der Begegnung und der Bewegung. Die Geisterhaftigkeit dieser Geistertrassen zog die Menschen an. Die geselligen Pilgerreisen, die Chaucer beschrieb, wurden von morbidem Historizismus eingefärbt: Gespenster traten aus den Hecken und Bäumen und sprachen zu den Wanderern. So heißt es bei John Masefield: »Die Hügel schienen voll von unsichtbaren Seelen; / Sie kamen auf mich zu und wollten mir erzählen, / Damit die Lebenden die Toten recht verstehen.«

Ich habe all diese Wanderer der alten Wege gelesen und bin dabei verschiedenen Versionen ein und derselben verführerischen Idee begegnet: dass wir, indem wir auf diesen Pfaden gehen, »uns aus unserer modernen Welt zurückschleichen« können, wie Hudson es ausdrückt. Immer wieder erwähnen diese Wanderer ein aufregendes Gefühl von Verbundenheit, vom Gehen als Séance, von Stimmen, die sie auf dem Weg hörten. Bashō soll einem Schüler erzählt haben, dass er auf seinen Wanderungen in den Norden oft mit lang verstorbenen Dichtern gesprochen habe, etwa seinem Urahnen Saigyo aus dem zwölften Jahrhundert, weshalb er seine Reisen als Unterredung zwischen »Geistern und einem künftigen Geist« ansah. In den Romanen von Thomas Hardy kann ein Wegabschnitt ebenso Erinnerungen an einen Menschen in sich tragen, wie ein Mensch sich an einen Pfad erinnern kann. Richard Jefferies beschreibt in einem Tagebucheintrag aus dem Jahr 1887, dass er an einem bronzezeitlichen Hügelgrab in Gloucestershire den Eindruck hat, »als könnte ich zurückblicken und das *Damals* fühlen; den Sonnenschein von *damals,* und das Leben dieser Menschen«. Man stellte sich Pfade wie Gräben vor, in denen die Zeit als reine Oberfläche fließt, in bizarren Morphologien, ein gespenstisches Origami.

Bestimmt muss man kein Mystiker sein, um zu sehen, dass einige alte Pfade nur auf den ersten Blick gerade verlaufen. Sie haben Verästelungen wie Bäume und Zuläufe wie Flüsse. Vor sieben Jahren bin ich nach Dorset gefahren, um mit meinem Freund Roger Deakin zwischen den Milchviehbetrieben dieses grünen Countys die Hohlwege zu erkunden. Das Wort Hohlweg stammt aus dem Angelsächsischen *hol weg* und bezeichnet einen ausgetretenen Pfad, der von Füßen, Rädern und Witterung im Laufe der Jahrhunderte immer tiefer in die Erde gegraben wurde. Dorset ist – wie viele der weichsteinigen Countys in England – von solchen Pfaden durchzogen, die zum Teil sechs Meter unter der sie umgebenden Landschaft liegen und heute meist von Brombeeren und Nesseln überwuchert sind. Roger und ich verbrachten mehrere Tage im kiesigen, karamellfarbenen Sandstein rund um das Örtchen Chideock, liefen durch die Hohlwege und entdeckten die Geschichten, die sie umgaben. Berichte von verfolgten Rekusanten, die sich im 16. Jahrhundert in ihnen versteckten, von den Priestern, die im 17. Jahrhundert in den Wäldern Messen abhielten, und von verfolgten Adeligen, die sich im 20. Jahrhundert in sie flüchteten. Im Dämmerlicht der Hohlwege schien diese Vergangenheit höchst lebendig und präsent – als hätte sich die Zeit in sich selbst verschränkt und auf diese Weise unzusammenhängende Momente in historische Korrespondenz gebracht, die nun ein wiederkehrendes Muster von Versteck und Flucht an diesem Ort entstehen ließen.

Zwei Jahre nach diesem Ausflug starb Roger unerwartet und viel zu jung. Vier Jahre nach seinem Tod kehrte ich nach Dorset zurück, um noch einmal durch dieselben Hohlwege zu gehen, und sah mich unseren eigenen Spuren nachspüren – der Stechpalme, von der wir uns Knüppel abgeschnitten, dem Feldrand, an dem wir übernachtet hatten – und sah erschreckend klare Erinnerungsbilder von Roger selbst, der plötzlich an einer Biegung stand oder vor mir den Pfad entlangging.

~~~

Nicht alle Wanderer, die die alten Wege beschritten, waren angenehme Zeitgenossen oder führten Gutes im Schilde. Die Vorstellung, sich durch diese alten Pfade in reale wie imaginierte Gebiete begeben zu können, zog auch Gesindel an, Blender, Frömmler und andere unliebsame Fanatiker. Mit Abscheu habe ich Bücher multipler Misanthropen gelesen, Nationalisten mit abstrusen Rassentheorien oder Nostalgiker, die sich damit brüsten, einen anständigen Tod einem kläglichen Leben vorzuziehen. Verblüfft las ich die Verfechter eines ›Zurück zur Natur‹, die das Wandern (neben energetischen Moriskentänzen und lebenslangem Sandalentragen) zur Reinigung der besudelten männlichen Seele empfahlen.

Aber ich bin auch vielen Wanderschreibern begegnet, die diesen Gedankenfallen und Schwachsinnsideen zu entgehen wussten. Borrow tanzte vergnügt durch ihre Reihen und wob sie in seine kosmisch-komischen Visionen ein. John Clare liebte Fußwege, weil sie »reich & freudvoll für den Geist«
~~~

seien: als Wanderwege und Gedankenwege. Für William Wordsworth führten die vielbegangenen Pfade rundweg ins Abenteuer, in »die Schlupfwinkel des Landes«. William Hazlitt war ein radikaler Wanderer, der von Kapelle zu Kapelle ging, um die unitarischen Priester predigen zu hören, und begrüßte Fußwege als »Linien der Verständigung, die die Flamme der bürgerlichen und religiösen Freiheit am Brennen halten«.

Je tiefer ich in das Thema vordrang, umso mehr Pfade und Wege schienen in den vergangenen zweihundert Jahren die Prosa, Lyrik und Kunst Europas, Amerikas und – vor allem – Großbritanniens zu durchziehen. Ich fand sie in den Tagebüchern einer Dorothy Wordsworth, in den Kriegslandschaften eines Paul Nash, im Zickzack der Bohlenwege, in dem Film *A Canterbury Tale* von Michael Powell und Emeric Pressburger von 1942, in dem die Panzerbrigaden beim Manöver ungeniert einen alten Pilgerweg verwüsten, und in Bill Brandts Fotografie von 1950, auf der ein kleiner Ausschnitt desselben Weges in der schneeweißen Kreide wie eine Spalte erscheint – durch die man nicht nur in eine andere Zeit, sondern gleichsam in eine andere Welt und Sphäre schlüpfen könnte. Sehr ans Herz gewachsen sind mir Eric Ravilious' traumwandlerische Aquarelle der prähistorischen Wege in den englischen Downs, und wieder und wieder habe ich die Berichte der schottischen Autorin Nan Shepherd gelesen, die sich das Cairngorm-Massiv erlief und jahrelang über seine Grate und Hirschwege wanderte, bis ihr schien, sie steige nicht mehr auf, sondern in die Berge. Dass alte Pfade solche Wirkung zeigen, kann ich sehr gut nachvollziehen: Das Wandern eröffnet ein Sehen und Denken und ist mehr als Flucht und Entkommen; Pfade führen nicht nur durch eine Gegend, sondern auch zum Fühlen, zum Sein, zum Wissen.

Den größten Einfluss auf mich hatte aber das Leben und Werk von Edward Thomas, dem Essayisten, Soldaten, Sänger und einem der bedeutendsten englischen Dichter der Moderne – sowie dem Spiritus Rector dieses Buches. Thomas wurde 1878 in London geboren, seine Eltern stammten aus Wales; schon als Jugendlicher wanderte und schrieb er. Mit einigen Reiseberichten, naturkundlichen Büchern und Biografien machte er sich bald einen Namen und begann im Winter 1914, im Alter von sechsunddreißig Jahren, Lyrik zu verfassen. In einem erstaunlich spät erfolgten künstlerischem Ausbruch schrieb er in kaum mehr als zwei Jahren 142 Gedichte:

Werke, die der Lyrik eine völlig neue Richtung gaben und deren Einfluss noch heute besteht. Am Ostermontag 1917 fiel er bei Tagesanbruch im Alter von neununddreißig Jahren in der Schlacht von Arras.

Zum ersten Mal las ich Thomas' Lyrik in der Schule, in einer Anthologie, die seine bekanntesten Gedichte enthielt: *Adlestrop* und *As the Team's Head-Brass*. Damals schien er mir ein angenehm einfacher Autor, beinahe naiv: ein Verfasser von Elegien über das ländliche England mit seinen Ackerleuten und Heuschobern und dem Mädesüß, ein Land, das damals, als er darüber schrieb, bereits im Verschwinden begriffen war. Ich brauchte fast zwanzig Jahre, um zu erkennen, wie beschränkt diese Auffassung war. Zwar wird er auch heute noch oft als bukolischer Dichter gesehen, der Orte und Zugehörigkeit zelebriert, für mich aber sind seine wahren Themen Bindungslosigkeit, Zwiespalt und Heimatlosigkeit. Seine Gedichte sind bevölkert von Geistern, dunklen Gestalten und Doppelgängern, in tiefen Wäldern verlaufen Pfade ins Nichts; die Landschaften sind oft nur dünne Oberflächen, stets kurz davor aufzubrechen. Wenngleich ihn die romantische Figur des selbstbewussten einsamen Wanderers faszinierte, trieb ihn vielmehr die Frage um, wie uns die Orte, durch die wir uns bewegen, zerstören oder auch stärken können.

Thomas hatte zwei »geduldige sublunare Beine«[5], wie Keats es einmal formulierte, und diese trugen ihn Tausende von Wegmeilen, auf berühmten alten Pfaden (dem Sarn Helen in Wales, dem Icknield Way und dem Ridgeway in Südengland) sowie auf den Wegen vor seiner Tür (der Old Litton und der Harepath Lane nahe seinem Wohnort im östlichen Hampshire). »Die ersten Straßen zogen wie Flüsse durch das Land«, schreibt er, »und hatten, wie Flüsse, nur den Drang, in Bewegung zu bleiben.« Thomas nutzte die alten Wege, um sich selbst in Bewegung zu halten, da er wie Borrow – dessen Biografie er schrieb und mit dem er sich stark identifizierte – depressiv war. Wie bei Borrow zählte das Wandern bei Thomas zu den wenigen Tätigkeiten, die ihn aus seinen Depressionen hinauszuholen vermochten. Er schnitt sich einen Stock – sein liebstes Steckenholz war das der Stechpalme – und machte sich auf den Weg über »unauslöschliche alte Straßen«, »abgetragen von Hufen und den bloßen Füßen und schleifenden Wanderknüppeln längst vergangener Generationen«. Diese uralten Wege waren »kraftvolle, magische Dinge«, die »die Zeit aufhoben«, während er »über viele Jahrhunderte schlenderte«. Die Geschichte von Hänsel und Gretel, die in den Wald geführt werden, aber eine Spur weißer Kiesel legen und auf diese Weise wieder aus dem Wald herausfinden, war für ihn »eine der großen Geschichten dieser Welt«.

In Thomas' Wahrnehmung verbanden Pfade nicht nur reale Orte,[6] sondern führten auch hinaus in die Metaphysik, zurück in die Geschichte und nach innen ins Ich. Diese Querungen – zwischen Konzeptuellem, Geisterhaftem und Privatem – leuchten oft unerklärt in seinem Schreiben auf und bilden gewissermaßen dessen Quintessenz. Seine Vorstellung von sich selbst fasste Thomas in topografische Begriffe. Kurven, Verzweigungen, Hürden, Wegweiser, Gabelungen, Kreuzungen, Nebenpfade, Auf-und-davon-Straßen sowie in die Gefahr, den Tod oder die Verheißung führende Fährten: Er verinnerlichte die Beschaffenheit der pfaddurchfurchten Landschaften, bis sie seiner Melancholie und Hoffnung Form gaben. Das Wandern ließ ihn sein eigenes Mythenbild erschaffen und nährte zugleich seine alltägliche Sehnsucht: Er dachte nicht nur auf Pfaden und an Pfade, sondern auch in ihnen.

Denn Pfade verlaufen ganz sicher ebenso durch Menschen wie durch Orte. Der amerikanische Historiker und Geograf John Brinckerhoff Jackson – ein grundsätzlich jeder Romantisierung misstrauisch gegenüberstehender Mann – hat dafür die passenden Worte gefunden: »Über Zigtausende von Jahren reisten wir zu Fuß über holprige Pfade«, schreibt er, »nicht nur als Hausierer, Pendler und Touristen, sondern auch als einfache Männer und Frauen, die von Pfaden und Wegen eindrücklich überrascht wurden: durch Freiheit, Begegnungen mit Unbekannten, eine neue Wahrnehmung der Landschaft. Das Wandern war eine Reise ins Unbekannte, bei der wir uns am Ende selbst erkennen konnten.«

Seit Langem fasziniert mich, wie wir Menschen uns in Landschaftsbegriffen verstehen, in Topografien unseres eigenen Wesens, die wir in uns tragen, und den Karten, mit denen wir uns durch diese inneren Landschaften bewegen. Wir denken in ortsbezogenen Metaphern, die unsere Gedanken nicht nur schmücken, sondern bisweilen aktiv formen. Landschaften können, um es mit George Eliot zu sagen, »das innere Reich, in dem wir uns bewegen, vergrößern«.

Mir scheint, dass Landschaften nicht wie ein Steg oder eine Halbinsel in uns hineinragen, bis zu einer bestimmten Tiefe und in begrenztem Umfang, sondern wie das flirrende, unkartierbare Sonnenlicht, das alles durchdringt und erhellt. Was wir aus Orten machen, das können wir sagen, wenn auch manchmal verschämt – aber zum Ausdruck zu bringen, was Orte aus uns machen, fällt uns ungleich schwerer. Seit einiger Zeit glaube ich zu wissen, dass es zwei Fragen gibt, die wir jeder Landschaft, die uns beeindruckt, stellen sollten. Die erste: Was weiß ich, wenn ich an diesem Ort bin, was ich nirgendwo sonst wissen kann? Die zweite, auf immer unbeantwortete: Was weiß dieser Ort von mir, was ich selbst nicht wissen kann?

~~~

Von der Ferse bis zum Zeh messe ich 29,7 Zentimeter bzw. 11,7 Zoll. Das ist mein Schritt- und mein Denkmaß. »Ich kann nur im Gehen denken«, schreibt Jean-Jacques Rousseau im neunten Buch seiner Bekenntnisse, »sobald ich Halt mache, ist es mit dem Denken vorbei, und mein Kopf hält nur mit meinen Füßen Schritt«. Søren Kierkegaard mutmaßte, der menschliche Geist funktioniere am besten bei gewöhnlichem Schritttempo, bei vier bis fünf Kilometern pro Stunde, und beschreibt in einem Tagebucheintrag, wie er auf einem Spaziergang »so überwältigt von Ideen« war, dass er »kaum mehr gehen konnte«. Christopher Morley schrieb über Wordsworth, er setze »seine Beine als philosophisches Instrument« ein, und Wordsworth selbst sprach von seinem »fühlenden Intellekt«. Nietzsche war auch bei diesem Thema von der ihm typischen Unbedingtheit – »Nur die ergangenen Gedanken haben Werth« – und Wallace Stevens von seiner typischen Zögerlichkeit: »Vielleicht / beruht die Wahrheit auf einem Gang um einen See.« In all diesen Zeugnissen gelangt der Mensch nicht durchs Wandern zu Wissen, sondern das Wandern selbst ist das Medium des Wissens.

Die Annahme, dass Erkenntnisgewinn bewegungsabhängig und ortsspezifisch ist, existierte bereits vor dem Zeitalter der Romantik, wenngleich Rousseau den Gedanken erst berühmt machte. Heute ist sie weitverbreitet, und wir tun gut daran, mit einer gewissen Skepsis zu reagieren, falls jemand sie zur Regel erheben sollte. Manchmal ist das Wandern unserem Denken
~~~

feingeistiger Begleiter; manchmal brutaler Antagonist. Wer jemals eine lange Strecke gewandert ist, Tag um Tag, der weiß, wie die Müdigkeit des Gehens alles bis auf die grundlegenden Gehirnfunktionen lahmlegt. Nach dreißig Kilometern habe ich einen Tunnelblick und stiere dümmlich auf die immergleichen Sequenzen in meinem »Schädelkino«, wie John Hillaby es einmal nannte.

In nichtwestlichen Kulturen ist die Vorstellung weitverbreitet, Schritte als Wissen und Wandern als Denken zu begreifen, und fungiert nicht selten als Metapher für Rückbesinnung – die Geschichte als Gegend, in die man zurückkehrt. Keith Basso berichtet, dass sich die Cibecue-Apachen die Vergangenheit als einen Pfad vorstellen (*'intin*), den ihre Vorfahren ausgetreten haben, der aber für die Lebenden weithin unsichtbar ist, weshalb er nur mithilfe bestimmter Gedächtnisspuren begangen werden kann. Diese Spuren – zu denen Ortsnamen, Geschichten, Lieder und Reliquien gehören – nennen die Apachen *biké' goz'áá* – Fußabdrücke, Spuren. Für das Volk der Thcho im Nordwesten Kanadas sind Wandern und Denken kaum voneinander trennbare Tätigkeiten: Ihr Wort für Wissen ist gleichbedeutend mit dem Wort für Fußabdruck. Ein circa sechshundert Jahre alter buddhistischer Text aus Tibet verwendet das Wort *shul* für »eine Spur, die bleibt, nachdem das, was sie verursacht hat, vorübergegangen ist«: Fußabdrücke sind *shul,* ein Pfad ist *shul,* und beide lassen uns in der Zeit zurückgehen und vergangener Ereignisse gewahr werden.

Dass Wandern gleich Denken sein kann oder dass Füße etwas wissen können, erscheint uns, wenn wir es zum ersten Mal hören, abwegig und rätselhaft. Wir neigen nicht dazu, den Fuß als denkfähiges oder gar gescheites Körperglied zu betrachten. Dem Fuß fehlt die Wendigkeit der Hand. Vor allem der unbewegliche dicke Zeh: Wenn wir etwas mit ihm greifen wollen, gelingt uns bestenfalls ein ungeschicktes Klammern im Zusammenspiel mit dem zweiten Zeh. Unser Fuß fühlt sich eher wie eine Prothese an, die uns tragen kann, das schon, nicht aber unsere Umwelt erfassen oder interpretieren. Unsere Hand ist entschieden feinfühliger als unser Fuß – weshalb wir nur von Manipulation, nie von Pedipulation sprechen. Richard Long aber – der einmal dreiunddreißig Tage hintereinander dreiunddreißig Meilen am Tag ging, vom Lizard Point in Cornwall bis zum Dunnet Head in Schottland – setzt unter seine Briefe einen roten Stempel mit den Umrissen zweier Füße, die den Betrachter mit eingesetzten Augen ansehen. Die Landschaft durch sehende Sohlen erfassen; Berührung als Betrachtung – dieser Gedanke gefällt mir.

Für Ludwig Wittgenstein war es Bestandteil seiner Philosophie, Argumentationslinien nicht nur im Geiste, sondern auch zu Fuß zu verfolgen. Als er bei Bertrand Russell in Cambridge studierte, ging er in dessen Zimmer mitunter stundenlang in erregtem Schweigen auf und ab und legte in dem wenige Meter messenden Raum kilometerweite Wege zurück. »Denken Sie über Logik nach oder über Ihre Sünden?«, fragte Russell einmal seinen schreitenden Studenten, nur halb im Scherz. »Über beides!«, entfuhr es Wittgenstein. 1913 zog er sich nach Skjolden zurück, ein winziges Dorf an einem abgelegenen norwegischen Fjord, wo er einen langen dunklen Winter verbrachte, über Logik nachdachte und auf den Pfaden wanderte, die am Fjord entlang und hinauf in die Berge führten. Die Landschaft – asketisch, entschlossen – entsprach seiner Art zu denken, und so gelang es ihm in diesem Winter, ein wichtiges philosophisches Problem zur Symbolik von Wahrheitswertefunktionen zu lösen. »Ich kann mir nicht vorstellen, dass ich woanders genauso hätte arbeiten können wie dort«, schrieb er Jahre später seiner Schwester. »Es kommt mir so vor, als hätte ich damals in mir neue Denkbewegungen geboren.« Das Wort *Denkbewegungen,* mit dem Wittgenstein sein Denken beschreibt, ist eine Wortschöpfung für Ideen, die durch die Bewegung, das Gehen entlang eines Weges hervorgebracht werden.

In einem der stillen Gedichte von Thomas Clark kommt ein Spaziergänger, der die Küste entlangwandert, nahe einem Schiffanleger zu einer Steintreppe, die »aus dem Fels gehauen / hinab ins Wasser führt«. Das Gedicht folgt der Einladung, die Stufen hinunterzusteigen, und der Mann stellt sich vor, wie er »hinab ins Meer schreitet / in ein anderes Wissen / wild und kalt«. Er spielt damit auf Elizabeth Bishops großes Gedicht *At the Fishhouses* an, das in das »klare graue eisige Wasser« eines Hafens in Neufundland eintaucht; Wasser, das »so ist, wie wir uns das Wissen vorstellen: / dunkel, salzig, klar, flüssig und unendlich frei«. Bishop wiederum wendet sich, wie ich denke, an Wordsworth, der 1815 darüber schrieb, wie man in die »Tiefen des Denkens« eindringt: ein unergründliches Reich, »in das der Geist nicht von allein friedvoll sinken kann – sondern in das er Stufe um Stufe über die Gedanken hinabschreiten muss«. Die drei Gedichte nehmen aufeinander Bezug und schreiben einander neu – eine Stufenfolge, ein auf Papier geprägter Pfad.

Die bekannteste Verbindung zwischen Schritt, Wissen und Gedächtnis ist die Vorstellung der australischen Aborigines von den *Songlines,* den Traumpfaden. Ihrer Kosmogonie zufolge entstand die Welt in einer als Traumzeit bekannten Epoche, in der die Erde eine schwarze, flache und gesichtslose Fläche war. Als unsere Urahnen begannen, über diesen Unort zu wandern, brachen sie die Erdkruste auf und setzten das darunter schlafende Leben frei, sodass jeder Schritt ein neues Stück Landschaft zum Vorschein brachte. Wie Bruce Chatwin in seiner zwar fehlerhaften, aber einflussreichen Nacherzählung erläutert, soll »jeder totemistische Ahn auf seiner Reise durch das Land eine Spur von Wörtern und Noten neben seinen Fußspuren ausgestreut« haben. Je nachdem, wohin die Schritte fielen, gingen diese Klang-Spuren eine Verbindung mit bestimmten Merkmalen der Landschaft ein. Sie überzogen die Welt mit Traumpfaden, die »sich wie ›Verkehrs‹-Wege ... über das ganze Land« hinzogen, und jede Spur besaß ihr eigenes Lied. Daher konnte man sich den australischen Kontinent, wie Chatwin es ausdrückt, »wie Spaghetti aus Iliaden und Odysseen vorstellen, die sich hierhin und dorthin schlängelten, wobei jede ›Episode‹ den geologischen Formen abzulesen war«. Das Wandern war untrennbar mit dem Geschichtenerzählen verbunden,[7] und obwohl mit jeder Generation Lieder verloren gehen, haben sie doch die Zeiten überdauert, sodass singen und seinen Weg finden nach wie vor dasselbe bedeuten.

Die Beziehung zwischen Denken und Gehen steckt auch tief in der Sprachgeschichte und findet in der wohl wundervollsten Etymologie, die ich kenne, brillanten Ausdruck. Die Reise beginnt mit unserem heutigen Verb *to learn,* also Wissen erwerben. Bewegen wir uns rückwärts in die Sprachhistorie, kommen wir zum altenglischen *leornian,* Wissen bekommen, kultiviert sein. Von *leornian* führt der Pfad weiter zurück ins frikative Dickicht des Protogermanischen und zum Wort *liznojan,* dessen Grundbedeutung einer Spur folgen oder eine Spur finden war (vom protoindoeuropäischen Präfix *leis-* mit der Bedeutung Spur). Lernen bedeutet damit ursprünglich –

spursprünglich – einer Spur folgen. Wer hat das gewusst? Ich nicht, und ich bin dem Spähtrupp pirschender Etymologen sehr dankbar, dass sie die verloren gegangene Verbindungslinie zwischen lernen und gehen wieder aufgespürt haben.

~~~

In den Monaten nach meiner Sonnenwendnachtwanderung durch den Schnee beschloss ich, selbst ein paar Spuren zu hinterlassen: Ich wollte die alten Wege zu Fuß entdecken und herausfinden, was ich von ihnen lernen konnte. Und so verließ ich eines Morgens Ende Mai mein Haus in Cambridge und lenkte meine Schritte zum Icknield Way, dem, wie oft behauptet wird, ältesten britischen Landweg, auf dem Edward Thomas einhundert Jahre vor mir gewandert und geradelt war.

Dies war meine erste Wanderung; in diesem Buch erzähle ich von vielen, und auf allen erlebte ich die für das Wandern typische Mischung aus Aufregung, Ohnmacht, Langeweile, Abenteuer und Erleuchtung. Der Icknield Way war mein Eingangstor zu einem Geflecht alter Routen, die die britischen Landschaften und Gewässer durchziehen, sie mit fremden Ländern und Kontinenten verbinden. Auf dem Weg – auf den Wegen – brach ich mir mehr Knochen als in zwanzig Jahren Bergwandern, trank mit einer Art Schamanen in den Äußeren Hebriden zu viel Gin, ging bei Liverpool Schritt für Schritt mit einem 5000 Jahre alten Mann, durchquerte auf Pfaden die Trockentäler des besetzten Palästina und pilgerte – wie viele englische Wanderer vor mir – unter einem geiererfüllten Himmel über eine wüstenhafte Nebenstrecke des Jakobswegs. Ich folgte einem Gezeitenweg mit dem Spitznamen ›Doomway‹ (Weg der Verdammnis), bekannt als der tödlichste Weg Großbritanniens, auf dem ich allerdings einen herrlichen Spaziergang machte, bestaunte das himmlische Funkeln von Meteorenschauern über dem Nordatlantik, folgte einem Bogen des winterlichen Ridgeway auf Skiern und sah, da bin ich mir sicher, in Wiltshire einen Schwarzen Panther. Ich verbrachte die Nacht in Wäldern, auf Feldern, in Berghütten und auf der Kuppe eines Kreidehügels in Sussex, wo mir ein nächtlicher Spuk die Haare zu Berge stehen ließ, auch wenn ich mittlerweile vermute, statt Gespenster
~~~

wohl Eulen gehört zu haben. Und überall begegnete ich Menschen – gewöhnlichen und ungewöhnlichen, stillen und redseligen, normalen und exzentrischen –, für die Land und Wandern lebensnotwendig sind, um sich und die Welt zu begreifen. Ich traf auf Tagediebe, Träumer, Sportler, Führer, Pilger, Wanderer, Stromer, Unbefugte, Kartografen – und einen Mann, der sich für einen Baum hielt und glaubte, Bäume seien Menschen.

Unter den Dutzenden Menschen, von denen ich in diesem Buch berichte, ist Edward Thomas der wichtigste. Er geistert durch alle meine Reisen, er trieb mich voran. Ich machte mich auf den Weg, um bis zu ihm zurückzugehen, ihm nahezukommen, und folgte den Pfaden als Routen in seine Vergangenheit; letztlich aber habe ich mehr über die Lebenden als über die Toten erfahren. In seiner *Berliner Chronik* erwähnt Walter Benjamin die Idee, sein eigenes Leben kartografisch darzustellen: »Lange, jahrelang eigentlich, spiele ich schon mit der Vorstellung«, schreibt Benjamin, »den Raum des Lebens – Bios – grafisch in einer Karte zu gliedern.«

So malte ich mir schließlich die Sphäre von Thomas' Leben als eine Art Wegekarte aus, wie sie im vorletzten Kapitel zu finden ist: streng genommen nicht als Biografie, sondern im Sinne einer Biogeografie. Dieses Kapitel ist der Konvergenzpunkt meines Buches: die Kreuzung, an der alle Wege zusammenkommen.

Die Reisen, von denen ich hier erzähle, beziehen sich auf Zweierlei, die ferne Vergangenheit und die Trümmer und Phänomene der Gegenwart, denn das ist die Forderung, die alte Landschaften an uns stellen: Sie wollen im *Damals* gelesen und im *Jetzt* erspürt werden. Die Wegmarken meiner Wanderungen waren nicht nur Dolmen, Grabhügel und Hünenbetten, sondern auch das Eschenlaub des letzten Jahres (spröde in der Hand), die Fuchslosung der letzten Nacht (beißend in der Nase), der Vogelruf des Moments (schrill im Ohr), das poetische Knistern des Hochspannungsmasts und das Zischen der Pestizidspritzen.

Kreide

Jubelnde Lerchen ~ Gut fundierte Geologie ~ Träume in Kreide ~ Die ersten Pfade ~ Aufbruch ~ Der Unfall ~ Knochen für Kreide ~ Pfade als Wegweiser für den Geist ~ Apokalypse & amtliche Sperrung ~ Das Ei einer Lerche ~ Blinde Straßen & Schattenstätten ~ Luftfotografie als Wiederauferstehung ~ Der Schlafplatz am Hünenbett ~ Grabekunst ~ Der Phantomschritt ~ Die Wallabys von Buckinghamshire ~ Eine Illusion von Endlosigkeit ~ Spätes Tageslicht ~ Eine seltsame Zusammenkunft

... es handelt von einem Weg, der schon viele Meilen beginnt, bevor ich ihn betreten konnte, und erst Meilen endet, nachdem ich ihn verlassen musste.

EDWARD THOMAS, 1913

Vier Uhr morgens, Ende Mai, lernte ich auf einem Hügel nahe Letchworth Garden City einen der wirksamsten Wecker der Welt kennen: einen Himmel voller Lerchen. Jetzt weiß ich, dass an Schlaf nicht zu denken ist, wenn Lerchen singen, und dass Lerchen nicht gerade Langschläfer sind. Sie singen bis zum letzten Sonnenstrahl und fangen im Morgengrauen wieder an.

Zwei Stunden mehr Schlaf hätte ich gut gebrauchen können. Ich war tags zuvor fast fünfzig Kilometer gewandert und weitere zehn geradelt. Ich hatte mir mindestens eine Rippe gebrochen, den linken Arm aufgeschürft und das rechte Knie geprellt. Ich hatte Blasen an den Füßen, für die es artesische Brunnen gebraucht hätte, um sie auszutrocknen. Meine Bettstatt war ein kleines Stück Wiese voller Disteln. Zwei weitere Stunden Schlaf hätte ich wirklich gut gebrauchen können. Aber der Lerchenwecker hatte geläutet. Sobald ich wieder wusste, wo ich war – unter freiem Himmel auf einem Kreidehügel, neben einem neolithischen Hünenbett –, besserte sich meine Laune. Und nachdem ich mich zum Hünenbett hinaufgeschleppt hatte und über die Landschaft von Bedfordshire blickte, die in einem langsam fließenden Meer aus weißem Nebel versunken lag, war ich in Hochstimmung. Unterdessen bereitete mich das unentwegte Lied der Lerchen auf einen langen Tag vor: den zweiten Tag auf dem Icknield Way, den zweiten Tag auf Kreide.

~~~

Man nehme eine gut fundierte geologische Karte der Britischen Inseln und breite sie auf dem Tisch oder Boden aus. Sie ist ein Werk von großer Schönheit, deren Farbmuster einem komplex marmorierten Vorsatzpapier aus dem 18. Jahrhundert gleicht. Jede Gesteinsoberfläche des Landes ist auf dieser Karte verzeichnet, jede in einer anderen Farbe. Granit ist dunkelrot. Weald-Lehm ein schlammiges Armeegrün. Das untere Westfalium, eine der kohleführenden Gesteinsschichten, glänzt in tintendunklem Purpur. London-Lehm ist rosa wie das Hemd eines Hedgefonds-Managers. Größere Städte und Straßen sind zwar auf der Karte verzeichnet, jedoch nur in Blassgrau, schwach durchscheinend unter den starken Farben.

Die Karte zeigt etwa 130 verschiedene Typen von Gesteinsoberflächen allein für England und Wales. In den geologisch komplexeren Gegenden wie Nordwales gleicht die Karte einem Bild von Jackson Pollock, ein Durcheinander verspritzter und verschmierter Farben. Der mittlere Norden von England ist schon ordentlicher: Die Gesteinsstreifen verlaufen vornehmlich in Nord-Süd-Richtung und prägen die Landschaft von Westen nach Osten, von Oldham nach Grimsby durch Gritstein (Klettergegend), Unteres Westfalium und Oberes Westfalium (Kohlegegend), Zellendolomit, Zechstein und Buntsandstein, gefolgt von Keuper, Unterem Lias, Mittlerem Lias, Oberem Lias, Unterem Oolith, Großem Oolith, Cornbrash-Sandstein, Oxford-Lehm, Riffkalk, Ampthill-Lehm, Kimmeridge-Lehm und schließlich Kreide. Die Namen der Gesteinsformationen klingen teils nach sprechenden Namen, teils nach Nonsens; eine jabberwockyhafte Ansammlung. Sie machen Lust, ihnen ausgedachte Definitionen anzudichten. Großer Oolith (Ehrenbezeichnung des Oberhaupts eines fiktiven Königreichs). Cornbrash (US-amerikanische Maisspezialität aus dem Mittleren Westen). Zechstein (zu Pulver zermahlen ein Hausmittel gegen Kater). Unterer Oolith (der jün-
~~~

gere Zwillingsbruder des Großen Oolithen, dem die Herrschaft über das Königreich durch die Ungnade seiner späten Geburt knapp entging).

Betrachtet man Südengland auf der Karte und kneift die Augen zusammen, bis der Blick durch die Wimpern verschwimmt, sticht als hellste Gesteinsformation die Kreide heraus – in strahlendem Froschgrün. Diese Kreide lagerte sich über einen Zeitraum von ca. 35 Millionen Jahren mit etwa einem Millimeter pro Jahrhundert auf dem Bett der Binnenmeere ab. Wo Kreide sich ansammelt, ist sie nahezu unangefochten, andere Gesteinsarten drängen kaum in sie hinein. Sie verläuft in einem breiten Zickzack-Band, das nur vom Meer unterbrochen wird, von Yorkshire südöstlich nach Norfolk (Zick), von Norfolk südwestlich nach Dorset (Zack) und von Dorset östlich nach Kent und Sussex (und wieder Zick). Kreide ist die dominierende Gesteinsform in Südostengland und hat Industrie, Architektur und die Gedankenwelt dieser Gegend über Tausende Jahre beeinflusst. Dies hat ihr politisch zweifelhafte Attribute eingebracht: Kreide als eine wahrhaft englische Substanz, rein und heilig, deren glänzende Klippen an der Südküste jedermann, der von auswärts naht, als Wappen und Bollwerk erkennt. Aber die Kreide hat auch einen weniger bedenklichen Provinzialismus hervorgebracht. Edward Thomas stellte sich die englischen Kreide-Countys als einen eigenständigen Lebensraum vor, den er das Südland (South Country) nannte, dessen typische Landschaftsformen, Hügel, Ströme, Birkenhaine und Wildblumenwiesen, sich in der Kreidezeit herausgebildet hatten. Durch das Südland ziehen, wie Thomas sagt, von Ost nach West »Kreidehügelreihen, deren Hänge von der Natur sanft gerundet oder von alten Wegen scharf eingekerbt wurden, und ihre Anhöhen bilden klar fließende und zugleich unendlich veränderliche Horizontlinien«. Diese Landschaft prägte mehr als alle anderen seine Vorstellungswelt – und die eines weiteren wandernden Künstlers, der ebenfalls im 20. Jahrhundert lebte: Eric Ravilious.

Die ersten Reisenden, die Großbritannien zu Fuß erreichten, kamen mit ziemlicher Sicherheit über Kreide und Kalkstein, die damals eine Landbrücke zum heutigen europäischen Festland bildeten. In Boxgrove in den Sussex Downs wurden die Reste einer der ältesten nordeuropäischen Siedlungen der Gattung *Homo* gefunden, deren Alter man auf ca. 500 000 Jahre schätzt. Diese Urmenschen sind unter Archäologen als *Homo heidelbergen-*

sis bekannt. Dank des Fundes aus Boxgrove wissen wir heute – mit einem unglaublich scharfen historischen Blick –, dass es den Boxgrove-Menschen vor einer halben Million Jahren besonders zu den offenen Kreideflächen dieser Gegenden zog; dass er dort schwarz glänzenden Flint sammelte (bestens geeignet, um Werkzeuge zum Schlachten und Zerlegen von Fleisch herzustellen); dass er diese Stücke zu Äxten, Schneidemessern und Speerspitzen verarbeitete und dass er diese Waffen dann nutzte, um zu jagen und Beute zu zerlegen, Pferde, Rehe, Bären, Nashörner und Rinder, die im offenen Grasland lebten. Später entstanden in der Kreide wahrscheinlich die ersten bedeutsamen Menschenpfade, die sicher ihrerseits den Wildpfaden folgten: die wohl erste menschliche Form der Landschaftsgestaltung. Noch später dann, in der Jungsteinzeit, als Südengland dank des wärmeren Klimas dicht bewaldet war, boten die kreidehaltigen Anhöhen die mit Abstand besten Routen. Das Wasser floss gut von den Hügeln ab, sodass die Kreiderücken trockener und weniger dicht bewachsen waren als die tieferen, dickeren Ton- und Lehmschichten. Man konnte sich also leichter orientieren und kam besser voran. So entstanden entlang der Hügelkämme mit der Zeit die ersten Fußpfade.

Als es im 19. Jahrhundert zur Mode wurde, auf alten Wegen zu wandern, zogen vor allem die englischen Downlands die Menschen an: durch die prähistorische Atmosphäre und das Freiheitsideal, das sie in ihren schlängelnden Bewegungen zu verkörpern schienen. Ein Kreidemystizismus kam auf, der Glaube, Kreide und Kalk könnten für den empfindsamen historischen Geist eine Art Supraleiter sein, durch den sich über Jahrtausende Sympathien und Synchronitäten spannen konnten. Auf »den ersten // bewohnten Kreidehöhen«, schrieb Louis MacNeice – der in Belfast geboren, aber in Marlborough nahe der Downs aufgewachsen ist – »spürte ich, wie mein Geist / gleich einem fossilen Schwamm zerbröselte, spürte ich / wie mein Körper sich fötenhaft krümmte und die Hülle / eines Hügelgrabs mich umschloss, um über tausend Jahre / eine leise Ahnung zu geben / was Menschsein war / vor der Erfindung von Rad und Pflug«.

Der vermutlich älteste Kreidepfad ist der Icknield Way, der irgendwo zwischen Heide und Kiefernwäldern im südlichen Norfolk beginnt und über Kreide und Kalkland nach Westsüdwest verläuft, überlagert von einer

Schicht Geschiebelehm, bis er in Buckinghamshire den charakteristischen Gipfel des Ivinghoe Beacon erreicht. Dort stößt er auf den Ridgeway (den Kammweg), der weiter durch Oxfordshire, Berkshire und Wiltshire führt – und damit eisenzeitliche Hügelfestungen, bronzezeitliche Hügelgräber und jungsteinzeitliche Grabkammern verbindet –, bis er schließlich in Dorset zum Meer abfällt und so einen weiten Bogen vom Ärmelkanal im Süden bis zum Fluss Wash im Osten zieht.

Um den Ursprung und die Geschichte des Icknield Way ranken sich allerlei Mythen und viel Schräges. Heute geht man davon aus, dass es nie nur ein einziger Pfad war, sondern mehrere parallel verlaufende Wege, die bis zu anderthalb Kilometer entfernt lagen und, dem Landschaftsverlauf folgend, wichtige Nachrichtenwege darstellten. Es kann aber auch sein, dass die Strecke erst nach den Römern von begeisterten Altertumsforschern erschaffen wurde. Trotz aller Unwägbarkeiten galt der Icknield Way Wanderern jedenfalls lange Zeit als ein Medium, über das sie mit der Vorzeit in Verbindung treten konnten. Der Weg sandte seine Kreidemagie in alle Himmelsrichtungen.

~~~

Eine Meile von meinem Haus in Cambridge entfernt verläuft die grasbewachsene Römerstraße, über die ich auf meiner winterlichen Nachtwanderung gelaufen war. Im Frühling sind ihre breiten Ränder von Blumen verziert, und einen Großteil des Wegs säumen Hecken aus Dornstrauch, Weißdorn und Feldahorn. Nach elf Kilometern in südöstlicher Richtung trifft sie auf das Dorf Linton, durch das auch der Icknield Way führt.

Eines Tages Ende Mai schlich ich mich in aller Frühe aus dem Haus, während alle anderen noch schliefen, stieg auf mein Rad und fuhr über stille Straßen und Pfade – auf den Walrücken des Kreidehügels und hinter dem Buchenhain am offenen Feld vorbei –, bis ich schließlich auf die Römerstraße einbog. Die Wettervorhersage hatte eine ganze Woche warmes, trockenes Wetter angekündigt. Jeden Tag sechzehn oder siebzehn Stunden Sonne. In der Luft lag der süße Duft der Heckenrosen. Eine Krähe ließ sich von einer Esche fallen, die Flügel silbern in der Sonne. Ich spürte eine wachsende,
~~~

kindliche Aufregung. In meinem Gepäck hatte ich eine Ausgabe von Edward Thomas' *The Icknield Way,* dem Prosabericht über seine Wanderung auf diesem Weg.

Der Unfall passierte, als ich nahe der eisenzeitlichen Ringfestung eine abschüssige Strecke der Römerstraße hinabfuhr. Ich freute mich so, unterwegs zu sein, dass ich schneller und schneller fuhr. Der zerfurchte Weg wurde immer holpriger, das Rad tanzte und hopste, bis ich gegen einen faustgroßen Erdklumpen fuhr, das Vorderrad blockierte, sich um neunzig Grad drehte, das Fahrrad regelrecht zusammenklappte und sich mir im Sturz das rechte Lenkerende in die Brust bohrte. Es verschlug mir den Atem. Knirschender Schmerz durchfuhr meinen Brustkorb. Mein Ellbogen blutete, und auf meiner Kniescheibe erschien eine dunkelrote Zweitscheibe. Die größte Verletzung aber trug wohl meine Selbstachtung davon. Wie dumm von mir, völlig beseelt von der Romantik der Strecke, den Weg wie ein beschwipster Bischof hinunterzubrettern! Nach nicht einmal drei Kilometern auf meinem ersten Pfad würde ich nach Hause humpeln müssen.

Aber nach ausführlicherer Diagnosebetastung schien mir noch nicht alles verloren. Die Kniescheibe war geprellt, aber nicht gebrochen. Ein, zwei Rippen waren angeknackst, was mich aber im Gehen nicht sonderlich behindern würde. Und das Fahrrad konnte sich mit ein paar stümperhaften Reparaturen auch noch zum Weiterrollen bewegen lassen. Also radelte ich, langsam, nach Linton. Das muss eine Warnung sein, dachte ich abergläubisch: eine Warnung an mich, dass die Unternehmung nicht einfach würde und Romantisierung umgehend bestraft. Wenige Kilometer weiter fiel mir der Brief eines Freundes ein, dem ich von meinem Plan erzählt hatte, den Icknield Way zu begehen: »Pass auf, wenn du an die Ringfestung kommst«, hatte er geschrieben. Als ich ihm später von meinem Sturz berichtete, überraschte ihn das nicht. »Das war dein Eintrittsgeld zu den alten Wegen, wie es an den üblichen Mautstellen zu zahlen ist«, sagte er. »Jetzt ist der Weg für dich frei. Du bist drin. Knochen für Kreide: Du hast deine Schuld bezahlt.« Es sollten noch andere Vorfälle auf den alten Wegen folgen, die sich meiner Meinung nach rational nicht wegerklären lassen.

~~~
~~~

Thomas ging den Icknield Way im Jahr 1911, als er tief in einer seiner stärksten Depressionen steckte. Er bewegte sich schnell und schrieb dann auch rasant, in nur wenigen Wochen, seinen Reisebericht. *The Icknield Way* ist ein unkonventionelles Buch: eine Einführung in die Geschichte und Geografie des Weges und zugleich eine Meditation über seine Metaphysik und Dokumentation von Thomas' untröstlichem Unglück.

So überraschend (das Buch ist in einer ausgedörrten Sommerlandschaft fern der Küste angesiedelt) wie auch gar nicht überraschend (der geologische Ursprung von Kreide ist sowohl submariner als auch morbider Natur) handelt *The Icknield Way* durchweg von Meeren, Ertrinken und Inseln. Die Kreide durchdringt Thomas' Gedankenwelt, verändert seinen Geist und lädt zu Tauchglockenfahrten in die Tiefen der geologischen Zeit. Thomas widmete das Buch einem Freund, Harry Hooton, mit dem er »mehr Meilen als mit jedem anderen, mich ausgeschlossen«, gelaufen war, und verwendet den Icknield Way – mit seiner ungewissen Geschichte, dem umstrittenen Streckenverlauf und den fragwürdigen Grenzen – als Metapher für die unbekannten Gefilde, die an unserem Anfang und Ende stehen.

In den 1890er Jahren beschritt der Volkskundler John Emslie den Icknield Way und sammelte die Geschichten, die er entlang des Weges zu hören bekam. In vielen dieser Geschichten führt der Weg – so man ihm lange genug folgt – aus dem Bekannten ins Mythische, in Königreiche voller Gefahren, Ruhm und Ehre. Ein Mann, so hörte Emslie, war »auf diesem Weg gereist, bis er zu den Feuerbergen kam«. Ein anderer erzählte, der Weg führe »rund um die Welt, und dass man daher, wenn man ihm nur weit genug folgt, am Ende wieder an den Ausgangspunkt zurückkommt«. »Die ganze Reise über«, schrieb Emslie, habe er ähnliche Geschichten gehört: dass der Pfad »um die ganze Welt führt oder über die ganze Insel, von Meer zu Meer«. Insofern war dieser Pfad das Vorbild schlechthin für alle anderen Wege, indem er wie der Ouroboros zu sich zurückkehrt, um sich selbst zu verschlingen.

Das Geflecht aus Geschichten und Erinnerungen, das den Weg umgab, faszinierte Thomas. In einer der rätselhaftesten Passagen seines Prosatextes behauptet er, dass sich die »Träume« jedes einzelnen Reisenden in die Wege einprägen und auch seine eigenen Erlebnisse »mit dem Lauf der Zeit unter den Füßen der Menschen liegen werden«. Der Weg sei aus Sediment und Sentiment geschaffen, weshalb ihn zu begehen bedeute, die Ruhe der einst auf ihm Gereisten zu stören: aufzuscheuchen, was verborgen lag, und aufzustöbern, was geheim war. Indem ich nun selbst diesen Weg betrat, in der Hoffnung, Thomas dadurch herbeizurufen, warf ich seine kryptische Vorstellung auf ihn zurück. Erst viele Kilometer und Jahre später sollte ich die Schwierigkeit einer solchen Wiederbelebung begreifen.

~~~

In Linton versteckte ich mein lädiertes Fahrrad hinter einer Hecke und schob meinen lädierten Körper unter der aufgehenden Sonne über die Hauptstraße aus dem Dorf. Durch die aufbrechende Wolkenhaut drang zögerlich zitronengelbes Licht. Der Pfad führte am Zoo von Linton vorbei, und hinter der hohen Hecke vernahm ich das Grunzen und Rufen der Insassen: Zebras, Löwen, Störche und Kraniche. Ich passierte ein strohgedecktes Häuschen, an dessen Wänden Malven im Wind wippten und neben den Türen Rosen. Das Bild war tiefstes England, der Soundtrack Serengeti.

Schon bald gelangte ich auf den kalkigen Fußpfad entlang der Feldränder, dessen Verlauf ungefähr dem Icknield Way entsprach. Ich stapfte durch einen schmalen Tunnel aus Spindelstrauch und Weißdorn. Ein brauner Feldhase schoss den Weg entlang, blieb stehen, musterte mich kurz, machte dann auf seinen Hinterläufen kehrt und sauste davon, als hätte er sich nur diesem Pfad verschrieben. Nach einer Stunde war die Sonne aufgegangen. Der herabprasselnde Gesang der Lerchen hob meine Stimmung. Licht perlte auf der Gerste. Langsam wurde der Schreck über den Sturz kleiner. Weißdornhecken schäumten weiß vor Blüten, und aus den Kronen der Eschen stoben laut flatternd die Ringeltauben.

Auf den ersten zwölf Kilometern des Tages sah ich niemanden und hatte das seltsame Gefühl, eine evakuierte Gegend zu betreten, eine postapokalyptische Landschaft oder ein Sperrgebiet. Heute arbeiten nur noch so wenige Menschen auf dem Land, dass man fast ausschließlich Wanderern begegnet.

Ich folgte einer durchgehenden Linie aus blanker weißer Kreide, immer entlang der Hecke und dem Feldrand, mit ungefährem Kurs nach Westsüd-
~~~

west. Unterwegs sah ich einen Schwarm Rothühner mit ihren Seitenstreifen und Schmachtlocken; drei Fasanenhähne mit ihren kupferfarbenen Flanken und weißen Hundehalsbändern (Hoplitenpriester); einen Seetaucher auf einem Teich mit seiner punkigen Haube à la Ziggy Stardust.

Die Leere der Landschaft erschreckte mich, und ich atmete erleichtert auf, als ich das ferne Summen der M11 hörte, das sich zunehmend zum gewohnten Dröhnen auswuchs. Die Autobahn nahm genau den Platz ein, den auch ein Fluss eingenommen hätte – in der Rinne zwischen zwei Ketten von Kreidehügeln – und ließ die sonnenblitzenden Scheiben und Lacke in der Ferne schillern wie fließendes Wasser. Ich näherte mich auf einer Anhöhe durch das Graugrün junger Ähren. Plötzlich hörte ich durch das Dröhnen der Autos hindurch jemanden singen. Ein geisterhaft hoher Gesang, an- und abschwellend, manchmal brach er ab. Ich brauchte ein paar Sekunden, um zu verstehen, dass er von den Hochspannungsmasten kam, die in einer langen Reihe über die Hügel davonmarschierten. Ich stand direkt unter einem von ihnen, lauschte seiner zischenden knisternden Energie und dem Summton, der mit den benachbarten Strommasten einen offenen Akkord bildete.

In Great Chesterford überquerte ich schließlich die Autobahn. In den Häusern nahe der Trasse hielten Vogelliebhaber Sittiche, die in ihren Käfigen über ausgebleichte Englandfahnen hüpften und miteinander zwitscherten. Auf der Autobahnbrücke machte ich Rast, stützte die Arme auf die Brüstung und besah mir die vorbeirauschenden Autos und die Hitzewellen über dem Asphalt. Hier kreuzten sich die M11 (in Betrieb seit 1975) und der Icknield Way (in Betrieb seit ca. 4000 v. Chr.).

Auch mitten am Tag tauchten keine Menschen auf. Aber ich hatte andere Gesellschaft: Familien von Rehwild, die aus dem Unterholz hervorkamen und mit ihren langen Beinen durch die Gerste brachen. Ich fand das Ei einer Lerche, das totgebacken, aber intakt auf dem Boden lag, die grüne Schale von grauem Gekrakel und Gekritzel überzogen. Ich schloss die Hand um das Ei und trug es ein paar Kilometer, als Glücksbringer, und um sein zartes Gewicht zu spüren. In den Dörfern, durch die ich kam, lagen Rehschädel auf Kieselwällen, was ein wenig Paganismus in die Landschaft brachte, die ansonsten Enid Blytons Fantasie hätte entsprungen sein können. Das Grün so glatt wie ein Billardtisch. Dorfteiche mit Gelben Schwertlilien, in denen

Karpfen rülpsten und Blasen aufsteigen ließen. Rote, frisch gestrichene Telefonhäuschen.

Gegen Mittag näherte ich mich dem Außenbereich von Royston. Hier verschmolz der alte Icknield Way mit einer großen Bundesstraße, die durch die Stadt führte. Die Hecken und Feldzufahrten waren voll von illegal abgeladenem Müll: Computerbildschirme, Fahrradschläuche, Teppichstreifen, ein Staubsauger, in dessen durchsichtigem Auffangbehälter Kriebelmücken herumkrochen. Wildrosenregen ergoss sich von hohen Weißdornhecken. Schwärme von Staren glitten wie dichte Partikelwolken über die Dächer.

Die Ortsbezeichnungen am östlichen Stadtrand von Royston erinnerten an bäuerliche Zeiten – Wheatfield Crescent (Weizenfeldkurve), Poplar Drove (Pappelweg), Icknield Walk (Icknield-Wanderweg) –, sehnsuchtsvolle Anspielungen auf eine Zeit, als die Gegend noch ländlich war, Namen, mit denen Bauträger versuchten, die Immobilienpreise in die Höhe zu treiben, oder Stadtplaner, den städtischen Randbezirken ein bestimmtes Flair zu verleihen. Auf Schornsteinen und Antennen zwitscherten die Stare – geschmeidig schwarze Federn wie ein Strauß von Negativstreifen – und machten ihr Autoalarm-Trillern, Sprühdosen-Schütteln und Fotoblenden-Klicken. Ihr freudiger Tumult war der ideale Willkommensgruß für Royston, während ich über die stark befahrene Straße in die Stadt lief, in der vom Icknield Way jede Spur verloren schien.

~~~

Alte Pfade verschwinden selten, es sei denn, sie werden vom Meer gefressen oder vom Asphalt überdeckt. Sie überdauern als dezente Spuren in der Landschaft, noch lesbar, solange man weiß, worauf man achten muss – wie Thomas. »Selbst wenn sie leer sind«, schreibt er, »bleiben diese alten Wege durch viele Zeichen in unserer Erinnerung.« Er nannte solche verödeten Trassen »Geisterwege«; Walter Scott sprach von »blinden Wegen«. Solche Pfade waren auch in Gebräuchen, Gesetzen und Ortsnamen zu finden. »Es gehört zu den abenteuerlichen Freuden an einer guten Landkarte«, schreibt Thomas, »den möglichen Verlauf eines bekannten, alten Weges zu verfolgen oder einen nicht mehr sichtbaren Pfad zu entdecken. Führen mehrere
~~~

Fußpfade, Wege und Straßen in einer Reihe quer durch das ganze Land und decken sich mit dem Verlauf einer Grenze, handelt es sich wahrscheinlich um einen alten Weg.«

Es war Thomas' tiefste Überzeugung, dass das Alte neben dem Neuen und ihm zum Trotz fortbestand, dass es in Echos und Schatten überlebte und sich mit ein wenig Scharfsinn und genauer Betrachtung entdecken ließ. Für ihn grenzte das Kartenlesen an Mystizismus: Er beschrieb es als »alte Fähigkeit«, von der nur wenige Menschen einen »Schimmer« haben. Pfade waren für ihn keine einsamen, sondern gesellige Strecken, auf denen einst verstummte Stimmen wieder gehört werden konnten. In seinem Gedicht *Aspens* (Espen) stellt er sich vor, dass die windgepeitschten Bäume an einer alten Kreuzung einem ganzen, heute verschwundenen Dorf ihre flüsternde Stimme verleihen, und er lauscht »dem Klirren, Summen, Grölen und gelegentlichen Singen« aus den alten Schmieden und Schenken. Gern ging er die Reihen der Mehlbeerbäume entlang, die in den kreidereichen Countys zu den Pfaden zu gehören scheinen, und das Laub auf dem Boden – die silbrige Unterseite meist zuoberst, von einer bis in den Frühling währenden Blässe – erinnerte ihn an die Kieselspur von Hänsel und Gretel.

Thomas ging recht in der Annahme, dass langfristiges Wandern langlebige Spuren hinterlässt. Im frühen 20. Jahrhundert untersuchten und klassifizierten viele Amateure diese Zeichen mit Ausdauer und Hingabe: die Furchen vergessener Pfade, die überall verstreuten Geofakte (bearbeitete Steine aus den Anfängen menschlicher Besiedlung) und heute wieder aufgefüllten Grenzgräben, deren Verlauf bei Regen oder Dürre durch die Erde schimmert. Aus der Nähe betrachtet, offenbarte die Landschaft zahlreiche »Schattenstätten«.[1] Eine Schattenstätte konnte der Überrest eines Pfads, Erdwalls, Pfostenlochs oder Grabens sein, den man bei normalen Lichtverhältnissen nicht sah, erst unter bestimmten Umständen – vor allem bei heller, tief stehender Sonne, wenn sie aufschlussreiche Schatten auf das Land warf.

Das Aufkommen der Luftfotografie – ursprünglich für militärische Zwecke entwickelt, aber nach dem Ersten Weltkrieg für archäologische Forschungen zweckentfremdet – ermöglichte es, diese Schattenstätten aus der Höhe zu analysieren, wo ihre Umrisse aus dem Wirrwarr der Umgebung hervortraten. Geisterlandschaften, die jahrtausendelang unbemerkt geblieben waren, tauchten plötzlich wieder auf. Dank der Luftfotografie gab es, wie die Historikerin Kitty Hauser beobachtet, »›unzählige wundersame Wiederauferstehungen‹« sowie die beruhigende Gewissheit, dass »keine historische Stätte, so verflacht sie auch sein möge, nicht doch noch Erkenntnisse liefern kann«.

Zu einer solchen Wiederauferstehung kam es, als Major George Allen, ein Pionier der Luftfotografie zur archäologischen Forschung, eine große Kamera entwarf und baute, die auf Alleinflügen bedient werden konnte. Im Winter 1936 flog Allen nach starkem Regen über den Icknield Way nahe Royston und machte eines seiner besten Bilder. Einige fast parallele Linien durchqueren das Bild in horizontaler Richtung. Oberhalb davon sieht man ein Eisenbahngleis, auf dem ein Zug nach Osten schnauft und eine lange Dampfschleppe hinter sich herzieht. Unterhalb verläuft eine Straße, auf der ein einzelnes Auto nach Westen fährt. Verborgen für die Reisenden im Zug oder Auto, für den Betrachter aus der Luft jedoch deutlich zu sehen, ziehen sich noch weitere Linien durch die Landschaft: die dunklen Streifen wiederaufgefüllter eisenzeitlicher Gräben, die in Nord-Süd-Richtung verlaufen, mittelalterliche Feldbegrenzungen und – nur wenige Meter vom Asphalt entfernt – die weißen, gefurchten Pfade des wohlbekannten Icknield Way. »Was daran erstaunt, wenn nicht gar beängstigt«, schreibt Hauser so feinsinnig über dieses Bild, »ist die Art und Weise, wie die alten Anlagen heimlich die Landschaft mit den Lebenden teilen, ohne dass diese davon etwas ahnen.«

Auf dem Wegabschnitt zwischen Royston und Baldock vergegenwärtigte ich mir Allens Foto: die Anordnung alter Pfad, neue Straße, Eisenbahngleis, die gleichzeitig gegenwärtigen Geister des Vergangenen und der Zukunft.

~~~

»Eine weiße Schlange auf einem grünen Hügel«, so beschrieb Thomas einmal die Bewegung eines Kreidepfads durch das Land. Dieser Ausdruck ist brillant in seiner Dichte: ein Zen-Koan. Als ich Royston am südlichen Ende verließ und die Therfield Heath (Therfield-Heide) betrat, sah ich die grünen Hänge von Schlangen wimmeln. Zu beiden Seiten des Heidelands erheben sich Kreidehügel und bilden eine tiefer gelegene Arena, wodurch die ganze
~~~

Umgebung wie ein Amphitheater wirkt. Über den oberen Grat wallen Laubwälder, in die lockend weiße Pfade verschwinden. Andere Pfade führen zur Hügelkuppe der Heide, wo sich die dichteste Konzentration von Grabhügeln in den Chilterns befindet: zehn bronzezeitliche Rundgräber und ein jungsteinzeitliches Hünenbett.

An diesem strahlenden Nachmittag leuchtete es selbst Tausende Jahre später sofort ein, warum die prähistorischen Menschen ihre Toten an einem solchen Ort begraben hatten. Die Heide schwirrte vor Menschen: Wanderer, die auf die Kuppe zu den Gräbern pilgerten, lärmende, rennende Kinder. Ich machte eine Pause, um zu essen und zu schauen. Die Freude dieser Menschen an ihrer Landschaft – und das Gefühl von Gemeinschaft, nach den leeren Anfangskilometern des Tages – gaben mir neue Energie und brachten mich wieder auf die Beine.

Dann folgten kilometerweit die Gassen von Baldock und die Industriegebiete von Letchworth Garden City, wo hinter verzinkten, zackengekrönten Zäunen Stapel von Schiffscontainern – Maersk, Mitsui, Hamburg – darauf warteten, weitertransportiert zu werden. Später am Tag, als mir langsam schon die Füße glühten, machte ich im Dorf Clothall auf einem Friedhof Rast. Eine Wand goldgrüner Lorbeerbäume neigte sich über die Gräber. Ich lag schläfrig zwischen den Grabsteinen und späten Primeln, lauschte den Bienen und schaute den Schwalben zu, die hoch über dem Kirchturm jagten. »Das Auge, das die Dinge von heute sieht, das Ohr, das hört, der Geist, der sinnt oder träumt«, hatte Thomas geschrieben, »ist selbst ein Instrument des Altertums, das auf einer Stufe steht mit allem, was zu begreifen ist, und vielleicht sind wir der Zeit gerade auf Wegen gewahr, die zu schwierig und seltsam sind, um von Historikern, Zoologen oder Philosophen erklärt zu werden.« Auf diese Vorstellung griff er häufig in seiner Prosa und Lyrik zurück: dass es bestimmte Arten von Wissen gibt, die alle Aussagenlogik übersteigen und gleichsam nur im Vorbeigehen erspürt werden können.

~~~

In dieser Nacht schlief ich in einem jungsteinzeitlichen Schlafsaal auf einem Meeresgrund aus Kreide. Ich fand mein Nachtlager westlich des mittelalter-
~~~

lichen Dorfs Pirton, durch dessen Zentrum der Weg führt. Gegen neun Uhr verließ ich Pirton auf einem breiten und von hohen Hecken eingefassten Pfad, der offensichtlich seit Langem benutzt wurde, gesäumt von Heckenrose, Schafgarbe, Kirschpflaume und Hauszwetschge. Erschöpfung und wunde Gelenke ließen mich schwanken wie einen landgängigen Seemann. Die Abendluft war immer noch heiß; der östliche Himmel tintenblau, orange der Westen. Der Kreidepfad, der das späte Licht anzog, glühte weißlich in der Dämmerung. Die Trompeten der Zaunwinden sprangen hell ins Auge. Am Wegesrand der halbgefressene Kadaver einer Amsel, die schuppigen Beine vom Körper abgetrennt und ordentlich nebeneinandergelegt wie Messer und Gabel am Ende der Mahlzeit.

Nahe der Hügelkuppe fand ich das Hünenbett, das ich auf meiner Karte entdeckt hatte. Der Tumulus war schon vor langer Zeit geplündert worden, das Dach eingefallen, die Umrisse aber waren immer noch sichtbar und ließen es im langen Abendlicht als Schattenstätte hervortreten. Nachdem ich etwas Käse und einen Apfel gegessen hatte, breitete ich auf einer Grasfläche südlich des Hünenbetts meinen Schlafsack aus und legte mich hin. Sofort wurden meine Gliedmaßen steif, nach fast sechzehn Stunden Bewegung, und ich fühlte eine Art Totenstarre einsetzen. Alles an mir war mit Kreidestaub bedeckt – Füße, Gesicht und Hände bepudert, die Kleider bleich –, und so lag ich da, unbeweglich und weiß, ein Geist des Weges.

Am Himmel erschien eine Mondsichel. Ein Fasan rappelte in einem weit entfernten Wald herum. Saatkrähen flatterten an mir vorbei zu ihren Schlafplätzen. Die Sonne sank, errötete. Was ich für den ersten Stern hielt, war in Wirklichkeit das Nachtlicht eines Flugzeugs über Luton.

~~~

Um vier Uhr morgens weckte mich wieder der Lerchenwecker. Langsamer Nebel hatte die Täler gefüllt. Der Himmel über mir war weiß, der Horizont dagegen blau, als wäre der Himmel eine Kuppel, über die der Azur hinabgeronnen war. Von meinem Ausguck auf dem Hünenbett begriff ich Thomas' Vergleich: Die südenglischen Anhöhen ähnelten »langen Ketten von Inseln oder Atollen, die dunkel aus dem schneeweißen, stillen Morgennebel ragen«.
~~~

Ich befand mich auf einer der östlichsten Inseln dieses Archipels, auf dem sich nach Westen, ohne dass ich sie sah, Dutzende weiterer Kreidegipfel erhoben.

Die ersten Kilometer des Tages waren magisch, es ging bergauf und bergab, durch Buchenhaine und Haselnuss-Buschwald, und im gedämpft blauen Licht der Wälder meinte ich, durch kaltes Wasser zu gehen. Umgeben von Bäumen, Moosgeschmack im Mund; grüne Stille.

Da und dort hatte jemand mit Kreidebrocken auf die graue Borke gemalt oder geschrieben: Initialen und Sterne, aber auch Schnörkel, der schleifenreichen Signatur ähnlich, die Korporal Trim in Laurence Sternes *Tristram Shandy* mit seinem Wanderstock über die sonst leere Seite zieht. Kreide ist eine Substanz, die schnell Spuren bekommt und hinterlässt – die schreiben und beschrieben werden kann. Große Gebiete der Westfront, an der Thomas kämpfen und sterben sollte, waren Kreidelandschaften, und die Landschaftskunst der deutschen und britischen Soldaten ist eine bewegende kulturelle Begleiterscheinung des Grabenkriegs. Diese Männer wussten, dass sie womöglich bald sterben würden, und hatten den starken Wunsch, eine Spur zu hinterlassen. Die Soldaten brachen flache Stücke aus der Kreide und zerschnitten sie zu handgroßen Platten, die sie mit Erinnerungen an gefallene Kameraden versahen: »Thiepval 1915, Im Gedenken an Euren Wilhelm«. Britische Kanoniere nahmen Kreidebrocken, um scherzhafte Botschaften auf die großen Geschosse zu kritzeln: »May It Be A Happy Ending« (Auf ein gutes Ende) oder »To Fritz With Compliments« (An Fritz mit den besten Grüßen). Pioniere gruben auf beiden Seiten kilometerlange Tunnel durch die Kreide. In dieser Höhlenwelt kratzten sie in untätigen Momenten Hunderte Zeichnungen, Figuren und Schriftzüge in die Wände. Viele sind heute verloren, aber bei Soissons gibt es noch die Umrisse fantastischer weiblicher Figuren: aus erotischen Träumen ins furchtbare Dunkel der Tunnel gerufene Höhlenmalereien.

Gegen acht Uhr stand ich auf einem Hügel neben einem bronzezeitlichen Rundgrab und schaute auf Luton hinab. Ich streunte durch die Randbezirke der Stadt und lief dann die Gooseberry Hill hinunter – ein schniekes Sträßchen mit ordentlich geschnittenen Hecken und bunten Beeten –, vorbei an Linden und Kurkliniken. Ein Postbote klingelte an einer Tür, nickte mir freundlich zu. Autos auf der Pendlerroute rasten an mir vorbei. Die

Menschen begannen ihren Tag, während ich nach meinen fünfzehn Kilometern schon wieder müde war. Ich beneidete sie um ihren Eifer. Durch eine Gasse zwischen einem Friedhof und einer Häuserreihe verließ ich Luton gen Westen.

Nun stieg das Gelände langsam an, und bald war ich auf dem Gipfelgrat der Dunstable Downs, wo die Menschen sich tummelten und amüsierten. Ich setzte mich zur Rast in den kühlenden Wind und sah den Kindern zu, die ihre Drachen steigen ließen. Meine Beine behielten einen Phantomschritt bei, ein Muskelgedächtnis wiederholter Bewegung, und zuckten noch im Sitzen nach vorn. Meine Fußsohlen fühlten sich seltsam verbeult an, als hätte der Boden, über den ich gegangen war, sein eigenes Profil in sie gepresst wie in weichen Lehm. Flann O'Brien geht in *Der dritte Polizist* noch weiter: »Weil die Füße auf der Straße ständig rissig werden, kommt beim Gehen eine gewisse Menge Straße auch in einen rein.«

Das Wandern war genauso hart und heiter wie am ersten Tag. Ich kam nun seltener durch bebaute Gegenden, und zeitweise kam es mir vor, als könnte ich die Strecke von Wald zu Wald und Gehölz zu Gehölz ganz im Schutz umrankter Graswege und Heckenpfade gehen. Ein Wäldchen, durch das ich marschierte, war weiß von wildem Knoblauch, die Luft berauschend vom Gestank. Ich lief den Zaun des Whipsnader Zoos entlang, hinter dem fünf Wallabys faul im Schatten eines Weißdorns lagen.

Durch seine ausgedehnten Wanderungen auf den alten Kreidepfaden kannte Thomas alle ihre Besonderheiten. Im Sommer lief er auf Pfaden zwischen Haselnusshecken, von Weißer Zaunrübe durchrankt, deren Blüten vor Bienen kochten. Er folgte »dunklen Buchenalleen, goldgrün von Moos gepflastert und von bröckelnder Kreide gesäumt«. Besonders gern spürte er verwaiste Pfade auf, die kaum noch zu sehen waren, »verdeckt von Nesseln und Kletten und verbarrikadiert von Dornen und Waldreben und Zaunrübenranken«. Er liebte die Grenzüberschreitungen, die solche Pfade ihm ermöglichten: Hohlwege, die in heiße Weizenfelder münden, oder der Übergang vom Schatten der Bäume ins Funkeln einer Rispengraswiese. Aber ein Wallaby, vermute ich, hat er nie gesehen.

~~~
~~~

Gegen Abend, viele Kilometer hinter dem Haselwald, fiel mein Körper in den Rhythmus meiner Schritte ein, und für eine Stunde an diesem endlos scheinenden Tag schien auch der Weg mir endlos, ein weißliches Band, das sich durch das Land zog und mich, wenn ich nur immer weiterging, bis zum Atlantik führen würde.

Erst im letzten Dämmerlicht erreichte ich Ivinghoe Beacon, auf dessen großem Kreidegipfel eine eisenzeitliche Hünenburg thront. Ich kraxelte auf einen der grasbedeckten Wälle, wandte mich Richtung Westen und sog die Wärme der untergehenden Sonne auf. Dann zog ich Schuhe und Socken aus. Meine Füße waren angeschwollen wie ein Hefeteig. Ringsumher vollendeten Millionen Windenblüten die letzte Drehung des Tages, schickten Butterblumen ihren letzten Glanz zur Sonne, legten die Whipsnader Wallabys sich schlafen und ging der Tag gemächlich zur Neige.

Wie ich dort im buttrigen Sonnenlicht saß, schienen all die verschiedenen Namen des Pfades – Yken, Ychen, Ycken, Ayken, Iceni, Icening, Ickeneld, Ikeneld, Ikenild, Icleton, Ickleton, Icknield – ineinanderzuwachsen und miteinander zu verschmelzen, sodass mir der Weg nicht mehr als zweidimensionale Trasse, sondern als Teil einer größeren Gesamtheit erschien und sich in Schleifen und Kreisen mit der Zeit verwob, obwohl er dem Anschein nach geradlinig durch den Raum verlief. *Ich konnte weder einen Anfang noch ein Ende des Icknield Way entdecken ...*

In der halben Stunde, in der ich auf dem Hügel saß, gesellten sich im Sonnenuntergang andere Wanderer zu mir: ein Mann mit einem in eine karierte Decke eingepackten Hund, ein mittelaltes Paar, das lachend die rutschige steile Seite des Beacon heraufgeklettert kam, ein Anzugträger, der sein Auto am Straßenrand parkte und den Hügel in steif aufrechter Haltung erklomm, und eine ältere Frau, die sich einen der Wälle hochschleppte und dann mit geschlossenen Augen blind ins letzte Sonnenlicht blickte. Was für eine seltsame Zusammenkunft von Sonnenanbetern wir doch waren, einander fremd wie dunkle Fische im Tintenfass.

Im Halbdunkel fand ich einen Schlafplatz nicht weit vom Gipfel des Beacon entfernt: ein Streifen Gras von der Größe eines Doppelbettbezugs, überwachsen von einem verästelten Weißdorn und vom Weg verborgen durch einen Wall aus Ginster, dessen gelbe Blüten ihren Kokosduft in die

Brise mischten. Ein Grünspecht kläffte in der Ferne. Alle paar Minuten zogen Flugzeuge ihre Lärmkegel über uns dahin. An den Bäumen schimmerten Flechten. Drei Rehe, schwarzfellige Ricken, traten aus dem Wald. Eines schaute zu mir herüber, die Augen im letzten Licht goldglühend, dann verschwanden alle drei über die Kreidepfade nach Westen. Als ich einschlief, sah ich vor meinem geistigen Auge weißen Pfad auf weißem Pfad, ein wucherndes Wegegeflecht, das bis an die Küsten reichte, und weiter, weit darüber hinaus.

Watt

Der silberne Kielbogen ~ Die tödlichsten Wege Englands ~ Patrick Arnold ~ Ein Dammweg in die Spiegelwelt ~ Grenzübergang ~ Der erste Kaiser Qin ~ Die Harpunenspitze ~ Doggerland ~ Unzählige Kielbögen ~ Unsere Erleichterung am Maypole ~ Doppelgänger ~ Sinnlich werdende Gedanken ~ Landgang bei Asplin Head ~ Küstenansichten & Gewalten des Flusses ~ Xenotopien ~ Kognitive Dissonanz an isotropischen Orten ~ Gefahr am äußersten Punkt ~ Authentische Schimären ~ Der Heim-Weg

Einen Kilometer vor der Küste gingen wir über silbernes Wasser und kreuzten einen Pfad, der sich anmutig und ohne sichtbares Ende nach Norden und nach Süden erstreckte. Es war ein flacher Priel, in dem sich die Sonne derart fing und bündelte, dass sein Verlauf buchstäblich als Fluss erschien; ein Phänomen aus Licht und Strömungen. Seine helle Linie führte in langgezogenen Bögen von uns weg: ein Kielbogen mit unbekanntem Ursprung, dessen Einladung wir jedoch nicht widerstehen konnten, sodass wir nach Norden abbogen und dieser funkelnden Spur folgten, die – weder aus Wasser noch aus Land – uns immer weiter hinaus ins Meer führte.

~~~

Auf einer großmaßstäblichen Karte der Küstenlinie von Essex ist zwischen den Mündungen von Crouch und Themse ein Fußweg markiert – eine Stichlinie aus Kreuzen und Strichen –, der das Land bei dem Örtchen Wakering Stairs verlässt und geradewegs nach Osten ins offene Meer führt. Einige hundert Meter vor der Küste biegt er nach Nordosten, für knapp fünf Kilometer, ehe er sich wieder der Küste zuwendet und bei Fisherman's Head das Festland erreicht, den höchsten Punkt der weitläufigen, weitestgehend flachen und wenig bekannten Sumpfinsel Foulness.
~~~

Das ist der Broomway, der angeblich ›tödlichste‹ Weg Großbritanniens, ganz sicher aber der unirdischste Weg, den ich je beschritten habe. Über hundert Menschen sollen bereits auf dem Broomway umgekommen sein; wahrscheinlich gibt es noch mehr Opfer, deren Schicksal aber nicht dokumentiert ist. Sechsundsechzig Tote liegen auf dem kleinen Kirchhof von Foulness begraben; die Leichen der übrigen Vermissten wurden nicht geborgen. Gäbe es den Broomway nicht, hätte Wilkie Collins ihn erfinden müssen. Edwardianische Zeitungen tauften ihn wegen seines bedrohlichen Rufs in ›Doomway‹ um, ›Weg der Verdammnis‹. Sogar in der Formalität der amtlichen Landkarte schlägt sich die schauerliche Aura dieses Pfades nieder. In großen rosa Lettern steht auf der Karte im Maßstab 1:25 000 über diesem Küstenabschnitt folgender Hinweis:

WARNUNG
Die Nutzung des Weges über Maplin Sands ist gefährlich.
Unbedingt vor Ort informieren.

Der Broomway ist der unbekanntere zweier bedeutender Fußpfade vor der britischen Küste; der bekanntere verläuft quer durch die Sande der Morecambe Bay, von Hest Bank über Priest Skear nach Kents Bank. Wie dieser führt auch der Broomway durch ein viele Quadratkilometer großes Wattgebiet. Vor der Küste von Morecambe und Foulness zieht sich das Meer bei Ebbe weit zurück und legt eine riesige Sandfläche frei, so fest, dass sie den Wanderer trägt. Zurück kehrt das Wasser dann allerdings sehr schnell – und rauscht rascher über den Wattsand, als ein Mensch laufen kann. Genauso gefährlich wie die steigende Flut ist es, die Orientierung zu verlieren: Bei Nebel oder Regen geschieht das in diesem selbstähnlichen Gelände leicht, und man sieht in allen Richtungen nichts als riesige Flächen schimmernden Sands. Auch ist das Watt nicht an allen Stellen vertrauenswürdig: Man kann im Schlick steckenbleiben oder im Treibsand versinken. Die Küste vor Morecambe ist besonders heimtückisch und hat vor allem wegen des tragischen Todes von mindestens einundzwanzig Chinesen im Februar 2004 Schlagzeilen gemacht, illegalen Einwanderern, die den Mündungsbereich schlecht kannten, um Gezeiten und deren Gefahr nicht wussten und dennoch von ihrem Anführer zum Herzmuschelnsammeln ins Watt geschickt wurden.

Im Gegensatz zum Weg durch die Morecambe Bay, dessen Verlauf sich ständig ändert, sodass man ihn sehr genau beobachten muss, scheint der Verlauf des Broomway seit mindestens 1419 – als er erstmals in einem Grundbuch von Foulness erwähnt wird – weitgehend unverändert. Begrifflich haben sowohl der Wattweg von Morecambe als auch der Broomway etwas Paradoxes an sich. Sie unterliegen dem Wegerecht und sind daher auf Landkarten und im Gesetz verzeichnet, zugleich aber löschen die Gezeiten zweimal am Tag jede Spur von ihnen aus. Wie nennt man einen Pfad, der kein Pfad ist? Ein Rätsel? Eine Sammlung geografischer Koordinaten? Eine Todesfalle?

Geologie und Archäologie des Broomway sind umstritten. Einer der verschiedenen Erklärungsversuche zu seiner Entstehung besagt, er sei auf einem festen Kreideriff gelagert. Gesichert ist, dass der Name von den etwa 400 Besen (engl. *broom*) herrührt, die einst zu beiden Seiten des Wegs in einem Abstand von dreißig bis sechzig Metern in den Meeresboden gerammt worden waren, um den festen Sand zu markieren, auf dem sich der Wattweg gefahrlos begehen lässt.

Bis 1932 gelangte, wer kein Boot besaß, nur über den Broomway nach Foulness, da die Insel durch schwer passierbare Wasserläufe und Morast, die sogenannten Black Grounds, vom Festland getrennt war. Jahrhundertelang wurden Bündel von Haselzweigen als schwimmende Dammwege ausgelegt, um über die Black Grounds sicher zum Inselstrand zu gelangen (diese Dammwege entsprachen technisch und funktionell dem Track[1] in Somerset). Später wurden die Bündel durch Schuttdämme ersetzt. Im 18. und 19. Jahrhundert trafen sich die Kutschfahrer im Wirtshaus von Wakering, um zu trinken und auf den richtigen Gezeitenstand für die Überfahrt nach Foulness zu warten. Vom Wetter oder Alkohol oder beidem benebelt, kamen mehrere von ihnen dabei zu Tode. Nach der Flutkatastrophe von 1953, bei der an der englischen Ostküste Hunderte Menschen starben, war der Broomway der einzige zuverlässige Weg nach Foulness: Armeefahrzeuge rasten über die feste Sandtrasse zwischen Festland und Insel hin und her, um die Toten und Verletzten zu bergen. Inzwischen gehört die Insel dem

Verteidigungsministerium, das sie im Ersten Weltkrieg zu Forschungszwecken erwarb, und noch heute macht die Artillerie in diesem Wattgebiet ihre Schießübungen.

~~~

Schon seit Jahren wollte ich den Broomway gehen, ließ mich aber ebenso lange von seinem Ruf abschrecken. Doch kurz nach meiner Rückkehr vom Icknield Way brachte mich ein Freund in Kontakt mit Patrick Arnold, der auf Foulness geboren und aufgewachsen ist und den Broomway besser kennt als jeder andere. Patrick bot mir freundlicherweise an, mich zu begleiten, und so kamen wir überein, uns an einem Sonntag gemeinsam auf den Weg zu machen, wenn das Verteidigungsministerium die Waffen ruhen ließ und die Tidenzeiten stimmten.

Am Montag vor besagtem Sonntag erhielt ich einen Brief. Ich erkannte Patricks Handschrift auf dem Umschlag. »Zu meinem Bedauern«, begann der Brief steif, »muss ich mein Angebot, Sie auf dem ›gefährlichsten Weg Englands‹ zu begleiten, zurücknehmen.« Enttäuschung stieg in mir auf. Patrick erklärte mir, seine pflegebedürftige Mutter sei zu altersschwach, um sie »mehrere Stunden allein zu lassen, ohne dass ich mir allergrößte Sorge um ihr Wohlergehen machen müsste«. Aber, fuhr er fort – und bei diesen Worten begann mein Herz zu klopfen –, ich könnte seiner Ansicht nach »den Broomway auch allein beschreiten, ohne Schaden davonzutragen«.

Seinem Brief hatte Patrick folgende Dokumente beigelegt: eine handgezeichnete Karte der Küste zwischen Wakering Stairs und Foulness, auf der der Verlauf des Broomway und der Zubringerpfade eingetragen waren; eine Reihe geografischer Koordinaten und Schrittmaße; eine nummerierte Liste mit passender Kleidung für eine Wanderung über den Broomway sowie ein paar Tipps, wie man es am besten anstellt, auf dem Weg nicht zu Tode zu kommen.

Patrick verdankte sein Leben dem Broomway. »Ich muss Ihnen etwas erzählen«, sagte er bei unserer ersten Begegnung. »Es gab einmal einen gewissen Mr. William Harvey, der sich 1857 mit seiner Kutsche und seinen Pferden auf den Weg nach Foulness machte, dort aber nie ankam. Also ließ man nach
~~~

ihm suchen. Von den Pferden keine Spur. Die Kutsche steckte umgekippt im Sand, und tief im Watt fand man die Leiche des ertrunkenen Harvey.

Nach ihrem Trauerjahr heiratete William Harveys Witwe einen Mr. Lily, und aus dieser Verbindung ging mein Urgroßvater hervor. Der Unfall, der für Mrs. Harvey einen so schweren Verlust bedeutete – und für Mr. Harvey natürlich auch –, war mein Glück. Deshalb bin ich, wie Sie verstehen werden, dem Broomway bis heute dankbar und habe mich ihm verschrieben, indem ich ihn begehe und erforsche.«

In Patricks präzise gewählten Worten schimmerte manchmal noch das viktorianische Zeitalter durch. Ein Mann von stiller Loyalität und Genauigkeit, der seine Gründe peinlich genau darlegte. Er hatte bis zu seiner Rente als Zimmermann und Schreiner auf dem Festland gearbeitet, kannte aber das Meer gut und hielt den Geschwindigkeitsrekord im Einzelrudern von London nach Ostende. Er erzählte mir Geschichten über die Küste von Essex: über die Flotten von Kohlenschiffen, die sich in der Themsemündung versammelten; über die Gefahren der Ostwinde, die große Schiffe an die leeseitige Küste bliesen; am häufigsten aber über den Broomway, den er respektvoll und zugleich zärtlich einen »alten Freund« nannte.

Patrick hatte so gut wie alle Berichte über Geschehnisse auf dem Broomway gelesen und besaß ein Faible für das grausige Melodram von dessen Vergangenheit. Bei jedem Gespräch erzählte er mir neue Legenden über den Broomway: etwa den Bericht eines Gerichtsmediziners aus dem 19. Jahrhundert, der erläutert, wie schwierig es sei, die Leichen zu identifizieren, nachdem sich die Krebse an Gesicht und Fingern gütlich getan hätten; oder vom Brief eines Überlebenden, der einem Freund schrieb, wie ihn »schiere Panik« ergriff, als es über dem Watt zu regnen begann und er herumirrte, weil er den Weg nicht mehr sah.

»Er war der festen Überzeugung, in Richtung des Leuchtschiffs von Mouse zu laufen«, sagte Patrick, »in Wahrheit aber lief er hinaus aufs offene Meer, in seinen eigenen Tod. Gerettet hat ihn letztendlich der Zufall, dass er über den Arm einer Fischfalle stolperte – verstärkt mit nichtrostenden Kupfernägeln –, und er wusste, dass die geschlossene Seite hinaus aufs Meer und die Öffnung zur Küste zeigt, damit die Fische bei Ebbe darin hängen bleiben. Das gab ihm die nötige Orientierung, und so fand er den Weg zurück an

Land. Er hat großes Glück gehabt.« Patrick klang ein wenig enttäuscht, dass das Todesurteil des Broomway diesmal nicht vollstreckt worden war.

Bevor Taschenkompasse überall zu kaufen waren, konnte man den Broomway bei schlechtem Wetter, wenn man nicht bis zum nächsten Besen sehen konnte, am sichersten mit Stein und Schnur begehen. Der Wanderer trug eine sechzig Meter lange Leinenschnur bei sich, deren eines Ende er um einen kleinen Stein band. Dann legte er den Stein neben einen Besen und machte sich auf den Weg in die Richtung, die er für die richtige hielt. Dabei wickelte er die Schnur ab und lief so lange, bis er den nächsten Besen sehen konnte. Hatte er sich in der Richtung geirrt, konnte er entlang der Schnur zurückgehen und es erneut versuchen. Hatte er den richtigen Weg gefunden, holte er den Stein ein und lief weiter. Eine umständliche, mühsame Vorgehensweise, mit der man den Broomway aber theoretisch bei jedem Wetter gefahrlos nutzen konnte.

»Das Watt ist eine verrückte Welt«, sagte Patrick. »Nichts sieht aus wie sonst. Möwen wirken plötzlich groß wie Adler. Maße und Entfernungen ändern sich. Man kann sehr schnell die Peilung verlieren, vor allem bei Dämmerlicht oder im Dunkeln. Dann orientieren sich viele an den Lichtern der Küste von Kent. Sie glauben, sie laufen zurück zur Küste von Essex, gehen aber in Wahrheit Richtung Kent, direkt in die steigende Flut. Und auch beim Schlick muss man vorsichtig sein: ein falscher Schritt, und man steckt fest und sinkt ein, dann ist man leichte Beute für die Flut.«

Zwei Tage vor der Abreise gab mir mein Freund James aus Alaska den nützlichen Rat, ein kleines scharfes Beil mitzunehmen: »Dann kannst du dir, wenn du im Schlick steckst und die Flut kommt, die Beine abhacken.«

Patrick sprach die letzte Warnung aus: »Den Broomway wird es auch morgen noch geben. Sie vielleicht nicht, wenn Sie versuchen, ihn bei Nebel zu gehen. Wenn es also am Sonntagmorgen in Wakering Stairs neblig ist, machen Sie kehrt und gehen Sie nach Hause.«

~~~

Als ich in Wakering Stairs ankam, lag der Ort im Nebel. Früher Sonntagmorgen, weiße Luft. Kein echter Nordseenebel, der die Welt ganz und gar
~~~

verschlingt; eher ein dichter Dunst über dem Meer. Aber die Sicht war so schlecht, dass die Nebelhörner gingen, eine laut widerhallende Rinderklage, die über die ganze Küste wehte. Ich stand auf dem Deich und schaute hinaus in den Nebel, während die Nebelhörner in meiner Brust vibrierten, und überlegte, ob sich die Wetterlage irgendwie umdeuten ließe, damit ich Patricks letzte Warnung in den Wind schießen könnte. Ich spürte eine leichte Übelkeit, aus Angst, aber auch ein starkes Verlangen, diesen Weg zu gehen.

Ich wurde begleitet von meinem gleichfalls nervösen alten Freund David Quentin, den ich überredet hatte, dieses Abenteuer mit mir zu bestehen. David war Dozent für die Literatur der Renaissance, wurde dann Antiquar, später Rechts- und dann Steueranwalt. Der vermutlich einzige marxistische Steueranwalt von ganz London, vielleicht sogar der Welt. Er trägt bevorzugt Kniehosen, geht gern barfuß und hofft jeden Tag auf den Zusammenbruch des Kapitalismus. David ist zwei Meter groß, sehr dünn, sehr klug und hat wenig für Menschen übrig, die sich bemüßigt fühlen, ungefragt seine Körpergröße und Schlaksigkeit zu kommentieren. Wir haben schon viele Kilometer gemeinsam zurückgelegt.

Die Luft in Wakering Stairs war warm und schwül; dicke Suppe in Nase und Mund. Die Ebbe hatte gerade erst eingesetzt, und direkt vor der Küste dampften die trockengefallenen Black Grounds: eine wulstige, braun glänzende Wattlandschaft aus Rinnen und Furchen, durch die sich Priele zogen. Wasserläufer und Austernfischer stolzierten auf Frühstückssuche umher. Die Oberfläche meines Körpers fühlte sich porös und durchlässig an. Blubbernde, schillernde Bäche und Buchten. Zwei große Möwen schlenderten die Flutlinie entlang und beäugten uns mit kühlem, brutalem Blick.

Wo die Straße auf den Deich traf, stand eine schwere, mit häherblauen Tags besprühte Eisenschranke. Eine rote Warnflagge hing schlaff am Fuß eines hohen Fahnenmastes. Hinter der Schranke eine Böschung mit Hinweisschildern in giftgelb-schwarzer Farbe und befehlsbeflissener Grammatik, Zitate aus Verordnungen, die sich tautologisch als Warnung auswiesen, um das Verteidigungsministerium bei Ertrinken, Explosion oder Schlicktod schadlos zu halten und zuletzt den mehrfach gemahnten Wanderer widerwillig darauf hinzuweisen, dass hier ein öffentlicher Weg begann:

Warnung: Weg ohne Markierung!
Höchste Gefahr für Fußgänger.

Warnung: Von allen Gegenständen fernhalten.
Nicht berühren. Explosions- und Lebensgefahr.

Direkt hinter dem Deich begann der Dammweg, ein vielleicht fünf Meter breiter Weg aus Ziegelbruch und grauem Schutt. Er führte durch das Watt ins offene Meer, wo er in Wasser und Nebel verschwand. Zu beiden Seiten waren zur Kennzeichnung des kurvigen Verlaufs zwei Meter hohe Pfosten in den Schlick gerammt. Ich sah einige Büschel Seegras. Die Wasseroberfläche war von einem grausilbernen Schimmer überzogen, wie Patina auf altem Spiegelglas. Ansonsten schien der Damm in eine stofflose, reinweiße Welt zu führen.

Drei Austernfischer flogen mit schnippenden Flügelschlägen piepend über uns hinweg. Wir erklommen den Deich, stiegen über ein paar hingeworfene Bierdosen und dann hinunter zum Beginn des Damms. Unter den Küstenfelsen las ich eine Handvoll weißer Muscheln auf. Ich unterdrückte den Warnruf in meinem Kopf, als ich mir vorstellte, dass ich gleich vollständig bekleidet ins Meer gehen würde, wie ein Selbstmörder.

Wir liefen über den Ziegelbruch und die von der See angefressene Uferkante auf dem Damm hinaus ins Watt. Ein Mann mit Hund blieb auf dem Deich stehen, blickte uns nach. Dann und wann mussten wir warten, dass das Wasser zurückwich und den weiteren Weg freigab. Ich lugte über die Ränder des Damms nach unten, als wäre ich auf einer Mole, obwohl das Wasser zu beiden Seiten nur zentimetertief war. In einem Becken wühlte eine Meergrundel ihren Geleekörper in den Sand.

Nach 300 Metern endete der Damm und verschwand wie ein Fluss, der unterirdisch weiterfließt, im Sand. Draußen auf dem Watt ein Wasserglanz, so weit das Auge reichte. Räumliches Sehen war bei diesem diffusen Licht unmöglich, und es schien uns, als liefen wir geradewegs ins Meer. Am Ende des Damms blieben wir stehen, um in unsere weglose Zukunft zu schauen.

»Da oben ist irgendwo eine Sonne und wartet nur darauf, das alles wegzubrennen«, sagte David gutgelaunt. »Spätestens am Nachmittag haben wir schönsten Sonnenschein.«

Das war schwer zu glauben. Aber er hatte recht, das Licht war in den zwanzig Minuten, die wir bis zum Ende des Damms gebraucht hatten, ein wenig schärfer geworden. Ich warf einen Blick zurück zum Deich, der im Nebel jedoch kaum mehr auszumachen war. Ein stechend weißer, tiefliegender Lichtstreifen, der aufs Meer hinausstrahlte; eine dünne, magnesiumhelle Brandlinie.

Der Sand trug komplexe Schwielenmuster, durchbrochen von Millionen Sandhäufchen, spaghettiartige Knoten aus schwarzem Schlick, hinausgepresst von Seeringelwürmern und Schwertmuscheln. Die tintenfischfarbenen Häufchen erinnerten daran, dass direkt unter dem harten Sand der Schlick lag. Ich zog meine Schuhe aus und stellte sie auf eine Bank aus Seegras. Aus irgendeinem Grund wollte mir nicht meine Vorstellung von Ebbe und Flut als unverlässlichen, launischen Wesen aus dem Kopf, die völlig unberechenbar waren. Was, wenn sie sich ausgerechnet heute dem Mond widersetzten?

»Ich habe Angst, dass die Flut meine Schuhe holt, falls wir nicht rechtzeitig zurück sind«, sagte ich zu David.

»Wenn wir nicht rechtzeitig zurück sind, holt die Flut deine Leiche«, erwiderte er ohne viel Empathie.

Wir stiegen den Dammweg hinab. Das Wasser war warm auf der Haut und schmiegte sich um meine Knöchel. Unter meinen Sohlen spürte ich die Hirnwindungen des harten Sands, der so fest war, dass er unter dem Druck meiner Schritte nicht nachgab. Vor uns erstreckte sich die blanke Spiegelebene des Wassers, nur da und dort unterbrochen von flachen Sandhöckern und grünen Tanglachen. Ich musste an den Quecksilbersee denken, der angeblich das Grab des ersten Kaisers von China, Qin, im bis heute nicht komplett freigelegten kaiserlichen Mausoleum von Xian umgibt; der Kaiser liegt in einer zweieinhalb Quadratkilometer großen Anlage begraben, in deren Mitte seine Grabhalle steht, eine bronzene Kammer, die die Ausmaße seines Imperiums im kleinen Maßstab widerspiegelt. In die Decke der Kammer sind Juwelen eingesetzt, die den Himmel symbolisieren; die Flüsse, Feuchtgebiete und Ozeane werden von dem See und einigen von ihm abgehenden Bächen aus Quecksilber dargestellt.

Wir gingen weiter. Auf dem inzwischen fernen Deich hörte ich den Mann nach seinem Hund pfeifen. Ansonsten weit und breit nichts als bronzener

Sand und quecksilbernes Wasser, und so liefen wir weiter durch die schimmernde Luft hinaus ins Watt, zurück ins Mesolithikum.

~~~

Eines Nachts im Jahr 1931 schwoite der Fischtrawler *Colinda* in der südlichen Nordsee, vier Kilometer vor der Küste von Norfolk. Als die Männer ihre Netze einholten und die Fische von dem Treibgut trennten, das sich ebenfalls in den Netzen verfangen hatte, fand einer von ihnen in einem Brocken Torf einen seltsamen Gegenstand: scharf und formschön, etwa zwanzig Zentimeter lang und unverkennbar von Menschenhand gemacht. Der Mann übergab ihn dem Kapitän des Trawlers, Pilgrim Lockwood. Lockwood gab ihn an den Besitzer der *Colinda* weiter, der wiederum an einen Freund, bis der Gegenstand schließlich in die Hände eines Archäologen kam, der ihn als Harpunenspitze identifizierte, aus einem Geweih geschnitzt und an einer Seite mit Widerhaken versehen.

Dieses Jagdwerkzeug, das heute als *Colinda Point* bekannt ist, war ein erster archäologischer Hinweis auf eine großflächige, einst bewohnte und heute untergegangene Landschaft: ein mittelsteinzeitliches Atlantis, das im südlichen Teil der heutigen Nordsee liegt und auf dem einst vermutlich Jäger und Sammler umherstreiften. Allein die Vorstellung, solch eine Landschaft könnte einmal existiert haben, war in den 1930er Jahren – als die Archäologen noch nicht über die heutigen technischen Hilfsmittel verfügten – eine gewagte Annahme. Ein Großteil der Nordsee soll trockengefallen sein? Der heutige Meeresgrund festes Land? Der englische Osten plötzlich auf dem Landweg von Holland, Deutschland und Dänemark zu erreichen? Und in dieser untergegangenen Welt soll eine mesolithische Kultur existiert haben; soll hier mehr als nur der Ärmelkanal gewesen sein?

Das überflutete Land, das mit der *Colinda Point* – die auf den Zeitraum zwischen 10 000 und 4 000 v. Chr. datiert wird – wieder zum Vorschein kam, heißt heute Doggerland[2] und ist dank der gemeinschaftlichen Arbeit einer bemerkenswerten Gruppe von Archäologen, Geologen, Paläobotanikern sowie niederländischen und ostenglischen Fischern bereits umfassend und detailliert erforscht.
~~~

Vor ca. 12 000 Jahren, während der letzten Eiszeit, war in den Eiskappen und Gletschern so viel Wasser gebunden, dass der Meeresspiegel rund um Großbritannien bis zu 120 Meter niedriger lag als heute. Das damals freiliegende Doggerland muss raue Tundra gewesen sein. Doch als die Temperaturen weltweit stiegen, begann das schmelzende Eis in Süßwasserflüssen durch diese Tundra zu strömen, brachte Wasser und Nährstoffe und verwandelte die Region in bewohnbares, ja gastliches Terrain. Wir wissen, dass in den Flüssen von Doggerland Forellen lebten, in den Eichen- und Eschenwäldern Wildschweine und Hirsche, und dass zwischen den Gräsern Brennnesseln wuchsen. Mithilfe seismischer Daten des Meeresgrunds, die ein Ölunternehmen den Archäologen zur Verfügung stellte, konnten diese für einen Teil von Doggerland in der Größe von Wales eine Karte erstellen. Wie die ersten Kolonisatoren gaben die Forscher landschaftlichen Besonderheiten dieser wiederentdeckten Welt neue Namen. Die sogenannten Stacheln (engl. *The Spines*, ndl. *De Stekels*) sind ein Gebiet steil abfallender Dünen, zwischen denen vermutlich einmal ein Fluss hindurchfloss, der einst fast ebenso viel Wasser führte wie der heutige Rhein. Zu Ehren des Geologen Fred Shotton aus Birmingham – der vielfach auszuzeichnen wäre, etwa weil er sich hinter den feindlichen Linien abwerfen ließ, um die geologischen Gegebenheiten der normannischen Brückenköpfe für die Landungen des D-Day zu analysieren – tauften sie diesen Fluss Shotton. Die Doggerbank, deren Name manchmal im Seewetterbericht auftaucht, ist eine Hochebene im nördlichen Doggerland, der Outer Silver Pit (Äußere Silbergrube) ein riesiges Becken umgeben von zwei großen, fast einhundert Kilometer langen Sandbänken, die teils ästuarine, teils lakustrische Merkmale aufweisen.

Als die Temperaturen weiter anstiegen und immer mehr Landeis schmolz, wurde Doggerland langsam überflutet. Die Doggerbank hielt sich noch als eine große Insel, ehe auch sie um 5 000 v. Chr. unterging und damit ganz Doggerland im Wasser verschwunden war. Der langsam steigende Wasserspiegel – ein bis zwei Meter pro Jahrhundert – blieb von einer bis zur nächsten Generation bestimmt nicht unbemerkt, überraschte die Menschen aber vermutlich nicht, auch nicht die, die erste rudimentäre Siedlungen gebaut hatten. Man sah die Flut kommen und konnte reagieren, sie bremsen, vielleicht sogar eindämmen. Insofern stellt der Rückzug der Menschen von

Doggerland im Mesolithikum die erste sich über einen längeren Zeitraum erstreckende menschliche Reaktion auf einen Klimawandel dar.

Wenn wir uns heute Doggerland vorstellen, kommen wir kaum umhin, in der Zeit nicht nur rückwärts, sondern auch vorwärts zu denken. Den Menschen, die an der weichen Ostküste Englands leben, erlaubt das untergegangene Doggerland einen Blick in ihre eigene Zukunft. An den Küsten von Norfolk und Suffolk knabbert das Meer. Friedhöfe verlieren Grabsteine und Gebeine an die See. Siedlungen, die kilometerweit im Landesinneren lagen, stehen inzwischen an der Uferkante und vor ihrem Untergang. Die Kirche von Eccles an der Küste von Norfolk stürzte 1895 in die Fluten. Stellungen der Luftabwehr und Bunker, die 1940 auf den Klippen errichtet wurden, sind auf die Strände gerutscht oder ins Meer gefallen. Straßen enden in der Luft. Fußwege entlang der Küste sind weggebrochen. Wer sich historische Landkarten von East Anglia ansieht, begreift, dass große Gebiete dieser Gegend bereits zu Doggerland geworden sind: Uferlinien wurden Geisterlinien. An Orten wie diesen hat die Vergangenheit einen starken Sog – sie kann uns die Beine wegziehen und ohne Vorwarnung in die Tiefe reißen.

In Dunwich hat das Meer im Laufe der Jahrhunderte einen ganzen Ort geschluckt. Heute ist nichts mehr von ihm übrig, obwohl auf Fotografien aus dem 19. Jahrhundert noch die letzten schiefen Türme am Strand zu sehen sind. Man hatte genügend historische Daten zu Dunwich, um Karten mit dem einstigen Straßenverlauf, den Gebäuden und Kirchen und ihrer Lage vor der Küste zu erstellen. Wenn man am Kieselstrand ins Meer geht, kann man dort über unsichtbaren Straßen und Gebäuden schwimmen: Je weiter man hinausschwimmt, umso weiter geht man in der Geschichte zurück. Einmal war ich über die knirschenden Kiesel ins Wasser gegangen und bis ins Jahr 1842 geschwommen, als ich plötzlich bemerkte, dass die Ebbe schon kräftig an der Wasserlinie zerrte und auch mich ins offene Meer zu ziehen drohte, sodass ich mich panisch zurück in die Gegenwart schaufelte.

Sehr wahrscheinlich wird Doggerland in Tausenden Jahren, wenn sich die Temperaturzyklen wieder umgekehrt haben und das Wasser dieser Welt erneut in Eismassen gespeichert ist, wieder aus dem Meer auftauchen; diesmal mit den Wrackteilen einer anthropozänen Kultur – ein riesiger Schrottplatz aus gestrandeten Bohrinseln, angespülten Flaktürmen, Rohr- und Kabelresten, tetraedischen Panzersperren aus Beton, Flotten gekenterter und aufgelaufener Bootswracks und den Aushubhügeln einstiger Häuser.

~~~

Weiter und weiter liefen wir barfuß in diese Spiegelwelt hinaus. Ich schaute zurück zur Küste. Körnig flackerte die Luft wie eine alte Wochenschau. Der Deich war zu einem schmalen schwarzen Streifen verglommen. Strukturen ohne erkennbaren Zweck – ein Gerüst aus weißen Stangen, flache Baracken – schienen an der Küste auf. Alle paar hundert Meter ließ ich eine weiße Muschel fallen. Das Licht hatte sich erneut verändert, von perlmuttartig zu körnig zu dicht. Seltsam breiteten sich die Geräusche aus. Das hallig dumpfe Knallen von Gewehrschüssen verschwamm in der Luft, während der Ruf eines Kuckucks scharf von der baumlosen Küste zu uns herüberschallte. Eine blasse Sonne mühte sich durch den Nebel und spiegelte sich tausendäugig in Becken und Rinnen.

Die geriffelten Sandlandschaften mit ihren Miniaturbergen und -tälern pressten sich in meine Fußsohlen, und noch Tage nach dieser Wanderung spürte ich den Nach-Druck ihrer Muster. Wohin ich auch schaute, überall tauchten ähnliche Riffel auf: in den Muschelschalen, aus deren Öffnung gekräuselte Lippen ragten, und natürlich auf den gewundenen Prielen, die das Licht anders einfingen und zurückwarfen als das flachere Wasser. Alle diese Formen besaßen den geschwungenen Kielbogen, die doppelte S-Krümmung, die William Hogarth 1753 »Karnies« taufte, »die Schönheitslinie«, eine in ihrer funktionslos eleganten Wiederholung erlesene Linie, die den Blick auf sich zieht.

Bei so wenigen Orientierungspunkten und so vielen lockenden Wegen fiel es uns schwer, auf Kurs zu bleiben. Es drängte mich, geradewegs ins offene Meer zu laufen und die große Freiheit dieser leeren verebbten Welt zu erleben. Aber wir waren beide auch zu ängstlich, den angenommenen Verlauf des Broomway zu verlassen und möglicherweise in schwarzen Schlick oder Treibsand zu geraten.

Patricks Wegbeschreibung nach sollten wir bald den Maypole erreichen, einen eingesunkenen Telegrafenmast mit Quertraversen, der am südöst-
~~~

lichsten Punkt eines Priels namens Havengore Creek stand. Aber die Größenverhältnisse wurden seltsam, und wir achteten kaum noch auf unser Tempo und die zurückgelegte Distanz. Einige Stangen, die da und dort aus dem Watt ragten, verwirrten uns: womöglich Überreste von Schiffswracks oder vielleicht doch die Markierungspfähle vor langer Zeit versandeter Priele. Schließlich sahen und erreichten wir aber den Maypole. Er ähnelte dem oberen Mastende und den Rahen einer Galeone, deren Rumpf tief im Sand steckt. Am unteren Ende hatte die Strömung mehrere Becken ausgehöhlt, in deren warmem Wasser wir unsere Füße suhlten und Garnelen aufscheuchten. Dann machten wir die nächste Peilung und liefen weiter über das silberne Wassertablett. Mein Denken begann seltsame Bewegungen zu machen, angeregt durch die bewusstseinsverändernden Substanzen dieser Meereswelt und das Hochgefühl, entgegen aller Intuition gefahrlos über Wasser gehen zu können. Nichts konnte dort draußen einfach sein, was es ist. Das Auge weidete sich an falschen Farben. Vergleiche und Metaphern sprossen und schlüpften. Distanzschimären und Tiefenfinten. Möwenadler stießen durch ferne Nebelränder. Der Sand war der glanzlose Spiegelbelag des Wassers, der die Reflexion erst ermöglicht, den Blick aber zugleich begrenzt, sodass uns der dahinterliegende Plan verborgen bleibt.

Die ganze Zeit begleitete uns unser Spiegelbild, unser aufmerksames Geister-Double. Das Wasser verhielt sich nämlich wie eine Spiegelachse, auf der wir an den Knöcheln mit unseren Doppelgängern verbunden schienen, ich jetzt über dreieinhalb Meter groß, David noch größer. Hätte man uns vom Ufer aus durch den Nebel sehen können, wären wir zwei riesenhafte Wanderer gewesen, die über das Meer schreiten. Oder zwei langgliedrige Knallchargen, die tölpelhaft in den sicheren Tod laufen.

Vor einigen Jahren hat der Bildhauer Antony Gormley auf dem Gelände des Archäologischen Forschungsinstituts von Cambridge einen Eisenabguss seines eigenen Körpers vergraben. Nur noch die Fußsohlen dieses Eisenmannes sind an der Erdoberfläche zu sehen. Zwei Tage vor meiner Fahrt zum Broomway hatte ich mir Schuhe und Socken ausgezogen und mich barfuß auf die rostigen Fußflächen gestellt, Sohle an Sohle mit dem eingegrabenen Körper. Eine Doppelung, die sich plötzlich hier draußen im Watt wiederholte. Wohin ich sah Dreh- und Angelpunkte, Symmetrien und Vervielfachungen:

Thoraxpunkte einer geflügelten Welt. Sand als Mimesis von Wasser, Wasser als Mimesis von Sand, und beider Verdoppelung in der Luft. Mittig gefaltete Kuckucksrufe; Schwertmuscheln, Herzmuscheln; unsere Spiegelbilder; eine Überfülle an Sonnen; Durchsichtiges gleitet über Festes. Wenn ich an diesen küstenfernsten Punkt unserer Wanderung zurückdenke, erinnere ich mich wieder an die extreme Wahrnehmungsstörung, die vor meinem Auge, dem inneren und äußeren, Halluzinationen hervorrief. Ich erinnere mich, wie die Gedanken sinnlich wurden; das Wesen der Landschaft hatte einen so starken Einfluss auf den Geist, dass er sich in seinem Wesen veränderte.

~~~

Man betritt die Spiegelwelt über einen Damm und verlässt sie auch über einen solchen. Von Asplin Head führt eine Trasse aus Schutt, breit wie ein Feldweg, über die Black Grounds und bringt den Wanderer sicher an Land. Als wir uns dem Damm näherten, gab der Sand unter unseren Füßen immer mehr nach, und wir sanken bei jedem Schritt zunehmend in den schmatzenden, schwarzen Schlick ein. Es war, als wären wir auf Öl gestoßen – glänzender, schwerer Schlamm, der an unseren Füßen aufstieg. Wir schmatzten weiter in Richtung Damm, dessen Steine von grellgrünem Tang bedeckt waren. In der Salzmarsch wuchsen Bleiwurz und Meerfenchel.

Ich lief neben, nicht auf dem Damm und bemerkte, dass ich nicht einsank, solange ich nur die Füße in Bewegung hielt. Ich durchquerte Miniaturkaktuswälder aus Meerfenchel und Brocken geborstenen Eisenbetons. Die Oberfläche des Schlamms, ein zäher, geronnener Brei, war mit kunstvoll filigranen Wurmspuren und Krebskrabbeleien gemustert.

In der Mitte des Damms, wo getrockneter Schlamm sternförmig aufgebrochen war, sah ich viele Fußabdrücke von Watvögeln – Wasserläufer, Austernfischer und Möwen – und erinnerte mich an die Abdrücke im Schnee auf meinem nächtlichen Spaziergang in Cambridge. Der glatte, rutschige Schlamm war sehr angenehm für die Füße und quoll ölig-buttrig zwischen meinen Zehen hervor. Als wir den Deich erreichten, trugen David und ich Taucherstiefel aus Lehm. In einer großen Pfütze wuschen wir sie ab und stiegen eine Bootsrampe hinauf. Nun waren wir wieder an Land.
~~~

Wir setzten uns auf die seewärtige Seite des Deichs, aßen belegte Brote und unterhielten uns. David machte ein Foto vom »Fotografieren-verboten«-Schild des Verteidigungsministeriums. Die Sonne stand jetzt strahlend am Himmel, nichts erinnerte mehr an den Frühnebel. Der an meinen Beinen verbliebene Lehm trocknete schnell, zog an den Härchen und spannte die Haut, ich fühlte mich wie frisch aus dem Töpferofen – ein Mann aus Schlamm und Morast. Zu meiner Freude stiegen drei Säbelschnäbler aus der Salzmarsch auf, zogen kreischend ihre Kreise, schossen dann wieder in die Grasnelken nieder. Ich dachte an die Brachvögel, die ich früher im Jahr in großen Scharen an der Küste gesehen hatte, und dass die Pfade der Vögel und Tiere die ältesten Wege überhaupt waren: die Luftrouten der Gänse, die aus Sibirien hierherkamen, und der Wanderfalken aus Skandinavien, seit Jahrtausenden unsichtbar in den Himmel gezeichnete, von Magnetkräften markierte Wege. Eine atemberaubende Studie zur Navigation von Vögeln hat kürzlich herausgefunden, dass die Tiere durch Proteine in der Netzhaut, sogenannte Cryptochrome, magnetische Felder tatsächlich *sehen* können. Magnetische Felder erscheinen als Hell-Dunkel-Strukturen, die die für gewöhnlich sichtbare Landschaft überlagern und auf diese Weise die Vögel an ihr Ziel leiten.

Am hinteren Ende des Damms reichte das glänzende Watt bis zum Horizont. Ein Bauer aus Foulness, John Burroughs, erzählte uns wehmütig von seinen spätherbstlichen Entenjagden auf der sandigen Ebene. Wenn er sich auf seinen Jagdstock stützte, ein einfaches Brett, überkam ihn das Gefühl, er könnte sich ebenso gut »auf der anderen Seite des Mondes befinden«.[3] Das schien mir genau das richtige Bild: die Wanderung hinaus aufs offene Meer als ein irrsinniger Flug ins All, aus dieser Welt hinaus.

In seinem verschrobenen Wegebuch von 1909, *Afoot in England* (Zu Fuß in England), beschreibt W. H. Hudson einen Aufenthalt an der Küste von Norfolk unter ganz ähnlichen Bedingungen, wie David und ich sie an jenem Vormittag auf dem Broomway erlebt hatten. Es war Ebbe, Hudson stand weit draußen im Meer auf dem hellen Sand und beobachtete Silbermöwen, als langsam ein »weicher, bläulich silberner Schleier« im Himmel aufzog und Meer und Land »sich ineinander verwoben«, sodass »ein neues Gefilde« entstand, das »weder Erde noch See« war. Die Möwen wurden im Nebel größer und größer, bis sie keine »vertrauten Vögel« mehr waren, sondern »doppelt so groß wie Möwen, blendend weiß und ohne erkennbare Konturen«. Hudsons Prosatext nennt die Erfahrung mystisch: eine metaphysische Halluzination, ausgelöst durch eine physikalisch erzeugte Illusion. Die Möwen erschienen ihm zeitweilig wie Gespenster oder Geistervögel, die kaum »in dieser Welt lebten oder sie durchzogen«, Wesen, die erst der Nebel flüchtig sichtbar machte. Dann stellt er sich in brillanter Umkehrung vor, dass er selbst – »weit draußen im glänzenden Watt, zur einen Seite die glänzende See« – entmaterialisiert ist, »ein konturloses weißes Glänzen am Meeressaum und dann vielleicht ein geflügelter Schatten, der durch den Nebel schwebt«. »Es war die Wirkung der Landschaft«, so schließt er, »dass die natürliche Welt sich in eine übernatürliche verwandelte.«

Spürt der Fuß festen Sand und die Haut glatten Schlick, und nimmt der Körper den Raum anders wahr, dann wirkt dies auch auf den Geist ein und verändert Textur und Richtung des Denkens. Der amerikanische Landwirt und Autor Wendell Berry legt dies in seinem ausgezeichneten Essay *The Rise* (Die Erhebung) dar, in dem er beschreibt, wie er sein Kanu in einem reißenden Fluss zu Wasser bringt. »Mochten wir uns noch so bewusst dazu entschieden haben, das Ufer zu verlassen und uns den plötzlichen Gewalten des Flusses auszusetzen«, schreibt Berry, »gab es dennoch immer mehrere mulmige Minuten des Übergangs. Der Fluss ist eine andere Welt, das heißt, unsere Sinne und Reflexe müssen sich erst an ein anderes Leben gewöhnen.«

~~~

Wir brauchen – dringend – einen Begriff für jene Orte des »Übergangs« aus einer bekannten Landschaft auf Johns »andere Seite des Mondes«, in Hudsons »neues Gefilde«, in Berrys »andere Welt«: Orte, an denen wir spürbar anders denken und fühlen. Ich habe solche Übergänge lange Zeit als ›Grenzübertritt‹ betrachtet. Diese Grenzen sind keine Grenzen zwischen Ländern, man benötigt keine Papiere oder Dokumente. Solche Übergänge lassen sich im Allgemeinen nicht erzwingen, und es gibt keine zuverlässigen Ortsbeschreibungen oder Wegekarten dorthin. Grenzübergänge gibt es auch in vertrauten Landschaften, wo man eine bestimmte Wasserscheide,
~~~

eine Baum- oder Schneegrenze quert, wo man in Regen, Sturm oder Nebel gerät oder von Lehm auf Sand oder von Kreide auf Grünstein wechselt. Solche Momente sind Übergänge, die die Geografie derart verwandeln, dass bekannte Orte befremdlich oder beschleunigt scheinen und sich in einem Landstrich ganze Kontinente auftun.

Wie könnten wir solche Vorkommnisse und Vorgänge bezeichnen – beziehungsweise wie können wir die Länder beschreiben, die sich hinter diesen Grenzen befinden? ›Xenotopien‹ vielleicht, also ›fremde Orte‹, oder ›deplatzierte Orte‹, ein Begriff, der unsere ›Utopien‹ und ›Dystopien‹ ergänzte. Martin Martin, der Reisende und Schriftsteller, der sich in den 1690er Jahren mit dem Boot auf eine Erkundungsreise entlang der schottischen Küste machte, wusste, dass man keine weiten Entfernungen zurücklegen muss, um Andersartigkeit zu finden. »Es zeugt von Schwäche und Torheit, nur das wertzuschätzen, was weit von dem Ort entfernt ist, an dem wir selbst geboren sind«, schreibt er 1697, »und wie weit sind Menschen auf der Suche nach fremden Pflanzen und Tieren gereist, ohne die Lebewesen in ihrem eigenen natürlichen Klima jemals kennengelernt zu haben.« Roger Deakin war derselben Ansicht: »Warum soll man im Ausland leben, wenn man doch in England in mehreren Ländern zugleich leben kann?«, fragte er sich in seinem Tagebuch. Ebenso Henry David Thoreau: »Ein gänzlich neuer Ausblick ist ein großes Glück, das für mich an jedem beliebigen Nachmittag möglich ist. In zwei oder drei Stunden kann ich in einer Gegend sein, die mir so fremd ist, wie ich sie mir nur wünschen kann. Ein Farmgebäude, das ich zuvor nicht wahrgenommen hatte, ist manchmal so interessant wie die Behausung des Königs von Dahome.«[4]

Der amerikanische Künstler William Fox hat sein Leben lang die »kognitive Dissonanz an isotropischen Orten« erforscht, wie er es selbst formulierte – schlichter ausgedrückt: das Phänomen, sich leicht an Orten zu verirren, die in alle Richtungen gleich aussehen. Fox vertritt die These, dass wir uns in solchen Landschaften nicht orientieren können, weil wir uns in der dichten Umgebung von Dschungel und Savanne entwickelt haben. In immergleichen, datenleeren Landschaften mit nur wenigen Sichtmarken »versagt unsere natürliche Orientierungsfähigkeit auf katastrophale Weise«. Fox reiste in die Antarktis, die amerikanischen Wüsten und zu Vulkanatollen im Pazifik, um solche monotonen Orte zu erkunden – während David und ich nur wenige hundert Meter vor der Küste von Essex auf einen solchen Landstrich gestoßen waren.

~~~

Dem Damm folgend, gingen wir zurück zu der Stelle, wo wir den Anfang des Broomway vermuteten, drehten uns in den Wind und betraten wieder den Weg, über den wir gekommen waren. Unter der inzwischen prallen Sonne trug jede Riffelung im Sand ihre eigene Lichtlinie, wie ein quer über den Grat gespanntes Kabel, und in jedem Becken brannte eine Miniatursonne ein helles Bohrloch zum weißen Kern der Erde. Jetzt hatten sich zu unseren Spiegelungen auch unsere Schatten gesellt: Auf dem Weg zur Insel waren wir zwei zu viert gewesen, nun waren wir zu sechst, eine solipsierte zerstreute Masse von Ich-Proliferationen.

Auf vielleicht halbem Weg zum Maypole erlagen wir, von den Erlebnissen des Tages übermütig geworden, doch der Versuchung, uns weiter aufs Watt hinauszuwagen; wir wandten den Rücken zum Küstenverlauf, ließen die vermeintliche Sicherheit des Broomway hinter uns und liefen geradewegs ins Meer.

Diese eine Stunde, die wir hinaus – zurück – ins Doggerland gingen, werde ich mein Leben lang nicht vergessen. Obwohl wir nicht wussten, wo der feste Sand weichem Schlick weichen würde, kam uns unsere Aktion nie gefährlich oder waghalsig vor. Das Wasser war weit draußen, und der Mond würde es noch einige Zeit zurückhalten – wir hätten also zwei Stunden Zeit, diese weit offengelegte Welt zu erkunden: länger wohl nicht, aber ganz sicher auch nicht kürzer. Der Gleichmut dieser Gegend, durch die wir uns bewegten, erfüllte mich mit einer Ruhe, die an Unverwundbarkeit grenzte, und wir liefen und liefen. Einen guten Kilometer weiter draußen hing noch etwas weißer Dunst in der Luft, in dem ich unwahrscheinliche Formen und Konturen wahrzunehmen begann: eine Flotte von Wikingerbooten mit gehissten viereckigen Sturmsegeln; eine Staffel Feluken, Dhaue und *sgoths;* Stadtlandschaften (die Umrisse von Istanbul und der Houses of Parliament). Als ich zurückblickte, war die Küste fast nicht mehr zu sehen,
~~~

unsere Fußabdrücke hinter uns getilgt, und so platschten wir spurlos weiter in Richtung Gezeitengrenze. In diesem Moment waren wir uns einig, dass der Horizont einen ebenso mächtigen Sog auf den Geist ausüben kann wie der Gipfel eines Berges. Irgendwann, als wir fast drei Kilometer hinausgelaufen waren und erste Gedanken an die bevorstehende Flut unsere innere Ruhe störten – schwarz drängender Schlick unter Sand –, setzten wir zu einem langen, weiten Bogen an, der uns von diesem äußersten Punkt wieder zurück in Richtung Küste und zum Broomway führen sollte. Endlich wieder geografische Koordinaten, auftauchendes Land, wiedererkennbare Merkmale. Als wir die Küste erreichten, beschlossen wir, den Broomway im selben Jahr noch einmal zu begehen, diesmal bei Nacht.

Schlammverkrustet und überdreht von Sonne und Wanderung, verließen wir beiden mittelsteinzeitlichen Vagabunden das Watt, wo der Dammweg von Wakering Stairs es berührt. Dort, am ausgefransten Ende des Damms, am Rande der Black Grounds, standen die Markierungspfähle, und dort – auf ihrer Bank aus Seegras – hockten noch immer meine treuen Turnschuhe in stiller Erwartung. Ich zog sie an, und wir verließen Doggerland, oder welches Land auch immer wir an diesem Tag bereist hatten, traten hinter den Spiegel und auf den Deich. Noch Tage später fühlte ich mich ruhig, sanden, strahlend, glatt.

II
Fußstapfen
(Schottland)

Wasser – Süden

Unsere Nussschale ~ Seewege ~ Umtragewege ~ Poetische Logbücher ~ Räuber & peregrini ~ Immrama ~ Trauminseln ~ Findlingsballast ~ Seegeschichten & astar mara ~ Ein Krähennest in Stornoway ~ »Wie ein Satz zum anderen spricht« ~ Der Hoil ~ Das Streben nach dem Optimum ~ Die blauen Männer vom Minch ~ Sich entfernende Umrisse ~ Gezeitenwechsel ~ Das Schwirren der Papageientaucher ~ Phosphoreszenz ~ Mafisches Mineralglas ~ Schlaflosigkeit & die Grenzen des Wissens ~ Wellenreiten ~ Ein Boot aus Geschichten ~ Zusammenspiel der Substanzen ~ Eine Reise nach Norden

Unser Boot, mit dem wir die Seerouten Richtung Süden segelten, war eine hundert Jahre alte Nussschale. Als ich es zum ersten Mal sah, war es angetaut an drei weitere Wasserfahrzeuge im Hafen von Stornoway auf der Isle of Lewis in den Äußeren Hebriden. Dem Kai am nächsten lag ein rostiger, längst ausgemusterter Fischkutter, der mit armdicken Trossen gesichert war. An dessen Seeseite angetaut war eine fünfzehn Meter lange Hochseejacht in strahlendem Zahnpastaweiß. An deren Seitenwand angetaut war ein Elf-Meter-Motorboot mit verwitterten Deckplanken aus Teak und spitzem Bug. Und an dessen Seitenwand angetaut war schließlich unser kleines Boot: der einzige Mast umgelegt, das terrakottafarbene Segel zusammengefaltet auf der Ruderbank, und die Länge über alles maß weniger als drei Kopf an Fuß liegende Männer.

Obwohl sie aussah wie ein Dinghi oder Dory, war die *Broad Bay* ein offenes, luggergetakeltes Boot mit klinkerbeplanktem Rumpf aus schottischer Lärche. Ihre Bordwand erhob sich einen halben Meter aus dem Wasser, sie stand zwei Jahre vor ihrem Hundertsten, und zwei von uns würden mit ihr nach Süden durch den Minch segeln, jene Meerenge, die die Isle of Skye und die Äußeren Hebriden von der schottischen Küste trennt. Wir würden zunächst auf die Shiant-Inseln zuhalten, eine vornehmlich aus Dolerit bestehende Inselgruppe im Herzen des Minch, um dann, so Wind und Wetter es zuließen, weiter nach Süden zu segeln, nach Harris und Uist, immer den Routen der Seewege folgend – der *astar mara* auf Gälisch –, über die seit fast zehntausend Jahren Menschen, Güter, Götter, Ideen und Geschichten gereist sind.

Mein seebanger Blick sagte mir, die *Broad Bay* sei kaum groß genug für eine Hafenrundfahrt, geschweige denn für die heftigen Gezeitenströme des Minch. Wir hatten keinen Motor (nur ein Paar Ruder); kein Navigationssystem (nur einen Taschenkompass) und nur zwei Mann Besatzung für ein Boot, das auf vier ausgelegt war (darunter ein blutiger Anfänger, der kaum zählte, nämlich ich). Elementarer kann man nicht segeln: ein Rumpf, der forsch die See verdrängt, ein Segel, das den Wind einfängt.

~~~

Im Altenglischen heißen sie *hwael-weg* (Weg der Wale), *swan-rād* (Weg der Schwäne); im Nordischen *veger;* im Gälischen *rathad mara* oder *astar mara* und im Englischen *ocean roads* und *sea lanes,* Schifffahrtsstraßen und Seewege. Es gibt sie zu Tausenden, darunter die *Rathad chun a' Bhaltaic* – die Straße zur Ostsee –, die von Cape Wrath über die Orkney-Inseln bis nach Russland führt; die Brancaster-Straßen, die im Norden Norfolks von der Küste abgehen; oder auch ›The Road‹, die Rinne zwischen den Scilly-Inseln St. Mary's und Tresco.[1]

Wir denken, Pfade existierten nur an Land, aber es gibt sie auch auf dem Meer, wenngleich sich Wasser weder markieren noch kennzeichnen lässt. Einige Abschnitte des Icknield Way wurden vor 5000 Jahren in die Kreide getreten, die See hingegen zeigt uns keinen Weg, der älter als eine halbe Stunde ist. Seestraßen sind Schwundpfade, von denen keine Spuren bleiben außer den vergänglichen Verwirbelungen des Kielwassers. Sie überdauern als Gewohnheit und Tradition, als Koordinatenreihen, Wegmarkierungen, gepunktete Linien auf Seekarten und als Geschichten und Lieder. »In grader Linie zieh'n wir übers Meer«, schrieb John Dryden in den 1660er Jahren über die englischen Seefahrer, »und kennen seine Pfade wie das Land.«
~~~

Jahrtausendelang reisten auf diesen Wegen Schiffe, Boote, Menschen, Gegenstände und Sprache: Briefe, Volksmärchen, Seemannslieder, Shantys, Gedichte, Gerüchte, Redeweisen, Witze und Träume. Der sandige Schlick des Broomway war ein Pfad des Übergangs gewesen, der mich halb vom Land fort, halb ins Wasser hinein geführt hatte. Und nun besuchte ich in den Äußeren Hebriden einen Mann, der die Seerouten so gut kannte wie kein anderer, um mit ihm über diese, ja, Meeresstraßen zu segeln.

Um zu verstehen, was Seewege ausmacht, muss man sich vergegenwärtigen, dass die Ozeane ferne Orte miteinander verbinden. In der vormodernen Welt, als es noch keine Autos oder Flugzeuge gab, war das Boot das schnellste Verkehrsmittel für weite Strecken. Und es ist immer noch erstaunlich flott. Nutzt man mit einem kleinen Segelboot bei gutem Wetter die richtigen Gezeitenströme und Winde, kann man an einem Tag von den Äußeren Hebriden bis zu den Orkney-Inseln reisen, zu den Färöer-Inseln in zwei bis drei Tagen. Schätzungen zufolge meisterten die Wikingerboote an einem guten Tag zwischen neunzig und hundertfünfzig Seemeilen und kamen damit vom norwegischen Bergen in zwei Tagen bis zu den Shetland-Inseln und in einer Woche bis nach Island. Für die Räuber des ersten Jahrtausends ein kurzer Weg zur Arbeit: Über das Wasser konnte sich Gewalt schnell ausbreiten.

Zum Zweiten ist der Verlauf von Seewegen keineswegs zufällig. Sie sind die optimalen Routen, um das offene Meer zu überqueren, so wie es optimale Routen gibt, um über freie Landflächen zu laufen. Seewege werden vom Verlauf der Küstenlinien bestimmt (Landspitzen weichen sie aus, wichtigen Häfen, Inselgruppen und Schärenposten neigen sie sich zu) und von maritimen Phänomenen. Oberflächenströmungen, Gezeitenströme und vorherrschende Winde bedeuten für die Seereise von einem Ort zum anderen Gefahren und Möglichkeiten.

Erst Anfang des 20. Jahrhunderts stellte man fest, wie viele alte Seewege es tatsächlich gab und wie sehr sie die Vorgeschichte geprägt hatten. Bis dahin waren Prähistoriker und historische Geografen einer gewissen »Voreingenommenheit für das Land« erlegen; ein perspektivischer Fehler, der aus einem übermäßigen Vertrauen auf römische Quellen resultierte, die hauptsächlich die Bewegungen von Truppen, Gütern und Ideen zu Fuß und über Land verzeichneten. Natürlich änderte das Straßennetz des Römischen Reiches die Mobilität innerhalb Europas grundlegend, und zweifellos waren die römischen Straßen ein Schlüsselfaktor bei der Anbindung abgelegener Gebiete an das Reich, womit sie überhaupt seine militärische und wirtschaftliche Stärke begründeten. »Das Meer trennt, das Land verbindet« lautet eine Redensart der Römer. Doch vor dem Aufstieg des Römischen Reiches traf über Jahrtausende das Gegenteil zu. Die klassischen Quellen führten die künftigen Historiker in die Irre – zumal das Meer alle Spuren ausradiert, während das Land sie bewahrt.

Erst mit dem Aufkommen der Prähistorischen Archäologie[2] als eigenständiger Disziplin erkannte man die Bedeutung der Seewege. Ein erster Durchbruch gelang 1912 einem gewissen Osbert Crawford, der anhand der Verteilung der bronzezeitlichen irischen Goldlunulae darauf kam, dass sie sowohl auf dem Seeweg transportiert worden sein mussten als auch über »Isthmen«, wie er sie nannte: Überlandwege, die frühzeitliche Segler nutzten, um nicht die unruhigen Gewässer vor Landzungen umsegeln zu müssen – den Stiefel von Cornwall oder St. David's Head auf der walisischen Halbinsel –; sie brachten ihre Waren auf der einen Seite an Land, trugen sie zum gegenüberliegenden Ufer und luden sie dort in ein anderes Schiff. Crawfords bahnbrechender Erkenntnis folgten bald weitere. Während des Ersten Weltkrieges und bis kurz danach erstellten Wissenschaftler anhand der Verteilungsmuster von Artefakten und Arbeitstechniken in Irland, dem Westen und Norden Großbritanniens und den Atlantikküsten Spaniens und Frankreichs rudimentäre Karten jener Seewege, die später die *Western Seaways* getauft wurden.

Die Arbeit war äußerst mühsam, brachte aber erstaunliche Dinge ans Licht: Auf diesen Seewegen hatte es mindestens seit der Mittelsteinzeit regen Verkehr und Austausch gegeben, ganze dreitausend Jahre bevor Rom seine Straßen baute. 1932 veröffentlichte Cyril Fox die berühmte Karte eines wichtigen Seewegs, der von den Orkney-Inseln über die Spitze Schottlands (den Pentland Firth) und um die Landzunge von Cape Wrath bis hinunter zum Minch führte, dann weiter in Richtung Süden durch die Irische See, um Wales und Cornwall herum, und noch weiter nach Süden, durch den Ärmelkanal bis zur Bretagne, in den Golf von Biskaya und schließlich an die Nordwestküste Spaniens. Von dieser Hauptroute gingen Nebenwege, Zubringer und Landstrecken über die Halbinseln ab.

Es folgten weitere Forschungen und Messungen, und bald zeigte sich ein kompliziertes Netz dicht verwobener Kurzrouten, das die Küsten von Nord- und Westeuropa miteinander verband. Fox schrieb den verschiedenen Kulturen der derart verbundenen Anrainerländer einen gemeinsamen atlantischen Charakter zu und entwarf ein lebendiges Bild der prähistorischen Meere, auf denen es vor neolithischen Seeleuten wimmelte, die mit ihren lederbespannten Ruder- oder Segelbooten zuweilen weite Distanzen zurücklegten. Es gibt Hinweise darauf, dass vor ca. 5 000 Jahren ein Mensch von Orkney in Richtung Norden gesegelt war – vielleicht lockten ihn das aus dem Norden angespülte Strandgut oder die am Ende der Tage nordwärts ziehenden Zugvögel –, um auf den Shetland-Inseln zu landen.

Wir können nur spekulieren, dank welcher seemännischen Kenntnisse und bootsbauerischen Fähigkeiten die ersten Segler auf diesen Seerouten den komplizierten Weg zurück nach Hause fanden. Auch den Grund für ihre Reisen kennen wir nicht. In seinem großartigen Buch über die atlantischen Zivilisationen, *Facing the Ocean* (Mit Blick auf den Ozean), stellt Barry Cunliffe die These auf, dass die »Rastlosigkeit des Ozeans« an sich schon ein Antrieb gewesen sein könnte, und weist – ein wenig pragmatischer – darauf hin, dass die Verfolgung der wandernden Fischschwärme und die ungleiche Verteilung hochbegehrter Ressourcen einen Bedarf an verlässlichen Seeverbindungen geschaffen haben mochten.[3] Die ersten Menschen, die auf diesen Seestraßen reisten, orientierten sich zur Navigation allein an der Natur: der Flugrichtung der Vögel, die in der Dämmerung an Land kamen, der Sturmvögel, Eissturmvögel oder Tölpel; dem Polar- oder Nordstern, jenem Fixpunkt des Himmelspanoramas, um den alle anderen Sterne zu rotieren schienen; den orografischen Wolken, die Landvorkommen hinter dem Horizont anzeigten; oder den Dünungsmustern. Diese Methoden halfen den ersten Seglern, dicht an ihrer gewünschten Route zu bleiben, sodass mit der Zeit eine in das kollektive Gedächtnis eingeschriebene Karte des Küstenverlaufs und der besten Seewege entstand, die als Erzählung oder Zeichnung immer weitergegeben wurde.

Solches Wissen wurde mit der Zeit in rudimentären Seekarten und *peri-*

pli festgehalten und später in Routenbüchern als Geschichten und Gedichte notiert: Der Schiffskatalog aus der *Ilias* ist beispielsweise die Gedächtnisstütze eines Lotsen, ebenso die *Massaliote Periplus,* die vermutlich aus dem 6. Jahrhundert v. Chr. stammt. Verbalisierte Karten mit Seewegen finden sich in der Skaldendichtung und fließen auch in die Isländischen Sagen ein (die etwa Segelrouten von Norwegen nach Island beschreiben, unter Angabe von möglichen Etappen, Orientierungspunkten und anderen wichtigen *landtoninger,* also Landmarken) sowie in mittelalterliche isländische Texte eher pragmatischer Natur, wie dem bemerkenswerten *Landnámabók,* dem ›Landnahmebuch‹ zur Besiedlung Islands, das in einhundert Kapiteln und fünf Teilen die Geschichte der Eroberung Islands durch die Wikinger erzählt und auch Wegweiser für die *verstrveger* enthält – die westlichen Atlantikrouten, die von Norwegen zu den Orkney-Inseln, den Hebriden, nach Schottland und Irland und weiter zu den Färöer-Inseln, nach Island und Grönland führen. Alle diese Dokumente sind, in Kenneth Whites einprägsamen Worten, »poetische Logbücher, voller Salz, Wind und Wellen« und entwickeln sich später zu den Lotsenbüchern, bekannt als *routiers, rutters* und *portolani,* wobei Letztere eher Wegbeschreibungen für küstennahe als für transozeanische Überfahrten liefern, bei denen man sich an den Landzungen orientierte.

Die Entdeckung der Seestraßen erforderte einen radikal neuen Blick auf die europäische Geschichte. Probieren Sie es selbst einmal aus. Kehren Sie vor Ihrem inneren Auge die Landkarte Großbritanniens, Irlands und Westeuropas um. Stellen Sie sich ein Negativbild vor. Radieren Sie die Landflächen aus, bis sie leer und nichtssagend sind – wie zuvor vielleicht das Meer. Überziehen Sie dann die westlichen und nördlichen Meeresgebiete mit Wegen und Straßen: ein Streckensystem von Hafen zu Hafen, Insel zu Insel, Landzunge zu Landzunge, Mündung zu Mündung. Die See wird zum Land, insofern, als sie nun das gebräuchliche Reisemedium ist: nicht Hindernis, sondern Korridor.[4]

Haben Sie dieses Negativbild nach dem Gedankenexperiment vor Augen, ergeben sich daraus verschiedenste Konsequenzen. Eine wirkt zentrifugal. Materie und Kultur schleudern an die Ränder. Das Zentrum leert sich, und die Peripherie wird zentral. Der atlantische Saum Europas ist nicht mehr die Abschlusskante ›der Alten Welt‹, sondern die Verbindungsstelle zur Neuen Welt. Die küstennahen Siedlungen sind Orte von Ankunft und Abschied, belebte Kreuzungen: Die Orkney-Inseln liegen nicht mehr fernab, sondern zentral, ein wichtiger Knotenpunkt für Handels- und Pilgerreisen.

Sodann beginnen die heutigen Staatsgrenzen zu wanken und zu zerfallen. Die nach außen gerichteten Küstensiedlungen – von den Shetland- und den Orkney-Inseln bis hinunter nach Galicien – gehören nicht mehr zu bestimmten Staatsgebieten, vor denen sie zufällig im Meer liegen, sondern werden zu einem eigenständigen atlantischen Gebiet, das Kultur, Technologien, Handwerkspraktiken und Sprachen teilt. Ein verstreuter abendländischer Kontinent, wenn man so will, vereint durch die gemeinsame Anrainerschaft an ein und demselben Ozean. Cunliffe zufolge entwickelte sich im Laufe von zehntausend Jahren entlang den Atlantikküsten eine gemeinsame kulturelle Identität, die Galicier, Kelten, Bretonen und Hebridenbewohner möglicherweise mehr miteinander verbindet als mit ihrer Binnenlandsippe. Kenneth White regt die Wiedergewinnung »verlorener Wellenlängen« und »atlantischer Empfindungen« an, in der Annahme, dass das Leben am Meer eine bestimmte Art des Fühlens und Denkens hervorbringt und beeinflusst. Es gebe »gedankliche Ereignisse«, die nur an diesen atlantischen Küsten möglich seien, wo »sonderbare Winde des Geistes wehen«[5] – eine Variante jenes Gedankens, der Edward Thomas so begeisterte: dass die äußeren Landschaften eine große Kraft besitzen, die inneren zu prägen.

Seit der Mittelsteinzeit reisten die Menschen (Räuber, Gläubige, Migranten, Händler, Handwerksleute) und ihre Ideen (Technologien, Sprachen, Dialekte, Religionen und Werte) entlang dieser Seewege hin und her. In der Jungsteinzeit reisten auf diesen Routen Becher und Streitäxte, ovale Anhänger und Steinperlen, Lanzenspitzen aus honigfarbenem französischem Flint, Bestattungsrituale und Bautechniken. Im Bronzezeitalter waren es Goldlunulae, Pigmente, Pechkohle, Bernstein, Kupfer, Fayence, bronzene Torques und wandernde Bronzeschmiede (die Taschen voller Schrott, Bienenwachs und hitzebeständigem Ton). In der Eisenzeit reisten kornischer Zinn, Kunstmotive, Haustiere und Edelmetalle, im finsteren Mittelalter schwere Ladungen Gewalt, Handel und Religion. Im späteren Mittelalter waren es Stein, Kalk, Seil, Dachpfannen, Bauholz, Schnitztechniken, traditionelles Geigenspiel, Lieder und Melodien – eines der vollkommensten Lieder von Robert Burns, *The Gallant Weaver* (Der galante Weber), greift eine skandinavische Melodie auf.[6]

Die Ausweitung des Römischen Reiches und die daraus folgende Ausweitung des europäischen Straßennetzes veränderten die politische Geografie Europas, und die Seewege wurden als Reiserouten vorübergehend unbedeutender. Doch im 5. Jahrhundert verbreitete sich in Gallien eine neue Art der Gottesanbetung – mit leiblichen Entsagungen für den Gläubigen einhergehend und auf dem Ideal von Einsiedlerei oder *desertum* begründet –, die über die Seewege auch in den Westen und Norden Großbritanniens gelangte. *Peregrini* – umherziehende Christen – gingen in Booten auf Pilgerreise und besiedelten ferne Inseln und Landspitzen (Iona, North Rona), lange bevor die Wikinger an diese Orte kamen.[7] White beschreibt sehr eindrücklich jenen außergewöhnlichen Moment in der christlichen Geschichte, als die Mönche – unter Segel auf der Suche nach ihrem *desertum* – »plötzlich immer weiter fortzogen, in einem großen Migrationszug, in den Köpfen Grammatik und Geografie, Verbformen und Wirbelstürme, Geistesgegenwart und Dichtung«.[8]

Einige Werke der keltisch-christlichen Literatur, die in diesen Jahrhunderten entstanden, nahmen die Form einer *immram* an, was sich vielleicht am besten mit ›Wunderreise‹ übersetzen ließe, eine Seefahrt in eine andere Welt.[9] Die *immrama* – mystische Reiseberichte, von denen die bekanntesten wohl *Immram Curaig Maíle Dúin* (Die Fahrt des Bootes von Máel Dúin), *Immram Bran* (Brans Seefahrt) und die *Navigatio Sancti Brendani* (Die Seereise des Heiligen Brendan) sind – spielen alle auf Seewegen. Es sind gewissermaßen Passagenwerke, die von der Überfahrt erzählen und mit Leichtigkeit vom Vertrauten ins Übernatürliche übergehen, von bekannten zu ersonnenen Ländern. In diesen Geschichten sind die tatsächlichen Gebiete Schottlands, Islands, der Orkney- und Shetland-Inseln über Seewege mit erfundenen Orten verbunden, etwa den Hesperiden, der Insel der Gesegneten, auch bekannt als die Glücksinseln (ein Archipel, das noch bis ins 14. und 15. Jahrhundert auf Seekarten verzeichnet war), oder der Brasilinsel, der Insel der Freude vor der irischen Westküste, wo es keine Krankheit und nur Zufriedenheit gibt.[10]

In diesen Gewässern vermengten sich also Geografie und Theologie, hier »verschmolzen mit der Zeit Metapher und Realität«, wie Cunliffe es ausdrückt, und auf ebendiesen Gewässern würde ich nun mit Ian Stephen segeln.

~~~

Ian und ich standen am Kai von Stornoway und blickten auf das kleine Boot, mit dem wir in See gehen sollten. Ian, die Hände in den Hosentaschen, entspannt. Ich, die Hände in den Hüften, skeptisch.

»In Booten wie der *Broad Bay* wurden traditionell Findlinge als Ballast mitgenommen«, sagte Ian. »Um die schweren Gneissteine zu laden, bildeten mehrere Helfer eine Kette, in der die Steine weitergereicht und auf dem Kiel ablegt wurden, wie ein sehr schweres Gelege.«

Ians Tonfall ließ durchklingen, dass mich diese Information beruhigen sollte. Tat sie aber nicht. Auch wenn mir die Logik des Ballasts nachvollziehbar war, konnte ich einfach nichts Vernünftiges daran finden, ein Boot mit Steinen vollzuladen, um dann damit auf hohe See zu fahren.

Kennengelernt hatte ich Ian ungefähr ein Jahr zuvor in Stornoway. Er ist – wie soll ich sagen, er ist vieles. Vor allem Seemann, von der und für die See bestimmt; meist lebt er von der Hand in den Mund, den Blick immer schon aufs nächste Abenteuer gerichtet. Seine Liebe zur See ist so stark, dass sie einer Gier gleicht, tatsächlich ist sie aber viel unbedingter als Gier. Ian war auf der Isle of Lewis geboren und aufgewachsen und hatte in den 1980er und 1990er Jahren fünfzehn Jahre lang in Stornoway bei der Küstenwache gearbeitet, bevor er die Arbeit dort aufgab, weil sie ihn zu sehr an den Schreibtisch band. Jetzt ist er Seemann, Maler, Geschichtenerzähler und ein Dichter von staunenswerter Poesie. Lange Zeit seines Lebens haben ihn die Seewege der Äußeren Hebriden fasziniert, und über Jahre ist er auf ihnen gesegelt und hat die Geschichten und Lieder gesammelt, die auf ihnen mitreisten. »Es gibt Geschichten, die du in verschiedenen Fassungen hörst, je nachdem wie weit oben oder unten du an der Atlantikküste bist«, erzählte er mir. »Wenn du diesen Geschichten begegnest, weißt du sofort, dass sie den Seeweg genommen haben.«

Anhand dieser Geschichten kartografiert Ian die Routen der Wasser-
~~~

wege, und anhand dieser Wege bestimmt er die Routen der Geschichten. So untersuchte er die Varianten der Seemannsgeschichten *Three Knots of Wind* (Drei Knoten Wind), *The Blue Men of the Minch* (Die blauen Männer vom Minch), des *Selkie* und der Legenden der *Fin-Men,* wie sie durch die Jahrhunderte getragen worden, hier und dort an Land gegangen sind und in unterschiedlichen Dialekten und an unterschiedlichen Orten geklungen haben. 2007 nahm er an der Fahrt dreier Traditionssegler entlang der Routen teil, die in drei gälischen Liedern und Geschichten beschrieben werden, darunter das *Fraoch à Rònaigh,* ein Lied, dessen Text zu einer Dudelsackmelodie hauptsächlich aus den Ortsnamen der Friedhöfe auf North Uist besteht. Ein Lied der Exilanten, ein Trauergesang, dessen Verfasser die Namen der Orte aufzählt, an denen seine Vorfahren liegen. Für Ian sind traditionelle Geschichten wie auch traditionelle Lieder eng mit den traditionellen Seewegen verwandt, darin, dass sie zufällig entstehen und doch immer wiederkehren. »Ein Lied ist jedes Mal, wenn es gesungen wird, anders«, sagte er, »und durch die Unterschiede in Wind, Gezeitenstand, Schiff und Mannschaft ist keine Reise auf derselben Seeroute genau gleich.« Jede vorab geplante Seeroute existiert erst als Vorahnung, dann als vergehende Heckwelle und zuletzt als Logbucheintrag. Sie alle sind »von Isobaren beeinflusst, // der Stationierung von Satelliten, aufgezeichnete Ephemera / Hände an Helmen«. Diese Vorstellung gefiel mir; sie erinnerte mich an die Traumpfade der Aborigines und auch an Thomas' Vision, dass jeder Pfad eine Geschichte ist, der jeder Wanderer eine neue Note oder Handlung hinzufügt.

Ians Äußeres: lockiges silbergraues Haar, kurzer weißer Stoppelbart, zwei dünne Silberohrringe im linken Ohr, aber zu filigran, um piratig zu sein. Ians Auftreten: hellwach, fuchshaft, großzügig, verschmitzt. Ians Stimme: trällernd, mit gälischem Klang. Ians Statur: klein, fast knabenhaft. Er hat eine gewisse Jugendlichkeit an sich und wirkt jünger als ich, obwohl er zwanzig Jahre älter ist. Wie seine Sprache hat auch seine Erscheinung etwas Kompaktes, Drahtiges, mit viel Ausstrahlung und Kraft. Sein Körper ist zäh und straff, aus Trosse und Tau, sein Charakter indes geschmeidig. Er zeigt immer wieder Phasen höchster Konzentration, die er stets mit einem kurzen Grinsen abschließt, ein Registerwechsel seiner wendigen Unangepasstheit. Dummköpfe und Blender verträgt er nicht. Bei unserer ersten Begegnung sah ich mich geprüft, beurteilt, überflogen, abgeschätzt. Sein Blick musterte mich von oben bis unten. Dasselbe unwohle Gefühl wie im Ganzkörperscanner am Flughafen. Dann – grünes Licht. Alles in Ordnung. Keine verbotenen Güter. Keine Vortäuschung falscher Tatsachen. Test bestanden, zumindest fürs Erste.

Ian wohnt zehn Meter neben dem Kai von Stornoway in einem ehemaligen Zollhaus, das erst in einen Segelschuppen, dann in einen Netzschuppen, dann in ein Gasflaschendepot umgewandelt worden war, später einige Jahre leerstand und verfiel, bis es irgendwann restauriert wurde. Das ist sein ›Krähennest‹ am Kai.

Als ich ihn dort eines Abends im Spätsommer zum ersten Mal besuchte, sah ich mit Schrecken, dass gerade bei ihm eingebrochen worden war: Vor der Tür, die sperrangelweit offenstand, lagen Gegenstände verstreut wie vor einem überfüllten Schrank. Fußpumpen, wasserdichte Packsäcke, Kleidung, Werkzeugkisten, Ruder, in einem Rohr ein Köcher mit aufgebauten Angelruten, an deren stramm gespannten Leinen einige Lichtperlen hinabliefen, als wir näherkamen. Ian stakste unbekümmert durch das Durcheinander zur offenen Tür. »Einfach nicht beachten«, sagte er, »so sieht's vor meiner Hütte immer aus. Komm rein und sag Hallo, wenn gerade wer da ist.«

An diesem Abend schmiedeten wir Pläne für neue Abenteuer auf den Seewegen. Sein Haus war, wie ich später erfuhr, eine Art Kommune. Finanziell überlebte es vornehmlich durch Tausch und Geschenke. Leute gingen ein und aus – vorwiegend Seefahrer und Fischer –, schliefen im Hauptraum, hinter den Sofas oder paddelten zu den Booten im Hafen, um dort in die Koje zu gehen. Manche tauchten in der Küche auf und blieben ein, zwei Stunden auf einen Kaffee oder einen guten Schluck. Zu ihnen gehörte Michael ›Das Boot‹, der einen Eimer oranger Knurrhähne mitbrachte. Dann Michael ›Der Hut‹, der, ganz in Tweed gekleidet, mit einem Buch über die schottische Aufklärung hereinkam, das er vor sich hertrug, als wollte er unser Wissen testen. Ein Engländer namens Collin, der mir nicht viel über sein Leben verraten wollte, nur dass ihn sein Beruf in viele verschiedene Länder geführt habe (Import/Export – der alte Alibiberuf der Spione), und der geschickt im Umgang mit Holz war.

Ian lebt auf Lewis, ist aber von dort aus weit gereist. Ein Insulaner, der ein internationales Leben führt. Die Äußeren Hebriden sind für ihn Kreuzung, nicht Randgebiet, und in diesem Sinn ist er der lebende Beweis für die Bedeutung der Seewege. Die Folge seiner Seereisen sind ein Wissen und eine Weltsicht, die zwar an einem Ort verankert, in ihrem Umfang aber kosmopolitisch sind. Seine Verbindungen entsprechen den gestrichelten Linien auf den Seekarten, die von Stornoway nach Norwegen führen, zu den Orkney-Inseln, nach Sula Sgeir und North Rona und bis zu den baltischen Ländern; oder nach Süden über den Minch nach Islay, Dublin, zu den Scilly-Inseln und an die bretonische Küste. Überall entlang der Atlantikfront hat er Freunde und Wachtkollegen. »Wenn es um irgendetwas geht, dann darum« heißt es in einem seiner Gedichte:

den Geschmack der Bekanntschaften vor der Stadt,
die Wachtkollegen, die sich wiedersahen ...

Wie ein Satz zum anderen spricht.
Die Geschichte deines Weges durch die Witterung.
Der Kontakt deiner Leute.

~~~

Abfahrt am Vormittag, im Hafen von Stornoway, im ›Hoil‹: ein Teil Öl (*oil*) und ein Teil Windgeheul (*hooley*). Geräuschkulisse Hafenkai, dieselschwangere Luft. Das Kielwasser der abfahrenden *Broad Bay* – eine Bahn durch die Ölschlieren im Hafen, die Regenbogenteppiche. Auf den Wellen flackerndes Licht. Wir schieben uns durch die dicke Suppe im Hafenbecken: Seetang, Orangen, Plastikmilchflaschen, Meeresdreck. Da und dort treiben große Robben, Nasenlöcher und Augen gerade über dem Wasser, die fetten Rücken wie die Anoraks aufgedunsener Wasserleichen. Nasenlöcher raus, *schnaub schnaub,* Kopf rein und abspülen, ein letzter Flossenschlag und abgetaucht. Los ging die Fahrt – mit Ruder, Segel und Tau – vorbei an den drogenfinanzierten Lustgärten und Burganlagen von James Matheson, der 1844 mit einer halben Million Pfund aus Opiumverkäufen an die Chinesen die gesamte Insel gekauft hatte. Dann weiter hinaus, vorbei am Leuchtturm und um die Landspitze, wo sich die See wie ein Füllhorn in den Minch öffnet.
~~~

Die Sonne über uns hoch und hell, doch weiter draußen dunkelnder Himmel. Schwarze Himmelsklippen schon im Osten. Die See: graphitgrau, leicht bewegt, weiß getüpfelt. Der Wind: fast direkter Südwind, Stärke 3 oder 4, mit leicht östlichem Einschuss. Ein guter Wind für ein kleines Boot wie unseres, nur leider aus der ungünstigsten Richtung. Unsere Route führte nach Südsüdost, aber man kann unmöglich direkt gegen den Wind segeln: Wir würden in langen Schlägen kreuzen müssen. Zwei weitere Boote liefen mit uns aus dem Hoil: ein *Sgoth Niseach* namens *An Sùlaire* (Der Tölpel) mit fünf Mann Besatzung und eine Hochseejacht, die uns bei eventuellen Schwierigkeiten im Blick behalten sollte. Ian und ich auf der kleinen *Broad Bay.*

»Los, bringen wir das Segel hoch, damit die Leute sehen, dass wir einen guten Start haben«, sagte Ian. Also zog und zerrte ich das große Rahsegel hinauf zur Spiere, wir holten die Großschot dicht und arretierten sie leicht, holten das terrakottafarbene Segel dicht, bis es sich füllte und die *Broad Bay* nach Süden zog, dass mir das Herz in der Brust sprang. Weiß kräuselte sich hinter uns das Kielwasser, unsere Hinterlassenschaft. Das vorbeiziehende Wasser zischte wie rieselnder Sand.

An diesem Tag sollten wir an die zwölf Stunden segeln, fast geradewegs nach Süden bei fast vollem Südwind. Bis wir in der Abenddämmerung die Shiant-Inseln erreichten, war nie ganz sicher, ob wir überhaupt so weit kämen. Mit den anderen Schiffen konnte unser kleines Boot mit seiner Zweierbesatzung nicht mithalten. Nur ein paar Seemeilen hinter der Landspitze von Stornoway waren die Jacht und *An Sùlaire* bereits weit voraus. In der Ferne sahen wir noch das schräg fallende Luggersegel der *An Sùlaire,* die im glänzenden Dunst des Minch kreuzte und dann verschwand. Nun gab es nur noch uns, das Wasser und den Weg. Ich hatte keine Angst, so weit draußen auf See zu sein, weil ich den erfahrensten Seemann bei mir wusste und das Boot ein ganzes Jahrhundert gehalten hatte, es also keinen Grund gab, warum es ausgerechnet jetzt untergehen sollte.

In diesen ersten Stunden lernte ich viel und schnell, kramte halbvergessenes Wissen aus früheren Segelzeiten hervor und verhielt mich so wenig ungeschickt wie ich nur konnte.

»Bis zur Gezeitenwende heute Abend müssen wir es geschafft haben«, sagte Ian. »Ich würde sagen, wir haben jetzt erst mal mehrere Stunden vor uns, wo wir mit der Flut kämpfen, dann sechs ordentliche Stunden guten Wind und eine Stunde Flaute, und dann …«, er schnipste mit den Fingern und warf lachend den Daumen über die Schulter Richtung Stornoway, »… sind wir schneller wieder im Hoil, als wir denken.«

Also zählte jeder Meter über Grund. Ian hatte mich ans Steuer gesetzt, den für Landratten traditionell besten Ort, wo ich schnell lernte, dem Wind etwas abzutrotzen und so hart am Südwind zu fahren wie möglich, um da und dort ein paar Meter zu unterschlagen. Wenn man zu steil in den Wind fährt, leert sich das Segel, verliert das Boot an Fahrt und braucht mehrere Minuten, um wieder auf Kurs zu kommen: ein derber Schlag bei so knapper Reisezeit.

In langen, einsamen Schlägen, die wir wie Kreuzstiche über den direkten Weg setzten, liefen wir langsam, aber stetig nach Süden, durch den Minch und auf die Shiant-Inseln zu. Landeinwärts lag die graugrüne Küste von Lewis mit den sumpfigen Meerseen und hoch aufragenden Landzungen. Im Osten, auf der Hauptinsel, fiel die Sonne direkt auf die golden schimmernden Torridon Hills, deren von mir bestiegene Gipfel ich erkannte – Beinn Eighe, Beinn Alligin, Liathach – und an deren Pfade ich mich noch gut erinnerte. Lichtwechsel änderten das Wesen des Wassers. Aufziehende Wolken und das Meer glänzender Stahl; strahlende Sonne und die See ein klargrüner Malachit.

Am Tag vor unserer Abreise hatte ich die Westseite von Lewis besucht und am Strand des Atlantik sechzehn weiße Gneiskiesel gesammelt – dürftiger Ballast für die weite Fahrt –, nun ließ ich für jede Seemeile, die wir hinter uns gebracht hatten, einen Kiesel über die Reling gehen. Die Steine trudelten hinab auf den Grund des Minch, wo vor ungefähr 1,2 Milliarden Jahren der größte aller Meteoriten in die heute als Großbritannien bekannte Landmasse einschlug. Iridium-Explosion, verflüssigter Stein, Schock-Metamorphose, eine kilometerbreite Dampfwolke über dem Land und Steine, die bis zu zwanzig Kilometer von der Einschlagstelle fortgeschleudert wurden.

Wenn Ian steuerte und keine Tauarbeiten zu erledigen waren, legte ich mich, um auszuruhen, am Heck mit ausgestreckten Armen auf den Kiel und starrte Mast und Segel entlang in den Himmel, als trüge ich das Boot, einem Käferpanzer gleich, auf dem Rücken. Durch das Holz spürte ich das beängstigend pochende Meer, das mit den Fäusten der Blauen Männer gegen den Rumpf hämmerte, nur ein, zwei Handbreit Lärchenholz unter mir.

Ansonsten schaute ich Ian zu und versuchte, von ihm zu lernen. Er genoss die Herausforderung, unser Ziel zu erreichen. Hochkonzentriert wachte er über der Windrichtung, überprüfte die Trimmung, beobachtete unser Kielwasser, hantierte an den Segeln, bestimmte unseren Kurs neu. Nur dann und wann, wenn wir mit bestmöglicher Geschwindigkeit liefen, steckte er zufrieden die Hände in die Latzhose und setzte sich kurz auf eine Ruderbank. Doch die kleinste Winddrehung oder ein Steuern von mir ließen ihn gleich wieder aufspringen, um zu zurren, zu prüfen, zu justieren.

Diese Jagd nach den optimalen Reiseparametern zeigte sich, wie mir bald aufging, in allem, was Ian tat. Ob er sich bewegt, ob er spricht, Ian ist außerordentlich genau. Er verkörpert, was Robert Lowell einmal »die Anmut des Akkuraten«[11] nannte, und auch seine Dichtung ist von erlesener Präzision. Minimalistisch, ohne gnomisch zu sein, ist sie ein weiteres Feld seines Strebens nach Genauigkeit und Kommunikation. Nichts an ihr ist übermäßig. Seine Gedichte sind kurz und straff wie gut gesetzte Segel. Lyrik ist für ihn nicht in Form gegossene Andeutung, sondern ein Mittel der Mitteilung, für das es keine anderen Wege gibt. Mir war aufgefallen, wie selbstverständlich die Menschen, mit denen Ian lebte, sein Schreiben als seine Arbeit akzeptierten – in ihm eine Fertigkeit sahen, die ebenso gelingen oder scheitern konnte wie das Aufstellen eines Hummerkorbs oder die Fahrt entlang einer Leeküste. Auch war mir aufgefallen, wie oft Ian im Gespräch oder in seinen Gedichten von sich selbst in Begriffen der Seefahrt oder des Wanderns sprach. Als er im Leben von seinem Weg abgekommen war, fuhr er zur See, um Klarheit zu gewinnen und sich neu zu orientieren. ›Abdriften‹, ›ankern‹, ›Strecke machen‹, ›drehender Wind‹, ›in See gehen‹, ›dahintreiben‹: Die Sprache des Meeres und seiner Bewegungen war auch die Sprache seines Selbstverständnisses, seine Poetik von Rückblick und Vorschau. In dieser und vielerlei anderer Hinsicht erinnerte er mich an Thomas: dieselbe Wechselwirkung zwischen der geliebten Landschaft und der Eigenwahrnehmung, dasselbe Verständnis von Dichtung als einer Möglichkeit, auszudrücken, was an der Schwelle des Bewussten liegt.

~~~
~~~

Als Segler schlug ich mich an diesem Tag zumeist passabel. Wobei, zugegeben, es einen unachtsamen Moment gab, als ich bei der Wende die Rahe herunterließ – eine dreieinhalb Meter lange Rundstange aus verleimter Kiefer –, die aus drei Metern Höhe auf Ians Schulter krachte. Bis heute herrscht Uneinigkeit zwischen uns, was die Natur dieses Vorgangs betrifft. Ich bestand darauf, dass es eine kontrollierte, wenngleich zweifelsohne etwas schnelle Bewegung gewesen war. Ian wiederum bestand nach saftiger Fluchtirade darauf, ich hätte sie »einfach runtergeschmissen«.

Bei einem langen Schlag erzählte mir Ian die Geschichte der Blauen Männer vom Minch. »Bei schlechtem Wetter oder schwerer See«, sagte er, »wollen die Blauen Männer dir ans Boot.« Sie türmen sich auf – wozu die tückischen Meermänner die Gestalt von Sturm und Wellen annehmen –, schlagen aufs Deck und versuchen, dich in die Tiefe zu ziehen. »Dann aber«, fuhr Ian fort, »geben sie dir eine einzige Chance. Ihr Anführer wirft ein Tau hinauf. Daran schickt er dir einen Vers aufs Schiff, und alle Mann an Bord, vom Kapitän bis zum Geringsten, müssen nacheinander eine Antwort im selben Rhythmus und Metrum geben. Wenn auch nur einer versagt, ist die Chance vertan, und das Boot wird mit Mann und Maus auf den Grund gezogen. Gelingt es aber allen, in irgendeiner Form poetisch zu antworten, ist das Schiff frei, und die Blauen Männer, die schleimigen Bastarde, hauen ab und suchen sich das nächste Opfer.« Er grinste. »Siehst du: Wer reden kann, kriegt immer irgendwie den Kopf aus der Schlinge.«

Geschichten und Pfade entsprechen einander auf zweifache Weise: Sie erzählen und sie verbinden. In Sibirien bedeutet in der chantischen Sprache das Wort für ›Geschichte‹ ebenfalls ›Weg‹.[12] Etymologen sind sich uneins, ob das englische Wort *book* (Buch), vom Germanischen *bok* abgeleitet, ursprünglich von ›Buche‹ stammt – dem Baum, in dessen glatte Rinde oft Zeichen und Pfeile geritzt wurden, um Routen und Pfade anzuzeigen. Das englische Verb *to write* (schreiben) wurde zu einer bestimmten Zeit tatsächlich speziell für die Markierung von Wegen benutzt: Das Altenglische *writan* bedeutet ›Runen in Stein ritzen‹; man schrieb also eine Linie, indem man mit einem scharfen Gegenstand auf und in eine Oberfläche ritzte – eine Fährte setzte.[13]

So wie sich der Schreibstift zwischen den Wörtern vom Papier hebt, heben sich auch die Füße des Wanderers zwischen den Schritten, und wie das

Reh weiterrennt, indem es vom Erdboden abspringt, und der Delfin weiterschwimmt, wenn er kurzzeitig aus dem Wasser schießt, sind Schreiben und Gehen *eine* Tätigkeit, ein fortlaufender Steppstich, die Weiterführung derselben Naht oder Strömung.[14]

~~~

Früher Nachmittag: Endlich tauchten die Shiant-Inseln schemenhaft als dunkle Umrisse auf. Langsam verfestigten sich Formen und Texturen: die Inseln und ihre Schärenwächter als Schnäbel, Zähne, Tische, Giebel, Kapellen. Über uns Buchstabenformationen von Gänsen.

Als wir noch vielleicht fünf Kilometer entfernt waren, zog ein Regenband von Osten herein und brachte Nebel, der beide Küsten verhüllte und den Anschein erweckte, die Inseln würden im selben Maße, wie wir näherkamen, zurückweichen. Ungefähr eine halbe Stunde fuhren wir über graues Wasser und durch grauen Nebel, ich glaubte, auf einen mystischen Archipel zuzusegeln, einen Ableger der Brasilinsel: aus der wahren Welt hinaus in ein Reich jenseits des Greifbaren. Ich musste an die Wolken denken, die in den *Immrama* so häufig den Übergang vom Bekannten ins Fantastische ermöglichen, und erinnerte mich an den Verlust der Orientierung auf dem Broomway und das Gefühl der Grenzüberschreitung, das der Nebel mir dort eingegeben hatte. Dann, als wir aus dem südlichen Ende des Regenbandes herausgesegelt kamen, lagen die Inseln vor uns: klar und wahrhaftig.

»Oh, jetzt sieht man sie scharf!«, sagte Ian, den Blick nach vorn. Dann, leiser, zu sich selbst: »Was für ein Leben, was für ein Leben!« Als wir gerade den ausgestreckten Arm der östlichsten Shiant-Insel Eilean Mhuire erreichten, kam der Gezeitenstrom zum Halten; der Wind legte sich, und die *Broad Bay* schlackerte langsam aus, bis sie beinahe stillstand.

All das innehaltende Wasser, unsicher seiner nächsten Pflichten, ein schimmerndes Warten auf Befehl. Der seitliche Schub der Ebbe stieß auf das vertikal aufsteigende Mittelwasser. Eruptionen aus den Tiefen, spiegelglatt der Ozean. Verknotungen der Strömungen.

Das Licht schwach, hauchdünn. Die Erde ruhend in ihren Angeln, unsicher ihrer Bewegung. Der Tag im Lot und still.
~~~

Plötzlich tauchten, hundert Meter achtern und schwarz glänzend, Finne und Rücken eines Minkwals auf, durchbrachen zwei gelb gestreifte Delfine das Wasser und tauchten freudig wieder ein, und dann zeigten die Wellen den Gezeitenwechsel, eine schwache, stehende Dünung, an der man ablesen konnte, dass der gesamte Minch seine Fließrichtung wechselte – Trillionen Tonnen von Salzwasser, ein marines Gebirge, das den unsichtbaren Kräften des Mondes gehorchte und das, während es langsam zurück nach Norden drängte, unser kleines Boot einfach mitnahm.

Fast hätten wir es trotz Ebbe mit Segel und Ruder an Land geschafft, am Ende aber warf Norman – der freundliche, barmherzige Kapitän unserer Sicherungsjacht – den Motor an und schleppte uns die letzten achthundert Meter zum Ankerplatz. Erleichtert, nicht mehr rudern zu müssen, und erschöpft vom stundenlangen Segeln, konnte ich mich nun hinsetzen und den Einzug in die Arena der Shiant-Inseln genießen. Das von den Inseln umschlossene Rund ist von ungeheurer Dramatik. Im Norden und Osten Eilean Mhuire, die flache, grasbewachsene Insel. Im Westen die massiven, zerklüfteten Klippen von Garbh Eilean, die über hundert Meter fast senkrecht ins Meer abfallen. Und durch einen schmalen Sturmstrand mit Garbh Eilean verbunden die lange schlanke Eilean an Taighe.

Im Dämmerlicht näherten wir uns dem Ankerplatz vor Garbh Eilean. Ein Kliff aus Doleritsäulen, das hoch aus dem Wasser ragte, an seinem Fuß zerbrochene Säulen. Noch im Halbdunkel glommen die orangen Flechten an der Felswand wie ein niedergebranntes Feuer.

Über uns war ein Geräusch, ein lautes Schwirren, als surrten Geldscheine durch eine Zählmaschine. Es waren die Flügelschläge der Papageientaucher, Tausender Papageientaucher, die hektisch kreuz und quer durch den Himmel zu ihren Schlafplätzen flogen. Etwas weiter weg konnte ich auch ihr geselliges Zwitschern ausmachen: abendliches Geplauder in den Nisthöhlen auf dem Kliff. Ich beobachtete sie, wie sie auf dieser viel genutzten Flugroute zogen, völlig unabhängig und zugleich dicht beieinander, ohne zu kollidieren, aber auch ohne dass es aussah, als ob sie ihre Flugbahnen aufeinander abstimmten. Ich dachte bei mir, wenn jeder Vogel einen Webfaden hinter sich herzöge, welch grandioses Geflecht sie zustande brächten.

Oberhalb der Sandbank lag die *An Sùlaire* vor Anker, die dreimal so schnell wie wir dorthin gekommen war, neben zwei Jachten, auch aus Stornoway. Ian kannte natürlich alle. Wir warfen den Anker zwischen dieser losen Flottille und hoppten mit dem Dinghi von Boot zu Boot. Im warmen Kabinenmief eines Jachtbauches drängten wir uns um einen Tisch; es gab warmes Essen, in einer Blechtasse kreiste Whisky. Man erzählte sich die Geschichten des Tages und gratulierte der *Broad Bay* zu ihrer Überfahrt. »Wir hätten nie gedacht, dass ihr das schafft!« »Ihr wart nur zu zweit und Ian ein völliges Greenhorn!« Aus dem Plaudern wurde Gesang, einladend und fröhlich. Und ein Hund - nein, zwei Hunde - tollten auf den Decks herum. Nach den langen Stunden auf See ein Gefühl der Gastlichkeit: der schützende Arm der Insel, das Tirilieren der Vögel, die gute Stimmung in der Kabine. Ein breites Grinsen legte sich auf mein Gesicht und wollte nicht mehr weichen. Draußen fiel die Nacht ein und die Umrisse der Inseln trieben davon. Hang und Gefälle schon nicht mehr wahrnehmbar, gierende Falllinien, die Inseln nurmehr Silhouetten, die langsam verschwanden.

Gegen Mitternacht ruderte Ian mich im Dinghi an Land. Das schwarze Wasser ölig wie Petroleum, grüngolden phosphoreszierend. Jedes Eintauchen der Ruder löste einen Lichtsturm aus: ein Schwarm Glühwürmchen, ein Reigen brennender Blätter, der die Wirbel im Wasser konturierte. Wie Funken leuchtende Partikel; formnehmende Vorahnung. Ian glitt in den Sturmstrand. Ich trat ans Ufer und eierte über Doleritkugeln, die mit dem dumpfen Klackern von Billardkugeln aneinanderstießen. Mit einem leisen »Mach's gut« stieß er sich ab. Ich tastete mich nach Süden die Klippen hinauf, bis ich einen Flecken Machair fand, ein paar Meter lang und breit, auf dem ich mein Zelt aufbaute und mich schlafen legte. Die Sterne standen gestochen scharf über mir. Ich fand es sonderbar, wieder auf festem Grund zu sein statt auf See, und stellte mir vor, der Boden unter mir reichte bis zum Grund des Minch hinab. Während ich dalag, spürte ich noch immer den Tag auf dem Meer, Blut und Wasser schwappten unter meiner Haut, Gezeitenwirbel im flüssigen Körper, der Schädel ein Rollen und Schwanken. Meine Gedanken zogen gegen den Strom zurück nach Norden, der Flug der Papageientaucher, die Linien, die wir hinter uns lassen, das weite Gewebe, unser Kielwasser, dann Schlaf.

~~~
~~~

Der nächste Tag, mein Geburtstag, war einer der bezauberndsten meines Lebens. Acrylblauer Himmel, kupfergelbe Sonne, weißer Wind. Ich verbrachte ihn mit der tiefen, leichten Fröhlichkeit eines Tags voller Muße am Meer; ich hatte keine andere Verpflichtung, als ihn auf angenehmste Weise zu verbringen. Mit einer Ausnahme liefen alle Boote früh aus und schmückten die Shiant-Inseln mit einem Strauß von Routen. Ian und ich beschlossen, mit einem netten Paar namens Rob und Karen, auf deren Boot wir am Vorabend so gastlich empfangen worden waren, noch mindestens eine Nacht zu bleiben. Der Wind drehte, und weiter nach Süden, nach Harris, würden wir nicht kommen, weshalb wir die Inseln hier auskosten wollten.

Wandern, erkunden, Strandgut sammeln, über Hügel und Strand wehte unser Grüppchen bald gemeinsam dorthin, bald verstreute es sich dahin. Ich kraxelte ein Kliff hinab auf eine westliche Landspitze und angelte auf Natursteinplatten – rutschfest durch Seepocken und rutschig vom Tang –, die sich bis ins Wasser neigten. Ich fing einen großen Pollack – Bronzestreifen auf silbrigen Seiten und Kohleschaufelschwanz –, den mein Spinner aus dem Algenwald gelockt hatte. Bei Windstille war das Wasser klar wie Gelee. Zwischen den Felsen hackte und nieste es. Unter Bögen und Überhängen war es dunkel wie mafisches Mineralglas.

Ich stieg auf den Gipfel von Eilean an Taighe und folgte den südöstlichen Klippen. Unten im Fels ein wellengemeißeltes Amphitheater: hallige Brandungshöhlen und schmale, vögelbevölkerte Buchten. Da und dort legte ich mich an der Kante auf den Bauch, beobachtete die vom Meer shampoonierten Felsen und lauschte dem Schnattern der Seevögel. Ganze Lagen von Vögeln waren in der Luft und unterteilten den Himmel in Schichten: Klippenmöwen und Eissturmvögel, dann Papageientaucher, dann Tölpel. Ich spürte, wie sich Körper und Geist öffneten und weiteten, die Gedanken nicht an meiner Haut endeten, sondern aus dem Körper hinausströmten. *Das Licht ergießt sich wie ein Wehr über die Ränder Europas.*

Am höchsten Punkt von Eilean an Taighe fand ich eine Hängematte aus Stein, von der Sonne vorgeheizt. Gegen Mittag lag ich hemd- und schuhlos darin, ein sich räkelnder Robinson, und ließ den Blick nach Osten über die Hauptader des Minch schweifen. Die Gezeiten und Wellen zogen ihre Schriftzüge auf das blaue Wasser: weiße Windglyphen, wellende Ornamente und Schnörkel, die mich an die Rückenzeichnung von Spinnen und arabische Schriftzeichen erinnerten.

Später am Nachmittag saß ich gen Westen, der sinkenden Sonne zugewandt, und las in Adam Nicolsons feinsinnigem Buch *Sea Room* (Meeresraum), einer Beschreibung der Inseln durch einen ehemaligen Besitzer, das ich in einer weißgetünchten Hütte gefunden hatte, der momentan einzigen Inselbehausung. Nicolson hatte die Inseln von seinem Vater geerbt, verstand sich aber immer nur als Besitzer auf dem Papier, und das auch nicht für ewig. Er gestattete jedermann, die Inseln zu besuchen, und hielt die Hütte gastlich eingerichtet und stets offen.

»Die Shiant-Inseln sind keine einsame Gegend«, sagt Nicolson im ersten Kapitel seines Buches. »Das ist ein falsches Bild, denn die längste Zeit in ihrer Geschichte waren sie eng mit der Welt um sie herum verbunden.« Weil sie direkt auf den atlantischen Seewegen lagen, waren sie fünftausend Jahre lang ein Zwischenstopp für Seereisende gewesen, ein sicherer Hafen mitten im Minch. »Wenn wir solche Inseln heute als Waisen oder Witwen ansehen und ihnen eine Dickens'sche Verlassenheit andichten, ist das gemeinhin falsch«, führt er aus. Tatsächlich sind sie der Anlaufpunkt für Millionen von Vögeln und Tieren, emsig wie ein Börsenparkett, Schauplatz von Wettbewerb und Bereicherung. Sie sind das Zentrum ihres eigenen Universums, der Knotenpunkt in einem Netz von Verbindungen der Natur wie auch des Menschen, die sich zunächst in die angrenzenden Seegebiete erstrecken, dann zu den Küsten an allen Seiten und darüber hinaus, dank der Seewege über Tausende Kilometer entlang der Ränder des Atlantiks bis ins Herz Europas.

Ich mag das Bild vom Netz von Verbindungen: Die Seewege führen, wie Thomas' Landwege, »von überall nach überall«, sie verbinden Tiefsee und Schelfmeer und Mündung und Fluss und Hinterland. Und ich sehe bei Nicolson, wie er von seiner ›Inselzeit‹ auf den Shiant-Inseln ›geformt‹ worden ist. »Die Landschaft hat sich in mich eingeprägt«, schreibt er voller Verehrung, »und durchzieht als Färbung mein ganzes Leben.«

Kleine Inseln haben in den Menschen, die sie lieben, oft den Wunsch geweckt, sie ganz und gar zu kennen. Über die Jahre habe ich die Werke verschiedener Inselverehrer gelesen – Tom Robinsons Tiefentopografie der irischen Aran-Inseln, die Berichte von Nicolson über die Shiant-Inseln und Lawrence Durrell über Korfu, dann Nan Shepherds Betrachtungen ihrer Binnen-Insel, der Cairngorms, und Gilbert Whites Darstellung seines Heimatdorfs Selborne in Hampshire. All diese Menschen waren anfangs von der Illusion einer gänzlichen Erfassung beseelt,[15] und glaubten, aufgrund der Begrenztheit ihres erwählten Ortes könnten sie vollständiges Wissen über ihn erlangen. Doch mussten sie alle nach langer Bekanntschaft erkennen, dass die Vertrautheit mit einem Flecken Erde nicht zu absoluter Kenntnis, sondern nur zu weiterem Erkunden führt. Für Shepherd waren die Cairngorms kein Kreuzworträtsel, das sich senkrecht und waagerecht entschlüsseln ließe. Jedes bessere Verständnis der Wechselbeziehungen zwischen den Bergen förderte nur wieder andere unverständliche Aspekte zu Tage. Was Shepherd daran genoss, waren nicht ihre Kenntnisse, sondern ihr Unwissen: »Der Geist kann nicht alles, was der Berg zu geben hat, davontragen«, schrieb sie, »noch kann er immer glauben, was er davongetragen hat.«

Als die Dämmerung einsetzte, baute ich unten am Sturmstrand aus den Dolerit-Steinen eine Stunde lang eine kleine Hütte mit mehreren Kammern – aus schlichter Freude am Bauen. Sie war etwa einen halben Meter hoch, ein Kraggewölbe mit Deckstein, und die offene Tür – mit Türsturz und Stützpfeilern – zeigte nach Osten, damit die Morgensonne einfallen konnte. Die rundgeschliffenen Dolerit-Steine schimmerten schwarz; wenn ich sie aus dem Meer holte, trockneten sie zu einem Wolfgrau. Ich fand und behielt einen mit Querbalken versehenen Gneiskiesel, faustgroß und von einem Quarzband umfasst. Beim Umherstreifen am Strand entdeckte ich einen einzelnen weißen Stein in der Größe und Form eines Straußeneis und stellte ihn aufrecht in die Mitte der Hütte. Als alles fertig gebaut war, freute ich mich: Die Konstruktion sah aus wie eine Miniatur von Maes Howe, immerhin bis die nächste Flut kam oder der nächste Spaziergänger dagegentrat.

Als die Sonne schließlich unterging, lag ich, die Hände hinterm Kopf verschränkt, auf dem Machair. Kurz schien mir die Zeit nicht abwesend (der alte Traum des Insulaners von der Ahistorie), sondern eher in ihren Formen vervielfacht. Orangefarbene Milben querten Felsbrocken. *Xanthoria parietina* betrieb Photosynthese. Papageientaucher rutschten in ihren Schlafmulden herum, die Flut zog zunehmend schneller nach Norden. Vor drei Tagen gefallenes Regenwasser sickerte in die Klüfte von Eilean an Taighe, der Pollack im schwarzen Eimer neben der Hüttentür wurde immer steifer, und die Sonne goss ihr Sommerlicht, wie seit unzähligen Jahren, über das Meer, die Insel und meinen Körper, eine reichhaltige Flüssigkeit, die ich am liebsten essen, aufbewahren und für die Winterzeit zu Honig verarbeiten wollte.

An diesem Abend kochte Ian auf dem Herd der Hütte den Fisch. Whisky kreiste. Ein Feuer wurde entfacht, Holz knackte und zischte. Ian erzählte, dass ein Freund in einem Coracle, das aus Haselnussruten geflochten und mit acht Kuhhäuten überzogen war, vom irischen County Mayo hinüber nach Iona an der schottischen Westküste gesegelt war, über die Route, die Columban von Iona im 6. Jahrhundert benutzt hatte.

Das Feuer erlosch. Asche überzog die Scheite. Das Licht nahm ab. Später Goldriss entlang der Horizontlinie.

Diese Nacht schlief ich wieder auf dem Felsvorsprung des Machair und hörte die Gänse am Sturmstrand auf ihrem Weg durch die Bergscharte rufen.

~~~

Delfine, eine ganze Schule von siebzig oder achtzig Tieren, kamen uns entgegen, als wir die Shiant-Inseln mit der morgendlichen Flut verließen, und pflichtvergessen gesellte sich ein gutes Dutzend zu uns zum Spielen; abgelenkt von ihrer festgelegten Route, glitten sie um und unter unserem Bug hindurch – unsere kurzzeitigen Beschützer, unsere Polizeieskorte.

Nicht lange nach Sonnenuntergang waren wir zur *Broad Bay* gerudert, hatten das Segel gehisst und segelten dann bei Hochwasser über die Felszähne in der nördlichen Schlucht zwischen Eilean Mhuire und Garbh Eilean, bei unstetem angsteinflößendem Wind. Das Wetter war umgeschlagen. Regenböen voraus, noch immer Südwind, jetzt aber kräftiger, sodass wir das Segel refften und vor dem Wind fuhren, direkt auf die entgegenkommenden Delfine zu.

Was für ein Ritt nach Hause! Wir machten fünf Knoten, für die *Broad Bay* vermutlich Höchstgeschwindigkeit, obwohl es mir in diesem kleinen Boot bei diesem Wind noch viel schneller vorkam. Ians stolzes Lächeln da-
~~~

rüber, wie rasend schnell der Rumpf durchs Wasser zog. Unser blauweißes Kielwasser nur ein kurzes Aufbäumen, das bald im Wellengang zerfiel. Ian brachte mir bei, wie man das Boot bei schöner Dünung vor dem Wind auf den Wellen reiten lassen kann. »Nur zwei sachte Stupser an der Pinne«, sagte er, »erst hierhin, um in den Wind zu steuern – dann dahin, damit sich das Segel wieder füllt, bis das Boot Fahrt kriegt und auf die Welle kommt, die drunter herzieht. Wie ein Surfer, der zum Wellenkamm paddelt.«

Ich nickte unsicher.

»Man kann es nur lernen, indem man's probiert.«

Er hatte recht, und sobald ich den Trick beherrschte, bekam ich gar nicht mehr genug davon. Es war, als fließe ein elektrischer Strom, die gesammelte Energie des Ozeans, die Pinne entlang meinen Arm hinauf und über die Wirbelsäule wieder hinunter. Das Gefühl, mit dem Wasser verbunden zu sein, war enorm, muskulär, als hätten die Blauen Männer meiner Schulter ihre Kraft geschenkt.

»Hey, hier wird jetzt mit Benzin gekocht!«, sagte Ian freudig. Ich ließ uns auf den Wellen reiten, und er erzählte mir neue alte Geschichten vom Meer, derb und salzig, die die Seewege auf und ab gereist waren.

Bei Kebock Head setzte der Regen ein. Ein heftiger Guss, der das Meer brodeln ließ und auf den teerölbehandelten Ruderbänken Blasen warf. Zitternd hielt ich das Steuer, und um mich von der Kälte abzulenken, erklärte mir Ian die *Broad Bay* vom Bug bis zum Ruder. Er kannte ihre Biografie, als wäre sie eine langjährige Geliebte, und erzählte sie mir als Geschichte: dass sie 1912 in Deerness auf den Orkney-Inseln gebaut und in Kirkwall registriert worden war. Dass ihr Rumpf aus verklinkerten, also überlappenden Lärchenplanken bestand, jeweils zehn links und rechts vom Kiel, gesetzt nach einem Verfahren, das seit Wikingerzeiten unverändert angewandt wird und sich gut für Arbeitsschiffe im Nord- und Westatlantik eignet, die schwere Lasten durch schroffe See und starke Gezeitenströme tragen sollen. Dass sich die Spanten im Rumpf der *Broad Bay* auf der Backbord- und Steuerbordseite leicht unterschieden, weil der Schiffsbauer die Besonderheiten jeder einzelnen Lärchenplanke berücksichtigt hatte.

»Die *Broad Bay* ist von 1912, jedenfalls wurde sie 1912 gebaut«, sagte Ian, »für die Versicherung ist sie also knapp hundert Jahre alt, aber eigentlich ist das einzige Originalteil an ihr der Kiel, ihr Rückgrat, das von Bug bis Heck durchgeht; das und Teile vom Vorder- und Achtersteven.«

»Sie besteht komplett aus Gelegenheitsfunden«, erzählte er weiter. »Siehst du die Eichenstücke vorne am Bug? Die nehmen den Druck von den Federhaken. Sie sind aus laminierter Eiche, die wir uns aus einem Haus geholt haben, an dem wir auf unserer Route heute vorbeikommen, gleich dort drüben.« Er deutete nach Westen zur Küste von Lewis. »Das Haus gehörte Sopwith, was im Klartext heißt: Die Eiche eines Kensingtoner Finanziers der englischen Luft- und Raumfahrt wird jetzt dafür benutzt, die Seetradition der Hebriden bis in die fernsten Gegenden hier zu erhalten! Die Verstärkungsknie sind übrigens aus Bergungsholz, alte Eiche vom Grund des Hoil, die der Schlamm konserviert hat. Sie hatten eine feine Biegung und sind extrem fest; ich vermute, sie sind von einem alten Heringskutter.«

Er erklärte mir die Soziologie des Bootsbaus, wie wichtig es sei, nur gleichartige oder verwandte Materialien zusammenzubringen. »An Bronze kommt kein Chrom«, sagte er und wies nach oben zur bronzenen Laufrolle am Luggerrigg, nahe der Mastspitze. »Nirosta ist näher dran, ein direkter Cousin in der Metallfamilie. Man muss aufpassen, dass die Hölzer und vor allem die Metalle zueinander passen.« Ich dachte darüber nach, dass für Ian Gegenstände und Materialien, genau wie Menschen und Sprache, immer eine Eignung für einen bestimmten Zweck hatten, die sich durch den Gebrauch zeigte. Worte und Menschen, Fallleinen und Trosse mussten sich unter Druck beweisen. Einige rissen, splitterten, barsten. Andere hielten – und die galt es zu bewahren.

Später die Rückkehr in den Hoil. Die Pinne fühlte sich an wie eine knochige Verlängerung meines Armes. Die Ölschlieren der großen Schiffe, die gneisartige Muster ins Wasser zogen. Wir drehten längsseits zum Kai, und während wir in den Liegeplatz glitten, sprach Ian schon von der nächsten Reise, einer Reise nach Norden.

Wasser – Norden

Die Männer von Ness, die guga & The Rock ~ Grüne Rona, schwarze Sula ~ Unter Gefährdung ihres Lebens ~ Die dunklen Künste ~ Kartenlesen als Hellseherei ~ Windgeschichten ~ Ein Schönwetterfenster ~ Abfahrt aus Port of Ness ~ Dilworths Steinkiste ~ Beschwichtigung oder Opfer ~ Walrücken, Brodeln & Wirrwarr ~ Was das Erwartbare stört ~ Die Oberfläche des Wassers ~ Der Vogelstöpsel ~ Großräumige Dunkelheit ~ Steuern nach dem Nordstern ~ Eine prachtvolle Quadrille – Erhebende Sula Sgeir ~ Inselumrundung mit Segel & Ruder ~ Der Tölpel im Gneis ~ In Herzform gequetscht

In alten Zeiten waren die irischen Gelehrten bekannt für ihren Brauch der navigatio, *einer mit dem Boot unternommenen Reise, einer Rundfahrt mit Auszug und Rückkehr, die darauf abzielte, die Zeichen von Fremdheit sehen zu lernen, um so aufmerksamer für die Bedeutung der eigenen Zeit und der eigenen Orte zu werden – geografisch, spirituell, intellektuell.*

RICHARD KEARNEY, 2006

Hören Sie. Hören Sie den Gesang der *guga*-Männer auf dem blanken Fels von Sula Sgeir, die an einem Augustmorgen vor fast sechzig Jahren in einer Steinhütte hocken, auf dieser kleinen Insel weit draußen im Atlantik. Leider kann ich ihn Ihnen weder vorsingen noch vorspielen, daher muss es so gehen. Die Szene: eine spartanische Hütte, an der höchsten Stelle gerade mal 1,80 m hoch, übereinandergeschichtete Gneisplatten, die Zwischenräume mit Lumpen verstopft. In der Mitte ein Torffeuer, darüber eine Sturmlampe, die den Raum erhellt. Die Männer sitzen auf groben Bänken am Rand, tragen Tweedjacken und schwere Wollpullover. Knisterndes Feuer. Das Heulen des Windes, der kräftig gegen die Hütte drückt.

Der Gesang setzt ein. Zuerst der Vorsinger, mit tiefer, kräftiger Stimme, der die Verse des Tages auf Gälisch anstimmt – »*ach is e an gràdh as mò dhiubh so*«, »und das Größte ist die Barmherzigkeit« – seine Stimme sinkt in die Tiefe, bis sie sich am Ende eines jeden Verses wieder hebt. Ende der Lektion. Dann eine Pause. Räuspern. Nun singt der Vorsinger eine Zeile aus einem Psalm, seine Stimme gewinnt an Volumen und Höhe: helle Töne aus Brust und Kehle. Das *throwing*, das ›Werfen‹, der Zeile. Die anderen Männer antworten mit Gesang, der Klang wächst an, erfüllt die Hütte. Eine zweite Zeile wird geworfen, aufgenommen, vollendet. Es klingt wie ein Gospel auf den Baumwollfeldern oder das Rufen eines Muezzins. Diese Lagerfeuerlieder handeln von Anbetung, Trost und Kameradschaft: Lieder der Andacht und des Schutzes gegen den Sturm. Gesungen von den *guga*-Männern von Ness, den Basstölpeljägern, im Jahre des Herrn 1953.

Sula Sgeir liegt gut sechzig Kilometer nördlich des nördlichsten Punkts der Insel Lewis; sie ist genauso weit von der Küste der Äußeren Hebriden entfernt wie St. Kilda. Eine Insel mit brutaler Geologie. Ein schwarzer gezackter Gneisgipfel, unter dem drohend ein submariner Berg sitzt, Heimat von etwa 10 000 Basstölpelpaaren und – zumindest für einige Jahre – des einzigen Schwarzbrauenalbatros der nördlichen Hemisphäre.[1]

Das Meer hat den südlichen Teil der Insel angenagt und sich ein System aus Höhlen und Tunneln gegraben. Bei schweren Stürmen schießt der Atlantik quer über die ganze Insel.

Sechzehn Kilometer östlich liegt ihr nächster Nachbar, North Rona, das *yang* zum *yin* von Sula Sgeir: eine mit grünem Weideland bedeckte schräg abfallende Platte, die über Tausende von Jahren mal bewohnt, mal unbewohnt war und schon viele Heilige, Bauern, Schafhirten und Naturforscher beheimatet hat. Der Heilige Ronan, einer der frühen keltisch-christlichen Mönche, die zur See fuhren, soll als Erster North Rona bewohnt haben, nachdem es ihn auf seiner Suche nach »einem Ort für seine eigene Wiederauferstehung« hierhin verschlagen hatte – so die Formulierung der *peregrini*. Auf der Insel steht noch die Ruine der Kapelle, die er gebaut haben soll.

Tausende Jahre folgten Reisende, die aus den verschiedensten Gründen nach Norden wollten, diesem Kurs über die Seestraße vom Butt of Lewis nach Sula Sgeir und North Rona. Beim ersten Blick auf die beiden Inseln von Süden her meint man, in ein Gleichnis gesegelt zu sein. Plötzlich sind sie da, mitten im Atlantik, sechzig Kilometer vor der Küste, sechzehn Kilometer voneinander entfernt. Es ist schon unwahrscheinlich genug, dass es hier im leeren Gewässer zwischen Schottland und Island überhaupt Land gibt, das noch dazu einen so starken Kontrast bildet: Rona grün und fruchtbar, Sular Sgeir schwarz und abweisend. Aus der Ferne wirken sie eher allegorisch als real: die Weide und der Fels – Schiffer, wie lautet deine Wahl? Die ersten Fahrensmänner entschieden sich verständlicherweise für das Weideland. Brenhilda, die Schwester des Heiligen Ronan, hat es angeblich auf Sula Sgeir versucht: Als man ihre Leiche fand, hatte sich ein Seevogel in ihrem Brustkorb ein Nest gebaut. Lektion gelernt. Seit Brenhilda überließen die Menschen Sula Sgeir lieber den Seehunden, Eissturmvögeln, Papageientauchern und Basstölpeln – und, für eine kurze Zeit im Sommer, den Männern aus Ness von North Lewis, die für zwei Wochen auf die Insel kommen, um die *guga* zu jagen, die Basstölpelküken.

Die erste Aufzeichnung einer *guga*-Jagd stammt aus dem Jahr 1549;[2] die Männer ruderten im offenen Boot hinaus, keulten die Tölpel und nahmen die toten Tiere als Ballast mit. Die Tradition wird bis heute fast unverändert fortgeführt. Meist sind es zehn Mann, manchmal zwölf. An Land gehen sie nach wie vor an der einzig möglichen Stelle, in der Hauptbucht von Sula Sgeir, der *geo*, wo der Fels eine Rinne bis hinab ins Wasser bildet. Die Landung ist gefährlich, einfacher aber geht es nicht. Schon bei wenig Wellengang türmen sich Wogen in der Bucht, schwappen in alle Richtungen und krachen gegen die Felsen und gegeneinander. Heutzutage haben die Hütten einen Schutz aus Abdeckplane, darüber eine Persenning, dann ein Netz, das zusätzlich mit Steinen beschwert wird. Aber die Männer teilen sich ihre Hütte immer noch mit den Sturmvögeln, die jetzt in den Nischen nisten (dunkelgraue Tiere mit weiß aufblitzenden Schwänzen, die den ganzen Tag auf dem Meer verbringen und abends unter hohen Schreien an Land zurückkehren). Noch immer wickeln sich die Männer vor dem Schlafen Lappen um den Kopf – zum Schutz vor den Ohrwürmern, die nachts in den Hütten ein und aus gehen. Die zwei Wochen, die sie auf der Insel verbringen, sind auch heute noch gefährlich; am Sabbat ist Ruhetag. Am ersten Tag auf *The Rock*, wie die Insel auch genannt wird, richten sich die Männer ein, dann beginnt das Keulen. Verschiedene Aufgaben werden verteilt: Es gibt Fänger, Totschläger,

Senger, Bürster, Rupfer und Aufstapler. Die Kliffhänger seilen sich an den vom Guano schlüpfrigen Felsvorsprüngen ab, in der Hand lange Stangen mit Schlingen und ihre Knüppel. *Werfen, zuziehen, packen, und knack.* Die Kadaver werden auf den Gipfel von Sula Sgeir geschafft, wo bereits die »Fabrik« wartet. Man rupft die Vögel und sengt sie ab. Die Flügel werden ihnen abgehackt, und sie werden erneut geschrubbt, aufgeschnitten, ausgenommen und kommen dann auf den ›Haufen‹ – einen großen Steinaltar voller *guga*-Kadaver. Dieser wächst und wächst. Am Sabbat, zur Mitte der Jagd, wird geruht, gebetet und gesungen. Wenn Sommerstürme über die Insel fahren, bleiben die Männer in den Hütten, denn bei schwerer See oder schwerem Wind kann auf dem Fels nicht gearbeitet werden. Haben sie die Anstrengungen hinter sich, fahren sie wieder zurück gen Süden nach Lewis. Im Hafen von Ness wartet schon die Menge, um die Vögel zu kaufen und zu essen. Bei seinem letzten Besuch auf Sula Sgeir, ehe der *guga*-Jäger zu alt wird für die Jagd, errichtet er zum Zeichen seiner Verbindung mit der Insel einen Steinhaufen. Vom Meer aus betrachtet erinnert sie daher an einen steinernen Igel.

Die *guga,* die die Hatz überleben, taumeln schließlich über die Klippen und plumpsen ins Meer. Einige Wochen leben sie im Wasser, reiten auf den Wellen und fasten, bis sie leicht genug für ihren Jungfernflug sind: entlang der britischen Westküste zu den Halbinseln im Nordwesten Frankreichs, dann weiter durch den Golf von Biskaya auf ihren eigenen Seewegen über der Atlantikküste – ihren Migrationsrouten – bis zum Winterquartier vor der Westküste Afrikas.

Jahrhundertelang sind die Männer im offenen Boot nach Sula Sgeir gefahren, gerudert oder gesegelt. »Wir sehen in Ness seit einigen Jahren tollkühne Männer, die unter Gefährdung ihres Lebens und ohne Kompass in einem offenen Boot mit sechs Rudern zu der Insel fahren«, schrieb Pastor Donald McDonald 1797 in einem Bericht zur Volkserhebung. Die letzte Gruppe von *guga*-Männern, die nach Sula Sgeir segelte, tat dies im Sommer 1953. Seitdem setzen sie in maschinenbetriebenen Booten über: immer noch eine schwere, fünfstündige Reise. Die genaue Abfahrtszeit der *guga*-Jäger bleibt jedes Jahr traditionsgemäß ein wohlgehütetes Geheimnis.

~~~
~~~

»Jetzt wäre es an der Zeit, uns ein, zwei Stunden den dunklen Künsten zu widmen«, sagte Ian einige Tage nachdem wir von den Shiant-Inseln zurückgekehrt waren. Er stieg die Treppe hinauf und kehrte mit drei Seekarten, einem Tidenatlas und einem Stück Messing zurück, das aussah wie der Kopf eines Tölpels mit Weinkorken auf dem Schnabel. Er breitete die Seekarten auf dem Küchentisch aus, schlug den Tidenatlas auf, zog den Korken vom Tölpelschnabel und drückte auf den Schädel, bis die Schenkel des Zirkels – denn darum handelte es sich bei dem Gerät – herauskamen, sich erst überkreuzten und dann zu Beinen wurden, mit denen er über die Karten schreiten konnte.

Seekarten verleiten uns mehr noch als Landkarten zur Selbstüberschätzung. All diese nichtssagenden Wasserflächen – was soll da schon schiefgehen? Bei gebirgigem Gelände kann ich auf Karten mögliche Gefahren erkennen: Schraffierungen zeigen Felswände an, eng gebündelte Höhenlinien steile Hänge und Schichtstufen. Auf Seekarten sind zwar Landzungen, Schären und die mittlere Wassertiefe verzeichnet, aber da die meisten Merkmale des Meeres unbeständig sind – zeitweilige Gegebenheiten wie Wind, Strömungen, Gezeiten –, lassen sie sich nicht verlässlich kartografieren. Das Lesen einer Seekarte ist zu gleichen Teilen Datenanalyse und Okkultismus. Seeleute praktizieren ihre kartografische Hellseherei wie Bergsteiger und vertrauen mindestens ebenso sehr auf ihre Intuition und ihren Aberglauben wie auf die Informationen, die sie den Karten entnehmen. Ian ließ die Finger über die Karten gleiten, fuhr mögliche Segelwege entlang und lotete anhand von Erfahrungswerten und Ableitungen künftige Seebedingungen aus. *Bei diesem Wind, diesem Boot, dieser Besatzung ... bei diesem Gezeitenstand, diesem Kurs ...* Je weiter man sich vom Land entfernt und je länger die Reise wird, umso schneller potenzieren sich die hypothetischen Annahmen. Wenn wir diese Rinne, jene Landzunge nicht bei Totwasser, bis zum Gezeitenwechsel erreichen, können wir hierher oder vielleicht dorthin ausweichen ... Seine Finger lasen für ihn die Karte und formten aus den flachen blauen oder grünen Stellen vor seinem geistigen Auge ein Relief. *Die Wellen hier sind zu diesem Zeitpunkt, unter diesen Bedingungen kein Problem; aber hier stehen sie dann hoch und fest wie eine Wand.* Windgeschichte und Windzukunft müssen ebenfalls hinzugezogen werden, da das

Meer ein Langzeitgedächtnis für Turbulenzen besitzt. Hat der Wind mehrere Tage aus derselben Richtung geblasen, erinnert sich das Meer noch daran, nachdem der Wind längst abgeflaut ist. Es benötigt Zeit, um sich wieder zu beruhigen und anderen Bewegungen zu folgen.

Am meisten beschäftigte Ian die Frage, welcher Seeweg als Erstes zu nehmen sei. Der Plan war, so viel stand fest, in Port of Ness, oben im Norden von Lewis, abzulegen. Von dort würden wir entweder nach Osten schippern, vorbei am Cape Wrath und ›oben herum‹ – durch den Pentland Firth – nach Orkney: Auf dieser Strecke würden wir dreißig oder vierzig Stunden ohne Unterbrechung unterwegs sein. Oder wir würden nach Norden fahren, nach Sula Sgeir und Rona. Ian legte eine Hand auf die andere, ließ sie auf die Karte sinken und blickte in die Luft. Im Hintergrund das Murmeln des Seewetterberichts: *Malin, Hebriden, Minch. Leichter Südwind, 3 bis 4. Südsüdöstlich zeitweilig rechtsdrehende Winde.* »Gute Windstärke für ein kleines Boot«, sagte er. »Vielleicht einen Tick zu schwach.«

Nach neunzig Minuten des Abwägens kam er endlich zu einer Entscheidung. Er klappte die Schenkel des Zirkels zusammen, steckte den Kork auf die Spitzen und legte das Gerät geräuschvoll auf die Karte.

Wir würden also nach Norden fahren, nach Sula Sgeir, zur Insel der Tölpel, und zwar auf der *Jubilee.* Die *Jubilee* war ein *sgoth Niseach:* eines jener auf Lewis in Klinkerbauweise gebauten offenen Boote mit Luggersegel und Spitzheck, die ausreichend robust für die hohe See waren, wo die Strömungen des Atlantiks auf die des Minch treffen. Sie maß von Bug bis Heck gute acht Meter, war 1935 von der Familie MacLeod aus Ness gebaut worden und hatte lange Zeit dort gelegen, ehe sie nach Stornoway gewechselt hatte. Mit ihr, der großen Cousine unserer *Broad Bay,* waren die *guga*-Jäger auf ihrer letzten Segelfahrt nach Sula Sgeir gekommen. »Ich habe mit einem der Männer gesprochen, die auf der *Jubilee* nach Sula Sgeir gefahren sind«, erzählte mir mein Freund Finlay MacLeod, der auf Lewis lebt, bevor ich nach Ness fuhr. »Sie erreichten die Bucht bei schlechtem Wetter und sahen, wie sich die Seiten des Bootes vom Druck der Wellen buchstäblich nach innen bogen.«

Auf dieser *Jubilee* wollte Ian nach Sula Sgeir und zurück segeln, in ihrem fünfundsiebzigsten Jahr. Er war ganz versessen auf diese historische Reise im Kielwasser der *guga*-Männer, entlang der Flugroute der Basstölpel, hinaus nach Sula Sgeir und wieder zurück.

~~~

Im Hafen von Port of Ness erwischten wir die Nachmittagsflut. Wir hatten die Absicht, den Abend und die Nacht ohne Halt durchzufahren und Sula Sgeir in der Morgendämmerung zu erreichen. Der Hafen: türkisfarbenes Wasser über Sand, Dieselgeruch, von der Sonne erhitzter Beton, rostige Leitersprossen. Platzender Blasentang, quietschende Bojen und Fender, alte angelnde Männer am Pier.

Als wir die wasserdichten Säcke und Seekisten an Bord luden, versammelten sich nach und nach die Bewohner um das Boot, um der *Jubilee* eine gute Fahrt zu wünschen; unsere gewagten Reisepläne nach Sula Sgeir hatten sich nämlich auf North Lewis herumgesprochen. Die *Jubilee* sah wunderschön aus, ein rot glänzender Rumpf, der an den Seiten schachbrettartig gemustert war, mit schwarz gepunktetem Innenholz. Sie war schwer und solide, ein von allen geliebtes Boot. Wir richteten den Mast auf, einen Pfahl aus Douglasfichte, für den wir vier Mann brauchten, um ihn heben und sichern zu können. Dann glitten wir per Ruder und Motor an einigen Wellenbrechern entlang aus dem Hafen, durch das Wellengewirr vor der Landspitze und hinaus aufs offene Meer. Das Segel hissen, die Reffs lösen, das Fall hochziehen, die Schot dichtholen. Mit kleinen Stößen schubste uns der Wind nach Norden, über hoch aufwogende Buckel, auf und nieder, auf und nieder. Von der Landzunge aus winkten uns die Menschen hinterher. Die Sonne schimmerte auf dem blauen Wasser. Lange Täler zwischen den Wellen.

Ian fuhr seit über vierzig Jahren zur See, seine Reisen hatten ihn nach St. Kilda, zu den Orkney- und Shetland-Inseln, nach Norwegen, in die Ostsee und die Bretagne geführt. Aber noch nie war er nach Sula Sgeir gekommen: Immer hatte ihm das Wetter einen Strich durch die Rechnung gemacht. Er war vorfreudig, aber auch misstrauisch. Die Vorhersagen hatten ein Schönwetterfenster angezeigt – leichter Wind, Sonne –, aber nur für zwei Tage, dann würde starker Westwind aufziehen. In einem kleinen offenen Boot auf hoher See gilt es vorsichtig zu sein. Deswegen begleitete
~~~

uns ein zweites Boot als guter Hirte: eine Hochseejacht namens *Hebridean,* die für uns ein wachsames Auge auf das Wetter werfen würde.

Am Morgen unserer Abfahrt traf ich noch meinen Freund Steve Dilworth in Stornoway. Steve wohnt an der Südostküste der Isle of Harris und ist einer der interessantesten Bildhauer unserer Zeit. Er gab mir einen Gegenstand, den ich mit auf die Reise nach Sula Sgeir nehmen sollte. In einer Tupperdose steckte, in Zeitungspapier und Luftpolsterfolie verpackt, ein Ding wie ein großes, plattgedrücktes Ei, das an einer Stelle spitz zulief. In der Mitte schwarz, die Seiten weiß, etwa faustgroß und sehr schwer. Es hatte gewisse Ähnlichkeit mit dem Kopf einer Lumme.

»Das ist eine Steinkiste«, sagte Steve fröhlich. »Eine kleine Lade. Der Korpus ist aus Dolerit. Den habe ich in der Mitte ausgehöhlt und dann eine Glasampulle hineingeschoben. Sie enthält Meerwasser, das ich bei einem Sturm vor fünfundzwanzig Jahren aufgefangen habe. Die Ampulle habe ich mit Bronzedraht fixiert und dann den Dolerit an beiden Seiten mit altem Elfenbein verschlossen.« Die Oberfläche der Steinkiste war kühl und glatt, selbst dort, wo das Elfenbein eingesetzt war.

Es handele sich um eine Opfergabe, erklärte mir Steve: einen Sturmtalisman. Alle maritimen Kulturen kennen Berichte von Gegenständen und Substanzen, die ins Meer geworfen werden, wenn ein Boot in Gefahr gerät. Bier, Öl oder Blut werden über Bord geschüttet, um die Wogen zu glätten. Münzen, Kadaver, Schwerter, Schafs- oder Baumwollfetzen werden dem Mahlstrom zum Fraß vorgeworfen. Es gibt zwei Arten von Gaben: zur Beschwichtigung oder als Opfer. Die einen sollen lindern (Öl auf aufgewühltem Wasser); die anderen dienen als Stellvertreter – ein minderer gegenwärtiger Verlust (der Gegenstand, den man ans Meer verliert) zum Tausch gegen einen größeren künftigen Verlust (das Boot, das man ans Meer verliert). Steves Steinkiste gehörte zu den Opfergaben.

»Ich finde, Gegenstände müssen schön sein, um als Opfergabe zu taugen«, sagte er. »Es muss wehtun, sie an die Wellen zu verlieren.« Es beruhigte mich, die Steinkiste bei mir zu haben, und ich wusste, ich würde nicht zögern, sie bei Sturm über die Schachbrettseite des Bootes ins Wasser zu schicken.

»Und iss bloß keinen *guga,* falls dir jemand was anbietet«, warnte mich Steve noch, bevor wir ablegten.

»Warum? Bringt das Unglück?«, fragte ich.

»Nein«, sagte er. »Es schmeckt widerlich. Ölig, zäh, bitter. Ich weiß nicht, warum so ein Wind darum gemacht wird. Ich habe mal auf Lewis einen Bauern gefragt, was er von Tölpelfleisch hält, und bekam zur Antwort: ›Ich habe es meinen Hund probieren lassen, und er hat sich eine Woche lang den Arsch geleckt, um den Geschmack wieder loszuwerden.‹«

~~~

Unsere Besatzung bestand aus fünf Personen. Ian. David, ein junger Mann aus Lewis, der mit seinen sechzehn Jahren gerade zur Handelsmarine gegangen war. Colin, unser Schiffszimmermann von der Shiants-Fahrt. Diyanne, die als Bootsführerin in Ullapool an der Festlandküste arbeitete. Sie alle liebten die See und liebten alte Boote. Vier versierte Segler – und ich.

Ein Zwergwal grüßte uns noch zum Abschied nahe dem Butt of Ness, wo er sich an der Wasseroberfläche durch einen Schwarm Sandaale schlemmte, während rechts und links von ihm Tölpel niederschnellten und mit Schnäbeln voller Silber wieder auftauchten. Die *Jubilee* stromerte nordwärts, bei leichtem Wind, über hohe Wellenhügel. Die See glich einem Tischtuch, das ausgeschüttelt wird, wogende Buckel, auf die das Boot hinaufstieg und wieder hinunterrutschte. Nahebei ein durchs Wasser gleitender Höcker, der von unten gegen die Oberfläche drückte, ohne sie zu durchbrechen, wie eine Zunge, die sich in der Wange bewegt; dann stach eine Finne heraus: ein Delfin.

Ian nannte die langen Wellen »Walrücken«. Er war ein Wellenkenner, und ich lernte langsam seine Fachausdrücke für die verschiedenen Zustände des Wassers. Ein *stramash* war ein Brodeln, wenn Strömungen aufeinandertrafen und sich vermischten. Wo sie direkt aufeinanderprallten, entstand ein *clutter* (Wirrwarr). Für die Bewegung kleinerer Wellen benutzte er das Verb *to swither* (schwankeln). Besonders turbulentes Wasser war entweder *bouncy* (schaukelig) oder *jabbly* (stoßig). Die großen schnellen Wellen, die im Profil weich aussahen, aber entschlossen zu Felde zogen, nannte er »die Langen«, die sich an den Kielen der Boote »den Rücken kratzen«. Die »Dreckslangen« machten Ärger: durch einen »ruppigen Gruß«, den sie den
~~~

niedrigen Schiffen über Heck oder Bug schlugen. Für mich war die Meeresoberfläche wie weißes Rauschen oder klassisches Chinesisch. Ian konnte in ihr lesen wie in einem Kinderbuch.

Mir fiel auf, dass Ian auf dem Wasser zwei Zustände zugleich lebte. Zum einen war er auf eine stille, einfache Weise glücklich, auf dem Meer zu sein. Im Hintergrund aber ratterte zugleich ein analytischer Prozess: Sein Kopf durchforstete Daten, deren Wesen und Herkunft ich nur dunkel erahnte; aus leichten Veränderungen des Windes, der Wellen und Wege, aus Gerüchen, »dem Aufprall von Licht auf zufälliges Land«, wie er es in einem Gedicht einmal nannte, und der »elaborierten Gegen-Physik« der Gezeiten. Jede hinzugewonnene Information veränderte Gestalt und Situation des Ganzen. Er praktizierte die Poetik des Lotsen und studierte die See so intensiv wie ein Rabbiner das Wort Gottes. »Halte Ausschau nach dem, was das Erwartbare stört«, erklärte er mir, »achte auf unvorhergesehene Einflüsse.«

Wie ich Ian dort am Segel stehen sah, musste ich an Mark Twain denken, der sich als Flusslotse auf dem Mississippi ausbilden ließ. Für Twain war der Fluss ein launischer Text, der Literaten und Allegoriker gleichermaßen für ihre starrsinnigen Interpretationen abstrafte. Horace Bixby, der alte Dampferkapitän, bei dem Twain lernte, brachte ihm bei, von der Oberfläche auf die Tiefe zu schließen: dass kleine Störungen große unterseeische Wahrheiten bergen konnten. Eine »lange Querlinie« etwa wies auf ein Riff hin, das »dem Boot den Arsch wegreißt«. Unter Bixbys Anleitung lernte Twain seinen Raddampfer durch die wandernden Sandbänke des Flusses steuern und verborgene Hindernisse und Wracks umschiffen. Bixby gab dem jungen Samuel Clemens seinen klingenden Künstlernamen (»Mark Twain« ist ein Maß für die Wassertiefe und bedeutet »zwei Klafter tief«) und zwang ihn, den Fluss auswendig zu lernen, wofür Twain tagelang am Bug stand und still dessen Oberfläche las. »Die Oberfläche des Wassers«, schrieb er, »wurde mit der Zeit zu einem wunderschönen Buch – einem Buch, das für den ahnungslosen Passagier in einer toten Sprache geschrieben war, sich mir aber ohne Weiteres offenbarte ... Und es war kein Buch, das man einmal las und dann wegtat, denn es erzählte jeden Tag eine neue Geschichte.«

~~~
~~~

Wir kamen in den Rhythmus eines langen Segeltörns im offenen Boot. Wache schieben am Ruder: direkter Kurs gen Norden, meridiane Peilung. Wer gerade nicht steuerte, bekam Sandwiches und heiße Getränke. Die Wacheinteilung auf die Rückseite eines Umschlags gekritzelt. Ian nannte sie »den Dienstplan der Schlaflosen«.

Das flatternde, japsende Segel, das in der schwachen Brise nach Luft schnappte und zuckte wie ein sterbender Fisch. Dann und wann ein wildes Katzenquietschen am Außenborder. Das schwindende Land, Details entgleiten, Lewis' Verjüngung vom Kliff zum Streifen zur Linie zum Nichts. *Vom Boot, einem offenen Boot, sind keine Orientierungspunkte mehr zu erkennen.* Bei schwachem Wind und gleichbleibendem Kurs auf einem offenen Boot dehnt und weitet sich die Zeit. Man meint, für alles Stunden zu haben. Durchdrungen von Gelassenheit. Selig segelten wir dahin, in die lange nordische Dämmerung, erzählten einander Geschichten, auf und ab über das Wasser, vorbei an Tümmlern und Klippenmöwen, die durcheinanderschwirrten, und dann hinein in eine Dunkelheit, die nicht vom Himmel herabzusinken, sondern von der See aufzusteigen schien, als anfänglich schwarzer Fleck, der auf der Wasseroberfläche lag und dann in die wolkenlose Luft hinaufgesogen wurde.

Ian erzählte eine alte Geschichte, die ich schon einmal gehört hatte. Nahe den Tölpelkolonien der irischen und schottischen Westküste gibt es sie in verschiedenen Varianten, sie entsteht bei jedem Erzählen neu. Ein kleines offenes Boot segelt nach St. Kilda hinaus – oder nach Rona oder zu den Blaskets, ganz nach Belieben –, als es schon weit außer Sichtweite des Landes durch einen Heringsschwarm fährt, in dem die Tiere so dicht zusammen schwimmen, dass die Meeresoberfläche solide genug scheint, um darauf zu laufen. Die Heringe locken Räuber an: Wale, Delfine und Basstölpel, Tausende von Tölpeln, die rund um das Boot vom Himmel herabdonnern.

»Plötzlich«, sagte Ian, »ein Geräusch wie ein Gewehrschuss. Bamm!«

Ein Tölpel ist irrtümlicherweise in das offene Boot niedergestoßen und liegt jetzt mausetot und schlaff am Bug, die großen Flügel mit fast zwei Meter Spannweite auf den Ruderbänken ausgestreckt, und hat mit seinem Schnabel den hölzernen Rumpf glatt durchbohrt. Dreißig Kilometer vor der Küste in den großen Wellen des Atlantiks ein Loch im Rumpf zu haben bedeutet das Ende für das Boot und seine Besatzung. Aber dann sehen die Männer, dass der Tölpel mit einer solchen Wucht eingeschlagen ist, dass er das selbstgemachte Loch gleich auch selbst stopft.

»Angsterfüllt segeln sie weiter, der Kopf des Tölpels wie ein Stöpsel im Rumpf.«

Sie erreichen Hirta, in der Gruppe der St. Kilda-Inseln, das Wetter wird schlechter und schlechter, die Wellen steigen höher und höher. Die Inselbewohner versammeln sich an der Küste, um ihnen an Land zu helfen, und sehen, als eine letzte große Welle den Bug hebt, zu ihrem Erstaunen den schwarzen Schnabel des Tölpels, der wie ein kurzer scharfer Kiel aus dem Boot ragt.

Ich erzählte eine Geschichte über Tory Island, eine Insel dreizehn Kilometer vor der Küste von Donegal, die ich zwei Sommer zuvor besucht hatte. Eines Nachts hatte ich einen Mann rufen hören: »Im Hafen ist ein Delfin!« und lief sogleich hinunter zum Pier, wo sich ein erstaunlicher Anblick bot. Im Wasser schwamm ein Labrador, der bellend im Kreis paddelte und von einem zweieinhalb Meter langen Delfin umspielt wurde, herrlich blau und, wenn er untertauchte, graugrün. Ich beschloss, mich zu ihnen zu gesellen, zog mich bis auf die Unterhose aus und stieg über die Hafenleiter ins klare, eisiggraue Wasser. Eine Viertelstunde lang schwamm ich mit den beiden. Der Delfin war neugierig, ja zutraulich. Er legte sich neben mir auf die Seite und schnüffelte an meinen Knöcheln oder schwamm um mich herum und sah mich mit verschmitzten schwarzen Augen an. Einmal entfernte er sich etwa zehn Meter, tauchte unter und schnellte haifischartig wieder empor. Ich berührte seine Haut, die blutwarm war und glatt wie Neopren.

Später erzählte mir ein Inselbewohner, dass der Delfin schon seit anderthalb Jahren in den Hafen kam, weil er nach dem Tod seines Gefährten, dessen Kadaver an der Südküste von Tory angeschwemmt worden war, Gesellschaft suchte. Der Delfin hatte sich mit dem Hund angefreundet, mit dem er nun häufiger schwamm. Einmal, im Tory Sound, hatte der Mann »gut an die tausend Delfine« gesehen, die allesamt nach Westen wollten. Eltern und Kinder vollführten synchrone Sprünge, so perfekt, »als wären die Kinder alle an ihre Mütter angeklebt«.

~~~
~~~

Bei Einbruch der Dunkelheit waren wir auf offener See. Die ersten Sterne zeigten sich, bald wurden es mehr und mehr, und sie füllten immer rascher den wolkenlosen Himmel mit Sprenkeln, dutzendweise im Minutentakt. Ich kann das Gefühl der Leere und Ferne nicht beschreiben, das uns überfiel, ein Gefühl, das ich nur von winterlichen Wanderungen im hohen Gebirge kenne, wenn ich am Ende eines langen Tages in der Dämmerung stehe, die rote Sonne auf den Schnee scheint und ich noch keinen Schlafplatz gefunden habe. Die *Jubilee* hatte keine Signallichter. Ian schickte von Zeit zu Zeit den Strahl seiner Taschenlampe ins Segel hinauf, damit andere Schiffe zumindest einen Schimmer von uns sahen. Ansonsten umhüllten uns rundum Dunkelheit und grenzenloses Meer. Wir durchfuhren »geräumige« Dunkelheit[3], wie der Philosoph William James es einmal nannte.

Meine Wache begann um Mitternacht. Ich tastete mich über die schlafenden Körper nach hinten zum Heck. Ein Flüstern aus der Dunkelheit, als Diyanne mir die Pinne übergab: »Es ist einfacher, nach dem Nordstern zu navigieren als nach Kompass. Such nach Polaris; er ist leicht zu finden, auch wenn er nicht sehr hell ist. Siehst du die beiden Sterne am hinteren Ende des Großen Wagens – da? Jetzt zieh eine Linie durch sie hindurch und folge ihr, einen Stern weiter, zwei Sterne, da, was dort flackert, das ist der Nordstern. Halt ihn immer genau zwischen Fall und Spiere.«

Ich war beglückt, diese alte Technik der astronomischen Navigation selbst einmal anzuwenden. Aus der Einweisung flocht ich mir einen schönen trochäischen Merkreim – *Nach dem Nordstern navigiere / Halt ihn zwischen Fall und Spiere* –, der in meinem Kopf auf und ab wippte, während ich die Pinne hielt. Das Wasser gurgelte und plätscherte nun wie eine zähe Flüssigkeit. Ich dachte an Pytheas, den griechischen Seefahrer, der 325 v. Chr. von Frankreich nach Norden gesegelt war, zunächst entlang bekannter Handelsrouten – der ›Bronzestraße‹ und der ›Bernsteinstraße‹ –, und dann einfach immer weiter, mit einem Halt auf Lewis, wo er seinen Gnomon aufstellte und Sonnenstand und Tageslänge maß, ehe er weiter Richtung Norden fuhr, bis er einen Breitengrad erreichte, wo das Meer eiskalt und die Luft voll frostigem Nebel war, was Pytheas zu einem rätselhaften Begriff für die Atmosphäre inspirierte, nämlich die »Lunge des Meeres« (*pneumon thalassios*).

Ein Segler erzählte mir einmal, wie er eine nächtliche Fahrt über den geschäftigen Ärmelkanal als zutiefst entspannend erlebt hatte. Zu dieser Zeit schrumpfe die Welt auf wenige Chiffren und Zeichen: die Lichter der unterschiedlichen Schiffe und die Vorfahrtsregeln, die alle kennen. Der Datenstrom ist minimal; beschränkt auf nächtliches Gemurmel auf UKW, Radarpiepen und Blinkzeichen. Werden die Zeichen von allen Teilnehmern richtig gedeutet, gleiten Tanker dunkel an Jollen vorbei, passiert ein Schiff das andere in einem sich elegant verschiebenden Gefüge. Am ehesten ähnele es einer Quadrille – einem prachtvollen, fein aufeinander abgestimmten Tanz. Und außerdem beruhige ihn die Unverhältnismäßigkeit zwischen dem, was man sieht, und dem, was auf dem Spiel steht, weil sich gelungenes Navigieren allein im Ausbleiben von Katastrophen zeige.

Doch in dieser Nacht weit draußen im Nordatlantik gab es keine Lichter und keine Schiffe. Die tiefen Fahrrinnen der großen Frachter waren der Küste von Lewis viel näher.

Etwa 500 Meter backbord unseres Hecks lief die *Hebridean,* deren grüne Steuerbordlampe mir zuwinkte, während das Schiff in den Wellen stieg und sank. Alles andere Licht war das der Sterne. Sternmuster, die überbordende Milchstraße. Jupiter, der tief im Osten so hell loderte, dass er einen schimmernden Pfad aufs Wasser zog, der mich fast einlud, auf die schwankende Oberfläche zu steigen. Der tiefe, zunehmende, halbe Mond, farbsatt – ein rotbuttriger Halbkreis, der ebenfalls seine Fährte aufs Wasser warf. Die See war voll von phosphoreszierendem Plankton, sodass wir im Kielwasser eine leuchtende Linie aus grünen und gelben Bienen hinter uns herzogen, als würde am Rumpf ein ganzer Bienenstock ins Meer ausfliegen. Und all die vielen Leuchtwege, die sich an unserem Boot schnitten, bogen und bewegten sich mit uns auf unserem Weg nach Norden.

Irgendwann übergab ich das Steuer, kroch nach vorn zum Bug und versuchte zu schlafen, während das Schiff weiter hinaus in die Nacht glitt. Ich lag auf dem Rücken, den Kopf auf einem Fender, die Hände zum Wärmen in den Taschen, und blickte in den Himmel. Es war die letzte Nacht der sommerlichen Perseidenschauer, minütlich schossen Sternschnuppen herab: helle Striche, retinale Linien. Ich zählte bis hundert und gab dann auf.

Das hatte ich von diesem nächtlichen Segeltörn nicht erwartet; dass er mich mit einer solchen inneren Ruhe erfüllte. Vielleicht trugen auch die Kälte, die frühmorgendliche Müdigkeit und das einlullende Glucksen des Wassers dazu bei. Vereinzelte Bilder wehten vor mein inneres Auge, Gedanken aus anderen Gezeiten und Ozeanen. Vielleicht führte die Spiegelung der Himmelssterne im Meeresleuchten zu der optischen Täuschung, dass das Boot und die Menschen darauf keine Tiefe hatten, als seien sie aus Papier, ein flaches Modellboot, das gleich durch den Flaschenhals gezogen und durch einen festen Ruck am Faden wieder zur regulären Größe aufgeblasen würde; oder aber als segelten wir durch eine schmale mineralische Fuge zwischen Wasser und Luft, immer die alte unsichtbare Seeroute entlang.

~~~

Eine Hand an meiner Schulter rüttelte mich wach, und als ich mich aufsetzte, war Winter. Ich sah Sula Sgeir, noch etwa einen Kilometer entfernt, unter sich die anbrandende See, die Insel schneebedeckt. In dieser verzauberten Nacht war der Winter gekommen; auf geheimnisvolle Weise waren wir vom August direkt in den Januar gesegelt. Aber nein, es war natürlich kein Schnee – es waren Vögel. Basstölpel, Tausende weißer Basstölpel, ihr weißer Guano, ihre weißen Federn, auf jedem Vorsprung an jeder Klippe, und die Luft über dem Boot erfüllt von fliegenden Tölpeln: ihren feisten, nikotingelben Nacken, dem steifflügeligen Segelflug. Zwischen den Tölpeln schnellten Eissturmvögel und Klippenmöwen in Kurven und Bögen durch die Luft, die – in meinen nachtgewöhnten Augen – Lichtspuren zogen wie auf einer überbelichteten Fotografie. Ich schaute in diesen Vogelhimmel hinauf und mich schwindelte. Einige Verse aus einem Gedicht von Ian kamen mir in den Sinn: »Die freien Schwärme / ziehen dich himmelauf / wenn deine breiten Füße / sich nicht am Deck festsaugen.«

Ian zeigte in den Himmel und rief: »Da! Da drüben!« Ein paar hundert Meter vor uns lag ein alter Kutter vor Anker: *The Heather Isle*, die ›Heideinsel‹. An Deck standen ein paar Männer, manche sahen zu uns herüber, andere zur Insel. Das waren die *guga*-Jäger auf ihrem zweiwöchigen Jagdzug, die in der *geo*, der Hauptbucht, gerade mit dem Ausladen begannen. Zufällig waren wir gleichzeitig angelandet.
~~~

Die *Jubilee* schaukelte und klatschte auf die Wellen. Im Osten der grüne Tupfer von Rona. Überall wüteten Mord und Totschlag, denn Sula ist ein todbringendes Stück Erde: Sammelpunkt für Räuber und Beute. Die Seehunde holen sich hier die großen Fische, die Basstölpel Heringe und Sandaale, Raubmöwen stellen den ausgewachsenen Tölpeln nach und die Männer den *gugas*, den Küken. Ich sah Banden von Raubmöwen Hetzjagd auf einzelne Tölpel machen. Ihre Methode war bemerkenswert: Sie ließen sich im Flug von oben auf den Rücken des Tölpels fallen, zwangen ihn hinunter aufs Wasser und hackten ihm mit den Schnäbeln auf den Schädel, bis er sich betäubt den Kopf unter Wasser drücken ließ und seinen Mageninhalt erbrach – den sie dann fraßen. Andere Tölpel waren wiederum selbst auf der Jagd, schossen auf Fische nieder, die ich nicht sah; und ich begriff, wie es möglich war, dass sie einen Schiffsrumpf durchbohrten. Wie weiße sich öffnende Blüten stiegen sie sodann wieder aus dem Wasser auf. Anlegen, einklappen, eintauchen, öffnen: ein Vogelorigami.

~~~

Wir kochten schwarzen Kaffee in einem Kessel auf dem Bootsherd, dann setzten sich zwei von uns an die Riemen, um Sula Sgeir mit der *Jubilee* einmal zu umfahren; eine Inselumrundung mit Segel und Ruder. Ian bestand auf diesem rituellen Umrunden, um zu markieren, dass wir dort gewesen waren.

Wir brauchten eine ganze Stunde. Kormorane standen als Kreuze auf niedrigen Felsen und trockneten ihre Flügel. An der Spitze von Pal a' Cheiteanaich drehten wir, fuhren durch die schmale Rinne zwischen den schwarzen Schären Bogha Leathainn und Dà Bhogha Ramhacleit, Brandungspfeilern, an denen die See schäumte, vorbei an An Sgor Mhòr und an Sròin na Lic mit seinem Leuchtturm, vorbei an der *geo* und an Bealach an t-Suidhe. Sula Sgeir, dieser kaum je bewohnte Felsblock, hat dreißig verschiedene Namen.

Als wir in die *geo* ruderten, sahen wir die *guga*-Männer auf den steilen Felsen über der Anlegestelle. Sie unterbrachen das Abladen und stellten sich zu einer Gruppe auf. Kein Lächeln auf den Gesichtern, nur starre Blicke. Ihr Anführer, Dodds, in der Mitte. Sie kannten das Boot, und sie kannten Ian,
~~~

aber was sie uns sagen wollten, war klar: *Haut ab, das ist unser Tag und unser Felsen.* Ian winkte ihnen zu, sie nickten nur zurück, und wir verließen die *geo.*

Und so beendeten wir unsere Umrundung nahe den südlichen Klippen, wo der Fels wie ein Schiffsbug hervorragt. Eine Lumme, die über uns hinwegflog, erinnerte mich mit ihrem spitzen schwarzen Kopf daran, dass ich Dilworths Steinkiste bei mir getragen und nicht benötigt hatte.

Plötzlich zeigte Diyanne auf etwas: »Da, seht mal!«, rief sie. »Ein Kreuz im Felsen!« Tatsächlich: ein grobes Kreuz aus rosafarbenem Fels, an die sechs Meter hoch, im dunklen Gneisbug dieser Landspitze: Geologie als Theologie.

Dann rief sie: »Nein, das ist kein Kreuz, das ist ein Tölpel im Sturzflug.« Tatsächlich, wir alle sahen es. Der Senkrechtbalken des Kreuzes, der sich zu einem Punkt verjüngte, war der Körper mit dem Schnabel, der Querbalken die Flügel. Es sah aus, als wäre ein Tölpel wie in Ians Geschichte in den Gneis geschossen, hätte sich in den Fels gebohrt und wäre dort am hintersten Ende der Insel versteinert. Eine Schockmetamorphose. Ich musste an einen Satz denken, den ich in einem geologischen Führer über die Insel gelesen hatte: *Im Lewisianischen Gneis finden sich bisweilen auch Granatkristalle (garnets).* Bei der ersten Lektüre hatte ich mich verlesen und statt des Minerals, *garnets,* Tölpel gesehen, *gannets: Im Lewisianischen Gneis finden sich bisweilen auch Tölpel.* Nun wurde mein Irrtum Wirklichkeit.[4]

~~~

Die *Jubilee* hatte die Reise zur Felseninsel sicher hinter sich gebracht, nun musste sie noch die Rückfahrt überstehen – und Stürme nahten. Wir peilten 180 Grad an und machten uns auf die tagelange Reise über die Seestraße Richtung Süden, nach Port of Ness.

Das Kielwasser minzgrün mit cremefarbenen Tupfern. Hinter uns Sula Sgeir, das vom Berg zum Steinblock zum Daumenabdruck schrumpfte. Silbern riechendes Meer. Der Tag brach an, die Luft wurde dünner, bis wir im Osten Suilven, Foinaven, Arkle und die anderen Sutherland-Hügel sahen.

»Dort vorn könnte das Wasser ein bisschen *stoßig* sein«, sagte Ian, als
~~~

wir am Abend in den Hafen von Port of Ness einliefen, und in der Tat: an die zwei Meter hohe Wellenkämme, wo das Kliff aus dem Meer ragte, und schwer klatschende Brandung im Hafenbecken selbst. Wir geisterten an den Wellenbrechern entlang, dass mir der Magen tanzte und Ian jubilierte; David steuerte vorsichtig, während Diyanne und ich wie zwei Gallionsfiguren über dem Bug hingen, die Tiefe und Abstände zu Fels und Beton ausmachten und nervöse Warnrufe ausstießen – »Leicht steuerbord!«, »Jetzt etwas backbord!« –, bis wir schließlich längs zur hohen Kaimauer kamen, dicke rosa Fender auswarfen, die zwischen Rumpf und Kai in Herzform gequetscht wurden, bis sie das Schwanken endlich stoppten. Ich kletterte die rostigen Sprossen der Molenleiter hoch und stolperte über den Kai. In dieser Nacht, in meinem Bett in Stornoway, rollte eine Traumsee über mich und durch mich hindurch und glitten Tölpel über die Zimmerdecke, während draußen über dem Norden der angekündigte, echte Sturm über das Wasser fuhr, in einem weiten Bogen von Island bis nach Norwegen.

Torf

Eine Allee aus Steinen ~ Zeichensuche ~ Wege als Gerücht ~ Wege als Folklore ~ Torf & Gneis ~ Manus' Steine ~ Finlay MacLeod ~ Trankopfer & Unzucht ~ Funktionale Landschaftskunst ~ Zeitalter sichtbar halten ~ Die Wesensgleichheit von Geografie & Geschichte ~ Phobus ~ Ortskundig & bewandert ~ Störungen des Erwartbaren ~ Anne Campbell & Bran ~ Ein Kiebitzei und das Gabelbein eines Schwans ~ Toponymie & Detailkarte ~ Traumpfade im Moor ~ Nacht auf dem Beirgh ~ Seehund-Serenade ~ Jupiter & Griomabhal ~ Entdeckung ~ Sehr wichtige Steintürme ~ Quarzkristalle ~ Barfußgehen ~ Bienenstöcke & Moräne ~ Tapetum lucidum: Leuchtender Teppich ~ Pfade nach Geocrab

Aus Osten heranrauschender regenloser Sturm, Wildspuren im schlammigen Moor, schwarzer Himmel, Tölpel als weiß flackernde Flecken über dem Meer. Morgenrot an der atlantischen Küste der Isle of Lewis. Dünnes Licht, kalt und wässrig. Dickleibige Wolken in 300 Metern Höhe, der sich aus dem Dunkel schälende Tag. Ich verließ die kleine Halbinsel, auf der ich diese Nacht geschlafen hatte, und ging bergan ins Binnenland, auf den Torf und in den Wind, entlang der wilden Pfade, die das Moor durchflochten. Je höher ich kam, um so dünner wurde der Torf und um so mehr Fels zeigte sich durch das Heidekraut: Der Gneis der Isle of Lewis ist der älteste Oberflächenstein in Europa – 3,1 Milliarden Jahre alt, von zebraähnlichen Streifen durchzogen, von mehreren Eiszeiten gezeichnet und geschliffen. Das Pleistozän schien erst seit ein paar Wochen vorbei, das Eis erst kürzlich geschmolzen. Das Land senkte und wölbte sich, bis ich eine kilometerbreite Allee aus Steinen hinauflief, voller Geröll und verstreuter Findlinge. Vor mir ragte ein großer grauer Gipfel namens Griomabhal bis in die Wolken. Die Hälfte seiner Nordwand war zu sehen; die Flanke eines Zerstörers. Ein Rabe auf einem Findling krächzte *kraak, kraak;* ein anderer ruderte in hohen

Kreisen über mir. Dann schoss eine Graugans aus der Heide, einen Meter vor meinen Füßen, mit ihren *Drag-Queen*-haft roten Bögen über den Augen.

Der Pfad, den ich suchte, führte die Steinallee hinauf und unter Griomabhals Steilwand vorbei; soviel wusste ich. Aber ich fand keine Spur von ihm. Wie hatte man mir gesagt? *Halten Sie Ausschau nach dem, was nicht dorthin gehört.* Dieser Pfad war nicht durchgehend sichtbar: Nur ein paar Markierungssteine zeigten seinen Verlauf an. Allein, in dieser Gegend lagen Hunderttausende möglicher Markierungssteine. In unzähligen Formen ragten Felsen aus dem Moor: Kanonen und Lachse, Levantinerhüte, Bischofsmitren, Mönchsroben, Pilze und Flossen. Ich suchte nach Zeichen, lief in weiten Zickzackbögen, spähte nach Steinreihen. Ohne Erfolg. Ich legte mich flach auf den Boden, um womöglich eine Spur zu erkennen. Nein, nichts. Ein unlösbares Rätsel: *Wie findet man den einen Stein in der Allee aus Steinen; das eine Zeichen im Zeichendschungel?* Ich begann zu glauben, dass es den Pfad vielleicht gar nicht gab.

~~~

Ich war von den Meeren der Hebriden in die Moore der Hebriden gekommen, um einen halbverlorenen Pfad zu finden und ihn entlangzugehen. Von dem Pfad wusste ich nicht durch eine Landkarte, sondern durch einige widersprüchliche Gerüchte und Erinnerungsfetzen. Er sollte vom Westen der Isle of Lewis schräg nach Südosten bis hinunter nach Harris verlaufen, und man könne ihm von Bienenkorbhütte zu Bienenkorbhütte folgen wie bei einem piktischen »Malen nach Zahlen«. Falsch – er führte von der Halbinsel Aird Bheag die Küste hinauf, über einen hohen *bealach,* einen Bergpass, und beim geräumten Dorf Mealasta wieder hinunter zur Westküste. Markiert durch einzeln stehende Steine. Nein, die Markierung waren aufgeschichtete Steinmännchen, mehrere kleine Steine, die sich auf großen Felsbrocken türmten. Nein, die Markierung waren *rùdhan,* drei lange, schmale Steine, so aneinandergelehnt, dass sie sich in der Mitte gegenseitig stützten. Ein Steinturm nach dem Vorbild einer hebridischen Technik zum Torftrocknen, bei der besonders viel Wind und Sonne an die aufgestellten Soden kommen. Der Pfad wurde bereits in den 1850er Jahren angelegt. Nein, er ist aus den
~~~

1920er Jahren, älter nicht. Sein Schöpfer war ein Kleinbauer, der sich im Eigenstudium Griechisch bis auf ein erstaunliches Niveau beigebracht und in den 1950er Jahren ein Tagebuch geführt hatte, in dem er beschreibt, wie britische Militärschiffe die anscheinend unbewohnte Küste passierten. Nein, er sprach nur Gälisch – aber eine Frau aus Uig hatte ein Foto von ihm ...

Ja, dieser Pfad gehörte zum Volkstum, noch ehe man ihn im Gelände fand, und ich spürte ihm als Geschichte nach, noch ehe ich ihm zu Fuß nachspürte, von Hinweis zu Hinweis wie von Steinturm zu Steinturm. Wie ein Volkslied, ein mündlich überliefertes Gedicht oder einer von Ians Seewegen änderte sich sein Verlauf mit jedem neuen Erzählen.

Das schwer fassbare Wesen des Pfades passte zu dem Terrain, durch das er führte. Denn die beiden wesentlichen Oberflächensubstanzen der Äußeren Hebriden – schwarzer Torf und heller Gneis – trotzen beide auf ihre Weise dem Anlegen von Wegen. Der Torf schluckt Pfade, der Gneis verweigert sich ihnen. Der harte Gneis, der bereits Jahrmillionen geologischen Tumults überstanden hat, lässt sich von wandernden Füßen kaum beeindrucken. Der schwammige, federnde Torf verschlingt jede Spur, die nicht regelmäßig erneuert wird. So kommt es, dass viele der tausend Fußwege, die die Äußeren Hebriden überziehen, nicht als durchgehende Linien existieren, sondern nur als Pfade von in Sichtweite stehenden Steintürmen oder Megalithen.

Viele dieser Steinreihen markierten Torfpfade (die Hin- und Rückwege zu den Torfstichen) und Ackerpfade, vor allem aber die Wege zu den Sommerweiden, die aus den Siedlungen zu den Weiden in den Moorgebieten führten, wo jede Familie ihre eigene Hütte besaß, einen steinernen Unterstand, in dem sie den Sommer über wohnte. Die Familienmitglieder gingen zu verschiedenen Zeiten zu den Hütten, und ein entscheidender Moment im Erwachsenwerden eines Kindes war, wenn es den Weg zur Sommerweide zum ersten Mal allein zurücklegte. Allerdings konnte schlechtes Wetter die Orientierung erschweren, und das Moor barg einige Gefahr durch Morast und tiefes Wasser. Deshalb wurden diese Strecken mit Steintürmen versehen, die den Weg anzeigten, um an den *boglach* vorbeizuführen (gemeinhin morastige Stellen), den *blàr* (flache Stellen im Moor, die sehr morastig sein können) und dem hochgefährlichen *breunlach* (von saftig grünem Gras verdeckter Morast, in den man einsinken kann) und so den

Reisenden sicher zum *tulach na h-àirigh* zu leiten, dem Ort der Sommerweiden. Wieder Hänsel und Gretel: die Steine, die den Weg sicher nach Hause weisen. Wer sich auf den Weg machte, bekam Anweisungen mit, eine Gebrauchsanleitung, Geschichten zur sicheren Orientierung: *Halte dich an die Steine, behalte sie immer im Blick, lass dich nicht dazu verleiten, auf die Tiefebene zu gehen, auch wenn sie wie grüne Wiese erscheint, auf der leichter zu gehen ist, denn dort ist tückischer Morast.* Diese Praxis hat überall im Land ihre Entsprechungen: zum Beispiel in einer Reihe weißer Markierungssteine, die von Watergate über das Bodmin Moor bis Five Lanes führten, die ein Pfarrer Anfang des 19. Jahrhunderts ausgelegt hatte, um durch seine pfadlose und oft nebelverhangene Gemeinde zu kommen, ohne sich zu verlaufen oder zu versinken.

Die meisten Fußpfade der Hebriden finden sich nur auf informellen regionalen Landkarten und in den Gedächtniskarten derer, die sie benutzen und durch Bericht und Gerücht ihre Routen weitergeben. Da heute aber die Kultur der Sommerweiden auf der Insel fast vollständig ausgestorben ist und der Torf hauptsächlich von Maschinen gestochen wird, verschwinden viele Pfade aus dem Gedächtnis wie auch aus der Landschaft.

Der Pfad, den ich finden wollte, wurde von der amtlichen Landkarte übersehen. Er war bekannt als *Clachan Mhànais,* ›Manus' Steine‹, da die Steintürme ein Kleinbauer namens Manus MacLennan errichtet hatte. So viel immerhin wusste ich. Von dem Pfad erfahren hatte ich übrigens durch Finlay MacLeod – dem Mann, dem ich vor Jahren meine erste Reise zu den Äußeren Hebriden verdankte.

~~~

Finlay MacLeod – Naturforscher, Romancier, Rundfunksprecher, Historiker für Oral History, gelegentlicher Selkie-Sänger und Seehund-Beschwörer und gewandter Redner auf Englisch und Gälisch – ist auf den gesamten Hebriden und in der schottischen *gaeltacht* als einer der eloquentesten und streitlustigsten Zeitgenossen der Atlantikküste bekannt. In Auseinandersetzungen umgänglich, aber unnachgiebig, ist er ein leidenschaftlicher Freund und Bewunderer der Äußeren Hebriden und ihrer Landschaft und
~~~

erbitterter Gegner all jener, die er als erbitterte Gegner ausmacht. Den Calvinismus, der Lewis lange beherrscht hat, verachtet er dafür, scheinheilig zu sein und das Lebendige zu ersticken. Im Herbst 2009 fuhr er frohgemut mit seiner Frau Norma bei der ersten Sonntagsfahrt der Fähre von Stornoway mit. Die Sabbatarier der Insel (derer es viele gab) erzürnten, die säkularen Modernisierer (von denen es nicht so viele gab und zu denen Finlay gehörte) erfreuten sich. Während die Fähre ketzerisch in den Minch auslief, um nach Ullapool überzusetzen, gab es auf dem Kai Gebete und Proteste und an Bord Champagner.

Klein, flink, mit wachen Augen, hat Finlay viel von einem Elfen. Sein Lächeln schlägt tausend kleine Falten, und wenn er lacht – was er oft tut –, beben seine Schultern. Seine Pietätlosigkeit ist chronisch, was ihn aber nicht davon abhält, die Dinge ernst zu nehmen. Die einzige Christlichkeit, die ihm zusagt, ist eine im 12. und 13. Jahrhundert auf der Insel verbreitete Glaubensrichtung, in der sich präreformatorisch heidnische Traditionen und christliche Riten vermischten. »An diesem Ort und im Namen Christi«, erzählte er mir einmal genüsslich, als wir in den Ruinen einer Kapelle auf einer abgelegenen Landspitze standen, »hat man Bier als Trankopfer in die See gegossen, um die Fruchtbarkeit der Algen und Fische zu erhöhen, den Neumond angebetet, getanzt und Unzucht getrieben!« Religiösen Fundamentalismus verachtet er, da dieser »die Auslöschung der Metapher« bedeute; er will das Buch Genesis als Volksmärchen feiern, nicht als Doktrin.

Finlays Liebe zur Landschaft und zu den Geschichten der Äußeren Hebriden ist stark, aber unsentimental. Gegen alle Art von Romantisierung hat er einen sehr engmaschigen Schutzfilter. Geboren in Ness im Norden von Lewis, wuchs er auf einem kleinen Bauernhof heran. Als Kind hörte er die Kuh der Familie, wenn sie sich im Stall am anderen Ende des Hauses regte. Als Halterung für den Kessel über dem Torffeuer, das er in Gang zu halten hatte, benutzte er ein Fahrradpedal, das er an ein Schutzblech hängte. Mit siebzehn ging er zur Handelsmarine und fuhr nach Australien und Neuseeland. Später wurde er zum Militärdienst eingezogen und an einem Stützpunkt der Royal Airforce in Yorkshire stationiert. Krank vor Heimweh träumte er dort von den Äußeren Hebriden. Es dauerte keinen Monat, bis er mit einem Mann aus Yorkshire, der auf der Isle of Lewis stationiert war (und krank vor Heimweh von Yorkshire träumte), einen Postentausch arrangiert hatte.

Finlay hat sein Leben der Erforschung, Archivierung und Kartierung seines Archipels gewidmet und möchte aller Welt dessen Schutz ans Herz legen. Er hat die Lage und Anordnung der Heilquellen, der altnordischen Mühlen und der Segnungskapellen auf den Äußeren Hebriden vermessen. Er hat die Vermessungspunkte ausfindig gemacht, die die amtlichen Landvermesser in den 1850er Jahren auf der Insel zurückgelassen hatten, und ist bei fiesestem Wetter kilometerweit übers Moor gelaufen, um die durch Einritzungen markierten Steine aufzuspüren. Er hat unzählige Landkarten der Äußeren Hebriden zusammengetragen und gesammelt, die bis ins 16. Jahrhundert zurückreichen.

Darwin ist Finlays Held, und Finlay selbst hat viel von dessen rastloser Neugierde, seinem stetig wachsenden und bohrenden Intellekt. Wie Darwin interessiert sich Finlay nur für alles. Einmal erzählte er mir, wie Darwin rund um sein Haus in Downe in der Grafschaft Kent einen Sandweg angelegt hatte, der in einer Schleife durch die Wälder und Felder führte. Auf diesem Pfad, den er täglich beschritt, entwickelte Darwin sein Denken. Manchmal errichtete er am Anfang seines ›Sandgangs‹ oder auch ›Denkwegs‹ einen improvisierten Turm aus Kieselsteinen und hieb nach jeder Runde mit seinem Wanderstock einen Kiesel herunter. Bald konnte er vorhersehen, erklärte mir Finlay, ob er gerade über einem Dreisteinproblem oder einem Viersteinproblem grübele, und konnte also verlässlich die Denk- und Gehzeit bestimmen, die er zur Lösung dieser oder jener Frage benötigte.

Es gibt viele Gründe, warum ich gern in Finlays Gegenwart bin, nicht zuletzt weil er Landschaften zu lesen versteht und sie auf eine Weise ins Leben zurückholt, dass vor mir Bilder verschiedenster historischer Epochen gleichzeitig wiederauferstehen. Zu jeder Besonderheit und jedem Ortsnamen kennt er eine Geschichte – aus Geologie, Folklore, Zeitgeschichte oder Klatsch. Er bewegt sich leichtfüßig zwischen unterschiedlichen Denksystemen und Zeitaltern, im Wissen um ihre Widersprüche, aber gerade von ihren Überschneidungen und Analogien inspiriert. Versprengte Steine werden in seinen Erzählungen wieder zu Bauernhöfen voller Leben. Einmal nahm er mich mit auf eine grüne Anhöhe in Baile na Cille, im Inneren der Isle of

Lewis, und ließ vor meinen Augen jene Szene entstehen, wie 1827 Reverend Dr. Macdonald dort eine Menge von 7000 Menschen versammelte und zum Calvinismus bekehrte. Eine Feldnase aus Gneis im Moor führte ihn ins ferne Holozän von vor 12000 Jahren, als sich die Gletscher von den Äußeren Hebriden zurückzogen und im Windschatten der freigelegten Felsrücken der Torf immer dicker in die Tiefe wachsen konnte. Für Finlay sind Geografie und Geschichte wesensgleich. Ortlose Ereignisse sind für ihn unvorstellbar, weil alles, was passiert, an einem bestimmten Ort passiert und somit die Geschichte der Geografie entspringt wie das Wasser aus der Quelle: unvorhersehbar, aber ortsgebunden.

Ein paar Tage bevor ich loszog, um Manus' Pfad zu suchen, lud mich Finlay zu einem morgendlichen Strandspaziergang in seine Gegend ein, damit ich seine Familie kennenlernte, wie er mir geheimnisvoll bedeutete. Die Ebbe hatte gerade wieder eingesetzt, und die Fußspuren, die wir im nassen Sand hinterließen, waren klar umrissen wie ausgestochener Teig. Möwen trampelten und kläfften. Finlays Familie stellte sich als eine Kolonie Napfschnecken an der Unterseite eines Findlings heraus, den er Phobos getauft hatte (nach einem der Monde des Mars). Er besuchte sie fast jeden Tag, seit Jahren schon, notierte ihre jeweilige Position am Stein, ihre täglichen Wanderbewegungen und Kehrtwenden. Jede Napfschnecke hatte er gezeichnet und vermessen und ihr einen Namen gegeben. Über Monate hinweg hatte er die kurzen Reisen der Schnecken über den Phobos kartografiert. Ihn faszinierte, mit welch erstaunlicher Gewissenhaftigkeit und Genauigkeit sie stets ihr ›Zuhause‹ wiederfanden, als folgten sie einer unsichtbaren Spur oder einem Pfad.

Das war vermutlich das größte Geheimnis der Napfschnecken, sagte Finlay und lächelte. Mit Experimenten hatte man versucht zu ergründen, wie der Heimkehrinstinkt der Napfschnecken funktioniert. Forscher hatten physische Hindernisse und chemische Sperren am Fels angebracht, damit die Schnecken nicht über dieselbe Route heimkriechen konnten, über die sie hergekrochen waren. Aber die Tiere zogen ganz gemächlich um sämtliche Barrieren herum und bewiesen damit, dass sie nicht nur zurück nach Hause fanden, sondern ihnen dies auch auf Umwegen gelang.

Napfschnecken passen sich zudem auf einzigartige Weise an ihren Lebensraum an, erklärte mir Finlay. Sie kleben derart an ihrem Stein fest, weil sie einen lückenlosen Verschluss zwischen dem Rand ihres Hauses und der Steinoberfläche herstellen. Dieser Verschluss sorgt dafür, dass sie weder von hungrigen Möwen vom Fels gepickt noch von den Wellen fortgerissen werden; und er schützt sie davor, bei Niedrigwasser auszutrocknen. »Um diesen dichten Verschluss herzustellen«, sagte Finlay, »drehen sie ihre Häuser mehrmals leicht hin und her. So mahlt der Stein seine Kontur in den Rand ihrer Schale.« Napfschnecken schleifen sich immer für ihr jeweiliges Terrain zurecht, Ortsanpassung im Schnellverfahren.

Insofern sind Napfschnecken ortskundig und bewandert, sagte Finlay, ohne hinzufügen zu müssen, dass gerade diese beiden Eigenschaften auch ihn auszeichnen.

~~~

Mit Finlays Hilfe erfuhr ich weitere Dinge über Manus' Steine und den Mann, der sie aufgestellt hatte. Manus hatte tatsächlich als Kleinbauer an der Südwestküste von Lewis gelebt. Die Halbinsel Aird Bheag, deren Klippen steilab in den Atlantik fallen, ernährte seit Jahrhunderten eine Handvoll Kleinbauern und war kurz nach dem Ersten Weltkrieg zur Gemeinde erklärt worden. Manus hatte dort in der ersten Hälfte des Jahrhunderts ein kleines Stück Land bewirtschaftet und in den 1920er Jahren zwei Pfade markiert, die ihn sicher vom und zum Hof führten. Der eine verlief von der Aird Bheag durch die tiefen Sümpfe südlich von Morsgail, einem großen Gutshaus, nach Nordosten. Der andere ging erst nach Nordwesten, dann mit dem Boot über die oft stürmische Mündung von Loch Hamnaway nach Ceann Chùisil, anschließend bergan und über einen hohen Pass, ehe er am Fuß der Nordwand des Griomabhal wieder hinab und entlang einer kilometerbreiten Allee aus Steinen nach Breanish führte, einem Dorf an der Westküste. Fünfundzwanzig zu Fuß und mit dem Boot zurückzulegende Kilometer, nur um zu einer Straße zu gelangen: ein hartes Leben da draußen auf der Aird Bheag. Schweren Herzens verließ der letzte Bauer 1953 die Halbinsel.

In Stornoway stellte mir Finlay Chrisella Ross vor, Manus' Urgroßnichte. »Diesen Pfad hat er als Orientierung für andere angelegt«, sagte sie, »er
~~~

selbst kannte ja jeden Stein und jede Kurve.« Sie und ihr Mann waren zwanzig Jahre zuvor einmal den Pfad von Mealasta hinauf nach Griomabhal gegangen. »Als wir auf den Weg einbogen, waren wir direkt am Rand der großen Wolke, die an diesem Tag über dem Land hing«, sagte sie. »Dann gingen wir los, in den Nebel unten am Berg, in dem der Rest der Welt verschwand.« Chrisella hatte gerade erst den Kampf gegen den Krebs gewonnen. Langsam ging es ihr wieder besser. Wenn sie stark genug wäre, sagte sie, könnte sie einen Teil des Pfades mit mir laufen und mir einiges zeigen, bevor ich wieder abreiste.

Chrisella erzählte mir von einem anderen Mann, der diesen Weg gegangen war: Malky Maclean. »Das ist echte Kunst«, sagte Malky mir, als ich ihn traf. »Wie eine Skulptur von Richard Long. Wenn Sie da oben stehen, müssen Sie Ausschau halten nach allem, was nicht dorthin gehört: zwei oder drei helle Steine in einer Reihe, ein verschobener Felsblock, der nicht dort liegt, wo ihn Eis und Schwerkraft eigentlich hätten absetzen müssen. Mehr hat Manus nicht gemacht, außer ... die Landschaft ein bisschen umzubauen.« Ich erinnerte mich an Ians Hinweis, wie ich auf See Gefahren an der Wasseroberfläche ablesen könnte: *Schau nach dem, was das Erwartbare stört, achte auf unvorhergesehene Einflüsse.* Und ich dachte daran, wie Edward Thomas seinen Blick trainierte, um jene »Störungen« und Spuren in der Landschaft zu entdecken, die von einem fast verschwundenen Pfad zeugten.

»Er ist aber sehr schwer zu finden«, warnte mich Malky, »weil die ganze Gegend voller Findlinge ist, wie eine Ansammlung riesiger Murmeln. Es ist ein ganzes Tal aus Steinen.«

~~~

An der Westküste von Lewis, in der Gemeinde Bragar, brachte mich Finlay zu der Archäologin und Kartografin Anne Campbell, die den Pfad kannte und damit beauftragt war, das Moor bei Bragar genau zu vermessen. Sie erwartete mich am Nachmittag. Vor ihrem Haus lagen wie Bollwerke helle Kieselhaufen, durch die die speerförmigen Blätter und orangen Blüten der Montbretie stießen.

Anne öffnete die Tür. Sie hatte dunkle Haare und recht weit auseinan-
~~~

derstehende Augen, was ihr einen staunenden Ausdruck verlieh, obwohl ich bald erkannte, dass sie die Welt mit großer Ruhe wahrnahm. An zwei Wänden ihres Wohnzimmers hingen große Landkarten. Notizbücher lagen aufgeschlagen auf einem Tisch, darin Bleistiftzeichnungen von verstreuten Steinen, Gegenständen und Koordinaten, vollgekritzelt mit Notizen. Über dem offenen Kamin waren Seiten aus einem Bestimmungsbuch angeheftet, auf denen senkrechte Vogelsilhouetten mit ausgestreckten Flügeln prangten, die mich an die Illustrationen in einem Buch über Flugzeuge erinnerten, das ich als Kind gehabt hatte.

Ein breites Doppelfenster gewährte freien Blick nach Osten auf das Moor von Lewis, das Brindled Moor. An der gegenüberliegenden Wand stand eine große Anrichte mit einem breiten, hohen Spiegel, der das Moor reflektierte und so den Raum doppelt so tief und seltsam transparent erscheinen ließ. Auf dem Kaminsims und den Fensterbänken lagen Dutzende Fundstücke: Vogeleier, Knochen, Geweihe und Kiesel. Das Gabelbein eines Schwans, allerdings in der Mitte zerbrochen. Ein Raubmöwenei von den Shiant-Inseln. Das reinweiße Ei eines Goldregenpfeifers, empfindlich wie eine Seifenblase. Dunkelbraune Meeresbohnen, aus der Karibik angespült, die ledernen Nierchen glichen.

»Wenn ich raus aufs Moor gehe, bringe ich meistens etwas mit«, erklärte Anne und fuhr mit der Hand durch den Raum. Bei Moor dehnte sie das oo zu einem u wie in Muh und rollte das r. Sie saß auf ihren angewinkelten Beinen in einem Sessel, über ihr ein Topf mit einer Spinnenblume, deren lange Blätterarme ihr in den Haaren hingen und an die Schultern tippten, bis sie sie schließlich fortschob wie ein lästiges Kind. Hinter meinem Sessel jaulte und kratzte ihr Schäferhund Bran im Schlaf.

»Bran ist Hochleistungsschläfer«, sagte sie.

An der Wand gleich neben dem Fenster hing eine große Landkarte, eine kartografische Version des Ausblicks über das Moor. Ein kegelförmiger Ausschnitt, der sich von der schmalen Spitze in Bragar an der Küste nach hinten und außen in die Weite des Moores spreizte. Darauf zu sehen waren, wie mir Anne erklärte, die Abmessungen der Moorflächen, die den Gemeindebewohnern vereinbarterweise zustanden. Ich sah mir das Datum genauer an: Es war die amtliche Landkarte der Inseln von 1853, kartiert von britischen

Landvermessern, die sämtliche gälische Namen anglisiert und die Anzahl der Ortsbezeichnungen in der Landschaft insgesamt reduziert hatten.

»Ich benutze die amtliche Karte von Bragar als Grundlage«, sagte Anne, »und versuche, sie zu ergänzen. Ich füge Namen wieder hinzu, wo die Royal Engineers sie weggenommen haben. Das Bleistiftgekritzel sind Ergänzungen von mir.«

»Warum machen Sie eine so detaillierte Karte nur für die Gegend rund um Bragar?«, fragte ich Anne. Sie zuckte die Schultern, als wäre das für sie keine ernstzunehmende Frage.

»Sie ist für mich die interessanteste Gegend der Welt.« Sie dachte kurz nach. »Ich will, dass Orte Geschichten bekommen, Orte und auch das, was sie verbindet. Deswegen bin ich die meiste Zeit unterwegs, auf den Weidewegen und auf Pfaden, an den Strömen und Wällen, die früher das Land geteilt haben. Ich rede mit den Menschen und versuche, ihre Erinnerungen an die Orte festzuhalten.«

Anne war in Bragar aufgewachsen, und obwohl sie die Insel für ihr Archäologiestudium verlassen hatte und ans Festland gegangen war, hatte es sie doch wieder in die Heimat gezogen. Ihre Familie war seit mehreren Generationen im Besitz einer Sommerhütte im Moor. Noch immer trafen sie sich dort jeden Frühsommer für ein paar Tage, um zu kochen, zu wandern und zu reden. Wenn es nicht zu kalt war und auch nicht so trocken, dass die Heide in Füße und Beine schnitt, ging Anne gern barfuß durch das Moor. »Nach circa zwei Wochen sind die Füße so abgehärtet, dass es nicht mehr unangenehm ist. Und dann ist es die reine Freude. Probieren Sie es unbedingt aus, wenn Sie durchs Moor gehen. Immer raus aus den dicken Stiefeln!«

Ihr Vater hatte Anne die Pfade zur Sommerweide gezeigt, jetzt ging sie immer tiefer ins Moor, notierte und kartografierte seine Besonderheiten. »Mein Vater hat mir die Wege der Schafe gezeigt, wenn wir dort draußen nach ihnen suchten«, sagte sie. »Viele Pfade sind heute vergessen, sie verschwinden aus dem Gedächtnis und aus dem Moor. Mein Vater hat draußen an unserer Hütte einen Steinpfad angelegt für das Vieh, damit es ans Wasser kam, den hat der Torf mittlerweile fast ganz verschluckt. Ist aber immer noch sehr schön.«

Viele Wanderungen hatte sie mit ihrem Freund und früheren Partner Jon MacLeod gemacht. Die beiden verband eine Faszination für die Moorpfade, von denen jeder einzelne ein Archiv vergangener Bräuche und Taten ist. Also schufen und dokumentierten sie ihre eigenen Traumpfade, dokumentierten die beschrittenen Pfade und alles, was sich ereignete oder zu beobachten war. Eines Junitages, als sie von An Talamh Briste über Na Feadanan Gorma und Gleann Shuainagadail zum Loch an Ois wanderten, sahen sie auf dem Weg »Wogen von glänzendem Wollgras« und »scharlachrote Seejungfern« und hörten »einen steten Windzug voller Vogelrufe«. Sie »durchquerten ein Grünschenkelrevier« und »störten eine Hirschkuh im hohen Gras«, bevor sie »an einer Hütte Rast machten, an der sich ein Adler geputzt hatte«. »Ich bin einfach losgegangen und habe aufgeschrieben, was ich an den verschiedenen Orten gesehen habe«, sagte Anne. »Einen Merlin, der über mich hinwegflog, eine Libelle, die ihre Flügel trocknen ließ.« MacLeod forschte noch weiter, auch über das Greifbare hinaus, fertigte spekulative Rekonstruktionen atavistischer Erinnerungskarten »der Menschen, die durch diese Landschaft gegangen sind, bevor und nachdem der Torf gewachsen ist; in denen er bestimmte Zeichen und Markierungen setzte, die als Weghilfen gedient oder an Geschichten und Menschen erinnert hatten«.

»Auf dem Rückweg von Aird Bheag bin ich Manus' Pfad gegangen«, sagte sie. »Wenn man den Anfang nicht findet, kommt man nicht drauf, aber wenn man erst mal drauf ist, verliert man ihn nicht wieder.« Sie zog eine Karte aus dem Regal, faltete sie wie ein Akkordeon auseinander und legte sie auf einen kleinen Tisch. Dann beschrieb sie den Pfad, wies mit dem kleinen Finger auf Besonderheiten und Wegmarken hin. Weit draußen, tief im Moor, zeigte sie mir eine Ansammlung von Punkten auf der Karte.

»Hier können Sie schlafen, falls Sie von Mealasta am ersten Tag so weit kommen. Das da sind Bienenstockhütten; schöne Bauten nach Art der Pikten, kleine Kuppelbauten mit Torfdach. Wann sie entstanden sind, kann niemand genau sagen. Sie sind aber noch intakt. Sie werden ziemlich suchen müssen, um sie zu finden; die Hütten sehen aus, als wären sie Teil der Landschaft. Nur das Wild benutzt sie heute noch.«

Kurz bevor ich ging erzählte mir Anne, dass ihr alter Vater im Krankenhaus lag, im Irrgarten der Alzheimer'schen Krankheit verloren. »Doch hat er kürzlich einen Besucher überrascht, als er völlig unvermittelt eines der Lieder aus Bragar vorsang, das er noch auswendig kannte.« Das Lied war vertrautes Terrain, eine Spur, der er einige Minuten folgen konnte, ehe er sich wieder in sich selbst verlor.

~~~

Wo immer wir hinkamen, war Finlay bekannt. Auf den Straßen durch das Moor hielten die Leute ihren Wagen an, kurbelten das Fenster herunter und plauderten mit ihm oder ließen auf den Torfbänken kurz ihr Werkzeug ruhen, um ihm zuzuwinken. Es war wie eine Reise mit der Queen höchstpersönlich. »Es dauert sicher immer lange, bis Sie irgendwo ankommen«, sagte ich.

Am späten Nachmittag eines windigen, sonnenklaren Tages fuhr er mit mir über die schmale Westküstenstraße, die von den Sanden vor Uig durch die Bauerngemeinde Breanish nach Mealasta führt, wo die Straße im Nichts verläuft. Das Einzige, was von Mealasta übrig geblieben ist, sind die steinernen Grundrisse, die seltsamerweise eher wie die Baupläne eines zukünftigen Ortes als die Spuren eines fast verschwundenen aussahen.

Die Straße endete in einer weiten Bucht namens Camus Mol Lìnis: die »Bucht der Findlinge von Lìnis«. Zum Abschied umarmte ich Finlay, der, noch lange aus dem Fenster winkend, nach Norden davonfuhr. Ich ging auf die kleine im Süden der Bucht ins Meer ragende Halbinsel und fand einen Flecken Gras, wo ich mein Zelt aufschlagen konnte. Die Halbinsel war ein *beirgh* oder auch *a'bheirgh:* Dieses Lehnwort aus dem Nordischen bezeichnet eine Landspitze oder ein Kap mit einer unbewachsenen, üblicherweise senkrecht abfallenden Felswand und einem oft nur schmalen Hals zum Festland. Die Klippen waren rosa von Feldspat. Landeinwärts, bei Griomabhal, sah ich einen Steinadler, der seine Handschwingen wie lange Finger streckte und kurz vor Tagesende noch jagend durch den Himmel fuhr. Eine Seeschwalbe ruderte gegen den Wind: schnittige Flügel, ein scheinbar augenloser schwarzer Kopf, die Flugbahn flattrig und unberechenbar wie ein Knuckleball. Sahnedicke Wellen warfen sich milchig auf den Strand und
~~~

an die Felsen, fuhren in Schaumflößen vor der Küste dahin und ließen die Gischt über mein Zelt aufschießen. Wellenumbrandeter sublitoraler Fels, gezeitenumspülter eulitoraler Fels, Kleinstbiotope aus Flechten und Moos. Weit draußen im Meer fiel durch Löcher in der Wolkendecke die Sonne.

Ich machte mir Tee und trank ihn zu einem dicken Stück Kuchen, froh darüber, allein und an einem solchen Ort zu sein. Da tauchte ein Seehund auf – ein Weibchen mit feinen Zügen, zehn Meter nördlich von mir. Ich versuchte mich an einem Seehundslied, das mir Finlay vor ein, zwei Jahren beigebracht hatte, konnte mich aber weder an die Melodie noch an die Worte erinnern und verstieg mich also auf ein frühes englisches Volkslied aus den *Songs of Travel*, den Reiseliedern von Robert Louis Stevenson, vertont von Vaughan Williams. Der Seehund tauchte dreimal den Kopf unter Wasser, als wollte er sich den Gesang aus den Ohren spülen. Worauf ich das einzige Lied sang, an das ich mich sonst noch erinnerte: *Paradise City* von Guns N'Roses. Das Tier tauchte ab und ward nicht mehr gesehen. Ich war etwas beschämt.

Die Sonne neigte sich über den Atlantik. Die See ein augensengendes Silbermeer, in ihrem metallischen Gleißen der harte schwarze Rücken einer Insel, der unverwüstlich dem Feuer trotzte, und mittendrin das Geschrei der Möwen und das Getöse der Wellen, eine Ahnung von hartem Fels unter mir, ein nadelfeiner Küstenstreifen *Machair*, und an den Rändern noch andere Aspekte des erlebten Moments: der jodhaltige Geruch von Seetang und das Gefühl, die Halbinsel tauchte unter mir weg und würde zugleich an ihren Rändern zu Wasser.

Ein Seenebel kroch die Küste hinauf, schränkte die Sichtweite auf fünfzig Meter ein, sodass mein schmalhalsiges Felskap zur Insel geworden zu sein schien. Es fühlte sich an, als könnte unter der Nebeldecke alles Mögliche vor sich gehen, und bald hatte ich, den leichten Westwind im Gesicht, die befremdliche Illusion, an Bord eines Bootes quer über den Ozean zu fahren, um am nächsten Morgen weit draußen im Nordatlantik zu erwachen. Dann folgte ein meteorologischer Zaubertrick – man zieht die Tischdecke weg, das Porzellan bleibt aber stehen –, der Nebel lichtete sich, und zu Tage traten ein wolkenloser Himmel und ein immer noch intakter Küstenstrich. Landeinwärts war die Halbkuppel des Griomabhal zu sehen, daneben laternenhell der Jupiter, während die Wolken auf dem Weg nach Westen quer über den Mond ruckten.

~~~

Am nächsten Morgen folgte ich durch rauschenden Ostwind den Wildspuren hinab in die »Schlucht der Steine«, die unter der Nordwand des Griomabhal entlangführte. Fast zwei Stunden suchte ich das Tal ab, landeinwärts, hügelauf, bis ich die Hoffnung verlor, den Pfad noch zu finden.

Direkt am Fuß der Nordwand, wo der Fels hundertfünfzig Meter steil ins Moor abfiel, befand sich ein Gewässer mit dem Namen Dubh Loch – Schwarzer See –, an dessen Ufer ich rastete. Pechschwarzes Wasser, in den Untiefen smaragdgrüne Binsen. Die Oberfläche des *lochs* kräuselte sich im Wind zu Wirbelmustern, drehte sich analog zu den Strömungen des Scherwinds, der die Nordwand des Griomabhal herunterkam. Eine Wirbelsturmschneise in Miniatur. Der Gipfel des Griomabhal war endlich wolkenfrei, und als ich die Wand hinaufschaute, über der die Wolken dahintrieben, schien der ganze Berg auf mich zu stürzen. An den Seiten war die Wand von Hunderte Meter langen Quarzschichten durchzogen, die wie die Adern an den Armen eines Gewichthebers hervorquollen. Ich blinzelte bergauf in den Wind, die nächste Schicht entlang – da sah ich Manus' Pfad.

Klick. Eine gerade Linie. Alle Unklarheit löste sich auf. Die Markierung deutlich zu erkennen: eine Reihe von Steintürmen, unverkennbar, die nahe am Ufer des Dubh Loch begann und sich dann fortsetzte. Die Türme hatten die Form von *rùdhan,* drei längliche, in der Mitte aneinandergelehnte Steine, aber es gab auch einzelne Steine, die wie Finger den Weg wiesen. Ich sprang von meinem Ruhestein und folgte Manus' Pfad über die Hänge aus Gneis nach Osten.

Meist standen die Steintürme dreißig oder fünfzig Meter auseinander. Doch nahe beim Pass, wo der Boden flach auslief, fand ich siebzehn Stück in einem Abstand von weniger als zehn Metern. Malky hatte recht gehabt: Manus' Pfad glich tatsächlich einer Skulptur von Richard Long, allerdings lange vor Long entstanden, und erinnerte der Form nach stark an sein Werk *A Line in the Himalayas* (Eine Linie im Himalaya). Ich betrat den Pfad
~~~

aus Steintürmen und folgte ihm mit dem Blick. Ein Ende zog hinauf zum höchsten Punkt des Passes, das andere führte nach Mealasta hinunter, bis es hinter einem Vorsprung aus Gneis außer Sicht geriet. Über mir murmelten Raben ihre Verwünschungen.

Schließlich erreichte ich den Pass auf dem Kamm unter Griomabhals Nordwand. Ich blieb stehen und schaute hinunter auf einen der letzten wilden Landstriche Großbritanniens – die Wildgebiete von South Lewis und North Harris, Hunderte Quadratkilometer von Moor, Fluss, *loch* und Berg (allesamt in Privatbesitz). Die Steintürme auf dem Pass waren maßgebend und führten Auge und Fuß über den Rücken des Griomabhal hinunter und hinein in die Wildnis des Moors.

Ich war den *rùdhan* dankbar, dass sie mich führten, und folgte ihnen steilab bis zum Ende von Loch Hamnaway. Die Sonne brach durch die Wolken und färbte das Moor rot. Bei einem Flussbecken machte ich Halt, um von dem gold- und bronzefarbenen Wasser zu trinken. An den flachen Stellen sah ich mehrere grobe weiße Quarzkiesel und erinnerte mich an ein Wort, das Finlay mir beigebracht hatte, einen der vielen poetischen Begriffe im Hebridengälischen für die Eigenschaften der Moorlandschaften. *Èig*[1] bezeichne die Quarzkristalle auf dem Bett eines Strombeckens im Moor, die im Mondschein glänzen und daher die im Spätsommer und Herbst wandernden Lachse anziehen.

~~~

Ich lief noch den ganzen Tag: glückliche, harte Kilometer über Moor und Fels, entlang *loch* und Fluss. Da und dort blieb ich stehen, angelte und fing kleine Forellen, die ich mitnahm auf meinem Weg nach Südosten zu den Bienenkorbhütten, die Anne mir auf der Karte gezeigt hatte. Plötzlich sah ich ein schnelles doppeltes Sonnenblitzen am Hang eines fernen Hügels: der Feldstecher eines Grundstückshüters, der kontrollieren wollte, ob ich nicht als Wilddieb auf Hochwild oder Lachs aus war. Überwacht werden wollte ich aber nur ungern, weshalb ich aus der offenen Landschaft in den Sichtschutz einer Anhöhe wechselte.

Als der Tag am wärmsten und der Torf am schwammigsten war, befolgte
~~~

ich Annes Ratschlag, zog Stiefel und Strümpfe aus und wanderte etwa eine Stunde barfuß. Der Torf war kühl und rutschig, und das unter meinen Füßen hervorquellende Torfmoos umschloss sie wie eine feuchte Packung.

»Das Barfußlaufen ist aus der Mode gekommen«, schrieb Nan Shepherd 1945, »aber verständige Menschen beleben diese Gepflogenheit wieder.« Solches Gehen beginnt, wie sie beobachtete:

mit einem Bach, der durchwatet werden muss: Sind die Schuhe erst einmal vom Fuß, mag ich sie nicht mehr wieder anziehen. Wenn neben dem Bach eine Wiese liegt, gehe ich darüber und erfreue mich am Wohlgefühl des Grases an meinen Sohlen; und wandere auch dann noch weiter, wenn das Gras in Heidekraut übergeht. Trockengefallener Morast, von der Sonne erwärmt, fühlt sich herrlich an, federnd und weich; auch langes Gras am Morgen, das, von der Sonne erwärmt, noch kühl und feucht ist, wenn der Fuß hineinsinkt, wie eine Speise, die im Mund zu neuem Geschmack zerschmilzt.

Von meinen eigenen Tagen in den Bergen war mir Nans Lust vertraut, nach einer Flussüberquerung die Schuhe einfach nicht mehr anzuziehen. In den Jahren zuvor hatte ich mit meinem eigenen Barfußrevival experimentiert. Ich war acht Kilometer über den White Peak in Derbyshire gegangen: über ausgewaschenen Kalkstein, der sich glatt wie Marmor anfühlte, einen Panoramaweg mit drahtigem Gras, übersät von gestreiften Schneckenhäusern, über Hügel mit disteligen Weiden und schließlich hügelab über einen warmen Pfad zu einem Fluss, in dessen Uferbecken ich dankbar meine Füße badete.[2] In den Black Mountains in Wales wanderte ich fast einen ganzen Sommertag über Pfade aus Old-Red-Sandstein, der, zu hochfeinem Staub zerrieben, weich wie Make-up-Puder war. Mit Matt, einem befreundeten Archäologen, ging ich einmal einen halben Tag barfuß über Kreidehügel und durch Buchenhaine im südlichen Cambridgeshire. Schon bald hatten wir beide schwarzen Pflanzensaft oder Harz an den Füßen, der die Textur von Teer hatte. Das Harz verhielt sich ähnlich einer Sammelvorrichtung für Bodenproben – wie Wachs, das am Boden eines Senkbleis Proben vom Meeresgrund einsammelt –, sodass wir beide bald eine Schicht aus Samen,

Staub und Blattresten an den Sohlen trugen. Und im Epping Forest in Essex begann ich, hier im Dickicht, dort im Licht, den Wechsel von einem Habitat zum anderen unter den Füßen zu spüren: die verschiedenen Pflanzen, die an jedem Standort je nach Sonneneinfall wuchsen, und die unterschiedlichen Temperaturen im herabgefallenen Laub. Dann trat ich auf das Blatt einer Stechpalme und, bei dem Versuch, wieder davon loszukommen, auf einen Weißdornzweig, auf dass ich fünf Minuten damit verbrachte, mir kleine Stücke Wald aus der Ferse zu ziehen.

Es stimmt, dass ich Gelände, über die ich barfuß gegangen bin, anders im Gedächtnis behalte als die beschuht bewanderten, wenn auch nicht unbedingt besser. Ich erinnere mich an sie hauptsächlich als Texturen, Empfindungen, Härten, Ebenen und Hänge: jene taktilen Details einer Landschaft, die oft unbemerkt bleiben. Diese Fußnoten werden zu fest eingeprägten Erinnerungen an den Kontakt der Haut des Wanderers mit der Haut der Landschaft. Ich erinnere mich an einen heißen Pfad über Blocklehm: Der Boden war weich und von der Sonne sternförmig aufgebrochen, sodass ich auf Verwerfungslinien und Sternbilder trat. Ich erinnere mich, dass ich einmal über ein frisch gepflügtes Feld gegangen bin, dessen Boden die Egge aufgebrochen und die Sonne erwärmt hatte, wodurch sich die Erde bei jedem Schritt wie die Asche eines eben erst erloschenen Feuers anfühlte. Mit nackten Füßen ist man wieder sensibel für den Flor der Landschaft. Gras ist plötzlich breit und poliert: Die zusammengedrückten Halme bilden eine kühle Oberfläche.

Nicht alle meine Barfußwanderungen sind ein Vergnügen gewesen. Als ich bei brütender Hitze ein frisch gepflügtes Feld überqueren wollte, waren die sonnengehärteten Furchen wie ein Meer aus Schwertern. Und einmal im August versuchten mein Freund Leo und ich in Suffolk unbesohlt einen Streifen Heidekraut entlangzulaufen. Das Terrain schien dafür bestens geeignet: trockene, sandige Heide. Doch schon nach fünf Schritten hüpften wir vor Schmerz: Heidekraut und Moos bargen Unmengen kleinsten Stechginsters. Weiterzugehen wäre zu einem Spaziergang über ein Nadelkissen oder einen Igelrücken geworden.

Die hohe Sensibilität der nackten Füße ist Anreiz und Auslöser für die ›Reek-Sunday‹-Klettertour gewesen, die katholische Pilger auf dem Croagh

Patrick im County Mayo unternehmen. Sie betreiben das Barfußlaufen in der Überzeugung, die Qual der Sohlen führe zur Besserung der Seelen. Die Nacktheit der Füße als Strafe, Kasteiung, Prüfung: Die Steine schneiden so tief in die Pilgerfüße, dass das Blut zwischen den Zehen hervorquillt und den Pfad befleckt.

Andere haben eine gesündere Verbindung von Barfußlaufen und Bewusstsein gefunden. Zwischen 1934 und 1936 beobachtete der schottische Naturforscher Frank Fraser Darling in Wester Ross im Nordwesten Schottlands eine Herde Rotwild von mehreren hundert Tieren. Den entscheidenden Durchbruch bei der Erforschung ihres Verhaltens machte Darling erst, als er beschloss, seine Schuhe auszuziehen. In seinem Buch *A Herd of Red Deer* (Eine Herde Rotwild) von 1937 schreibt er: »Im Sommer 1935 begann ich barfuß zu laufen, und nach zwei unangenehmen Wochen wurde ich belohnt. Meine Aufmerksamkeit wurde viel größer, ich ermüdete nicht mehr und konnte die Tiere leichter verfolgen ...« Darlings unkonventionelle Methoden veränderten die moderne Ethologie: Anstatt die Rehe als Reflextiere zu betrachten, die mit erlernten, aber unflexiblen Reaktionen auf ihre Umwelt reagieren, entwickelte er ein dynamisches Herdenmodell, nach dem die Landschaftserfahrungen jedes einzelnen Tieres ihre Lebensweise adaptiv beeinflussten. Darlings These war, kurz gesagt, dass Rehe »zur *Erkenntnis* fähig«[3] sind, und seine Erkenntnis ihrer Erkenntnisfähigkeit rührte daher, dass er sich barfuß gehend in die Tiere hineinversetzte. Darlings Arbeit zeigt, dass es Arten von Wissen gibt, die uns nur unsere Füße ermöglichen, und Erinnerungen an Orte, die nur unsere Füße besitzen.

Berührung ist ein gegenseitiger Vorgang, eine Handlung, bei der ich mit der Welt in Austausch trete. Wenn ich eine Markierung hinterlasse, werde ich auch selbst markiert, und die Sohlen unserer Füße, gezeichnet von den Oberflächen, auf denen sie gehen, sind mit ihren ausgewetzten Trassen und mäandernden Linien ganz eigene Landschaften. Vielleicht ähneln sie am meisten den Formen der Anhöhen und Gräben, die bei Ebbe auf Sandflächen zutage treten. Unsere Fersen tragen Spuren, die wie fortlaufende Schockwellen aussehen. Am Rist, wo die Flexibilität des Fußes am größten ist, zeichnen ihn kleine Falten in netzförmigen Mustern. Die Rillen am Ballen wiederum verlaufen, ohne sich zu kreuzen. Der ganze Fuß ist Zeugnis von Bewegung, durch Wiederholung eingeprägt. Bei Babys sind die Fußsohlen, wenn sie zur Welt kommen – bereits mit den ersten fötalen Schritten, den astronautengleichen Drehungen im pechschwarzen Raum, für die sie ihre Sohlen in die Gebärmutterwand drücken – von Falten überzogen.

Anne hatte in beidem recht gehabt: was für ein Vergnügen das Barfußlaufen war und wie schwer die Bienenkorbhütten zu finden waren. Kurz vor Einbruch der Dämmerung, das Wetter wurde schlechter, die Beine müde, stolperte ich aus einem Tal zu der Stelle hinauf, an der die Hütten als schwarze Punkte auf der Karte eingezeichnet waren.

Aber wo sie laut Karte sein sollten, sah ich nur grasbewachsene, hügelige Moräne: Dutzende übergroße Maulwurfshügel oder Buckel, meist zwei bis drei Meter hoch. Ich schaute noch einmal prüfend auf die Karte. Ganz sicher, hier war die richtige Stelle.

Dann begriff ich. Die Hütten waren die Hügel, beziehungsweise als solche getarnt. Nur die Türschwelle verriet sie. Jetzt sah ich zwei vom Torf fast vollständig bedeckte Steinhütten mit Kuppeldach und tiefem Türsturz, gerade groß genug, um sich hindurchzuzwängen. Die Form der Hütten schien von den Hügeln inspiriert zu sein: Architektur als Tarnung und lokale Ausdrucksform.

Auf Händen und Knien zwängte ich mich in die nördliche Hütte. Drinnen war es trocken und still. Was für ein komisches Gefühl, nach einem langen Tag draußen im Wind und Moor in einem Unterschlupf zu sein. Es war, als wäre ich in Tolkiens Auenland hineingestolpert. Mit dem Körper maß ich die Hütte: acht Spannen Durchmesser an der breitesten Stelle, vielleicht sechs Spannen hoch am Scheitelpunkt.

Von innen war die einfache, aber exquisite Architektur der Hütte besser zu erkennen. Die Kuppel bestand aus wohlgeordnet überlappenden Gneisplatten. Darüber war alles mit Torf abgedeckt, als Windschutz, Isolierung und Mörtel: ein lebendiges Dach, das zusammenwuchs und den Gneisbau fest und in Form hielt.

In der südlichen Hütte briet ich meine Forelle. Nach dem Abendessen kroch ich hinaus. Keine Mücken. Leichter Wind, ein riesiger Himmel; das Gefühl extremer Leere. Magnesiumfackelglanz vom Loch Reasort und fortschleichendes Tageslicht. In der letzten Dämmerung liefen drei Rehe dicht an mir vorbei. Als mich eines von ihnen ansah, blitzten seine Augen fremdartig silbern. Was hatte sich Nan Shepherd über das abendliche Leuchten der Tieraugen »im Dunkel des Waldes« gefragt: ob man in der »wassergrünen« Farbe ihrer Augen das »Grün einer seltsamen Leere sah oder den reflektierenden Schimmer des einfallenden Lichts, oder ob sich darin ein inneres Licht offenbarte«.

Anatomisch betrachtet ist der Grund für den unheimlichen Farbglanz der Augen von Vögeln und Tieren bei schwachem Licht eine spiegelnde Membran aus schillernden Zellen, die hinter der Netzhaut liegt und *tapetum lucidum* genannt wird, leuchtender Teppich. Das Licht fällt zunächst durch die Stäbchen und Zapfen der Retina, spiegelt sich dann an der Membran und durchquert die Retina in Richtung Lichtquelle ein zweites Mal. So wird das wenige Licht zweifach genutzt, um besser sehen zu können. Im Augenleuchten sehen wir die Farbe des *tapetum lucidum* selbst, die je nach Art und Lichtverhältnissen variiert, bei Eulen oft rot ist, bei Kühen blassblau und bei Raubkatzen grüngolden. Sogar Motten und Spinnen besitzen diese Membran, und ihre Augen wirken im Dunkeln manchmal wie kleine silberne Sterne.

Ich schlief in der nördlichen Hütte, trocken und warm in meinem Bau, dankbar, in der alten Weite des Moors diese einstigen Behausungen gefunden zu haben. Nur einmal weckte mich in dieser Nacht ein heiseres Husten in der Nähe; Reibeisenklänge aus den Lungen eines Rehs oder Hirsches.

~~~

Tagesanbruch: über mir zwei kreisende Steinadler. Starker Ostwind trifft auf westlichen Seewind; über den Bienenstöcken schwirrende Luft. Ich ging den ganzen Tag weiter nach Südosten in Richtung Isle of Harris, folgte Weidepfad, Ackerweg, Viehtrift und Wiesenweg und flickte mir auf diese Art meine Route zusammen. An einer ungekennzeichneten Stelle überquerte ich die umkämpfte Grenze zwischen Lewis und Harris, die auf einer Hebridenkarte von 1630 als Landesgrenze verzeichnet ist. Am späten Vormittag stach die Sonne harsch durch die Wolken und jagte Wolkenschatten über
~~~

das Moor. *Rionnach maoim* – ein weiterer Begriff aus dem Hebridengälischen von bemerkenswerter Präzision: die Schatten, die Cumuluswolken auf den Boden werfen, wenn sie an einem sonnigen, windigen Tag über das Moor ziehen. Spät am Abend gelangte ich über eine feuchte asphaltierte Straße, an der einige rostige Autowracks und Trecker halb im Torf versunken waren, in das Halbinseldorf Rhenigidale, wo ich, dankbar für ein Bett, in der Jugendherberge übernachtete.

Am nächsten Morgen folgte ich dem sogenannten Grünen Pfad nach Westen in Richtung Tarbert, der Hauptstadt von Harris. Der Pfad wurde prahlerisch als einer der schönsten Pfade Großbritanniens angepriesen, dem war an diesem Tag auch kaum zu widersprechen. Der Weg zog sich oberhalb der Buchten entlang. An den Hängen sah man noch erhöhte Streifen *feannagan,* Wölbäcker; Überbleibsel aus den Jahren, als hier Landbau betrieben wurde. Nach anderthalb Kilometern fiel der Weg steil ab in ein geschütztes Küstental namens Trollamaraig, und hier im Schutz vor dem Seewind gedieh ein Zwergenwald aus Weide und Espe, Geißblatt, Fingerhut und Binse. Dann stieg der Pfad im Zickzack die Ostseite eines Hügels namens Scrìob hinauf, wurde zunehmend flacher und verlief schließlich, geradewegs nach Westen, zwischen zwei nippelförmigen Gipfeln mit den nordischen Namen Trolamal und Beinn Tharsuinn.

Und von diesem Pass sah ich plötzlich die innere Landschaft von Harris – ein Irrgarten aus Felsbrocken, *lochans* und Moor, vor dem Betrachter ausgebreitet wie eine Landkarte und von schmalen Pfaden durchzogen. Auf glänzenden Trassen stieg ich unter Regenbögen nach Tarbert hinab, von dort weiter nach Süden und Osten, die Küste von Harris entlang, bis ich schließlich an die Tür von Steve Dilworth klopfte – Künstler, Halbhexer, Pfadbauer –, der Mann, der mir die Steinkiste für die Fahrt nach Sula Sgeir geschenkt hatte und bei dem ich mehrere Tage zu Gast war, Tage, die sich in meiner Erinnerung zu einem Märchen verwoben haben: Der Wandersmann wird am Wegesrand zur Rast eingeladen, in ein Haus voll düsterer Wunder, unbekannter Energien und Genüsse und einem sich wundersam immer wieder füllenden Becher Gin.

Gneis

Die Hängestatue ~ Rinderkörper, Mähnenhaar ~ Schädel, Häute, Sperma, Stein ~ Kryptozoologie & Schamanentum ~ Die Aura innerer Räume ~ Die haltende Hand, die gehaltene Hand ~ Magier, Mörder ~ Robbenöl, Barte, Gehörschnecke ~ Einhörner? Hippogryphen? Drachen? ~ Der Stoff, aus dem die Welt gemacht ist ~ Ein mumifizierter Sperber ~ Atticus atlas ~ Schwanenmord & schweinslederne Schaufensterpuppen ~ Schwarzes Lamm und grauer Falke ~ Laputa, die Tölpelkolonie ~ Der Pfad zur heiligen Landschaft ~ Findlinge ~ Einhundert Kilo bestes deutsches Schmalz ~ Gefrorenes Licht ~ Die letzte Steinkiste

Ich finde, ich habe mir Gneis, Kohle, langfaseriges Moos … und essbare Wurzeln einverleibt.

WALT WHITMAN, 1855

An der Südostküste der Isle of Harris, in einem Dorf mit drei Häusern namens Geocrab, hinter einer Fuchsienhecke, in einer kühlen, dünnwandigen Werkstatt, an einem Dachsparren hängt an einem Fleischerhaken ein menschliches Skelett. Die 206 Knochen werden von Sehnen aus geflochtenem Seegras zusammengehalten, die an der Wirbelsäule abwechselnd links über rechts und rechts über links geknüpft sind. Auf die Knochen sind Fleischstücke eines toten Kalbs genäht, ein grober Überkörper. Als sie angenäht wurden – die Stücke wurden mittels einer Pferdespritze mit einer Lösung aus Formaldehyd und Natriumfluorid in einem Mitte der 1920er Jahre von einer zoologischen Expedition im Amazonas perfektionierten Mischverhältnis konserviert –, war das Muskelfleisch noch prall gewesen. Im Laufe der Zeit ist es aber getrocknet und geschrumpelt, die Fasern stehen in Bündeln auseinander, sodass die Textur mittlerweile einem abgenutzten Tau ähnelt. In den Hohlräumen des Skeletts stecken ein verschrumpeltes

Herz, eine Leber, zwei vertrocknete Augen und eine Luftröhre, alle von demselben Kalb. Das Skelett wird von Seilen aus Seegras zusammengehalten, und die gebundenen Hände sind wie zur Bitte oder zum Gebet ausgestreckt. Auf dem Schädel prangt eine Schreckensfrisur aus schwarzen und blonden Strähnen Pferdehaar, die bis auf die Schulterblätter fallen.

Steve Dilworth erwarb das Skelett 1978, indem er sich bei einem Versand für Anatomiemodelle in einem Ort mit dem passenden Namen Gravesend als Anatomieprofessor ausgab und das Objekt für 100 Pfund bestellte, eine größere Summe, als er sich vernünftigerweise leisten konnte. Als Lieferadresse für die Kiste mit Knochen gab er ein Landhaus aus dem 15. Jahrhundert nahe bei Cirencester an, in dem er damals in Teilzeit als Gärtner arbeitete. Es dauerte Wochen, um in alle Knochen kleine Löcher zu bohren und sie mit Strandhafer und Schnüren zusammenzufügen, und weitere Wochen, um die Organe des Kalbs in das Skelett einzubauen und es in Kalbfleisch zu kleiden, und weitere Wochen, um alles zu verschnüren und zu verbinden. Das Ergebnis – sein Opfertier und Voodoo-Fetisch, sein Grauballe-Mann und Freund – nannte er »The Hanging Figure«, Die Hängestatue.

Zogen Steve und seine Frau Joan um, kam die Hängestatue mit. 1985 schließlich spülte es sie auf die Isle of Harris, in das Küstenörtchen Geocrab, und sie leben glücklich und zufrieden bis zum heutigen Tag.

~~~

Nachdem ich den weiten Weg durch das Moor von Lewis gewandert war, klopfte ich wundgelaufen, verschwitzt und leicht nervös an Steves Tür. Schlurfen und Poltern. Dann flog die Tür auf und eine mächtige Figur füllte den Rahmen. Eine Hand streckte sich mir zur Begrüßung entgegen. Steve trug einen *Matrix*-langen Mantel und Pantoffeln. Ein blonder Hüne von Mann, mit hohen Wangenknochen und gelben Borsten über den Augen, sodass er aussah wie ein Hexer oder räuberischer Wikinger. Wer nur seine Arbeit und sein Aussehen kennt, ist einigermaßen eingeschüchtert und hält ihn vielleicht für herrisch und streng. In Wahrheit und zur großen Erleichterung ist er allerdings ein gutmütiger und zu Späßen aufgelegter Mensch. Ein Schamane, der sich selbst ernst nimmt, wäre unerträglich.
~~~

Kaum angekommen, saß ich schon mit Steve und Joan am Küchentisch, Kaffee in der einen, Gin Tonic in der anderen Hand, und erzählte ihnen von der Nacht in den Bienenkorbhütten und wie ich Manus' Pfad entdeckt hatte. Eine ausgestopfte Lumme saß auf einem Wandlautsprecher und sah mich von oben herab fragend an. Auf der einen Meter breiten Fensterbank des Südfensters lag, wie ich meinte, der bronzene, einen halben Meter lange Schädel einer Gottesanbeterin mit hervortretenden Augen. Unter dem Fenster stapelten sich leere Schaukästen zur Präsentation von Vogeleiern: dunkles Kiefernholz, mit Glasdeckeln und durch dünne hölzerne Trennwände in Kammern unterteilt, in denen Baumwollnester die ausgeblasenen Eier aufnehmen sollten, die Namen der Spezies auf verkupferten Schildchen geprägt: *Sardischer Distelfink. Grünschenkel. Rotschnabel-Seeschwalbe.*

Die Dilworths waren auf die Äußeren Hebriden gekommen, weil dies einer der wenigen Orte in Großbritannien ist, an denen sie sich ein Haus leisten konnten – durch Betteln, Borgen, Selberbauen. Zudem stellte sich heraus, dass Steve auf Harris die Materialien für seine Kunst finden konnte. An dieser Küste konnte er jeden Tag die Flutlinie ablaufen, um zu sehen, was angespült worden war, und noch dazu billig leben – in einem Land mit seinen Tierritualen, Megalithen, dramatischem Wetter und exzellentem Maltwhisky.

»Als er mir zum ersten Mal vorschlug, nach Harris zu ziehen, habe ich Paris verstanden«, erklärte Joan. »Deswegen habe ich natürlich sofort ja gesagt. Es hat einige Zeit gebraucht, bis mir klar wurde, dass ich mich verhört hatte.«

Die beste Beschreibung seiner Kunst stammt von Steve selbst: »Mein Leben lang habe ich Kultgegenstände für einen Stamm hergestellt, den es nicht gibt.«[1] Zu den Materialien, die er verwendet, gehören Schädel, Schnäbel, ganze Körper, Augen, Häute und Flügel von Reihern, Zaunkönigen, Lummen, Tölpeln, Waldschnepfen, Eissturmvögeln, Schwänen, Eulen, Sperbern, Bussarden, Mantelmöwen, Nebelkrähen, Papageientauchern, Sandaalen, Petersfischen und Libellen; Talg, Schmalz, Tran, Sperma; in Äquinoktialstürmen gesammeltes Meerwasser, Süßwasser aus einem tiefen Brunnen, stille Luft aus einer Kapelle, Sturmluft von der Nase eines Findlings; etwas

Nordwind, etwas Südwind; Knochen, Barten und Zähne von Walen; die Wirbelsäulen von Tümmlern und Schafen; Bronze, Messing, Nickel, Kupfer; Dolerit, Gneis, Granit, Speckstein, Alabaster; Holz von einer 10 000 Jahre alten Mooreiche, von Walnuss, Maulbeere, Palisander; der Bug eines Fischerboots; Jagdköder; MacKenzie-Bohnen, Sanddollar, Seeigel; Eier, Federn und Sand.

Zu den von ihm angefertigten Gegenständen gehören die Steinkiste aus Dolerit und Elfenbein, die ich auf meine Reise nach Norden, nach Sula Sgeir, mitgenommen hatte, um die Stürme zu besänftigen; ein mit Seil zusammengebundener Bleihelm mit einem Visier aus Walknochen; eine dreißig Zentimeter lange Kiste aus Maulbeerholz in Form einer Kaffeebohne, die von Stahlreifen zusammengehalten wird und den Kadaver einer Amsel enthält; ein hohles, aus der Rinde eines Guajak-Baums und einem Stück Barte gefertigtes Behältnis mit losen Delfinzähnen, das Ganze mit Fischerleinen zusammengebunden; ein Sarkophag aus Walnussholz mit Kanten und Schloss aus Messing, in dem ein Vogel aus Mooreiche mit bronzenem Schnabel und Schwanz liegt; zwei auf einer Fischfarm getötete Reiher, wie zur Umarmung ineinander verschränkt, an deren Flügeln Hunderte Angelhaken hängen, die Beine mit dünnen schwarzen Schnüren zusammengebunden (ein *Archaeopteryx*-Fetisch; ein sadomasochistischer Vogeltanz). Krypten und Kammern spielen eine große Rolle in seinem Werk; die Aura innerer Räume, angedeutet, aber nicht offenkundig. Das Innere eines Gegenstands, das oft verborgen bleibt, hat bei ihm denselben Stellenwert wie dessen sichtbare Oberfläche. Einen der Ersten seiner vielen handgroßen Gegenstände schuf Steve für eine Freundin, die an Krebs erkrankt war. An einem Tag absoluter Windstille schöpfte er Wasser aus dem Meer, gab es in eine Ampulle, versiegelte diese und steckte sie in ein poliertes, ausgehöhltes Stück Eiche, das er mit Seil umwickelte und ihr dann in die Hand gab, damit sie ihre Finger als dritte Schicht oder Ummantelung darumlegte.

Wege und Wegmarkierungen faszinieren Steve. Nachdem er meine Beschreibung von Manus' Pfad gehört hatte, erzählte er mir, wie er mit seiner Tochter Alexe alte Leichenwege aufgespürt hatte und ihnen nachgegangen war, quer über die Insel, von den Siedlungen an der Ostküste von Harris, wo der Torf zu flach war, um die Leichen zu begraben, hinüber zum reicheren, tieferen Boden der Westküste, an dem die Leichen zur letzten Ruhe bestattet werden konnten.

»Wie Manus' Spur«, sagte Steve, »sind diese Leichenwege keine durchgehenden Linien in der Landschaft. Sie werden durch Steinhaufen markiert. Die bestehen teils nur aus wenigen Steinen, die zu einem Kegel geformt sind, andere sind riesig, mindestens so groß wie ich und kunstvoll gearbeitet, richtige Skulpturen. An erhöhten Punkten findet man manchmal drei oder vier nebeneinander, und aus der Ferne wirken sie wie eine geisterhafte Gruppe von Menschen, die dicht gedrängt draußen im Moor stehen.«

Der Weg von Ost nach West konnte gut und gern zehn Kilometer über ziemlich raues Gelände führen. »Es war schon schwer genug, den Pfad bei sonnigem Wetter zu gehen«, sagte Steve, »mit Rucksack und einem hübschen kleinen Picknick zwischendurch. Zu mehreren Mann, den Leichensarg auf den Schultern, durch rutschigen Morast und über kantige Steine: Das scheint mir fast unmöglich. Aber irgendwohin mussten sie die Leichen ja schaffen.«

Er erhob sich vom Küchentisch. »Kommen Sie mit rüber in die Werkstatt«, sagte er und drückte die knarrende Hintertür auf. Ich folgte ihm und betrat das Lager eines Mörders oder Grabschänders. Dutzende Kadaver – meist von Vögeln – lagen da in verschiedenen Stadien der Verwesung, Verstümmelung und Konservierung.

Auf einer Tiefkühltruhe lag ein menschlicher Schädel, bei dem die Wangenknochen teilweise mit Gips und Harz bedeckt waren, die Nase aber noch fehlte: An ihrer Stelle ragte nur ein Stück Knorpel hervor. Auf einem Regal stand eine hölzerne Eule, aus deren Schnabel eine Art funkelndes Drahtseil oder Tau herauskam. Und an einem Dachbalken hing am besagten Fleischerhaken die Hängestatue.

Zwei Wände waren von langen Werkbänken gesäumt. Fässer dienten als Tische oder Pulte. Jede Fläche war mit Gegenständen vollgestellt. Erlenmeyerkolben, Glasglocken, Retorten, Spritzen – die Gerätschaften eines Apothekers oder irren Erfinders. Verkorkte Ampullen, Filmdosen. Ein Becherglas war daumenhoch mit einer roten, öligen Salbe gefüllt, die zu leuchten schien. Ich nahm es und drehte es, um den Aufkleber zu lesen: ROBBENÖL.

Das Öl netzte zäh die Wände und hinterließ eine rubinrote Flutlinie am Glas.

Es gab Gefäße voller Federn, meist vom Schwanz oder Flügel, grob nach Arten geordnet. Auf den Bänken das entsprechende Werkzeug: Schraubzwingen, Zangen, Messschieber, Handschuhe. Ein elastischer Bartenbogen von einem Minkwal, dreißig Zentimeter lang, schwarz und blankpoliert. Die Gehörschnecke eines Grauwals. In der Werkstatt stand auf einer Bank etwa hüfthoch ein Korb voller Hörner, Zähne, Knochen und Schnäbel nicht identifizierbarer Kreaturen. Von Einhörnern? Hippogryphen? Drachen? Ich hob den Korb ein wenig an und entdeckte darunter eine flache Lattenkiste mit vielleicht fünfzig Sanddollarskeletten, kleine, rätselhaft gepunktete weiße Plättchen. In sie eingebettet der Panzer eines Gürteltiers, überzogen mit zarten orangen Streifen, aus denen blasse drahtige Härchen standen. Ich zog ihn heraus. Er lag auf meiner Hand wie eine Seifenblase.

»Legen Sie das Gürteltier zurück in die Kiste, machen Sie die Augen zu und strecken Sie die Hände aus«, sagte Steve. Ich hielt ihm meine Hände hin, die Innenflächen nach oben, die Handgelenke aneinandergepresst, als erwartete ich, dass er mir Handschellen oder Fesseln anlegte.

»Bereit?«

Ich nickte. Ich spürte, wie er mir etwas Kühles aus Stein auf die Handflächen legte. Unter dem Gewicht sanken meine Arme nach unten.

»Das ist aus dem Stoff, aus dem die Welt gemacht ist.«

Es war eine Feder, eine Steinfeder, fünfzig Zentimeter lang und aus blankpoliertem schwarzem Fels mit grünen Sprenkeln. Durch den Stein zog sich ein langer, quarkweißer Keil, der an Elfenbein erinnerte.

»Der Keil ist ein Walknochen, den ich aus einem Kadaver herausgeschnitten habe, der da drüben angespült wurde.« Steve zeigte aus dem Fenster, über die Fuchsienhecke hinunter zur Bucht. »Die Federfahnen und alles andere ist aus Dolerit«, sagte er. »Den habe ich mir aus dem Westen der Insel geholt, aus einem Steinbruch der Wikingerzeit, wie mir ein Archäologe erklärt hat. Aber wie die Wikinger das Zeug hier aus dem Boden geholt haben, weiß ich beim besten Willen nicht. Ich hatte meinen Generator dabei und eine Flex mit Diamantscheibe, die der Dolerit komplett gefetzt hat.«

Die Feder lag kühl in meiner Hand und war unfassbar schwer. Ihre Dichte kam mir übernatürlich vor. Alles an ihr strebte zum Boden. Ein Gegenstand von fantastischer Widersprüchlichkeit: eine Feder, die sich nach der Erde sehnt, ein mit Schwerkraft aufgeladenes Flugobjekt.

Steve nahm mir die Feder wieder ab. Es war, als hätte mich jemand aus Fesseln befreit.

Ich ging hinüber zu einem Ölfass, auf dem ein durchsichtiger, zugeknoteter Gefrierbeutel lag. An der Innenseite kondensierte das Wasser, aber durch die Tröpfchen hindurch erkannte ich schwarze, spitze Gegenstände. Ich hob den Beutel hoch, und ein Geruch von Fäulnis fuhr mir in die Nase. Als ich das Plastik mit den Daumen glattstrich, sah ich dicke kurze Schnäbel und Schädel, an denen noch Reste von Federn und Fleisch hingen und die in einem Humus aus Blut und Fleischfetzen vor sich hinmoderten.

»Lummen«, sagte Steve grinsend. »Die brauchen noch ein bisschen. – Moment, ich bin gleich zurück, ich will Ihnen was zeigen.«

In einer roten Kunststoffwanne lagen zehn tote Sperber. Ein elfter war mit Kreppband mumifiziert. Ich nahm mir einen der Vögel. Er war leicht wie eine Samenhülse oder ein Modellflugzeug und schien meine Hand in die Höhe zu ziehen. Nichts in diesem Raum hatte das Gewicht, das man ihm zusprechen würde. Alles war vom eigenen Zerfall oder von Maschinen ausgehöhlt, oder im Gegenteil mit Stein und Blei beschwert. In die gestreifte Brust des Sperbers, honiggolden auf Grau, waren seitlich gezackte Linien eingewoben, die an ein Kardiogramm erinnerten. Die alten Augen des Vogels waren geschlossen, der Kopf zur Seite gedreht, als wäre er verlegen oder schützte sich vor starkem Wind.

Der Zauber dieses Raums begann auf mich zu wirken. Ich wurde nervös. Fabeln und Märchen fuhren mir durch den Kopf.

»Auf dieses Prachtstück bin ich besonders stolz«, sagte Steve plötzlich. Ich zuckte zusammen. Ich hatte nicht gehört, wie er wieder hereingekommen war. Er zeigte mir einen rot-blauen Pappkarton, eine mit Zellophan umwickelte Pick'n'Mix-Box von Woolworth.

»Die letzte!«, sagte er stolz.

»Was ist da drin?«, fragte ich und erwartete eine Antwort wie »eine Salamanderzunge« oder »die Kralle eines Dodo«.

Steve sah mich leicht verwirrt an. »Na, Süßkram«, sagte er. »Das hier ist die letzte Pick'n'Mix-Box, die am letzten Tag vom Räumungsverkauf bei Woolworth in Tarbert noch im Regal stand.«

Er stellte die Box vorsichtig auf ein Wandregal, zwischen einem Elfenbeinzahn und einem Schraubglas mit der Aufschrift »4000 Jahre altes Sturmwasser«.

~~~

Am Abend saßen Joan, Steve und ich wieder am Küchentisch, während das letzte Licht über der Bucht zu einem hellen Strich verglomm. An der Nordwand der Küche stand ein Glaskasten mit einer weißen Motte groß wie eine Amsel: *Atticus atlas*, aus Indien. Ihre Flügel waren flachsfarben und straff gespannt. In der Ecke schikanierte ein geflecktes Kätzchen eine alte weiße Katze.

Nach dem Abendessen rückte Steve seinen Stuhl vom Tisch ab, schenkte nach und begann zu erzählen. In den meisten seiner Geschichten ging es um das Töten und Verzehren wilder Tiere. Armut, Neugier und ein leidenschaftlich karnivorer Gaumen hatten ihn bereits in den Genuss fast jeder Art von Fleisch gebracht. Er war Wildbeuter lange bevor Wildbret zum Trend auf den Spezialitätenkarten wurde. Als Student auf der Kunstakademie hatte er zum Aktzeichnen ein Luftgewehr mitgenommen, sich ans offene Fenster mit Blick auf ein kleines Wäldchen gesetzt und auf die herumflitzenden Eichhörnchen geschossen. Und während seiner Zeit auf dem Land trug er immer eine abgesägte Schrotflinte in der Jacke für den Fall, dass ihm irgendein Nahrungsmittel auf vier Beinen begegnete.

»Haben Sie schon mal Reiher gegessen?«, fragte ich.

»Oh ja. Die isst man am besten bei Vollmond, dann sind sie am fettesten. Das Fleisch schmeckt sehr, sehr fischig. Fischiger als Lumme. Einer der fischigsten Vögel überhaupt, würde ich sagen, fast schon wie Tölpel.«

Hatte er auch schon einmal Amsel gegessen? Ja, und zwar als Pastete. Brachvogel? Ja. Mehr Fleisch dran, als man denkt. Tauben? Ja. Weniger Fleisch dran, als man denkt. Adler? Adler nein, noch nicht. Schwan? Steves Gesicht begann zu leuchten. Vor seinem inneren Auge flackerten Erinne-
~~~

rungen auf wie ein alter Amateurfilm, und er erzählte mir eine Geschichte, die ich hier nicht wiedergeben kann – auf Schwanenmord steht nach wie vor eine saftige Strafe –, jedenfalls kamen eine schweinslederne Schaufensterpuppe, ein elektrischer Stuhl, zwei Schwäne, eine Feuerstelle und ein Immobilienmakler darin vor.

Als mir in dieser Nacht, während ich auf den Schlaf wartete, Bilder von Leichen und Tierpräparaten durch den Kopf zogen, musste ich an die Stelle in *Schwarzes Lamm und grauer Falke* von Rebecca West denken, wo sie die Ermordung des Erzherzogs Franz Ferdinand beschreibt, eines begeisterten Jägers, der in seinem Leben eine halbe Million Tiere getötet haben soll. Am Tag seines Todes befand er sich in einer Empfangshalle seines Palastes in Sarajevo – gerade als Princip und die anderen Mörder ihre Positionen entlang des Reiterzugs einnahmen –, und die Wände dieser Empfangshalle waren, wie West schreibt:

bis hinauf zu den goldenen und purpurnen Gewölben und Stalaktiten mit den pelzigen und gefiederten Geistern vollgestopft, dicht an dicht, weil es einfach so viele waren: Hirsche, zwischen deren Geweihen Schnepfen, Fasane, Rebhühner, Auerhühner und ähnliche Tiere hervorlugten; Wildschweine in Drohgebärde, Flanke an Flanke, unter deren breiten Bäuchen sich Hasen und Kaninchen in mehreren Lagen türmten. Ihre animalischen Augen, klar und dunkel wie Wasser, beobachteten wissend, dass ihrem Schlächter dasselbe Ende nahte wie einstmals ihnen selbst.

Ich dachte daran, dass nach der Abreise der *guga*-Jäger von Sula Sgeir jedes Jahr die abgetrennten Flügel der toten Tölpel – 4000 Flügel von 2000 Tieren – auf dem Fels zurückblieben, und beim nächsten großen Herbststurm, wenn der Orkan von Süden oder Westen hereinblies, Tausende dieser abgehackten Flügel von der Insel flogen und man vom Meer aus den Eindruck hatte, der Fels selbst wollte abheben – eine ganze Insel, die sich in die Lüfte erhebt wie Swifts Laputa.

~~~
~~~

Am Sonntag lud mich Steve auf eine Pilgerreise zu seiner heiligsten Landschaft ein. Ich saß in seinem Wohnzimmer in einem viktorianischen Zahnarztstuhl und las. Der Stuhl thronte auf einer Stange, die in einem wuchtigen Fuß steckte. Die Polsterung aus rosa Kordsamt war mit einer kitschigen schmalen Bordüre versehen. Der Patient durfte seine Füße auf ein gusseisernes, von einem Blumenblattmuster umranktes Gitter mit dem Schriftzug AUSTRAL stellen. Die dunkelgebeizten Armlehnen aus Kiefernholz waren von Jahrzehnten banger Finger aufgehellt. Mittels Hebeln und Fußpedalen konnte man verschiedene Sitzpositionen einstellen. Sehr unheimlich und sehr bequem.

Ich hörte, wie Steve hinter mir hereinkam. »Ich habe auch die passenden Instrumente dazu«, versicherte er mir.

Dann schlug er vor: »Wollen wir uns einen Sabbatspaziergang gönnen? Calvin darf sich ruhig mal aufregen. Sie könnten an einem der *lochs* im Landesinnern angeln. Und ich zeige Ihnen meinen Pfad, den ich angelegt habe, und den Ort, an dem ich meine Hängestatue unterbringen will.«

Wir verließen die Werkstatt und folgten einem Wasserlauf, der bergan ins Landesinnere führte, über eine schwer zu erkennende Spur, die Steve getrampelt hatte und nun erhalten wollte. Es war Nachmittag. Der Himmel schwarz mit grauem Saum: Es würde regnen. Über uns überschlug sich ein Kiebitz, um gen Küste zu wenden, und stieß dabei seine Funkergeräusche in die Luft.

»Kiebitze haben schöne Flügel, wie kleine Löffel«, sagte ich. »Ich mag sie sehr gern.«

»Nicht viel Fleisch dran«, sagte Steve.

Nach einem Kilometer stiegen wir von der Flussniederung zu einem hohen Felsgrat hinauf. Auch hier noch ging Steves Pfad weiter und durchzog zart die Heide. Von der Anhöhe aus eröffnete sich uns ein Blick über Harris: Tausende Hektar mit *lochans,* Wasserläufen, gletscherbewehrten Felswänden, Heide und Moor. Alles stehende Wasser sammelte und reflektierte das Licht, sodass es aussah wie Eis. Ein Gelände, das schnell in abstrakte, reine Form kippte. Schon nach wenigen Wegminuten konnten wir die Straßen und Häuser von Geocrab nicht mehr sehen. Hektischer, tosender Wind. Hören oder sprechen war schwer. Als ich mich umwandte, sah ich eine große

Welle, die sich entlang der Ostküste brach und Rauchwolken von Gischt in die Luft warf, und man glauben konnte, das Land würde brennen.

Wir erreichten eine flache Ebene aus Gneis, die ein Quarzblitz durchzuckte. Steve schrie dicht an meinem Ohr gegen den Wind. »Schauen Sie, da!« Er zeigte in die Ferne und deutete mit den Fingern hierhin und dorthin. »Da! Und da! Und da! ... und da!«

Obwohl meine Augen vom Wind tränten, konnte ich erkennen, dass er auf eine Reihe riesiger Findlinge in der Landschaft deutete, die selbst aus dieser Felswildnis herausragten. Die Steine balancierten jeweils auf einer kleinen Erhöhung, waren heller als die Felsfläche ringsum und bildeten zusammen offenbar einen groben Kreis mit einem Durchmesser von vielleicht 300 oder 400 Metern. Am Südpunkt des Kreises stand der hellste Fels, in seinem Mittelpunkt der größte.

Es war ein Megalithenring. Doch diese Blöcke waren nicht von Menschenhand hergeschafft und aufgestellt worden. Es waren Findlinge, die im Pleistozän von den Gletschern an diese Stelle auf Harris geschoben worden waren. Als die Gletscher schmolzen, mussten die Findlinge gemächlich an ihre jetzigen Standorte herabgesunken sein: eine Linie gesetzter Steine, wie Wegmarkierungen. Wir liefen den Kreis ab, immer einer dünnen Spur nach, die Findling mit Findling verband.

Steve hatte jeden dieser Steine auf irgendeine Art bearbeitet. Vor einigen Jahren hatte er einen von ihnen mit Terpentinpaste bepinselt und in der Abenddämmerung angezündet: Findling als brennende Wegmarkierung, als Leuchtfeuer. Den Mittagspunkt hatte er als Hommage an Joseph Beuys mit Fett überzogen: »Einhundert Kilo bestes deutsches Schmalz!« Das Schmalz hatte die Möwen angelockt, die tagelang darauf hockten und pickten, was sie konnten. »Es sah aus, als wollten sie den Stein in die Luft heben!«

Dann kamen wir zum großen Megalithen in der Mitte, um den herum sich diese zufällige Kreisstruktur angeordnet hatte. Er war an seinem höchsten Punkt etwa zweieinhalb Meter hoch, hatte eine rautenähnliche Kontur und stand auf einem seiner Scheitelpunkte. Steve bückte sich und nahm ein Stück Quarz, das an seinem Fuß lag. »Die lappländischen Schamanen nennen Quarz ›gefrorenes Licht‹«, sagte er. »Hier, für Sie.« Ich freute mich über den Talisman. Er hatte große Kristallflächen und die Form eines Haifischzahns oder Berggipfels.

Ich kletterte seitlich am Felsen hinauf bis zu seinem abgeschrägten Gipfel. Raubvögel nutzten ihn gern als Ruheplatz. Bussarde oder Adler oder beide. Große Mengen schwarz-weißen Kots bedeckten den Fels, und Dutzende ausgeschiedener Vogel- und Tierknochen. Dazu ein Miniaturwald aus Blatt- und Schuppenflechten. Ich kraxelte wieder hinunter und wir setzten uns in den Windschatten des Findlings, unter den größten Überhang.

»Neun Tonnen, schätze ich!«, rief Steve und klopfte dem Brocken mit flacher Hand auf die Flanke. »Ich will ihm die Spitze abschneiden«, sagte er, »und einen Zylinder herausbohren, der bis zur Mitte reicht – so wie man einen Apfel entkernt. Dahinein kommt dann die Hängestatue, und zum Schluss lege ich die Spitze wieder obenauf. Leicht wird das nicht. Aber der Schnitt wird so fein sein, dass man ihn fast nicht sieht und die Narbe durch Flechten und Witterung bald verheilt sein wird, und dann weiß kaum noch jemand, wo meine Statue ist, nur ich, Sie und ein paar andere.«

Er überlegte. »Das hier wird ihre Steinkiste, die letzte. Und für mich schließt sich damit der Kreis. Es wird die wichtigste Aktion, die ich je gemacht habe.«

Ich spürte die abgeschrägte Steinmasse über uns, die sich gegen den Wind lehnte. Wir saßen an einem Ort, an dem eigentlich kein Platz für uns hätte sein dürfen, und kurz stellte ich mir vor, wie der Wind den Findling aus dem Gleichgewicht bringt und der Stein auf uns niederkippt und uns unter sich begräbt. Steves Zuneigung zu diesem Brocken und seiner Welt war kalt und hart und zärtlich, es lag eine Sehnsucht nach Geborgenheit und Distanz in ihr: eine paradoxe Liebe, die manche von uns kennen.

Wir beendeten den Rundgang und kehrten zu unserem Ausgangspunkt auf der Gneisebene zurück. Dann stiefelte Steve heim und ich ging zu einem der dunklen *lochans,* um zu sehen, ob ich etwas fing. Ein Regenschauer durchtränkte mich eine volle Stunde, was ich als ein Zeichen Gottes deutete, als Strafe für das Angeln am Sabbat. Dann wurde ich jedoch mit zwei Forellen belohnt, was ich als ein Zeichen Gottes deutete, dass er Calvin strafte, weil dieser das Angeln am Sabbat verboten hatte. Während ich so saß und angelte, dachte ich an Steves Landschaft: dass jeder dieser großen Steine

eine Geschichte in sich trug und sein Pfad sie alle in einer rituellen Umkreisung miteinander verband. Das Innere von Harris war sein geweihtes Gelände, das er einem Glauben und Stamm widmete, den es nicht gab, und es erschien mir ebenso rätselhaft und bewegend wie die Monumente von Callanish oder Avebury.

Als ich den kleinen Pfad aus der Wildnis heraus zum Haus zurückging, war es schon sechs Uhr und fast dunkel. Zum Abendessen war es noch zu früh, und so setzten Steve, Joan und ich uns aufs Sofa, tranken Wein und schauten die *Antiques Roadshow,* während hinten in der Werkstatt die Hängestatue an ihrem Dachsparren baumelte.

Granit

Eine rituelle Wanderung ~ Mein Großvater ~ Interessante Zeiten ~ Wunder auf dem Wasser ~ Meine erste Überfahrt ~ Via viridis ~ Trifte & Tiere ~ Die britische Arktis ~ Höchst logische Launen des Zufalls ~ Liebesverkehr ~ Über Granit ~ Der Lairig Ghru ~ Über eine Grenze, durch ein Portal ~ Ewiger Schnee ~ Plutonisches Gestein ~ Landschaften, die wir in uns tragen ~ Hinauf zum Pass ~ Die Augen des Berges ~ Durchsichtig gelaufenes Fleisch ~ Feuer an der Wasserscheide ~ Begräbnis ~ Der letzte Gang

Da einem Pfad zu folgen bedeutet, sich an seinen Verlauf zu erinnern, ist unser Gehen in der Gegenwart immer ein Erinnern an die Vergangenheit ... Vorwärtsbewegung ist immer auch Rückkehr.

TIM INGOLD UND JO LEE VERGUNST, 2008

Es war eine rituelle Wanderung von Süden nach Norden durch die Cairngorms, und dies waren die Dinge, denen wir begegnet sind: graue Findlinge aus der Eiszeit, Flusssand, ein Zeisigschwarm, Kiefernzapfen, Mücken, weiße Kiesel, das Skelett eines Raben, Wanderpfade, Viehtrifte, Wildpfade, tote Bäume, Traurigkeit, abgerundete Berge und Feuer; die vielen verschiedenen Steinarten, über die wir gelaufen sind: Kalkstein, Diorit, Quarzit, Granulit, Granit, Schiefer, Phytolit und Glimmer. Das Feuer? Oh, das brannte an der höchsten Stelle des Passes – ein Lodern im aufziehenden Dunkel – und wie auch die Wanderung wurde es im Gedenken an meinen Großvater entzündet, der gestorben war und zu dessen Begräbnis ich über die alten Wege wanderte, hinauf zur Wasserscheide, über den großen Pass des Lairig Ghru und dann hinunter durch den Kiefernwald am Nordhang des Massivs.

~~~
~~~

Wohin mein Großvater in seinem bemerkenswerten Leben auch immer ging, er ist dort gewandert.[1] Als Diplomat und Bergsteiger reiste er fünfzig Jahre lang durch die Welt und suchte an allen Orten, an die er versetzt wurde, die Höhe, die Weite, die Pfade. In Bulgarien wanderte er 1940, nur wenige Tage bevor sich das Land den Achsenmächten anschloss und alle britischen Diplomaten auswies, durch das Rilagebirge. 1943 bestiegen er und ein befreundeter Bergsteiger namens Robin Hodgkin den Demirkazık Dağı (3 756 Meter) in den türkischen Aladağlar-Bergen. Sie wähnten sich die Ersten auf dem Gipfel – fanden dort jedoch eine zerfetzte Hakenkreuzfahne, die ein paar Jahre zuvor einige Österreicher hinterlassen hatten (und da er nie eine Gelegenheit zur Propaganda ausließ, nahm mein Großvater sie mit ins Tal und zeigte sie den Dorfbewohnern zum Beweis, dass die Nazis ihren Berg annektieren wollten). Der Posten, den er immer wollte, aber nie bekam, war Teheran: Die iranische Politik faszinierte ihn, aber die Berge, die schneebedeckt die Stadt überragen, faszinierten ihn noch mehr. Politik und wilde Landschaften waren die beiden roten Fäden seines ungewöhnlichen Lebens. Jetzt, nachdem er gestorben war, nur wenige Monate nach meiner Großmutter, in einem Haus am Fuße der Bergkette, die die beiden besser gekannt hatten als sonst irgendeine Gegend, und nachdem ich von Norden nach Süden über die Inseln Lewis und Harris gewandert war, wollte ich die Binneninsel des Cairngorm-Massivs von Süden nach Norden durchqueren.

Mein Großvater, Edward Peck, hatte die Angewohnheit, zu Momenten in der Geschichte aufzutauchen, die Eric Hobsbawm »interessante Zeiten«[2] nannte. Zum Anschluss im März 1938 war er in Wien, wo er sah, wie Hitler zur Feier der Einheit die Mariahilferstraße entlangfuhr. Er sah, wie die Juden in der Leopoldstadt hastig ihre Koffer packten und nach Bratislava zur tschechoslowakischen Grenze eilten. Am Frühlingsende desselben Jahres sah er, wie die kleine Gestalt des Kaisers Haile Selassie zum Hauptsitz des Völkerbunds eskortiert wurde, um Anklage gegen Italiens Einfall in Äthiopien zu erheben. Auf seinen ersten offiziellen Posten wurde er ins Barcelona der letzten Bürgerkriegsmonate geschickt; er erweiterte seine Sprachkenntnisse um das Spanische, und Francos Propaganda-Agenten führten ihn in Folterkammern mit blutigen Wänden, die nach ihrer Aussage von den Republikanern benutzt worden waren, nach deren Aussage wiederum die

Franco-Anhänger sie benutzt hatten. Während des Zweiten Weltkriegs in der Türkei geriet er ins Umfeld der sogenannten Cicero-Affäre, eines Spionagefalls, bei dem der Kammerdiener des Botschafters eine wichtige Rolle spielte. In Berlin hatte er mit der Inhaftierung russischer Spione vor dem Zoo zu tun und mit dem erfolgreichen Bau des Horchtunnels in den Osten durch die Amerikaner und Briten (dessen Existenz George Blake später verraten sollte). 1947 wurde er von der *Prawda* als Faschistenschwein bezeichnet und erhielt vom KGB Einreiseverbot in die Sowjetunion, was für ihn selbst eine große Erleichterung darstellte. Neue Sprachen erfasste er mühelos, wie Steine am Wegrand, die ihm nur langsam wieder entglitten, wie Federn. Ich glaube, in seiner Glanzzeit beherrschte er zwölf Sprachen. Einmal empfahl er mir, Türkisch zu lernen, da man mindestens sechs weitere Turksprachen geschenkt dazubekäme.*

Er hegte eine leidenschaftliche Liebe für Landschaften, war aber kein Landschaftsmystiker. Sein außergewöhlicher analytischer Sinn richtete sich nach außen, um die Tektonik von Geopolitik und Geschichte zu erklären. In diesem Punkt unterschieden wir uns; ich habe mich immer schon mehr für die Beziehung zwischen Landschaften und den darin lebenden Individuen interessiert und wie uns der Ort, an dem wir leben, zu dem Menschen macht, der wir sind. Bestimmt hätte mein Großvater Schwierigkeiten gehabt, zu erklären, warum bestimmte Landschaften ihm so viel bedeuteten. Nicht weil er unfähig zu einer Analyse dessen gewesen wäre, sondern weil ihm all das so selbstverständlich schien: die Schönheit des Hochlands vor allem; aber auch die Kameradschaft, die beim Wandern in solchen Landschaften entsteht; die stärkende Kraft, die wir durch Härten in der Natur erfahren; und die würdige Tradition der Berggelehrten, die er um sich selbst bereichert hatte. Aus all diesen Gründen liebte er wildes Land, wo auch immer auf der Welt er es fand. Er bewegte sich völlig unaufwendig durch die Berge, trug aber ein immenses gewichtsloses Bündel kulturhistorischen Wissens bei sich. So legte er weite Distanzen zurück, bestieg mit seinen kräftigen Beinen und den ein Meter achtzig langen Skiern einige Gipfel des Himalaya, der Alpen, den Kilimandscharo, den Kinabalu und die Berge Großbritanniens.

Nach seiner Pensionierung bezog er mit meiner Großmutter eine ehemalige Forstarbeiterhütte nahe dem Dorf Tomintoul im Nordosten der Cairn-

* Was mir allerdings versagt blieb

gorms. Das Haus – das sie Torrans tauften – lag mitten in einem Kiefernforst oberhalb des Avon, dessen Quelle sich unweit am Fuße der Cairngorms befindet. Noch in den letzten Jahren seines Lebens, als ihn schwindende Sehkraft und eingeschränkte Beweglichkeit von den Berghöhen fernhielten, ging er die Pfade durch die Berge und rund um sein Haus. An einer Wand hing bei ihm eine große amtliche Landkarte im Maßstab 1:50 000 des Bergmassivs, auf dem wir die Fußpfade, die im typischen Amtsrosa eingezeichnet waren, mit den Fingerspitzen entlangfuhren, wenn wir Expeditionen planten.[3]

Dem Einfluss meines Großvaters und meiner Eltern verdanke ich, dass ich mich schon als Kind für die Berge interessierte; und vor allem mein Großvater trug dazu bei, dass Hochland und Wildnis mich so in ihren Bann schlagen.

~~~

Ich begann meinen Weg durch die Cairngorms in Blair Atholl, eine Stunde nach Tagesanbruch. Stehende Luft, heiß und gelb, noch klamm. Im Norden dunkle Regenwolken. Ich war wieder mit David unterwegs, und zunächst wanderten wir das Tal von Glen Tilt hinauf, das geradewegs nach Nordosten verläuft und sich tief in die südlichen Vorläufer der Cairngorms zieht. Die ersten Kilometer ging es durch Waldgebiet; der Fluss Tilt schneidet durch den Fels, sodass der Pfad stetig entlang der Talflanke verläuft. Gelb blitzten Zeisige im Grün. Kleine Vögel piepsten eifrig in den Baumkronen. Es ging gerade genug Wind, um die lose Haut auf den Kiefernstämmen zu bewegen. Die Luft war erfüllt von Mückenwolken, die uns weitertrieben. Durch Immergrün und Birken lugte da und dort der Fluss. Ich sah eine Wasseramsel mit ihrem weißen Pianistenlatz, die dort fischte, wo Wasser in anderes Wasser floss, hörte, wie Stromschnellen in Tosbecken schossen. Es gab breite ruhige Becken, in denen das Wasser so tief strömte, dass nur die kreisenden und dahingleitenden Kiefernnadeln anzeigten, dass der Fluss in Bewegung war.

Hinter uns ein röhrender Motor, dann lautes Hupen: ein Land Rover von den hiesigen Landeignern, der ohne groß zu bremsen so an uns vorbei-
~~~

rauschte, dass wir kaum beiseitetreten konnten. Die Ladefläche war offen, aber vergittert. Zwei mürrisch wirkende junge Männer mit Schiebermützen schauten heraus, ohne eine Miene zu verziehen und rollten weiter das Tal hinauf. Wildhüter in Ausbildung, vermutete ich, obwohl sie aussahen wie Gefängnisinsassen, die in einen anderen Knast verlegt werden. Anderthalb Kilometer weiter kamen wir an der Jagdhütte des Anwesens vorbei. Vier Männer, vermutlich Kunden, standen hundert Meter weiter unter einer Lärche und unterhielten sich. Ich hob die Hand und rief einen kurzen Gruß. Sie unterbrachen ihr Gespräch, schauten uns ausdruckslos an und redeten dann weiter. Mir war, als wären wir in eine Folge der Fernsehserie *Nummer 6* hineingeraten, und ich war froh, dass wir endlich die Privatwege hinter uns ließen und auf die unbefestigten Fußpfade und ehemaligen Viehtrifte am Oberlauf des Tilt kamen.

Neben einem langgestreckten Flussbecken machten wir Rast zwischen den gepunkteten Ruinen einstiger Schutzhütten. Ein großer Lachs sprang aus dem Wasser und klatschte wie ein schwerer Holzklotz wieder hinein. Stromaufwärts schwirrte eine Wasseramsel von Stein zu Stein, und als sie abtauchte, sah ich zu, wie sich ihr dunkler Umriss durchs Wasser grub. David zog sich aus und badete in dem Becken, um sich die morgendlichen Meilen abzuspülen. Er schwamm zu einem flachen Findling, der direkt unter der Oberfläche lag, setzte sich im Lotussitz darauf, schwebte wundersam auf der Wasseroberfläche wie ein Yogi und grinste. Doch schon bald trieben die Mücken uns weiter. Sie kamen zu Tausenden und stiegen wie Rauch aus der Heide: eine nachdrückliche Ermunterung, den ganzen Tag über stramm zu wandern.

Also ging es weiter, dem Tal folgend in einem Bogen hinauf nach Norden, über eine wackelige Brücke, vorbei an den riesigen Pools of Tarf, an denen eine kleine Gedenktafel daran erinnerte, dass hier vor hundert Jahren ein Junge ertrunken war. Weiter Richtung Nordnordost, bis wir nach fünf Kilometern plötzlich auf offenem Land waren, auf einem hohen flachen Pass, der ersten der zwei großen Wasserscheiden des Tages. Vor uns ein weites Tal voll gelbem Moorgras, durch das sich, einer alten Viehtrift folgend, ein Wanderpfad zog. Aus der Ferne betrachtet war die Farbe der Berge gedämpft und großflächig; das Grau und Lila der Heide, das ausgebleichte Gras. Aber direkt vor unseren Füßen erschien uns das Moor als ein Teppich voller Farben: das Gold der Blutwurz, die Grün- und Lilanuancen des Torfmooses, die hellen Tupfer von Fettkraut und Sonnentau und das salbeiartige Graugrün der Sumpfmyrte.

Dieses offene Gelände muss einer der Rastplätze der Viehtreiber gewesen sein: ein ruhiger Flecken – in der Nähe von Wasser und ebenem Grund –, an dem die Menschen schlafen und das Vieh weiden konnten. Im schottischen Hochland gibt es nur wenige Täler, durch die die Viehtreiber nicht gezogen sind; deren Arbeit war seit dem Act of Union von 1707 bis zum Rückgang des Viehhandels im zweiten Viertel des 19. Jahrhunderts in den Highlands und auf den Inseln ein wichtiger Teil des Lebens. Das illegale Viehtreiben, meist durch Viehdiebe, reichte bis ins 16. Jahrhundert zurück, und bereits im 14. Jahrhundert wurde die *via viridis* urkundlich erwähnt, offenbar einige Wiesenpfade, die so breit und weich waren, dass sich Viehherden darüber leiten ließen; doch führten vor allem die landwirtschaftliche Revolution und die Unterwerfung der Highlands durch General Wade nach dem Aufstand von 1715 zur Ausweitung des legalen Viehtriebgewerbes. Vieh war in den Highlands das wichtigste bewegliche Vermögen, und es musste von den Weiden der Highlands und der Inseln hinunter zu den Märkten und Käufern in den Lowlands und zur Grenze nach England getrieben werden. Ein komplexes Netz aus Triften, Pfaden und Methoden entstand, um diese Mobilität zu ermöglichen.

Zu diesem Thema beschreibt A. R. B. Haldane in seinem Klassiker von 1952, *The Drove Roads of Scotland* (Die Viehtrifte Schottlands), wie im Zweiten Weltkrieg ein »einsamer, grasbewachsener Pfad über die Hügel«, der hinter seinem Haus in Perthshire vorbeiführte, seine Neugierde weckte und ihn in die jahrhundertealte Geschichte der Trift hineinsog. So beschloss er, die wichtigsten Viehwege, von denen manche schon im Verschwinden begriffen waren, so gut es ging zu kartografieren, und machte sich auf, um viele der Routen nachzugehen in der Hoffnung, dieses Zeitalter wandernd und lesend besser zu verstehen. Sein Buch hat – auch wenn es sich vor Nostalgie hüten und strenge Historiografie betreiben wollte – einen leisen elegischen Anklang. In Haldanes Darstellung waren die Viehtreiber, die stoisch Not und Mühsal ertrugen, keineswegs unempfänglich für Schönheit. Zumindest einige von ihnen kultivierten »eine Bewegungs- und Abenteuerliebe« und hinterließen die Landmarken einer faszinierenden Epoche:

Die braunen Segel der Viehschiffe auf dem Minch sind verschwunden. Grasnelken wachsen ungestört aus den Ritzen der Bohlen und Stege von Skye bis Kintyre, die einst von trampelnden Hufen blankgewetzt und abgerieben wurden. Verlassene Salzwiesen, auf denen die Herden aus Uist einst grasten, und überall in den Highlands, auf Bergpass und Moor wie auch in den Köpfen der Leute, verdunkeln und trüben die vergangenen Jahre die Spur und Erinnerung an die Männer und Tiere, die einst die Viehtrifte Schottlands bereisten.

~~~

In den Cairngorms liegen sowohl die Geschichte als auch der Schnee – die beiden Stoffe, die mein Großvater vielleicht am meisten liebte – in dicken Schichten auf den Bergen. Klimatisch gesehen sind die Cairngorms Großbritanniens Arktis. Im Winter schmirgeln Stürme mit bis zu 270 Stundenkilometern die Gipfel der höheren Bergketten, und Lawinen raspeln die windabgewandten Hänge ab. Meine Großeltern sahen aus den Nordfenstern ihres Hauses das Flackern des Nordlichts: sich blähende Vorhänge aus grünem, manchmal auch rotem Licht. An einigen Stellen auf den Gipfelplateaus bläst der Wind so stark und beharrlich, dass Pflanzen im Bonsaiformat wachsen: Kiefern werden nur ein paar Handspannen groß; es wachsen lediglich Zwergweiden; und dann gibt es dort eine Art der Gämsheide namens *Loiseleuria procumbens* – eine der Lieblingspflanzen meines Großvaters –, die mit ihren kaum drei Zentimeter aufragenden, auf den Kieseln liegenden Köpfchen (*procumbens*) Matten bildet. Dieses Massiv wurde von »Urgewalten« erschaffen, wie Nan Shepherd es ausdrückte. Wenngleich Berglandschaften chaotisch erscheinen mögen, sind sie tatsächlich höchst logisch aufgebaut, von klimatischen Extremen geformt und der Schwerkraft unterworfen – so extrem geordnet, dass sie wie Launen des Zufalls erscheinen.

Anna ›Nan‹ Shepherd wurde 1893 in Aberdeen geboren, wo sie 1981 auch starb, und in ihrem langen Leben verbrachte sie wie meine Großel-
~~~

tern Hunderte Tage mit Wandern und legte Tausende Kilometer durch die Cairngorms zurück. Ihr Renommee als Schriftstellerin beruht auf drei der Moderne zugehörigen Romanen, die sie zwischen 1928 und 1933 veröffentlichte – *The Quarry Wood* (Der Wald des Wildes), *The Weatherhouse* (Das Wetterhaus), *A Pass in the Grampians* (Ein Pass in den Grampians) –, nach meinem Dafürhalten aber ist ihr wichtigstes Werk das unbekannteste: ein achtzigseitiger Prosatext mit Betrachtungen über die Cairngorms und unser Verhältnis zur Landschaft im Allgemeinen: *The Living Mountain* (Der lebendige Berg), in den 1940er Jahren verfasst, aber erst 1977 erschienen. Dieses Werk lässt sich nur schwer beschreiben. Ein feierliches Prosagedicht? Eine geopoetische Suche? Eine philosophische Abhandlung über die Natur der Erkenntnis? Nichts davon trifft es ganz, und doch ist das Buch all das. Shepherd selbst nannte es einen Liebesverkehr zwischen ihr und den Bergen – wobei sie im Verkehr vor allem Austausch und Wechselseitigkeit sah, eher denn Stau oder Straßensperrung.

Diese Prosa ist beglückend materialistisch – angeregt von der Alterität des Cairngorm-Granits in einem Bergreich, das »nichts tut, wirklich nichts, außer es selbst zu sein« – und zugleich fast animistisch in den Beschreibungen der Wechselwirkung zwischen Berg und Bewusstsein. Shepherd hatte begriffen – wie auch Edward Thomas und viele andere Menschen, die in diesem Buch erwähnt werden –, dass uns Landschaften lange Zeit gute Möglichkeiten boten, ein klares Bild von uns selbst zu bekommen, und wirksame Mittel waren, um Erinnerungen zu gestalten und Gedanken zu formen. Wie Thomas dachte sie topografisch, und wie Thomas begriff sie sich selbst als von der Landschaft gedacht. Auf dem Berg gibt es Augenblicke, schreibt Shepherd, in denen »sich etwas zwischen mir und ihm bewegt. Ort und Geist können einander durchdringen, bis beider Natur sich verändert. Was für eine Bewegung das ist, kann ich nicht sagen, beziehungsweise nur, indem ich davon erzähle.«

Shepherd konnte besser als jeder andere mir bekannte Autor von der Fähigkeit des Hochlands erzählen, eine Intimität zu den Menschen herzustellen, und zeigen, auf welche Weise bestimmte Orte bestimmte Gedanken ermöglichen. Langsam und mühsam erarbeiteten sich meine Großeltern eine solche Intimität mit den Cairngorms. Torrans und seine Felder wurden eine Übereinkunft zwischen der Wildnis des Hochlands und der Zivilisation der Täler. Häufig gelangen ihnen bemerkenswerte Kompromisse und Abkommen mit dem Terrain. Geriet meine Großmutter an Findlinge, die zu schwer waren, um sie zu verschieben, baute sie Steingärten um sie herum und pflanzte zwischen ihnen alpine Fettpflanzen. Hinter dem Haus hatten die beiden einen Morgen Ackerland, das sich bis an den Rand eines Nutzwaldes hinaufzog, sowie siebzehn Morgen unwegsamen, sumpfigen Weidegrund. Auf einer Seite senkten sich die Weideflächen zu einem Flusstal mit drei von wilden Kirschbäumen flankierten Wasserfällen. Auf der anderen Seite fiel das Land zum Ufer des Avon ab, der im Frühjahr durch das Schmelzwasser aus den Cairngorms zum reißenden Fluss wurde und in dessen Becken die Lachse des Sommers auf ihren Wanderrouten sich funkelnd hinauf zur Quelle hissten und peitschten. War das Wasser warm genug, und das war es fast nie, ließen mein Bruder und ich uns mit dem Strom treiben und schnorchelten, die taucherbebrillten Köpfe im Wasser, um Ausschau nach den Schatten der Fische zu halten. Auf dem im Süden von Torrans liegenden Streifen Moor schimmerten gelber Ginster und violette Besenheide, und manchmal ließen sich dort große Schwärme Brachvögel nieder, deren hochschweifendes Kreischen durchs Tal trieb.

Haus und Weidegrund standen auf einem ungewöhnlichen Sockel schottischen Kalksteins, der über dem widerstandsfähigen Glimmerschiefer des Avon-Tals und unter dem großen Granitbatholiten der Cairngorms sitzt. Das Kalzium im Boden sorgte für recht gutes Weideland, also kamen Schafe und Rinder im Sommer auf die Weide. Meine Großeltern pflanzten auch Bäume, neben einigen heimischen Arten auch Exoten als Andenken an die Länder, in denen sie gelebt hatten. Sie setzten viele Weiden, Kirschen, Erlen und Birken sowie einige Einzelexemplare: einen *Nothofagus antarctica*, einen *Metasequoia glyptostroboides* (den Quastenflosser unter den Bäumen, der als längst ausgestorben galt, ehe man ihn 1950 in China wiederentdeckte), eine Westamerikanische Hemlocktanne, eine Korea-Tanne, eine Pazifische Edeltanne und eine tibetanische *Prunus* mit roter Rinde. Nach und nach erweckten sie ihr Land durch Namen zum Leben: The Torrans Burn (Der Torrans-Bach), The Crocodile (Das Krokodil), Alison's Folly (Alisons Unsinn),

The Avon Express (Der Avon-Express). Kleine Akte verbaler Landschaftsgestaltung, eine zeitweilige Besiedlung. Dennoch war es ein fortwährender Kampf, mit den Invasionen der Wildnis fertigzuwerden: dem Schnee, der im tiefsten Winter drei Meter hoch gegen die Hauswände geweht wurde, den Rehen und Kaninchen, die die Setzlinge fraßen, den Baummardern, die sich in einem Jahr mit der ganzen Familie im Dach eingenistet hatten und gern in der Schublade mit der Unterwäsche meiner Großmutter spielten.

~~~

Irgendwo im Moor der ersten Wasserscheide setzten wir vom Schiefer auf den eigentlichen Granit der Cairngorms über: ein Gemisch aus Quarz, Feldspat und kleineren Platten dunkel glänzenden Glimmers, der mit der Zeit zu einem Graubraun verwittert, wenn man ihn aber öffnet oder aufkratzt, das Blassrosa von Muskelfleisch zeigt. Auf Granit kamen wir schließlich an den Lairig Ghru.

Der Lairig Ghru-Pass ist ein großes, von Gletschern ausgehöhltes Tal, das die Cairngorms von Norden nach Süden zerteilt und dessen höchster Punkt – mit über achthundert Metern – höher ist als die meisten anderen Gipfel der britischen Berge. Und er gehört auch zu den anrührendsten Orten, die ich kenne. Betrete ich den Ghru von Norden oder Süden her, habe ich immer das Gefühl, ein Portal oder eine Grenze zu passieren. Am Lairig Ghru sind einige Menschen zu Tode gekommen, und auf den Gipfeln rechts und links von ihm sind einige weitere gestorben. Eine Studentin von Shepherd kam in einem Schneesturm ums Leben, »fernab ihres Weges«, und ihre Leiche wurde erst Monate nach ihrem Tod gefunden – nachdem die Schneewehen geschmolzen waren –, die Knie und Hände aufgeschürft, auf denen sie, in völliger Erschöpfung durch Schnee und Wind über den rauen Granit gekrochen war.

In den Jahrhunderten der Trift war der Lairig Ghru der wichtigste Pass des gesamten Gebirges, über den man das Vieh durch Glen Lui bis nach Braemar im Süden trieb. Gelegentlich wurden auch Schafe von Skye über den Pass gebracht, und die letzte offiziell belegte Trift fand, wie das Triftbuch bezeugt, im Jahr 1873 statt. Dennoch war der Weg für die Viehtreiber
~~~

aufgrund der Witterung, Distanz und Bodenbeschaffenheit problematisch. Jeden Winter schoben die Schneemassen von den umliegenden Felsen neues Geröll auf den obersten Teil des Passes, auf dem die Rinder mit ihren Hufen und langen Beinen kaum laufen konnten und sich oft die Beine brachen. Daher wurden am Ende des Frühlings Männer hinaufgeschickt, um die Brocken beiseitezuschieben und den Pfad wieder gangbar zu machen.

David und ich kamen von Süden zum Lairig Ghru, die rosafarbenen flachen Granitstufen hinauf, die der junge Fluss Dee spaltete und hinabsprengte. Wir passierten die Torwächtergipfel des Tals: den Devil's Point (Teufelsspitze) im Westen mit seinen diagonalen Geröllschürzen und die schwarze Flanke des Carn a'Mhaim im Osten, über die weit über unseren Köpfen eine dünne Linie schäumenden Wassers herunterstürzte. Beide Gipfel ragten bedrohlich auf, sehr nah und einschüchternd, und ich spürte in mir das Kribbeln, das den Eintritt in die Wildnis signalisiert.

Die Grenze war überwunden, und wir kamen auf den eigentlichen Pass. Am Boden des Tals wuchs duftende und vielfältige Bodenvegetation: Sumpfmyrte, Moorlilie, Kriechwacholder mit seinem ginartigen Geruch, Gämsheide, Zwergkiefern, mehrere Steinbrech-Arten, Heidelbeeren und Besenheide. Ich begann, zwei Sträuße von der Cairngorm-Flora zu pflücken; einen wollte ich auf den Sarg meines Großvaters legen, den anderen am höchsten Punkt des Passes verbrennen. Wo der Fluss dem Pfad nahekam, machten wir Rast und badeten unsere Füße in seinen Becken. Die Mücken, die noch immer die Luft erfüllten, machten uns rasend.

Dann also auf, sechs, sieben Kilometer weiter in die Höhe, zur höchsten Stelle des Ghru, zum Pass selbst. David lief nun voraus, und wie ich so allein zurückblieb, überfiel mich mit einem Schlag eine wuchtige Traurigkeit. Als ich nach Westen schaute, sah ich den Schnee auf dem Braeriarch. In den schattigen, nach Nordosten weisenden Bergkesseln und Schluchten bleibt der Schnee oft das ganze Jahr hindurch liegen, sintert langsam zu Eis, in kalter Stagnation, und bildet seine eigene kleine Eiszeit. Er erinnert daran, dass der Winter die Cairngorms nie ganz verlässt beziehungsweise dass sich die Kälte an diesem Ort sammelt und von hier aus wieder ausbreitet. Er erinnert auch daran, dass der höchste Punkt des Lairig Ghru vor 12 000 Jahren keine Wasserscheide, sondern eine Eisscheide war: der Ort, von dem aus die Gletscher nach Norden und Süden in Richtung See krochen und die Highlands in ihre heutige Form aus dem Granit scheuerten und schoben.

Granit war das Lieblingsgestein meines Großvaters. Seine Vorliebe für Granit teilte er mit einem seiner Helden, Goethe, dessen Schriften er im Oxford der 1930er Jahre kennenlernte, wo er bei Walter Ettinghausen studierte, der später den diplomatischen Dienst Israels aufbauen sollte. Als junger Mann verfasste Goethe einen Aufsatz mit dem Titel *Über den Granit*, in dem er über den Granit als Substanz, aber auch über das Laufen über Granit schreibt. Granit – dieses vulkanische Gestein aus Quellkuppen und Bysmalithen – gefiel Goethe wegen seiner Verbindung zum heißen Erdinneren. Shepherd schätzte ihn aus ähnlichen Gründen. In einer Oktobernacht schlief sie draußen auf einem Granitplateau in »seidenweicher« Luft und hatte im Halbschlaf das Gefühl, selbst zu Stein zu werden, »verwurzelt ... in ... Unbewegtheit«. An einem heißen Sommertag legte sie sich auf den Boden und spürte unter sich »das lodernde Innere, aus dem diese grummelnde mahlende Masse plutonischen Gesteins hinaufgestoßen war, über mir blaue Luft, und zwischen dem Feuer des Felsens und dem Feuer der Sonne Geröll, Erde und Wasser, Moos, Gras, Blume und Baum, Insekt, Vogel und Tier, Wind, Regen und Schnee – der totale Berg«.

In seinen Achtzigern kam mein Großvater immer seltener auf den Granit, spürte immer seltener das Feuer des Felsens und das Feuer der Sonne. Die Gipfel tauschte er gegen die Pässe, die Pässe gegen die Täler und schließlich die Täler gegen die Kalksteinflächen rund um sein Haus. Seine Mobilität und sein Sehvermögen ließen nach. Irgendwann konnte er seine vertrauten Wanderstrecken durch die Cairngorms nur noch in der Erinnerung gehen. Entlang des Pfads hinunter zur Schlucht wurden Geländer angebracht, damit er nicht ausrutschte und fiel. Zaunübertritte wurden ein schwieriges Thema. Dessen ungeachtet sah man ihn jedoch bis in seine Neunziger noch manchmal auf Langlaufskiern – langen schweren österreichischen Holzskiern aus den 1930er Jahren –, mit denen er die Hauseinfahrt auf und ab fuhr. Während seine Beine schwächer und die Augen noch schlechter wurden, blieb seine Sehnsucht nach den Bergen – nach der nächsten Biegung des Pfades, dem nächsten Hügel – in all den Jahren unverändert. Da er die Berge nun selbst nicht mehr erreichen konnte, begann er, sie in den Erzählungen seiner Kinder und Enkel zu erleben, und nährte sich von Berichten über Wanderungen der anderen oder den Erinnerungen an seine eigenen Märsche und Klettertouren. Selbst in den tiefsten Tiefen seines Alters, als die geistige Verwirrung immer mehr zunahm, gab es kurze Momente größter Klarheit, leuchtende Flussbecken im Geist, in denen er topografisch exakt den Verlauf bestimmter Täler im Himalaya beschrieb oder noch genau wusste, welche Gipfel von einer bestimmten schottischen Bergspitze aus zu sehen waren.

Wir glauben, dass wir Landschaften am stärksten erleben, wenn wir uns in ihnen befinden und sie unmittelbar berühren und betrachten dürfen. Doch tragen wir auch *in absentia* Landschaften in uns, Orte, die noch lange im Gedächtnis weiterleben, nachdem wir sie faktisch wieder verlassen haben; solche Orte – die wir meist gerade dann wieder aufsuchen, wenn wir ihnen am fernsten sind – gehören zu den wichtigsten Landschaften, die wir besitzen. Adam Nicolson schrieb beispielsweise, wie »mächtige Abwesenheiten« erinnerter Landschaften auf uns einwirken, doch gibt es sie auch als mächtige Anwesenheiten, zu denen wir tiefe und beständige Bindungen haben. In diesen Landschaften wohnen wir womöglich am längsten, sosehr die Zeit sie auch verzerrt oder die Entfernung sie verschleift. Welchen Trost solche erinnerten Orte spenden, findet sich häufig in den Erzählungen derer – Exilanten, Gefangene, Kranke, Alte –, die nicht mehr physisch an die Orte gehen können, die ihnen Kraft geben. Als Edward Thomas an die Westfront fuhr, trug er nicht zuletzt die Erinnerungen an sein »Südland« bei sich. »Wenn er am Eingang seines Schützengrabens stand«, schrieb seine Witwe Helen nach seinem Tod,

schaute er nach Norden, wo er Sussex sah oder träumte zu sehen, mit
seinen zarten Hügeln und den grauen Findlingen, die darüber verstreut
lagen wie Schafe, und den vom Wind gebeutelten Dornbäumen,
und den geschützten Pferchen, in die der Wind nie hineinkam; und Kent,
den Weald von Kent, dessen Eichen, Waldreben und Äpfel den Lehmboden
lieben und dessen Dickicht die Nachtigall sucht; Hampshire mit seinen
bewaldeten Hängen, voller Eibe und Buche, Vogelkirsche und Silberbaum,
und das Häuschen am Fuße des Hügels.

Kenn, der junge Held in Neil Gunns Roman *Highland River* von 1937 (Der Fluss in den Highlands), wächst am Ufer des Dunbeath in der Region Caithness in den schottischen Highlands auf. Er kennt den Fluss so gut, dass er nach seiner Einberufung in die Schützengräben des Ersten Weltkriegs »den Verlauf des Flusses klarer vor Augen sah als den des Grabensystems, durch das er stolperte. Im Handumdrehen baute sich dieser vor ihm auf, deutlich wie eine Anschauungstafel des Nervensystems mit sämtlichen Hauptsträngen und Zubringern«. John McGahern beschrieb, wie im irischen Unabhängigkeitskrieg die von den Briten inhaftierten Iren gegen die Langeweile und Erniedrigung der Gefangenschaft ihre Erinnerungen an den Shannon zusammentrugen und »jeden Morgen gemeinsam im Geiste den Shannon die eine Uferseite hinauf und jeden Abend das andere Ufer zurückgingen, wobei der eine die Einzelheiten einbrachte, die der andere vergessen hatte«. »Sie kannten den Flussverlauf«, schlussfolgerte McGahern, »so gut wie ihr eigenes Leben.« Als der Maler John Nash mit einem befreundeten Roma aus Buckinghamshire an der Westfront in den Gräben saß, sprachen sie von den alten Pfaden und Graswegen Englands, erzählten einander Geschichten entlang dem Verlauf einstiger Wanderungen und versprachen sich gegenseitig, sollten sie dem Schlamm lebendig entkommen, würden sie diese gemeinsam gehen.[4]

~~~

Während wir uns zum höchsten Punkt des Lairig Ghru vorarbeiteten, verengte sich der Trampelpfad zu einer schmalen Spur und verschwand dann ganz in der Wildnis eines Findlingsfeldes. Später – als tauchte Manus' Pfad plötzlich aus dem Steintal von Lewis auf – begriff ich, wie der Pfad markiert war: eine schwache Linie rosenroten Granits, die von Füßen und Steigeisen aus der braunen Patina der Findlinge gescheuert wurde. Shepherd hatte das gleiche Phänomen beobachtet: dass Granit, wenn man darüberging, »rot glänzte wie frisch erschaffener Fels«.

Wir folgten der Spur aus frisch erschaffenem Fels, die uns an die Pools of Dee führte, zwei kleine *lochans,* die vom Regen und dem granitgefilterten Schmelzwasser vom Pass gespeist werden. Ich habe die Pools schon viele
~~~

Male gesehen, und mit Ausnahme eines Winters, in dem sie von einer Eisschicht bedeckt waren, leuchtete ihr Wasser immer wunderbar klar. Die Pools haben eine fast übernatürliche Präsenz, sie erinnern an die staubfreien Spiegel im buddhistischen Symbolismus oder den »Quell am Ende der Welt« in Neil Gunns gleichnamigem Roman, der so klares Wasser enthält, dass man es nicht sieht, sondern nur mit der Hand spürt.

An diesem Tag war das glatte Silber der Wasseroberflächen im Gewirr der Steine und Blöcke beeindruckend, die Klarheit des Wassers wieder einmal erstaunlich. Durchsichtig und spiegelnd zugleich, schienen die Seen die Augen des Berges zu sein, die himmelwärts blickten. Ich stand am Ufer des ersten *lochans*. An seinen seichten Stellen wirkten die Steine wie unter Glas. Am Grund fingen grüne Wasserpflanzen das Licht ein und reflektierten es. Ich beugte mich vor und tauchte eine Hand durch den Spiegel, dass mir die Kälte in die Finger zog.

»Jeder Berg hat ein Inneres«, hatte Shepherd geschrieben. Eine Aussage, die unserer Intuition widerspricht, da wir uns bei Bergen üblicherweise die Außenflächen und nach außen gerichteten Strukturen vorstellen: Klippen, Hochebenen, Gipfel, Kämme und Steilhänge. Doch werden Berge auch von ihrem Inneren bestimmt: ihren Kesseln, Höhlen, Mulden und Tälern sowie von den Tiefen ihrer Flüsse, *lochs* und *lochans*. Haben wir unsere Augen einmal gelehrt, den Berg als ein Gefüge aus massiger Präsenz und abwesendem Raum zu sehen, können wir uns auch vorstellen, nicht auf, sondern in einen Berg zu gehen. Shepherd schaute immer *in* die Berglandschaft hinein; wieder und wieder spähte sie durch Oberflächen: in die Spalten der Felsen, ins leuchtende Innenleben der *lochs* und Flüsse. Sie ging nackt in die Untiefen des Loch Avon, steckte ihre Finger in Mauselöcher in der Schneedecke und erinnerte sich daran, wie sie als Kind in den Becken von Wasserfällen spielte und »die kleinsten weißen Steinchen« hineinwarf, die sie finden konnte, und ihnen »über beträchtlich lange Zeit« zusah, wie sie sich wiegend nach unten auf den Grund hinabschwebten. Die Richtungspräposition »in« bekommt in *The Living Mountain* – durch die wiederholte Verwendung – die Kraft eines Verbs. Shepherd ging nicht in die Berge, um die freie Natur zu suchen, sondern weite Innenräume, tiefe Nischen.

Stunde um Stunde zu Fuß, schrieb Shepherd, »läuft man sich das Fleisch durchsichtig«. »Auf dem Berg«, bemerkt sie am Schluss von *The Living Mountain,* »bin ich jenseits allen Verlangens. Es ist keine Ekstase, ich befinde mich nicht außerhalb meiner selbst, sondern ganz in mir. Ich bin. Das ist die größte Gnade, die der Berg mir gewährt.« So lautete Shepherds Version von Descartes' *cogito: Ich gehe, also bin ich.* Sie feierte den metaphysischen Rhythmus des Fußgängers, den Jambus des »Ich bin«, den Takt vom Aufsetzen und Heben des Fußes.

~~~

Die letzten achthundert Meter bis zur Wasserscheide. Schwere Beine, langsame Füße. Blaue Abenddämmerung, die allmählich die Luft verschleierte. Das Gelände verengte sich, wurde schmaler und schmaler. Die Wahrnehmung zunehmend verdichtet, Sichtlinien verengt, abnehmende Sichtweite ... und dann plötzlich kam der Pass und vor uns öffnete die Welt weit ihren Rachen, kiefernbestandene Landstriche streckten sich im Norden vor und unter uns aus. Ich legte meine Handvoll Sumpfmyrte, Gämsheide, Kriechwacholder und getrocknete Heide auf einen natürlichen Ortoliten aus Granit und zündete sie an: ein kurzes oranges Auflodern in der Abenddämmerung, ein Leuchtfeuer auf dem Pass.

Dann wanderten wir weiter durch die zunehmende Dunkelheit, die breite Nordseite des Massivs hinab, erzählten uns Geschichten, um uns aufzumuntern, und stiegen weiter hinunter, durch den großen Kiefernwald von Rothiemurchus, der im Halbdunkel ein Märchenwald aus Giftpilzen und Schatten geworden war, durchschlängelt vom Weg, den wir weiter nach Norden hinabgingen, während das Mondlicht von den Fichtennadeln schimmerte und sich zu beiden Seiten in den harzigen Tränen der Kiefern fing, der Himmel über uns noch immer blau und unglaublich, wir mit immer müderen Beinen und trägeren Schritten.

~~~

Gegen Ende seines Lebens wurde für meinen Großvater sogar der Weg hinunter zur Schlucht des Flusses ungangbar. Seine Beine – die ihn schon durch so viele Länder getragen hatten – verloren ihre Kraft, sein Körperschwerpunkt stieg nach oben und seine Standfestigkeit sank. Aus Wandern wurde Gehen, aus Gehen Tapsen, aus Tapsen einzelne Schritte. Die Wanderstöcke, die über Jahre an der Hintertür des Hauses meiner Großeltern gestanden hatten, um mit ihnen Brennnesseln niederzuhauen oder auf Besonderheiten in der Landschaft zu zeigen, wurden zu unverzichtbaren Gehhilfen.

Während ebendieser Jahre, in denen mein Großvater seine Fähigkeit zu gehen verlor, haben meine Kinder – seine ersten beiden Urenkel – sie gewonnen. Aus einzelnen Schritten wurde Tapsen, aus Tapsen Gehen, aus Gehen Wandern. Fünf Tage nachdem mein Großvater gestorben war, erklommen mein dreijähriger Sohn und meine fünfjährige Tochter den Gipfel ihres ersten ernstzunehmenden Hügels, Darling Fell, bei Loweswater im Lake District. Die obersten Hänge dieses kleinen Bergleins sind von Gras bedeckt, das Schafe abknabbern, und in dem vorherige Wanderer tiefe und deutliche Fußabdrücke hinterlassen haben. Meine Kinder liefen mir voraus den Hang hinauf, folgten der Einladung der Spuren und setzten ihre Füße in die Abdrücke. Ich schaute ihnen zu, wie sie gingen, und dachte daran, dass ich selbst einmal ein Kind gewesen war und meine Eltern mir beim Gehen zugeschaut hatten, und dass meine Mutter ihrerseits einmal ein Kind gewesen war und meine Großeltern ihr beim Gehen zugeschaut hatten. Als der Gipfel erreicht war, saßen wir alle beisammen, tranken viel süßen Tee und schauten über die Bergrücken, die in der Ferne versanken – es waren unsagbar viele.

~~~

Das Begräbnis meines Großvaters fand in der schlichten Dorfkirche von Tomintoul statt. Ich stand mit meinem Bruder und unseren Cousins an der Tür. Gemurmelte Worte und Händeschütteln mit Leuten, die wir nicht kannten oder deren Namen wir nicht kannten. Eine Prozession dunkler Anzüge, respektvolle Äußerungen. Die Sargträger erinnerten mich mit den schwarzen Handschuhen an ihren dünnen Armen an Micky Maus. Der Organist spielte auf. Trauernde schoben sich die Gänge entlang in die dunkelholzigen Kir-
~~~

chenbänke. Hoch im Nordosten der Cairngorms schimmerte das Granitquarz im Licht und blitzte der Granitglimmer. Schaum in den Becken des Avon, strudelnde Erlenblätter. Ich ging in den vorderen Teil der Kirche, wo der Sarg wartete, ein Arrangement aus Enzian, Heidekraut und Rittersporn auf dem Kiefernholzdeckel, und steckte einen kleinen Zweig Gämsheide in die Mitte des Straußes.

Der Gottesdienst begann. Der Pfarrer sagte: »Was von uns bleiben wird, ist Liebe.« Geröll bewegt sich leicht am Lurchers Gully in den nördlichen Bergkesseln der Cairngorms. Ein Stein fällt und kommt zur Ruhe. »Was von Edward und Alison bleiben wird, ist Liebe«, sagte der Pfarrer. »Den anderen zu kennen kennt kein Ende«, hatte Shepherd geschrieben. »Was ich kennen will, wächst mit dem Kennen.« Fast hätte ich geweint, konnte aber nicht sagen, warum die Tränen doch nicht kamen.

Als wir aus der Kirche hinausgingen, spielte der Organist *The Road to the Isles* (Die Straße zu den Inseln). Ein berühmtes schottisches Volkslied aus den Varietés des 19. Jahrhunderts – voll von Pseudogälizismen und eingefärbt mit Erinnerungen an den Jakobitismus –, das von erträumten westlichen Landschaften erzählt, der offenen Straße, die zu ihnen führt, und dem Wandern, das uns dorthin gelangen lässt. Es beschreibt den Gang westwärts zu den Hebriden als Gang in den Verlust, eine Reise in den Sonnenuntergang. Die Mutter meiner Mutter hatte es ihr vorgesungen, und sie wiederum, mit ihrer hohen Stimme, hatte es mir als Schlaf- und auch als Wanderlied vorgesungen.

A far croonin' is pullin' me away
As take I wi' my cromack to the road.
The far Coolins are puttin' love on me
As step I wi' the sunlight for my load.

Ein fernes Summen zieht mich an,
Lässt mich den Wanderstock ergreifen:
Ich will, die Sonne im Gepäck,
In die geliebten Coolins schweifen.

Etwas ruppig hieb der Organist die Noten in die Tasten, doch war das Lied noch zu erkennen, und im Takt der Musik wanderten mir die alten Worte durch den Kopf. Wir bewegten uns auf den Gehsteig, in die Sonne. Noch mehr gemurmelte Worte, noch mehr Händeschütteln. Sonnenlicht, Kieselrauputz, Autogeräusche, Holzrauch. Die Leute wurden nun reger und unterhielten sich lauter, während der Organist unbeirrt weiterspielte. Der Leichenwagen glänzte. Die Versammlung spiegelte sich in seinen polierten Seitentüren. Die Träger traten vor, rollten den Sarg auf seinem Gestell vor den Kofferraum des Leichenwagens. Er rutschte ein paar Millimeter hin und her in verschiedenste Richtungen und stieß gegen die Gummikegel, die ihn schützend umgaben wie Eltern ihr kleines Kind.

Sure by Tummel and Loch Rannoch and Lochaber I will go
By heather tracks wi' heaven in their wiles.
If it's thinkin' in your inner heart the braggart's in my step,
You've never smelled the tangle o' the Isles.

Bei Tummel und Loch Rannoch und Lochaber werd' ich gehen
Über Pfade unterm Heidehimmel, der lockend aufgebrochen.
Glaubst du, hier spricht ein Maulheld nur,
Hast du noch nie den Tang gerochen.

Einer der Sargträger trat in die Mitte der Straße und hob die flache Hand, um mit der Autorität, die ihm durch Tod und dunkle Kleidung zufiel, den Verkehr aufzuhalten. Die Autos bremsten, hielten an, ein kleiner Stau. Aus dem Inneren der Kirche kam die letzte Strophe von *The Road to the Isles* hinausgeweht.

The blue islands are pullin' me away
Their laughter puts the leap upon the lame;
The blue islands from the Skerries to the Lewis
Wi' heather honey taste upon each name.

Die blauen Inseln zieh'n mich an,
Ihr Lachen lässt die Lahmen springen;
Die blauen Inseln, von den Skerries bis nach Lewis,
Namen, die nach Heidehonig klingen.

Der Leichenwagen fährt los, auf die Straße, und ein paar Meter vor ihm geht, den Weg weisend und die Strecke freihaltend, der Obersargträger dahin, langsam und gemessen, eine respektvolle Förmlichkeit in Gang und Körper. Die Sonne glitzert auf der dunklen Straße, der Leichenwagen kriecht voran, der Bestatter macht den letzten Gang meines Großvaters an seiner statt, die letzte Reise, im Takt des sich achtsam hebenden und senkenden Fußes.

III
Ferne
(Ausland)

Kalkstein

Raja Shehadeh ~ Klaustrophobie & Konflikt ~ Die sarha ~ Wandern als Widerstand ~ Tiefpunkte im Land, Entsprechungen des geistigen Zustands ~ Reise nach Ramallah ~ Das Basketballspiel der Märtyrer ~ Ein seltsames Lichtmuster ~ Durch das Wadi 'qda ~ Einschüsse & Patronenhülsen ~ Natsch ~ Land-Zonen ~ Qasr & Fuchs ~ Ein Wadi-Pfad ~ Verkrustete Flüche, Knochen aus Stein ~ Die Predigt des Imams ~ Familie Zalatimo ~ Taboun-Kiesel ~ Clemens Messerschmid ~ Präferenzielle Wege ~ Hornsteinaugen & verliebte Chamäleons ~ Angenehm spendable Kontaktquellen ~ Gehen, Stehen

Einen Monat nach der Beerdigung meines Großvaters kam mein Freund Raja Shehadeh, ein ehemaliger Menschenrechtsanwalt und leidenschaftlicher Pfadläufer, aus seiner Heimatstadt Ramallah in Palästina nach Cambridge, um mit mir zu wandern. Zwei Tage marschierten wir über Fußpfade und alte Wege durch die spätsommerliche altenglische Landschaft: entlang des Fleam Dyke, eines angelsächsischen Erdwalls, der südlich von Cambridge wie ein erhöhter, geradliniger Waldstrich durch die Kalksenke führt, durch reife Mais- und Gerstenfelder, auf denen wir die Arme über die Ähren hielten, als würden wir uns ergeben, über Klippenpfade an der bröckelnden Küste von Suffolk und schließlich auf die große Kiesnehrung von Orford Ness, die früher ein Testgelände für Nuklearwaffen gewesen ist und auf der nun die Bauwerke und sonstigen Überreste des Kalten Krieges in der salzigen Luft zerfallen. »Ich hoffe«, sagte Raja, »irgendwann ist auch mein Land entmilitarisiert und wir können die Spuren des Krieges in Palästina als Museumsstücke betrachten und nicht mehr als lebensgefährliche Bedrohung.«

Auf unserem Weg sprachen wir über die Unterschiede zwischen Wandern in Großbritannien und Wandern in Palästina. Ich erzählte Raja von meinen Fahrten nach Lewis und Harris, von der rituellen Umkreisung der Insel Sula Sgeir (mit dem Boot) und Steves Megalithrings (zu Fuß), von den Bienenkorbhütten, in denen ich übernachtet hatte, von dem Beobachter, der mich mit dem Fernglas verfolgt hatte, von der Wanderung zur Beerdigung meines Großvaters und dem Blick in die Pools of Dee.

Raja wiederum erzählte mir von Klaustrophobie, eingeschränkter Bewegungsfreiheit und Konflikten. Für einen Palästinenser sei es unratsam, sich außerhalb der großen Städte zu bewegen, und wenn man es täte, sei es unratsam, Karte, Kamera oder Kompass bei sich zu haben, denn wenn man einer israelischen Patrouille begegnete, könnten diese Gegenstände Verdacht erregen und Konfiszierung oder sogar Festnahme nach sich ziehen. Ein Freund von ihm war für elf Tage inhaftiert worden, weil er auf einer Wanderung durch Nordisrael nahe den Golan-Höhen fotografiert hatte.

Über vierzig Jahre lang war Raja über die Hügel und Pfade in Ramallah gewandert.[1] Anfangs, vor dem Sechs-Tage-Krieg von 1967, sahen die Hügel fast noch so aus wie zur Zeit der römischen Besatzung, und er konnte sich mehr oder weniger unbeschränkt im Gebirgsland bewegen: seine *sarha* machen, wie man auf Arabisch sagt. Das Wort war ursprünglich ein Verb und bedeutete frühmorgens das Vieh auf die Weide lassen, damit es sich frei bewegen und grasen kann. Später wurde es auch auf Menschen angewandt und beschrieb das Umherziehen eines Wanderers, der ohne Beschränkungen und festen Plan durch die Landschaft läuft. Entsprechungen wären vielleicht schlendern, bummeln, umherstreifen, aber diesen Wörtern fehlt der Aspekt von Weltflucht, Freude und Spontaneität, der in *sarha* mitschwingt. Das Verb wandern mit seinem Wortschatten wundern kommt der Bedeutung schon ein wenig näher, wie auch das schottische Wort *to stravaig* (ohne Grund und festes Ziel umherstreifen), am besten aber passt vielleicht das englische Verb *to saunter*, vom Französischen *sans terre*, das aus *à la sainte terre* zusammengeschmolzen ist und zum heiligen Ort [gehen] bedeutet, sprich: eine Pilgerwanderung. Beide, *saunter* und *sarha*, konnotieren Ziellosigkeit, und untergründig Spiritualität.

Seit der Besetzung der palästinensischen Gebiete durch Israel 1967 hatte Raja zusehen müssen, wie die offene Landschaft rund um Ramallah an Gefahren zu- und an Größe abnahm. Nach und nach war es für ihn immer schwerer geworden, in der Nähe seines Hauses einen Weg zu finden, der nicht von einer Entlastungsstraße der Siedler durchschnitten wurde und nicht zu nah an einen Übungsplatz der Milizen oder einen israelischen Militärposten kam. Zur israelischen Siedlungspolitik im Westjordanland gehörte auch ein umfassendes Straßenbauprojekt, wobei die neuen, von der Armee gesicherten Straßen für gewöhnlich den Israelis vorbehalten blieben. Auch Ramallah hatte sich infolge einer laxen Stadtplanung immer weiter ausgedehnt und immer tiefer in die umliegende Landschaft gefressen.

Damit war Rajas *sarha* fast unmöglich geworden. Hügel, die früher einmal Freiheit für ihn bedeutet hatten, waren nun gefährdet und gefährlich. Trotzdem ging er nach wie vor wandern: mindestens einmal pro Woche, meistens öfter. Manchmal nur ein paar Kilometer, manchmal fünfzehn oder zwanzig, wenn er passende Strecken fand, um Schwierigkeiten zu umgehen. Pfade, die jahrhundertelang Dorf und Dorf oder Dorf und Stadt miteinander verbunden hatten, waren von den Israelis gesperrt worden; oft musste man weite Umwege machen. Je schwieriger das Wandern wurde, umso notwendiger wurde es für ihn – als Möglichkeit, etwas gegen die Vernichtung von Freiräumen durch die Besatzung zu unternehmen; ein kleiner, aber dauerhafter Akt zivilen Ungehorsams.

Ab und an, erzählte mir Raja, ermögliche ihm das Wandern, seine Lage für kurze Zeit zu vergessen. Er sprach von dem Vergnügen, dort draußen jenseits der Checkpoints, Mauern und Schranken zu sein, bis ihm unter dem grenzenlosen Himmel »schwindlig wurde vor Freude«. Manchmal konnte das Wissen um die riesigen Zeitspannen geologischer Geschichte, darum, auf Kalkstein zu gehen, der vor Urzeiten den Meeresboden gebildet hatte, ihn seine Frustration über das Dilemma Palästinas vergessen lassen. In seinem Buch von 2007 über das Leben im Westjordanland, *Wanderungen in Palästina*, bezeichnet er das Betreten von Pfaden als einen explizit politischen Akt und Wandern als Widerstand. Aber Raja begab sich beim Wandern auch auf eine innere Reise, und der Gang durch die Landschaft war für ihn ein zutiefst intimes und zugleich hochpolitisches Erlebnis. Die Landschaft – Vertiefungen wie das Tote Meer und der Jordangraben oder Erhebungen wie die Hügel von Ramallah – war zugleich Ursache und Entsprechung tiefgreifender Veränderungen in seinem eigenen Bewusstsein.

Kurz nach unseren gemeinsamen Wanderungen durch Ostengland reiste ich ins Westjordanland, um Raja auf einer *sarha* zu begleiten.

~~~

Ich erreichte Ramallah in der Dämmerung. Gewundene Hänge mit Terrassen aus Kalkstein, der in mergeligen Kalk übergeht. An den Rändern der Stadt aufgetürmter Schutt und Müll. Die Straßen gesäumt von duftendem Jasmin, Zitrone und Bougainvillea. Nebelkrähen plündern zweifüßig hopsend Müllhaufen. An den Telefonmasten Werbeplakate für das 29. Basketballspiel der Märtyrer. Grün-rot-schwarze Graffitis an Mauern und Wänden. Von den verblühenden Bougainvilleen rieselten haufenweise weiße Blütenblätter herab, wie Vellum, wie feinstes Pergament.

Ich saß im Hof von Rajas Haus unter einem Zitronenbaum und erholte mich von der Reise. Das Himmelsquadrat, von den Mauern des Innenhofs gerahmt, ein Nadelkissen von Sternen. Die Einreise am Flughafen Tel Aviv war nicht leicht gewesen. Mein Reisepass war konfisziert und mein Gepäck durchsucht worden. Dann war ich anderthalb Stunden von mehreren Beamten in mehreren, immer kleiner werdenden Räumen befragt worden: Flughalle, Gesprächsraum, Nebenzimmer, Kabine. Besonderen Argwohn hatten die Flintsteine geweckt, die ich als Geschenk für Raja und andere dabei hatte (den Grund dafür sollte ich später erfahren). Schließlich hatte man mir doch erlaubt zu gehen, und der letzte Befrager murmelte, während er mich zurück in die Flughalle führte, eine Entschuldigung für die kleinen Unannehmlichkeiten. Er hoffe auf mein Verständnis für die Situation und für die Notwendigkeit. Und er wünsche einen schönen Aufenthalt in Israel.

Als ich die Flughalle durchquerte, versuchte ich trotz zitternder Beine selbstbewusst und entschlossen zu gehen: wie ein betrunkener Autofahrer, der den Randstreifen entlangläuft, um zu beweisen, dass er nüchtern ist. Ich stellte mir auf den glänzenden Fliesen einen Pfad vor, von dem ich auf keinen Fall abweichen durfte, um einen souveränen Gang zu suggerieren.

Raja und seine Frau Penny kannten die Geschichte bereits in den verschiedensten Varianten. Es beruhigte mich, meine kleinen Schwierigkeiten in einem größeren Zusammenhang zu sehen.
~~~

Später am Abend fuhr Raja mit mir zu einer unbeleuchteten Straße, die über die Anhöhen im Südwesten Ramallahs führte. Vom Straßenrand fiel das Gelände in steilen Terrassen ab. Wir stiegen aus und schauten über die Landschaft.

»Hier beginnt unsere Wanderung morgen«, sagte Raja.

Das Tal zu unseren Füßen lag in vollkommener Dunkelheit. Dahinter glänzte ein seltsames Lichtmuster. Uns am nächsten, auf unserer Höhe, sah ich plattgedrückte Ellipsen, zu denen doppelte Lichtreihen auffuhren. Zwischen den Ellipsen, etwas tiefer, Neonsplitter ohne feste Ordnung. In der Ferne ein Bogen in Natriumorange, dann tiefes Schwarz. Ich erinnerte mich an einen Bericht über ganz bestimmte Aboriginies, denen die australischen Traumpfade so tief vertraut sind, dass sie diese buchstäblich im Schlaf gehen konnten. Sie bewegen sich selbst bei völliger Dunkelheit mit hoher Geschwindigkeit über das Land, da die Pfade durch die traditionellen Lieder ebenso deutlich markiert sind wie breite beleuchtete Straßen.

»Allein zwölf in dieser Richtung«, sagte Raja.

»Zwölf?«

»Zwölf Siedlungen. Die Lichtringe auf den Hügelkuppen sind die jüdischen Siedlungen, die Lichterreihen die Zufahrtsstraßen. Die kleineren Lichter weiter unten sind die palästinensischen Dörfer. Der Bogen dahinter ist die Küste, die jetzt zu Israel gehört. Das Schwarz ganz hinten das Mittelmeer. Und da drüben liegt Jaffa, wo meine Familie vor der *Nakba* gelebt hat.«

Wie klein das alles war, absurd klein. Man konnte mitten im Westjordanland stehen und über Israel hinweg zum Mittelmeer sehen. Es kam mir tatsächlich so vor, als wäre die nächste Siedlung nur einen Steinwurf entfernt.

»Wir müssen morgen gut aufpassen«, sagte Raja, während wir hinaus in die Dunkelheit und die Lichter schauten. »Da unten« – er deutete ins Tal – »sind Penny und ich mal unter Beschuss gekommen und saßen hinter einem Felsen fest.« In den wilden Anfangsjahren der Zweiten Intifada waren die beiden wandern gegangen, als plötzlich in der Felswand über ihren Köpfen Kugeln einschlugen. Sie brachten sich in Deckung, während um sie herum Querschläger und Kalksplitter flogen. Keine israelischen Siedler, sondern die palästinensische Miliz bei einer Schießübung – auf lebende Ziele.

Die beiden hatten noch weitere unangenehme Begegnungen: mit palästinensischen Dorfbewohnern, die Raja für einen israelischen Siedler hielten; mit israelischen Siedlern, die ihn für einen palästinensischen Dorfbewohner hielten. Vor drei Jahren war er mit einer Freundin aus England gewandert, Louisa Waugh, und es hatten sich ihnen zwei junge Palästinenser in den Weg gestellt, die unter ihren *kaffiyehs* nicht zu erkennen waren. Sie trugen Totschläger bei sich. »Wärst du nicht dabei«, hatten sie gesagt, »hätten wir sie sofort abgeschlachtet«, und dabei auf Louisa gezeigt. »Die Engländer haben Schuld auf sich geladen, sie zu töten ist für uns *halal.*«

~~~

Am nächsten Morgen verließen wir kurz nach Sonnenaufgang Rajas Haus zu unserer ersten Wanderung durch ein langgestrecktes gewundenes Tal, das Wadi 'qda, das nach Westen zur Küste hinabführt und die Trasse eines alten öffentlichen Weges bildet. Zu beiden Seiten des Tals stiegen Hunderte von Kalkterrassen in die Höhe, bestanden mit Oliven und Eichen und von beigen, creme- und elfenbeinfarbenen Streifen durchzogen, dem schweren Mergel, der sich mit dem Kalkstein vermischte. Ich war sehr angespannt.

Wir bogen von der Hauptstraße auf einen schlecht asphaltierten Serpentinenweg ab. Fast im selben Moment stießen wir auf ein schlechtes Omen: eine dünne, mit Zement verputzte Mauer aus Porenbeton, die in einen Schießstand umgewandelt worden war. In den Putz gekratzt eine Zielscheibe: konzentrische, mit Einschüssen gesprenkelte Kreise. Auf der Mauer aufgereihte grüne Glasflaschen. Den meisten fehlte der Hals. Ich begann still *Ten Green Bottles* vor mich hin zu summen; das Lied sollte mir für den Rest des Tages im Kopf herumschwirren wie eine dicke, flaschengrün schillernde Fliege.

»Miliz oder Polizei?«, fragte ich Raja.

»Beides möglich. Aber eher Polizei.« Seit etwa drei Jahren gab es einigermaßen gut organisierte palästinensische Polizeitruppen, die fast alle Städte im Westjordanland von den bewaffneten Gangs zurückerobern konnten. Irgendwo mussten sie ja üben.

Hundert Meter weiter endete die Straße und verschwand neben einer
~~~

halbfertigen Villa vollends. Über unebenen Grund ging es weiter einen Pfad entlang, der die Terrassen hinab ins Bett des Wadis führte. Schon begann sich die Hitze des Tages zu sammeln, während gleichzeitig starker Westwind wehte. Am Fuß eines Olivenbaums ein Haufen großkalibriger Patronenhülsen. Sie sahen aus wie die Ausscheidungen eines Tieres: AK-47-Köttel.

In harten Balken fiel das Sonnenlicht ins Tal. Da und dort wuchsen zwischen den Oliven große Steineichen. Zaunrüben wanden sich mit ihren barocken Herzblättern hohe Kardenstängel hinauf: unerwartete botanische Entsprechungen zu Thomas' Kalksteingebieten im Süden Englands. Majoran, Salbei, Thymian und Ysop. Überall Dornige Bibernelle, arabisch *natsch*, ein struppiges, distelähnliches Rosengewächs, das fast das ganze Westjordanland knöchelhoch bedeckt. *Natsch* war für die israelischen Landrechtler das florale Kürzel für Brachland – wo sie wächst, wird das Land nicht bewirtschaftet und nicht genutzt. Einmal zur ungenutzten Fläche erklärt, kann es der Kategorie ›öffentliches‹ Land zugeordnet und in der Folge einfacher beschlagnahmt werden, wenn es israelischen Interessen nutzt. Hier ist alles, selbst die Pflanzenkunde, politisch.

Das Westjordanland wurde von den Israelis in drei Zonen eingeteilt: A, B und C. A umfasst die meisten palästinensischen Ortschaften und Städte. B die Dörfer. Der Rest des Westjordanlands, das offene Land, ist C – und damit für Palästinenser verboten. Das erzählte mir Raja mit einigem Vergnügen, als wir die Grenze zur Zone C passierten und damit nach israelischem Recht das Gesetz übertraten.

Auf der anderen Seite des Tals brach ein großer Fuchs aus der Deckung, hüpfte hügelab und verschwand in den Felsen, ein Lebenszeichen am kargen Hang. Nach einem guten Kilometer über Terrassen kamen wir an einen vom Mergel gelblich-braun getönten Kalksteinturm. Es war ein *qasr*, ein traditionelles Gebäude, das Bauern und Schafhirten als Unterstand diente. Die Hügel des Westjordanlands sind von *qasr* übersät; meist Ruinen. Dieses war noch intakt und ließ mich mit seinem Kraggewölbe an die Bienenstockhütten denken. Ich krabbelte auf allen vieren durch die enge Tür. Raja hinterdrein.

»Es ist übrigens gut, wenn man vorher ankündigt, dass man kommt«, hallte seine Stimme in den kühlen Raum. »Bevor du reingehst, wirf einen

Stein, damit die Schlangen und Skorpione sich zurückziehen können. Eine Geste der Höflichkeit, so als würdest du an die Tür klopfen.«

Raja ist präzise in seinen Bewegungen und seinen Worten. Physisch ist er klein und erinnert an einen Vogel. Wenn er nach dem richtigen Wort sucht, reibt er Zeigefinger und Daumen aneinander, als würde er etwas Mürbes zu feinen Krümeln zerreiben wollen. Wenn er nachdenkt, neigt er den Kopf leicht zur Seite. Eine Aussage, die keine Kommentierung von ihm verlangt, bekommt auch keine. Ich brauchte einige Zeit, bis ich begriff, dass sein Schweigen kein Ausdruck von Missbilligung war, sondern Vermeiden von Überflüssigem. Seine Selbstzurücknahme ist ungekünstelt. Sie hat nichts von jenem englischen Understatement, bei dem man sein Licht unter den Scheffel stellt, damit es irgendwann umso heller strahlt. Seine Bescheidenheit rührt aus dem Bewusstsein, dass sein eigenes Leben den größeren Fragen seiner Region immer untergeordnet sein wird.

Raja ist auch ein guter Wegesucher. In all den Jahrzehnten seiner *sarha* entwickelte er, wie er es formulierte, »ein Auge für die Spuren, die wie Laufstege über die Hügel führen«. In der Nähe des *qasr* bog er auf einen offensichtlich alten Pfad ab, der ins Tal hinabführte, bis ins trockene Bett des Wadis. Dort verschmolz der Weg mit dem Wadi, und Wanderer teilten sich den natürlichen Pfad durch die Landschaft mit dem Wasser. Stacheldrahtrollen schlängelten sich im Lehm des Flussbetts. Und wieder Patronenhülsen, die daran erinnerten, dass dieses Tal 1967 umkämpft war; und dass Ramallah noch 2003 belagert und bombardiert wurde.

Während wir auf dem Wadi-Pfad gingen, erzählte mir Raja Geschichten. Er sprach von den Menschen, mit denen er durch dieses Tal gewandert war und welche Wirkung die Landschaft auf sie gehabt hatte. Er erzählte von den verschiedenen Farben des Tals zu unterschiedlichen Jahreszeiten, an diesem Tag war es gelb und purpurn. Dann zeigte er auf einige dunkle, fingerartige Zypressen etwa drei Kilometer entfernt, kräftige Senkrechtlinien in der ansonsten waagerechten Landschaft.

»Jahrelang kam man nicht in das Tal, weil die Armee dort drüben bei den Zypressen einen Posten hatte«, sagte er. »Sie überwachte das Tal und hielt jeden an, der hier wanderte. Jetzt sind sie weiter hinten, Richtung Dolev, sodass man hier wieder gehen kann.«

Ein steifer Westwind schob sich das Wadi hinauf. Wir liefen in einem Windfluss, gegen den Strom. Auf der anderen Seite des Tals segelte ein Turmfalkenpaar kreischend seine Jagdrouten entlang. Da erschienen unter ihm zwei Gazellen – in derselben braunen Tönung wie der Hügel – und rauschten scheinbar ohne die Beine zu benutzen den Hang hinauf, wie eine schwerelose Flüssigkeit. Dann – Männer, die uns beobachteten. Palästinenser, auf einer Straße, vielleicht einen Kilometer entfernt. Sie hatten sich zu uns umgedreht und sprachen miteinander. Raja beobachtete, wie sie uns beobachteten, sagte aber nichts. Er änderte nur leicht die Route, etwas weiter oben und weiter von ihnen entfernt. Ich fühlte mich ausgestellt, unter die Lupe genommen, erfüllt von der lächerlichen Angst, zu stolpern und versehentlich hinzufallen.

~~~

Reisende im Heiligen Land haben sich immer schon durch eine Landschaft ihrer eigenen Vorstellung bewegt. Das Land selbst wurde dabei einfach übergangen (als ungemütlich und unbedeutend abgetan) oder abgelehnt (als abstoßend und leblos). In den palästinensischen Hügeln sahen die westlichen Pilger, Landvermesser und Kartografen dasselbe: ödes, totes Land. William Thackeray kam in den 1840er Jahren nach Palästina und schalt die Landschaft als ausgedörrt, wild, unsagbar schauderhaft und trostlos, eine Gegend geprägt von Angst und Blut, Verbrechen und Strafe, in der blutige Riten regierten: »Man kommt an keine Stelle, an der nicht irgendeine Gewalttat begangen worden ist oder irgendein Massaker stattgefunden hat.« Zehn Jahre später meinte Herman Melville, der Kalkstein gleiche einem Ossuarium, das sich über Tausende Quadratkilometer erstrecke. In seinem Tagebuch notierte er angewidert eine ganze Flut von Eindrücken: Die Hügel seien ausgebleicht, sähen leprös aus und erinnerten ihn an verkrustete Flüche – alten Käse – Knochen aus Stein – abgekaut, zernagt & zerbissen.

Für Raja waren Gehen und Wandern ein Mittel, derart illiterate Lesarten seiner Hügel zu widerlegen, und eine Methode, um andere Geschichten zu erzählen und zu entdecken als die von Mord und Sterilität. Wie Finlay auf Lewis war Raja Landkartensammler und besaß eine umfangreiche Bi-
~~~

bliothek historischer Karten des Westjordanlands und des Heiligen Lands. Zum Wandern aber wollte er keine Landkarten mitnehmen – zum einen, weil Kartenlesen leicht als verdächtige Handlung aufgefasst werden konnte, zum anderen, weil keine offizielle Karte (der Israelis oder der Britischen Mandatsverwaltung) frei von kolonialen Eigeninteressen und Umdeutungen war. Lieber hatte Raja seine Karte im Kopf, die aus persönlichen Erinnerungen und Referenzpunkten bestand. Er zeigte mir eine von ihm selbst gezeichnete Karte der Hügel und Wadis rund um Ramallah. Sie war voller arabischer Zeichen, Ortsbezeichnungen für Felswände, Felsnasen oder Wadimündungen, sowie kurzen Legenden in englischer Sprache, die Ereignisse protokollierten: Wo Aziz [Rajas Neffe] den Blindgänger aufgehoben hat; wo ich dem israelischen Siedler mit dem Gewehr begegnet bin; wo ich den Fußabdruck des Dinosauriers gefunden habe. Es erinnerte mich an die Zeilen aus Anne Campbells Lied über das Moor von Lewis: Where the dragonfly had laid its wings out to dry (Wo die Libelle ihre Flügel zum Trocknen ausgebreitet hatte); Where the eagle had preened (Wo der Adler sich geputzt hatte).

Sich zwischen diesen Orten zu bewegen hieß für Raja, Ereignisse zu Geschichten zu verbinden. Bei seinen Wanderungen entdeckte er die von den israelischen Streitkräften in der *Nakba* 1948 ausradierten palästinensischen Dörfer, auf deren Existenz oft nur noch ein paar Mandelbäume hinweisen, und markierte sie auf seinen Karten: Schatten-Orte, gewissermaßen. Indem er seine Wanderungen dokumentierte, versuchte Raja, in Sprache festzuhalten, was gegenwärtig verschwand, oder in Sprache wiederzuerschaffen, was bereits verschwunden war.

~~~

Einige Kilometer weiter verließen wir das Wadi 'qda und kamen in ein anderes Tal, das Wadi Kalb. Im Nordwesten das palästinensische Dorf A'yn Qenya, einen Kilometer weiter auf einem Hügel die israelische Siedlung Dolev, deren Hauptzufahrt ein Militärposten und ein Wachturm schützen.

Am Himmel schwere Regenwolken, die nicht zur Jahreszeit passten. Die Luft war schwül, aufgeladen. Plötzlich ein Krachen. Ein Donner hallte
~~~

durchs Tal. Erst dachte ich: *Das war Donner,* dann: *Das war eine Bombe.* Nein, es folgte eine fiepende Rückkopplung. Die Lautsprecher der Moschee von A'yn Qenya waren eingeschaltet worden. Stille, dann eine furiose, vehemente Stimme. *Gott ist groß! Gott ist groß! Mohammed ist sein Prophet! Allahu Akbar!*

Es war das Freitagsgebet. Acht auf dem Turm angebrachte Lautsprecher, zwei in jedem Fenster, die in alle vier Himmelsrichtungen wiesen. Raja seufzte kurz.

»Früher hatten die Predigten nicht diesen Eifer. Doch jetzt, wo wir so wenig Freude in diesem Leben haben, liegt die Hoffnung natürlich auf dem nächsten. Je unzufriedener die Menschen wurden, umso wütender wurden die Predigten.«

Wir stiegen über zwei tote Hunde, die platt, wie einplaniert, auf dem Boden lagen. Ich blieb stehen, um sie mir anzusehen, angezogen von der wuchernden myzelischen Landschaft, die aus ihrem Fell gewachsen war.

»In Ramallah werden Penny und ich jede Nacht um vier Uhr von der Predigt geweckt. Der Imam wird immer verrückter. Wenn sich die Leute beschweren, ist er eine Zeit lang ruhiger, aber dann geht's wieder von vorne los.«

Wir bahnten uns einen Weg über Terrassen voll stachliger Feigenkakteen. Über diese Terrassen zu gehen ist wie horizontales Pachinko. Man geht so lange auf der Böschung geradeaus, bis das Land eine Gelegenheit bietet, weiter nach oben zu steigen – über einen Erdrutsch, einen vorstehenden Felsblock, und so von einer Terrasse zur nächsten. Geradeaus, nach oben, nach links, geradeaus, nach oben, nach rechts, und immer so weiter bis zum nächsten Aufstieg. Terrassen mit Oliven, Zitronen, Orangen und überreifen Granatäpfeln, die bereits am Ast aufplatzen, am Fuß der Bäume Plastikflaschen, Essensverpackungen und menschliche Kothaufen.

Der Imam geiferte. *Unser größtes Gut ist die Einheit der Moslems im Allgemeinen und die Einheit der Palästinenser im Besonderen! Seid nicht wie jene, die sich am Säen von Zwietracht erfreuen, denn sie werden hart bestraft werden!*

Es begann zu regnen. Die größten Tropfen, die ich in meinem Leben gesehen habe; sie hinterließen auf dem Kalkstein dunkle Flecken in der Größe von Zwei-Pfund-Münzen. Durch den Westwind wurden die Flecken jedoch nicht rund, sondern leicht elliptisch. Auch schien der Regen in leicht versetzten Karrees zu fallen, als ließe er absichtlich Korridore aus, durch die wir laufen konnten, ohne getroffen zu werden.

Der mergelige Boden begann, wie Sirup zu kleben. Bald hatten Raja und ich gelbe Lehmknollen an den Schuhen, die schwer wurden wie die Stiefel eines Tiefseetauchers. Die Feuchtigkeit weckte den Duft des Salbeis, aber auch die Gerüche verwesender Tierkadaver und menschlicher Hinterlassenschaften, die den Pflanzenduft beinahe vollständig überdeckten.

»Lass uns rauf zur Villa gehen«, sagte Raja und stieg leichtfüßig den Pfad hinauf. Ich fiel zurück. Die Villa, die etwa einhundert Meter hügelauf lag, war eine unserer Zwischenstationen. Am Morgen hatte mir Raja erzählt, dass sie bis 1967 der in Palästina für ihre Konditorei bekannten Familie Zalatimo gehört hatte. Eine hohe Terrasse versperrte mir den Blick auf das Haus, aber immerhin wusste ich ungefähr, wo es lag. Da der Regen jetzt heftig niedertrommelte, beschloss ich, eine Abkürzung zu nehmen. Ich lief über ein schmales Feld, kletterte über die kalkige Einfassung der Terrasse – und erstarrte.

Ein Mann rannte zum Haus hinüber, um sich unterzustellen. Es war nicht Raja. In der Villa sah ich einen weiteren Mann mit Riemen und einer Art Koppelgurt am Körper. An seiner Stirn glänzte etwas Metallisches. Tür und Fenster der Villa waren schwarz wie Augenhöhlen.

Ich ging hinter der Kalkterrasse in Deckung. *Das sind entweder Siedler oder Soldaten,* sagte ich mir. Dann: *Ich muss Raja aufhalten.* Ich rannte den Hügel hinauf, bis ich hinter einer Steineiche sah, dass er schon den Pfad zum Haus hinauflief.

Fast schon hatte er die Haustür erreicht. Ich dachte: *Er kann nicht gesehen haben, dass da Leute drin sind.* Er öffnete die Tür. Ein Schrei. Einer der Männer lief auf Raja zu – und umarmte ihn. Ich hörte Raja »Basel!« rufen. Dann: »Was für ein Glück!«

Das Erste, was ich sah, als ich die Villa betrat, war ein weißes Pferd. Die Flügeltüren auf der Rückseite des Hauses waren weit geöffnet, und direkt auf der Schwelle stand ein Schimmel, der mich über seine Schulter hinweg anblickte. Da waren auch fünf Menschen. Drei Männer, zwei Frauen. Einer der Männer, offenbar ein Freund von Raja, trug in einem Tragegurt mit metallisch glänzenden Schnallen ein Baby vor der Brust.

Es war die Familie Zalatimo, die zu Besuch in ihre altangestammte Villa gekommen war. »Ich versuche, einmal im Monat herzukommen«, sagte Rajas Freund Basel, der inzwischen in Jerusalem wohnte. »Das ist meine Mutter, sie war seit Jahren nicht hier, und meine Tante kommt heute auf ihren letzten Besuch.« Basel und seine Mutter warfen sich einen Blick zu. Die Tante strahlte über das ganze Gesicht und nickte Raja und mir zu. Draußen erstes Donnergrollen.

Die Familie war 1967 nach dem Sechs-Tage-Krieg gezwungen worden, die Villa zu verlassen. Mittlerweile war das Haus eine Ruine. In den Fenstern Reißzähne aus Glas, der Boden übersät mit Kiefernnadeln und Eicheln, die Wände mit Graffitis besprüht. Die Villa, in die sowohl Siedler aus Dolev als auch Dorfbewohner aus A'yn Qenya zu Besuch kamen, war zum Austragungsort eines schriftlich geführten Streits geworden. Arabische und hebräische Texte, die ich nicht lesen konnte, daneben krude schwarze Zeichnungen von AK-47ern, die Kugeln auf einen gesprayten Davidstern spuckten, ein Hakenkreuz, ein schwarz blutendes Herz und unzählige Namen in lateinischen Lettern, die mir aber auch nichts sagten.

Von der großen zentralen Halle gingen zwei Räume mit Kuppelgewölbe ab. Ich wischte mit dem Fuß den Staub vom Boden, strich über die glatte Oberfläche und legte intakte Kacheln mit durchgehenden schwarzen Diagonalen frei. Basels Mutter trat zu mir.

»Das ist ein ganz besonderer Boden«, sagte sie entschuldigend, als wären die Kacheln nicht zweiundvierzig Jahre, sondern nur einen Tag nicht gewischt worden. »Man muss nur einmal darüberwischen – schon glänzt er wie gewachst!« Sie erzählte mir, dass sie Palästina 1959 verlassen hatte und nach Kuwait gegangen war, später dann nach Amerika, und dass sie nur selten ins Westjordanland zurückkehrte. Dann führte sie mich durch das Haus, als wäre ich der erste Besucher nach einer kürzlich abgeschlossenen Grundsanierung.

»Hier hatten wir die Säcke mit dem Mehl gelagert«, sie zeigte in eine Ecke der Halle, »und hier die Säcke mit Reis.«

Sie beugte sich zu mir und öffnete die Hand wie ein Magier, der Münzen in der Hand verschwinden gelassen hatte und sie dann wieder hervorzaubert, um mir die zwei höckrigen, braunen Steinchen zu zeigen, die darin lagen.

»Ich konnte nicht anders, ich musste mir noch zwei nehmen.«

»Nicht noch mehr, Mutter«, sagte Basel im Nebenzimmer.

»Wollen Sie mitkommen und sich den Backofen ansehen, den mein Vater und mein Onkel gebaut haben?« Sie führte mich am Pferd vorbei aus der Hintertür und über einen matschigen Pfad durch den Regen.

»Kommen Sie, kommen Sie, hier ist er.« Ich erwartete einen riesigen Steinofen; einen in den Kalk gehauenen Hochofen. Tatsächlich aber war es ein kleiner rostiger Kasten, mit einer L-förmigen Öffnung, der kaum als Ofen zu erkennen war.

»So macht man ihn auf«, sagte sie und öffnete die verbeulte, quietschende Tür. Drinnen war alles voll brauner Kiesel.

»Von hier haben Sie die Kiesel?«

»Ja, viele von hier – eine ganze Tasche voll. Ich habe noch andere Steine, aus Hebron, Haifa, Jericho, Jerusalem, mindestens einen aus jedem Teil von Palästina. Ich habe sie mit nach Amerika genommen und in den Bauch meines Ofens dort gelegt, sodass sich Palästina, wenn ich das fertige Brot herausnehme, in den Laib eingeprägt hat. Sie finden solches Brot in Ramallah; es heißt *taboun.* Ich kann es nur empfehlen!«

Sie runzelte die Stirn. »Die Israelis haben uns dieses Land gestohlen, sie sind Diebe. Ich habe einmal einen Brief an Ronald Reagan geschickt, obwohl ich wusste, dass er gleich im Papierkorb landen würde, aber ich musste es mir von der Seele schreiben. ›Sehr geehrter Präsident Reagan‹, fing er an …«

Meine Gedanken schweiften ab. Unten im Tal schwirrte eine Schar Rebhühner aus der Deckung und flatterte laut zirpend zur anderen Hangseite. Am unteren Dorfrand kam ein Mann aus dem Haus und kippte einen Eimer Müll den Hang hinunter. Ich dachte an John Bergers Wort »blankgefegt«, mit dem er derartige Konfliktgebiete kennzeichnete: Orte, an denen alles, ob materiell oder immateriell, geraubt, entwendet, weggewischt, umgeblasen, fortgespült ist, bis auf die blanke Erde.

»Meine Tante erinnert sich noch an diesen Ort, das ist gut«, sagte Basel zu mir, als wir gerade gehen wollten. »Am Grenzübergang an der König-

Hussein-Brücke haben sie ihr ein Visum für eine Woche gegeben. Das ist jetzt schon um zwei Wochen überschritten. Aber es ist uns egal. Ihr Alzheimer ist einfach zu schlimm.«

Die Tante lächelte mich an. Der Donner krachte. Ein Esel schrie. Der Imam geiferte. Der Regen prasselte. Ein Bohrhammer dröhnte wie ein Maschinengewehr. Irgendwo weiter oben im Tal begann sich das Wadi mit Wasser zu füllen und der alte Pfad, über den wir gekommen waren, wurde ein neuer Fluss.

~~~

Am nächsten Tag machten Raja und ich wieder eine lange, unerlaubte Wanderung durch Zone C, diesmal war unser Ausgangspunkt das Dorf Ras Karkar. Unsere Route führte uns über alte Pfade und Wadibetten zu einem auf einem Hügel liegenden Flüchtlingslager und dann hinab in ein von zahlreichen Quellen gespeistes, sinusförmig langgestrecktes Tal. Ras Karkar war sehr bekannt, da es sich in den Anfangsjahren dem britischen Mandat widersetzt hatte. Einst reich und erhaben, war das Dorf heute bitterarm. In die Mauern waren Plastikflaschen eingebaut, um Beton zu sparen. Bierkisten und kaputte Stühle, mit Dornenzweigen verwoben, dienten als Zaun.

Wir verließen Ras Karkar in Richtung Westen, über den Hang mit den Elendsvierteln. Der Regen hatte seltsame Kalkskulpturen wie Ghule oder Hoodoos in den Hang gefressen. Zu ihren Füßen lagen Kinder-Shorts, tote Hunde, Flip-Flops und Tausende dreckiger Windeln, die einfach vom Balkon geworfen wurden. Die meisten Windeln aufgeplatzt und halbverrottet, die saugfähige Gelfüllung ausgelaufen in kristallingraue Lachen.

Ein deutscher Geologe begleitete uns diesmal, Clemens Messerschmid. Ja, so heißt er tatsächlich. Ein großer Mann. Lange graue Haare. Wenn ihm eine Strähne ins Gesicht fiel, strich er sie mit seinen zarten Fingern hinters Ohr. Er lief in tatendurstig schwungvollem Galopp. Die Geologie war seine Leidenschaft, er sprach kaum über irgendetwas anderes. Jahrelang hatte er die Durchflussmengen der Quellen und Flüsse in Wadi Zarqa untersucht. Die Israelis wollten nicht, dass er im Westjordanland arbeitete, aber er hatte Methoden entwickelt, unbemerkt ein- und auszureisen und sich von ihnen
~~~

nicht vom Forschen abhalten zu lassen. Messerschmid schien alles über die Gegend zu wissen, durch die wir gingen. Er kannte jeden Fußpfad und jedes Seitental und stufte sie nach der Wahrscheinlichkeit ein, Siedlern oder Soldaten zu begegnen. Gern erklärte er uns die Geomorphologie jedes einzelnen Gebiets, und seine Sprache war unbefangen poetisch. Mit schneller Feder warf er erläuternde Diagramme aufs Papier. Es war eine Freude, ihm zuzuhören. Geduldig erläuterte er mir den Querschnitt durch die ›Antiklinale‹ des Westjordanlands und die Lage der beiden wichtigen Grundwasserleiter, tief unter dem trockenen Land. Er erklärte die Farben der Landschaft; wie sich im trockenen Klima das ungebundene Eisen im Boden mobilisiert und die Erde rostbraun und orange färbt. Er wies auf die drei Formationen beim Oberflächengestein der Gegend hin: die Mergel- und Kalksteinflächen der Bethlehem-Formation, den Mergel der Yatta-Formation und den verkarsteten Kalkstein der Hebron-Formation mit ihren Schweizer-Käse-Löchern, die Melville verunglimpft hatte.

Geologen nennen den Weg, den das Regenwasser durch Kalkstein nimmt, den ›präferenziellen Fluss‹. Bei jedem Schauer fließt Wasser über die Kalkoberfläche und ätzt mit Kohlensäure eine Spur in sie hinein. Nach und nach entstehen flache Kanäle, die wieder mehr Wasser anziehen und sich so immer tiefer in den Stein kerben. Durch das abfließende Wasser wird mit der Zeit ein feiner Riss zu einer Rinne, die wiederum zu einer kleinen Kante und die schließlich zu einem Steilhang.

In einer Landschaft wie dem Westjordanland mit seinen großflächigen Kalksteinformationen bedingen diese wachsenden Risse oftmals die Entstehung von Terrassen und Fußpfaden. Menschen und Tiere, die sich einen Weg durch das Land suchen, werden von den Gegebenheiten des Geländes geleitet. Diese Fußgänger haben ihrerseits präferenzielle Wege, die wiederum andere Fußgänger auch benutzen, und sie alle graben ihre Spur in den Boden. Auf diese Weise kann ein Regentropfen, der vor Hunderttausenden von Jahren gefallen ist, den Weg des heutigen Wanderers vorherbestimmt haben.

Später liefen wir wieder ein Wadibett hinauf, zu einem Flüchtlingslager. Die Steine des Wadis waren vom zeitweiligen Flusslauf überspült, gewendet und flachgeschliffen worden, sodass es schien, als liefen wir auf einer gepflasterten Straße.

»Das sind die natürlichsten Pfade der Landschaft, und ganz sicher die ältesten«, sagte Messerschmid.

Ich sah einen runden Klumpen Hornstein, bückte mich und hob ihn auf. Er sah aus wie ein in mehrere Schichten braunes Leinen gewickelter weißer Augapfel. Messerschmid nahm mir den Stein aus der Hand, erwiderte seinen Blick und wog ihn nachdenklich.

»Ein hübscher Hornstein, das.«

Ich erzählte ihm, wie ich in Tel Aviv zu meinen Flintsteinen befragt worden war. Er lächelte.

»Tja, Sie müssen wissen, dass Hornstein, also Flint, der Stein der Intifada ist!«

Er warf das Auge in die Höhe und fing es wieder auf.

»Junge Palästinenser haben mir erzählt, dass sie am liebsten mit Flint werfen, weil der das beste Wurfgeschoss abgibt. Scharf und hart, und er liegt schwer in der Hand.«

Werfen. Fangen.

»Die jungen Leute, die bei der ersten Intifada die israelischen Militärs mit Hornstein beworfen haben, wurden später die ›Kinder der Steine‹ genannt.«

Messerschmid strich sich eine Strähne hinters Ohr. Raja stieg mit vorsichtigen Schritten weiter den Pfad hinab. Ein Bülbül flatterte aus einem Myrtenbusch. Der Regen vom Vortag sickerte durch die Karströhren in den Grundwasserleiter, 40 Millionen Jahre unter unseren Füßen.

»Nicht weit von hier«, sagte Messerschmid, »habe ich einmal in einem Feigenbaum zwei Chamäleons beim Liebemachen gesehen. Eins hatte sich schwarz gefärbt, das andere rot. Dabei war allerdings nicht klar, welches gerade seinen Spaß hatte.«

~~~

Einige Kilometer weiter, im Wadi Zarqa, blieben wir vor einer Kalksteinklippe an einer kleinen Mulde stehen, in die Quellwasser tropfte. Messerschmid beugte sich vor, formte mit den Händen eine Schale und trank.

»Man nennt sie die blutenden oder auch weinenden Hügel«, sagte er
~~~

und wies auf die Mulde, »weil sie Wasser weinen. Im Januar, Februar, wenn der starke Regen kommt, bilden sich viele Quellen. Das geschieht dort, wo verschiedene geologische Schichten aufeinandertreffen: karstiger Kalkstein auf Mergel oder Hebron auf Yatta, dort kann das Wasser nicht tiefer einsickern und kommt daher als Quelle wieder an die Oberfläche. Die Quellen sprudeln und die Hügel weinen.«

Er zeigte mit dem kleinen Finger auf einen verwischten dunklen Fleck im Kalkstein.

»Solche Quellen nennen wir ›Kontaktquellen‹. Sie entstehen, wenn zwei verschiedene Felsformationen aufeinandertreffen. Eine durchlässige Schicht und eine undurchlässige treffen aufeinander, und heraus kommt eine Art Großzügigkeit.«

Wir ließen die Quelle hinter uns und liefen an einem frisch gepflügten Feld durch heiße, stehende Luft nach Westen. Schweißperlen benetzten meine Augenbrauen. Mücken schwirrten um meinen Kopf. Wir sahen Haine von Eukalyptusbäumen, eine von den Briten eingeführte Art, mit ihrer charakteristisch sich schälenden Rinde, dann, unter bewässerten Terrassen mit Auberginen und Chilipflanzen, mit Netzen bespannte und von Weinreben berankte Käfige – die Begrünung war verblüffend auf dem hellbraunen Boden. Mir fiel ein, dass die britische Armee ihren Scharfschützen beibrachte, direkt vor dem Abdrücken auf eine hellgrüne Fläche zu sehen, um den Blick zu klären.

Am westlichen Horizont tauchten Gestalten auf, Silhouetten im Gegenlicht. Eine Welle der Besorgnis ging von Raja zu Messerschmid und zurück. Siedler? Dann zeigte sich am Horizont ein Schaf und gesellte sich zu den Gestalten. Beduinen. Raja atmete auf.

~~~

Am Abend lief ich durch die Straßen von Ramallah und genoss nach einem Tag des Ausgesetztseins die Kühle und das Gefühl, von Stadt und Dunkelheit umhüllt zu werden. Auf einer Brache neben einer vielbefahrenen vierspurigen Straße brannte der Inhalt eines Containers und schickte eine schwarze Rauchsäule in den Himmel. Ein einzelner Turnschuh hing über
~~~

den Containerrand, am Schnürsenkel noch mit seinem unsichtbaren Partner verbunden. Ich wartete, bis ich die Straße überqueren konnte, während am Fußgängerüberweg die Leuchtzeichen blinkten: GEHEN, STEHEN, GEHEN, STEHEN, GEHEN, STEHEN.

Wurzeln

Auf Pilgerschaft ~ Bienen des Unsichtbaren ~ Regel der Resonanz ~ Die Bibliothek des Waldes ~ Herrschaftsbeweis ~ La Máscara de Henry Moore ~ Ein Wintersturm ~ Zarzamora virgen ~ Senderismo, cañadas & caminos ~ Das Überleben der alten Wege ~ Die Hexen von Galicien ~ Tal als Kernland ~ Ein freundlicher Grüner Mann ~ Ewiges Licht, harzige Luft ~ Miguels Ausguck ~ Mooskissen ~ Mönchsgeier ~ Ein Schwebewunder ~ Magischer Zen-Garten ~ Der entfesselte Prometheus ~ Unter heißer Hartgeldsonne ~ Flussbaden ~ Die Pollendusche ~ Eine Geierfeder auf dem Pfad ~ Nach Segovia ~ Stadt der Vögel ~ Nach Nordwest in die Hitzeschleier

»Wir gehen zunehmend auf Pilgerschaft«, schrieb der Dichter Edmund Blunden 1942.[1] Und wieder gehen wir zunehmend auf Pilgerschaft. In Spanien öffnen an den Straßen nach Santiago mittelalterliche Wirtshäuser, die jahrhundertelang geschlossen waren, wieder ihre Türen, um den neuerlichen Andrang auf dem Jakobsweg zu fassen. Überall in Europa erlebt das Pilgern ein Revival, die Zahl der Pilger nimmt stetig zu, obwohl die Zahl der Kirchenbesucher stetig abnimmt. Kurz nach meiner Rückkehr aus Palästina entdeckte ich den wunderbaren kurzen Essay *Bees of the Invisible* (Bienen des Unsichtbaren) des tschechischen Schriftstellers Václav Cílek. »Die Zahl der stillen Pilger nimmt zu«, sagt Cílek im ersten Satz. »Orte beginnen, sich zu bewegen. Auf Steinen und in Wäldern stößt man auf kleine Opfergaben: eine Weizengarbe, einen Heidestrauß mit einer Feder darin, einen Kreis aus Schneckenhäusern.« Ich erkannte diese Insignien des Reisens – kleine Nachbildungen der Welt als zeitweilige Wegmarkierungen –, war ich ihnen doch oft auf meinen Wanderungen begegnet. Tatsächlich hatte ich jeden Monat, den ich auf den alten Wegen wanderte, Menschen getroffen oder von Menschen gehört, die sich auf einen Weg begaben, nicht um von A nach B zu kommen oder als reine Freizeitbeschäftigung, sondern mit einem gleichsam heiligen Ziel. Offenbar gab es Tausende solch improvisierter Pilgerreisen, meist ohne die Weisung einer großen Weltreligion und von unterschiedlicher Ernsthaftigkeit und Heiligkeit. Das Hinterland füllte sich mit wild wallfahrenden Exzentrikern, die glaubten, ihre Reise ins Äußere würde zur Reise ins Innere.

Die Begriffe Pilger und Pilgerfahrt sind neuerdings, zumindest für weltliche Ohren, mit einer leidigen Frömmigkeit behaftet. Allerdings waren die Menschen, die ich auf meinen Wanderungen traf, inspirierende und bescheidene Improvisatoren. Alle wanderten, um für sich einen Sinn zu finden – mit kleinem oder großem Aufwand, einige flüchtig, andere lebensbestimmend –, und es schien mir keine bessere Bezeichnung für sie zu geben als Pilger: Raja auf seinen *sarhas,* Finlay MacLeod und Anne Campbell auf den Moorpfaden von Lewis, Steve, der am Steinkreis seinen Weg in die Landschaft trat, Ian, der bei Sonne und Sturm die Seewege befuhr, ja sogar Clemens Messerschmid, der versuchte, die Politik mittels der Geologie zu verstehen. Dann die Toten, Thomas, Shepherd und Dutzende andere.

Mich erreichten viele Geschichten solcher stillen Pilger und ihrer langsamen Reisen. Ein junger Mann hatte, inspiriert von George Borrow, auf Pfaden und grünen Wegen das Land durchwandert, von Cambridge nach St. Davids in Pembrokeshire. Die drei Folksänger Ed, Will und Ginger hatten ihr gesamtes Hab und Gut verkauft, alles hinter sich gelassen und bereisten England zu Fuß, schliefen in Wäldern und verdienten sich ihr Essen mit Folksongs, die sie unterwegs lernten. Eine Frau war ein Jahr von Paris nach Jerusalem gewandert und hatte auf dem Weg ihren künftigen Ehemann kennengelernt. Ein Mann war die Grenzen und Pfade des County Northamptonshire (der Sitz der britischen Stiefelindustrie) abgelaufen und übernachtete in Scheunen und Kirchenportalen. Im Gespräch mit einem Freund, der auch wandert, fiel mir eines Tages auf, dass rund um seinen Bizeps einer der berühmtesten spanischen Verse eintätowiert war, Antonio Machados »No hay camino, se hace camino al andar« – »Es gibt keinen Weg, der Weg entsteht im Gehen«.

Ein mir unbekannter Mann aus Dorset schrieb mir, dass er mit einem engen Freund, der nach vier Jahren aus dem Gefängnis entlassen worden war, eine lange Wanderung über den Ridgeway unternommen hatte. Im Umschlag lagen verschwommene Bilder, aufgenommen durch Hitzeschleier, auf denen Kreidepfade über grüne Hügel in ungewisse Ferne verschwinden. »Ist man sie einmal gegangen«, schrieb er, »leben die alten Wege in uns weiter. Sogar hier und jetzt, im grünen flachen Südwesten, suche ich manchmal nach einem schmalen Kreidepfad und denke zurück an diese Tage seltsamer Befreiung.« Ich traute mich nicht zu fragen, was der Freund verbrochen hatte, dass er so lange im Gefängnis gewesen war. Einmal bin ich vierzig Kilometer mit einem jungen Mann gewandert, Bram Thomas Arnold, der nach dem Tod seines Vaters in London losgegangen war, um nach St. Gallen zu laufen, wo er als Kind gelebt hatte; die Asche seines Vaters im Gepäck, übernachtete er in einem kleinen Zelt am Rande riesiger Luzernewiesen und Getreidefelder in Nordfrankreich, wobei er sein Lager immer erst nach Einfall der Dunkelheit aufschlug und noch vor Sonnenaufgang weiterzog, damit ihn die Bauern und die Polizei nicht sahen.

Dann war da natürlich noch Cílek, ein auf seltene Minerale spezialisierter Geologe, der sein Geburtsland gern mit »Böhmen« bezeichnete. Cílek hatte vor dreißig Jahren damit begonnen, sein Land zu durchwandern, und verspürte einen unerklärlichen Drang, die »unterirdischen Reiche« zu erkunden, wie er sie nannte. Wenn er Wissen und Erfahrungen sammelte, so tat er dies ohne ein bestimmtes Anliegen, er sei »ein Pilger, kein Eroberer«. In den letzten zehn Jahren hatte sich sein sonderbarer Zwang indes zu einer Obsession ausgewachsen, weshalb er, sooft er nur konnte, zu heiligen Orten, Burgen, Klöstern und Kirchen wanderte. Er verbrachte eine ganze Woche damit, das fünfzig Kilometer lange unterirdische Labyrinth des Steinbruchs von Monkton Farleigh bei Corsham zu durchqueren. »Ich glaube, dass ich diese Landschaften und Orte viel besser verstehe, wenn ich unter die Erde komme oder wenigstens in der Natur schlafen kann«, schrieb er. Cílek schlug eine Reihe von Pilgerregeln vor. Die zwei denkwürdigsten waren die Regel der Resonanz, »Ein kleiner Ort, mit dem wir resonieren, ist bedeutender als ein großer Wallfahrtsort«, und die Regel der Entsprechung, »Jeder Ort in der Landschaft entspricht einem Ort in unserem Herzen«.

Ich las Cíleks Regeln kurz nach meiner Rückkehr aus Palästina, und würde bald darauf nach Madrid aufbrechen, um eine Nebenstrecke des berühmtesten Pilgerwegs der Welt zu gehen, des Camino de Santiago, von Madrid nach Norden durch die Kiefernwälder des Guadarrama-Gebirges, dann hinunter zur mittelalterlichen Stadt Segovia und über die sonnenversengte gelbe *meseta* – die Hochebene – Richtung Santiago. Auch wollte ich Miguel Angel Blanco treffen, der eine ganz besondere Bibliothek erschaffen hat, in der er seine vielhundert stillen Pilgerreisen archiviert und dokumentiert.

~~~

»Suchen Sie sich drei Bücher aus«, sagte Miguel und wies in die heiße Bibliothek. »Das erste erzählt Ihre Vergangenheit, das nächste kennt Ihre Gegenwart, und das letzte sieht in Ihre Zukunft.«

Ein Kellerraum in Madrid: Regale von der Decke bis zum Boden. Auf den Regalen: Hunderte Holzkisten von unterschiedlicher Größe, vom schmalen Zigarrenkistchen bis zur flachen Schatzkiste. Alle Kisten waren nach vorn hin offen und trugen eine eingebrannte Identifikationsnummer. Zog man eine Kiste aus ihrer Einfassung, kam der leinengebundene Rücken eines vermeintlichen Buches hervor, wenngleich einige Buchrücken dicker waren als alle Bücher, die ich je gesehen hatte. Kleine Löcher in den Kisten machten es leichter, die Bücher zu greifen und aus dem Regal zu ziehen - etwa wie lose Ziegelsteine aus der Wand. Die Buchrücken waren unbeschriftet, hatten aber unterschiedliche Farben: orange, maulbeerviolett, graubraun, schwarz, scharlachrot. Es wirkte wie postmoderner Barock: Pompidoufarben für eine riesige *Wunderkammer*.

»Sie müssen nicht lange überlegen«, sagte Miguels Frau Elena lächelnd, »weil die Bücher Sie aussuchen, nicht umgekehrt.«

Die Bibliothek von Miguel Angel Blanco ist keine gewöhnliche Bibliothek. Sie ist weder nach Themen und Inhalten noch nach der Dewey-Dezimalklassifikation geordnet. Ihr vollständiger Name lautet Bibliothek des Waldes, *La Biblioteca del Bosque*. Seit einem Vierteljahrhundert wächst sie bereits, und bei der letzten Zählung umfasste sie über 1100 Bücher – wobei die Bücher nicht nur Bücher, sondern zugleich Reliquien sind. Jedes Buch dokumentiert eine zu Fuß unternommene Reise und enthält die auf diesem
~~~

bestimmten Weg gesammelten natürlichen Gegenstände und Substanzen: Seetang, Schlangenhaut, Glimmerplättchen, Quarzkristalle, Strandbohnen, vom Blitz versengtes Kiefernholz, den Flügel eines Rebhuhns, Mooskissen, bearbeiteten Flintstein, Pyritwürfel, Pollen, Baumharz, Eichelhütchen, die Blätter von Steineiche, Buche und Ulme. In den vielen Jahren ihres Werdens hat die Bibliothek an Umfang gewonnen und sich ausgebreitet. Heute belegt sie das gesamte Erdgeschoss und den Keller eines Wohngebäudes im Norden Madrids. Betritt man die Räume, die sie füllt, ist es, als stiege man mitten in eine Geschichte von Jorge Luis Borges: irgendwo zwischen »Die Bibliothek von Babel« und »Der Garten der Pfade, die sich verzweigen«.

Im Museum der Botanischen Gärten von Lissabon befindet sich eine hölzerne Truhe mit sechsundfünfzig Schubladen, die Vasco da Gama 1560 dem portugiesischen König geschenkt hatte. Jede Schublade dieser Truhe war aus einem anderen tropischen Hartholz gefertigt, und jede dieser sechsundfünfzig Holzarten wuchs irgendwo in einer der damaligen portugiesischen Kolonien. Wenngleich sich die Truhe und die Bibliothek in ihrer Form glichen, war ihr Zweck grundverschieden. Da Gamas Truhe behandelt Bäume als koloniale Untertanen, deren Aneignung und Anordnung zur Demonstration der Macht dient – der Herrschaft eines einzelnen Landes über vielfältige Welten. Miguels Bibliothek hingegen verbreitet den Geist ihres Schöpfers in der Natur.

Ich zog mein erstes Buch aus seiner gemütlichen Holzkiste, meine Vergangenheit. Es war klein wie die Taschenbuchausgabe eines Romans und hatte die Nummer 95. Miguel nahm es entgegen. »Ah!«, sagte er, »*La Máscara de Henry Moore!*« Er und Elena warfen einander einen Blick zu. Miguel trug das Buch hinüber zu einem Schreibtisch, stellte es in den Lichtkegel einer Gelenkleuchte und öffnete den Buchdeckel. Auf den ersten Blick ähnelte es einem gewöhnlichen Buch. Es besaß vier Seiten Glanzpapier, mit fetter schwarzer Schrift beschrieben. »Das ist Gemüsepapier«, sagte Miguel und ließ die Finger beim Umblättern über die grobe Struktur gleiten.

Doch dann, als er die vierte Seite umschlug, verwandelte sich das Buch in eine Kiste. Unter einem Glasfenster sah man eine Art Vitrine, die an Schaukästen in einem viktorianischen Naturkundemuseum erinnerte. Unter dem Glas ein Streifen rostiges Metall mit zwei rhombenförmig ausgestanzten

Augenlöchern, weiße Keramikscherben und zwei weiße Quarzsplitter. Diese Gegenstände lagen auf einem Bett, das aus Sand und Harz zu bestehen schien. Ich sah Miguel und Elena fragend an, doch anstatt die Objekte zu deuten, öffnete Miguel nur die Hände, als sagte er: »Nur Sie können wissen, was das bedeutet.« Ich dachte an die vielen Pfade aus weißem Stein, über die ich schon gegangen war, und an den Quarzsplitter, den Steve unter seinem Findling für mich gefunden hatte.

Die Bibliothek des Waldes verdankt ihre Existenz Sturm und Schnee: einem Wintersturm, der zwischen dem 30. Dezember 1984 und dem Neujahrstag 1985 die Guadarramas heimsuchte, eine Sierra aus Granit und Gneis, die von Nordost nach Südwest durch die kastilianischen Hochebenen fährt und Madrid (im Süden) von Segovia (im Norden) abtrennt. Tausende Kiefern stürzten um. In diesen stürmischen Tagen saß Miguel in seinem kleinen Haus in Fuenfría fest, einem südlichen Tal der Guadarramas. Als der Sturm endlich aufhörte und der Schnee zu schmelzen begann, wanderte er das Tal hinauf und entdeckte auf einem vertrauten Pfad eine neue Welt: fünf Meter hohe Schneewehen, Krater und Baumstümpfe, wo Bäume niedergestreckt worden waren, unerwartete Lichtungen im Wald. Während seiner Wanderung sammelte er Gegenstände, die er auf dem Weg fand: Kiefernzweige, Baumharz, Zapfen, Borkenkringel, einen schwarzen Damestein und einen weißen Damestein. Wieder zuhause, legte er die gesammelten Gegenstände in eine kleine Kiste, deckte sie mit Glas ab und versiegelte die Scheibe mit Teer, dann befestigte er mit Klebestreifen Buchseiten an der Kiste und bedeckte sie mit einem leinengebundenen Deckel aus Karton.

Das erste Buch der Bibliothek war gemacht. Miguel nannte diese ursprüngliche Buch-Kiste *Deshielo,* ›Tau‹, und sie wurde zur Quelle eines schnell anwachsenden Stroms von Werken. Seine Herstellungstechnik blieb unverändert. Alle Buch-Kisten enthalten Gegenstände, die er unterwegs gesammelt hat; Ergebnisse zufälliger Begegnungen oder gezielter Suche. Die gefundenen Gegenstände werden in ihrer Kiste mit Draht oder Garn fixiert oder in Fixierbetten aus Erde, Harz, Paraffin oder Wachs gepresst. In ihrem stummen Arrangement ist jede Buch-Kiste das symbolische Dokument einer Wanderung, eines entlanggelaufenen Pfads, einer Fußreise und ihrer

Begegnungen. Und die Bibliothek ist gewissermaßen ein mehrdimensionaler Atlas – eine sich ständig vergrößernde Flurkarte, und die eigentümliche Chronik einer rastlosen Reise.

Ich trug *La Máscara de Henry Moore,* das Buch meiner Vergangenheit, wieder zu seiner Einfassung, und als ich es an seinen Platz zurückschob, spürte ich an meinen Fingern den Zug der verdrängten Luft.

»Jetzt die Kiste Ihrer Gegenwart! Lassen Sie das Orakel sprechen!«, sagte Miguel. Diesmal wählte ich eine größere Kiste mit violettem Leinenrücken: Nr. 588. Ich öffnete sie auf dem Schreibtisch unter dem Lichtkegel. Auf der Titelseite stand *Zarzamora virgen.* Ich blätterte durch die Seiten, bis ich an das Glas gelangte. Der Boden dieser Kiste war mit einer quarkähnlichen gelben Masse bedeckt, die an geronnenes Fett erinnerte. Aus dem Fett standen dreißig oder vierzig gekrümmte Dornen hervor wie Haifischflossen aus einem Fettmeer. Wie meine erste Kiste stach sie dem Betrachter schroff ins Auge, aggressiv und finster, faszinierend und zugleich obszön. Miguel runzelte die Stirn. »Ich weiß nicht genau, wie die bei Ihnen heißen«, sagte er und deutete auf die Dornen, die für mich wie extrem große Brombeerdornen aussahen, »aber wir werden in den nächsten Tagen sicher viele dieser stachligen Pflanzen sehen, dieser *Zarzamora,* wenn wir in den Guadarramas wandern.«

In der Atmosphäre von jahrmarkthafter Hellseherei, die sich um meine Bücherwahl spann, schien mir, als würden diese Kisten mich *kennen,* diese große stumme Bibliothek, diese Bücher, die ich zu öffnen glaubte, die aber in Wahrheit mich öffneten.

Ich stand seit einigen Jahren mit Miguel in Kontakt, doch nun war ich zum ersten Mal in Spanien, um ihn und seine Bibliothek zu besuchen. Ich wollte mehr über Miguels Besessenheit vom Wandern und Reisen herausfinden, über die unkonventionelle Art, in der er seine Reisen dokumentiert, wie auch über die spanische Praxis des *senderismo,* des Pfadgehens. Es gibt in Spanien eine extrem hohe Dichte und Vielfalt an alten Pfaden. Ein Netz aus *cañadas,* Viehtriften, durchzieht Spanien mit einer Länge von fast 130 000 Kilometern, bedeckt fast eine Million Morgen öffentlichen Geländes und wirkt auf diese Weise – vor allem in der Ebene – auf die Verteilung des privaten Landbesitzes ein; noch heute wird es zum Viehtransport genutzt. Dazu gehören Routen wie die Cañada Real, die von León zur Extremadura führt, dann in einem großen Bogen in die westlichen Guadarramas schwenkt und schließlich auf fast geradem Nord-Ost-Kurs ins Baskenland hinaufführt. In manchen Teilen Asturiens bewegen sich die roten Kühe des Nordens – die *vacas rojas* – in frei grasenden Herden und trampeln auf der Suche nach Futter oder Schatten bleibende breite Pfade in die Landschaft. Die Pilgerschaft nach Santiago findet ihre profane und lokale Entsprechung in der *romeria,* der traditionellen Wanderung von Ort zu Ort, die ihren Ursprung in der Wallfahrt nach Rom hat, jetzt aber üblicherweise von der Dorfmitte zu einem nahegelegenen heiligen Ort erfolgt, wobei unterwegs viel gegessen und getrunken wird, um die Wiederauferstehung der Natur nach dem Winter zu feiern. In den Cantabrischen Bergen, wo noch Bären und Wölfe leben, finden sich einige Überbleibsel des einfachen Lebens auf dem Land: Nomadische Hirten treiben ihre Herden über Pfade, die vermutlich aus der Bronzezeit stammen. Zehntausende Pfade schlängeln sich von den küstennahen Bergketten hinab zu den Häfen und Buchten der Ebene und verbinden so das Binnenland mit dem Meer. Und so wie das Schmelzwasser von den Bergen durch die Täler strömt, so strömten über die Jahrhunderte Pilger, Händler, Kaufleute und andere Reisende die Pfade entlang.

Die Überfülle an Pfaden, das Renommee des Jakobswegs und die pikareske, durch Don Quixote berühmt gewordene Tradition des Wanderns als Suche nach Abenteuer, haben nach dem Spanischen Unabhängigkeitskrieg viele englische und irische Wanderer auf die Halbinsel gelockt. George Borrow natürlich, aber auch Laurie Lee, V. S. Pritchett, Walter Starkie, Richard Ford, Gerald Brenan und, in jüngerer Zeit, den wandernden Künstler Hamish Fulton, der aus chronischer Sportlichkeit Dutzende Male Spanien durchquert, Zehntausende Kilometer zurückgelegt und seine Wanderstrecken immer mit schwarzem Filzstift auf einer großmaßstäbigen Straßenkarte des Landes verzeichnet hat. Matt Lloyd, einer meiner früheren Studenten, war einmal im Herbst den gesamten Jakobsweg gegangen und hatte mit Rucksack und Ukulele wie ein moderner Lee allein von Musik und Hecken gelebt: »Ich zog vierzig Tage westwärts, quer durch ganz Spanien«, schrieb er mir nach seiner Rückkehr, »und spürte unter meinen Füßen ein ganzes Land vorüberziehen, von den französischen Bergen bis zum spanischen Meer, und das Essen habe ich mir auf dem Weg zusammengesungen.«

Miguels Bibliothek war von der Idee des Pfades beseelt. »Jedes meiner Bücher«, sagte er zu mir, »dokumentiert eine reelle Reise, aber auch einen *camino interior*, einen inneren Pfad.«[2] Er war einmal den Camino Francés gegangen – die traditionelle Route durch die Pyrenäen und das kastilische Tiefland – und hatte von der Fassade der Kathedrale in Compostela Moos gesammelt, das er zur Herstellung seines Buches Nr. 632 benutzte. In den späten 1990er Jahren hatte er in Galicien im Dorf Brion gelebt, etwa fünfzehn Kilometer vor Compostela. Dort war er auf galicische *meigas* getroffen und war mit ihnen gewandert, den weisen Frauen, die abwertend als Hexen oder anerkennend als Kräuterheilkundige bezeichnet werden. Die *meigas* akzeptierten Miguel bald und führten ihn in ihr Wissen über Heilpflanzen ein. So begann er, diese Hexenkräuter für seine Holzkisten zu verwenden, und erschuf sich ein Schattenherbarium. Im Laufe mehrerer Monate etablierte er außerdem einen alternativen heidnischen *camino,* den er den Camino de Santa Minia nannte. Dieser Pfad begann und endete in einem alten Wald, in dem eine alte Eiche als Hochaltar in einer Kathedrale aus anderen Bäumen stand. Miguel wanderte die Strecke erstmals bei Vollmond, in der Nacht des 17. April 1998, und wiederholte den Gang fortan täglich, bis er seinen eigenen Pfad geschaffen hatte.

Miguels wahres Herzensland aber sind die Guadarramas. Hunderte seiner Bücher hat er den Bergen gewidmet, hat Gegenstände von Gipfeln, aus Bächen, von Pfaden, steilen Hängen und geheimen Orten zusammengetragen. Das Fuenfría-Tal kennt er seit seinem zweiten Lebensjahr, und auf den Pfaden durch die Wälder zu gehen, ist für ihn eine ebenso metaphysische wie faktische Reise, ähnlich wie Ian Stephen im Segeln über die Seewege eine Möglichkeit fand, sich durch die Welt zu lotsen und sich in ihr zurechtzufinden.

»Mein Leben ist eins mit dem der Bäume«, notierte Miguel einmal, »ich habe sie als meinesgleichen erkannt, sehe in ihnen mein eigenes Schicksal.« Über sich selbst sagte er einmal zu mir, er habe in Fuenfría Wurzeln und werde, wenn er dort sei, teilweise zum Baum. Solche Aussagen sind für Miguel so selbstverständlich, als böte er seinem Gast ein Glas Tee an oder plauderte über das Wetter. Er hat nichts Wichtigtuerisches und insofern auch nichts Dummes an sich. Er spricht von diesen Dingen ohne die Prahlerei und Selbstdarstellung eines exzentrischen Menschen. Sein Animismus ist so unbedingt, dass man ihn schwerlich als naiv abtun kann. Er ist ein freundlicher Grüner Mann und ich schätze mich glücklich, ihn zu kennen.

Darüber hinaus strahlt Miguel eine große Ruhe aus, die sich überträgt. Sie rührt aus der Gewissheit, sein Leben einer sinnvollen Tätigkeit gewidmet zu haben. Die Bibliothek strukturiert sein bisheriges Leben wie auch sein künftiges. Er ist absolut und bescheiden zugleich in seinem Glauben an den Wert dieser fortwährenden Arbeit. Geld scheint ihn nicht zu interessieren, und schon seit Langem verkauft er seine Werke nicht mehr an Galerien. Ihm ist es inzwischen wichtiger, die Bibliothek fortzuführen und zu bewahren. Die melancholische Größe dieses Projekts liegt in Miguels vollkommener Hingabe an seine Bibliothek und seinem Desinteresse an sich selbst. Seine Kunst findet sich nicht im Detail, nicht in den einzelnen Kisten – so erlesen diese auch sind –, sondern in der allumfassenden Geste. Mit ihr hat er sich ein von Selbstsucht absolut unbehaftetes Memoir erschaffen, eine Autobiografie, in der es ausschließlich um die Natur geht. »Sie ist mein Leben, der Speicher meiner Erinnerungen«, sagte er zu mir. »Sie wird hier sein, wenn mein Gedächtnis längst gegangen ist.«

»Und zum Schluss noch Ihre Zukunft!«, rief Elena. Ich entschied mich für Nr. 818. Der Titel lautete *Pizarras, Espejo de los Alpes* (Schiefertafeln, Spiegel der Alpen), und es war das im herkömmlichen Sinne attraktivste der drei Bücher. Nach den sinistren Splittern und Zähnen freute ich mich über meine Wahl. Die einleitenden Seiten bestanden aus sehr leichtem und durchscheinendem Gemüsepapier, auf dem Abdrücke von Gesteinsformationen und Fossilien zu sehen waren. Unter dem Glas lagen verstreut einige Algenstränge. Das Buch barg die Erinnerungen an einen Spaziergang durch die Alpen im Jahr 2001 und spielte mit der Tatsache, dass diese Gipfel im Hochgebirge früher einmal Meeresboden gewesen waren: Die auf dem Papier abgebildeten Coccolithen stellten diese Umwandlung von Unterseeischem in Oberirdisches dar.

Ich durchstöberte die Bibliothek noch weitere zwei Stunden. Draußen neigte sich der Tag. Die Bäume in der Nähe zitterten vom Zirpen der Zikaden. Elena und Miguel saßen dabei, sprachen leise miteinander und sahen zu mir herüber. Sie hatten den Zauber der Bibliothek schon auf andere Menschen wirken sehen.

Die letzte Kiste, die ich aus dem Regal zog, trug den Titel *Luz Eterna* (Ewiges Licht). Sie war überwältigend schön. Innen war das Buch mit Blattgold bedeckt, das wiederum von einer Schicht Harz aus einer Guadarrama-Kiefer überzogen war und honigfarben glomm. Das Gold verhielt sich wie der *tapetum lucidum* im Auge eines Tieres und ließ das Licht zweifach durch das Harz fallen. Das Gold reflektierte und das Harz vergrößerte, sodass die Kiste den halbdunklen Raum zu erhellen schien. Ich schloss das Buch, wie man das Licht ausschaltet, dann verließen wir die Bibliothek.

~~~

Früh am nächsten Morgen zogen Miguel und ich in die Berge. Wir verließen Madrid Richtung Norden, wo die Vororte abrupt in Steineichengestrüpp übergehen. Kilometerweit querten wir ausgedörrte Ebenen. Dann war die Landschaft zunehmend mit granitenen Zähnen und Fingern durchsetzt. Steinwälle teilten die Landschaft, wo zuvor Drahtzäune gewesen waren. Zackig standen die Guadarramas vor dem diesigen Horizont, fein gezahnt und unglaubhaft: geboren im Tertiär und um vieles älter als die Pyrenäen oder die Alpen. Waldkiefern standen vereinzelt oder zu zweit, bald in Grüppchen, bald in Tannichten: blaugrüne Nadeln, orangestichige Rinde. Dann gelangten wir an eine Kreuzung, an der eine Viehtrift, die Cañada Real, eine Schnellstraße querte. Ihr Verlauf war mit Schildern und Schranken als Übergang gekennzeichnet: Respektvoll traf unser neuer Weg in schrägem Winkel auf den alten Weg.

Schließlich erreichten wir das Dorf Cercedilla am Eingang des Fuenfría-Tals, und von dort wanderten wir weiter in die Kiefernwälder und hinauf in höhere Lagen. Miguel genoss es sichtlich, dort draußen zu sein, und ich genauso. Die Sonne stand bereits hoch und heiß am Himmel. Die Waldluft roch nach Moschus, antiseptisch. »Ich muss jeden Tag gehen, sonst fühle ich mich lahm«, sagte Miguel. Sein Schritt war leicht und federnd. Ich schleppte mich mit meinem schweren Rucksack dahin.
~~~

Wir wanderten auf Routen durch das Tal, die manchmal nur Miguel zu sehen schien. Er führte mich an Nebenarmen entlang, die in den Hauptstrom flossen. In einem Jahr war er zum Kartografieren einmal jeden Wasserlauf im Tal abgelaufen.

Meist sprach Miguel über Bäume und machte mich mit einigen Exemplaren bekannt, als wären es alte Freunde: einer weißen Zeder, einem Paar riesiger Stechpalmen, einer seltenen Eichen-Unterart, *Quercus petraea,* ein Nachfahre der Eichen, die früher auf der Gebirgskette wuchsen. An einer alten Steinbrücke sprang er hinunter ans Flussufer, um mir eine Stelle zu zeigen, an der zwei Eiben ineinandergewachsen waren. Ihr gemeinsames Blätterdach war von roten, durchscheinenden Beeren durchsetzt, die aussahen wie halb gelutschte Kirschbonbons. »Das sind, abgesehen von den Flechten, die ältesten Lebewesen in den Guadarramas«, sagte er und tätschelte den Stamm einer Eibe. Ich erinnerte mich an einen Tagebucheintrag von Thoreau, der ohne Weiteres dreizehn Kilometer ging, um einen Baum zu grüßen.

Kiefern waren Miguels Lieblingsbäume. »Das da ist eine *pino piñero.* Da drüben eine *pinus nigra,* eine Schwarzkiefer. Und dort eine *pinus pinaster,* eine Seekiefer. Die *pino vigía,* die Wächterkiefer mit ihren verdrehten Ästen, ist die älteste wilde Kiefer im Fuenfría-Tal. Dann gibt es natürlich noch *pinus sylvestris,* die Waldkiefer, die so gerade wächst, dass Kolumbus darum bat, aus ihr die Masten seiner Karavellen zu bauen. In den höheren Lagen sieht man die *pino carrasco,* die wächst wie eine Wolke. Die *carrascos* stehen über den ganzen Wald verteilt, und manchmal gehe ich von *carrasco* zu *carrasco.*«

Später kamen wir aus dem Schatten des Waldes in hohes Weideland, auf dem geduldige Kühe mit langen drallen Zungen grasten. Ihre Glocken machten eine träge Musik. Der von der Sonne gelb verdorrte Rasen war mit rosaroten Herbstzeitlosen übersät, zwischen denen sich die Schmetterlinge ihren Weg suchten. Miguel führte mich über die Weide und über Granitsteine zu einer Felsnase, die in einer kleinen Klippe endete. Eine tote Kiefer lehnte über der Kante, der Stamm von Wind und Sonne bis auf das zinnfarbene Kambium abgewetzt. Er streckte den Arm aus und ergriff einen der unteren Äste, als wollte er ihr die Hand schütteln. Dann lehnte er sich kameradschaftlich an ihren Stamm.

»Das ist mein Ausguck«, sagte Miguel. »Ich kannte diesen Baum, als er noch grün war, und jetzt ist er immer noch ... *seco,* trocken; er ist einer meiner ältesten Freunde.« Wir blickten über die bewaldete Mulde des Fuenfría-Tals, an dessen nordöstlichem Rand sieben blanke Granitzacken hervorragten. Den schwarzen Graffiti-Penis auf einem Findling schien Miguel nicht zu sehen, oder er interessierte ihn nicht, ebensowenig wie der zwölf Meter hohe Fernsehmast, der in seinem Stacheldrahtkäfig ein paar Meter von uns entfernt vor sich hinsummte. Die Unterhaut der Kiefer war von flüssigem Silber, Maserungsströme mit Wirbeln und Wellen, die Astlöcher wie Felsen im Strom. Holzkäfer hatten sich an ihr zu schaffen gemacht, und der ganze Baum war von Tunneln durchbohrt, die unsichtbar im Holz verliefen, sich verzweigten und kreuzten.

~~~

Das Fuenfría-Tal rafft sich zu einem hohen Pass über die Guadarramas hinauf – der Puerta de la Fuenfría –, der jahrhundertelang einer der wichtigsten Übergänge der Gebirgskette war. Aus diesem Grund ist das Tal von alten Pfaden aus unterschiedlichen Epochen durchwoben. Eine Römerstraße gehört dazu, die Calzada Romana, die zwischen 69 und 79 n. Chr. unter Kaiser Vespasian gebaut worden war. Auch eine Nebenstrecke des Jakobswegs von Madrid nach Compostela führt dort hindurch, die hauptsächlich dem Verlauf der Römerstraße folgt. Und es gibt die Calzada Borbónica, die im 18. Jahrhundert für den spanischen König gebaut wurde, von seinem Jagdschloss auf der Nordseite der Guadarramas bis hinunter nach Madrid. Die zwei Hauptpfade mäandern bergauf wie zwei verbundene Ströme, die sich wieder und wieder kreuzen. Das Kopfsteinpflaster des Bourbonenwegs ist über die Jahrhunderte gründlich vom Verkehr poliert worden und glänzt wie die Stufen der Via Dolorosa in Jerusalem.

Unten in der Talsenke schlugen Miguel und ich die Römerstraße ein, die uns durch den schwindenden Schatten immer kleiner werdender Kiefern zur Puerta hinaufführte. Der Pfad schlängelte sich wie keine der Römerstraßen, die ich kannte, verlief bald rechts, bald links vom Flussbett und vorbei an Granitsteinen mit einem Vlies aus grünem und grauem Moos, das sich so weich anfühlte wie ein samtenes Schmuckkästchen.
~~~

»Die Mönche aus den Klöstern der Umgebung haben sich hier Kissen aus Moos geholt«, sagte Miguel, während er mit den Fingerspitzen darüberstrich, »auf denen sie nachts den Kopf gebettet haben. Das Moos hat böse Gedanken von ihnen ferngehalten und schlechte Träume aufgesaugt.« Das hörte sich gut an: Moos als Absorptionsmittel für Albträume, das unangenehme Gefühle aufnimmt wie ein Schwamm.

Ein paar Minuten später fand ich etwas auf dem Weg, das aussah wie eine große Eichelhäherfeder, viel größer als alle, die ich bislang in England gesehen hatte, mit einem Barcodestreifen aus Lapisblau und Schwarz an der Spitze oben.*

»Sehen Sie, ich muss nicht erst fünfzig Kilometer gehen, um was zu entdecken«, sagte Miguel unvermittelt. »Ein halbes Dutzend Schritte reicht mir schon. Ein spanisches Sprichwort sagt«, fügte er mit einem breitem Lächeln hinzu, »*Caminar es atesorar!* Gehen heißt Schätze sammeln!«

~~~

An einer Wegbiegung verabschiedete sich Miguel von mir, etwa eine Stunde vor dem Pass, und lief in seinem schnellen Schritt wieder bergab, bis der Pfad ihn meinem Blick entzog. Ich saß eine Weile im Schatten, trank Wasser, dann nahm ich mein Gepäck auf die Schultern und wanderte weiter. Mir war schwindelig vor Hitze. Ich freute mich schon darauf, einen Platz für die Nacht zu finden, und vielleicht vorher noch eine gute Siesta halten zu können. Zum Schlafen wünschte ich mir einen sonnengewärmten blanken Fels, der – wie ein Bettstein, den man ins Feuer legt – seine gespeicherte Wärme am Abend an mich abgeben würde.

Inzwischen lief ich im Kiefernwald der höchsten Lage. Die Kirschen und Eichen, die das Tal in den tieferen Lagen besprenkelten, waren verschwunden. Durch eine Lücke zwischen den Baumkronen erspähte ich einen Adler mit weißen Flügeln; weit oben im Blau, wie ein glänzendes Flugzeug. Ich war glücklich dort unter den Bäumen, froh über Miguels Begleitung, aber auch froh darüber, nun im Wald allein zu sein. Meine Füße knirschten durch Verwehungen rotgoldener Rinde. Kohlmeisen und Haubenmeisen flatterten flink von Ast zu Ast.

* Später entdeckte ich, dass sie von einer Elster mit azurblauen Flügeln stammte.
~~~

Von einer Lichtung aus schaute ich hinüber zum Berghang auf der gegenüberliegenden Talseite, drei, vier Kilometer entfernt. Über dem Baumkronendach segelte ein Vogel, der so groß war, dass sein Schatten über die Wipfel glitt. Mantel und Flügel strahlten hell. Es war ein Mönchsgeier, der emblematische Vogel der Guadarramas. Große Weibchen erreichen leicht eine Spannweite von zweieinhalb Metern, die größten sogar drei Meter. Unter den Greifvögeln hat nur der Andenkondor eine größere Spannweite als der Mönchsgeier. Hier in den Kiefernwald der Guadarramas soll der Soldat und Eiersammler Willoughby Verner im späten 19. Jahrhundert gereist sein, um aus einem Nest im Wipfel einer Waldkiefer Eier zu entnehmen (eine fast legendäre Tat für Vogelkundler, ähnlich heldenmütig wie Sindbads Aufstieg zum Nest des Vogels Roch).

Ich erreichte die Puerta de Fuenfría gegen zwei Uhr nachmittags, und rastete in heißem Schatten. Ich aß den Poviant, den mir Miguel und Elena mitgegeben hatten – Räucherschinken, das frische Brot und den Schafskäse, schöpfte kühles Wasser aus einer Quelle und trank in großen Schlucken. Dann ging ich weiter in Richtung Nordosten, über steile, bewaldete Hänge hinauf zu den Bergkuppen, die ich von Miguels Ausguck gesehen hatte: die Siete Picos, die Sieben Spitzen. Der Pfad zog im Zickzack davon, markiert von kleinen Steinhaufen aus weißem Granit, die an allen möglichen Stellen standen: auf dem Boden, auf abgerundeten Findlingen und sogar in den Astgabeln junger Bäume – eine Art der Wegmarkierung, die ich bis dahin noch nie gesehen hatte. Während ich höher stieg, dünnte der Kiefernbestand immer weiter aus, bis er schließlich die Baumgrenze erreichte.

Aus dem Schutz der Bäume trat ich auf offene Granitfelder. Zerborstene Findlingshaufen, karges Geröll, wie eine Eisenrüstung drückte die Sonne. Zu Pfeilspitzen gewachsene Wacholderbüsche; *jara,* ein duftendes, klebriges Gestrüpp. Gruppen kleiner Vögel stoben, sobald ich mich näherte, wie Granatsplitter auseinander und fanden ein paar Meter weiter auf dem Weg wieder zusammen. Auf einem hohen, kilometerweit entfernten Gipfel befand sich ein protziges Skizentrum; es sah aus wie eine Mondstation, auf der die riesige rotweiße Rakete stand, mit der Tim und Struppi in *Reiseziel Mond* ins All abheben.

Im Norden sah ich über die kiefernbewaldeten Hänge hinweg die *mesa* –

ockerbraune Ebenen, die sich bis zum Horizont erstreckten – und aus der *mesa* erhob sich unter dem orangefarbenen Sonnenlicht Segovia, wie eine Stadt der Fantasie, eingepfercht in ihre hohen mittelalterlichen Mauern. Über der Ebene lag ein tiefer Hitzeschleier, der aus den Mauersockeln flirrte, und kurz überkam mich die mächtige Vorstellung, die ganze Stadt würde über der Ebene schweben. Die Illusion wurde absolut plausibel, als ich später erfuhr, dass Segovias bekanntestes Wunder ein Schwebewunder ist: An einem Novembertag im Jahr 1602 wurde über dem Nonnenkloster von Santa Cruz ein helles Licht gesehen, und die herbeieilende Menge fand den dominikanischen Theologen Melchior Cano, »auf Knien im Gebet versunken, aber einen guten Meter über dem Boden schwebend«.

Ich erreichte die erste der sieben Spitzen und bemerkte, dass ich in einen Zen-Steingarten geraten war. Den Boden bedeckte feiner weißer Quarzkies, aus dem windgebeutelter Wacholder, hüfthohe Kiefern und Granitsteine aufragten. Alpine Fettpflanzen drängten sich dickblättrig und dreist in Steinritzen. Und aus dem Kies erhob sich auch die Bergspitze selbst, eine an die zwanzig Meter hohe Granitburg. Der Fels war durch Wassererosion abgerundet und in eine pompöse Draperie aus Schneisen und Rüschen verwandelt, übertrieben, kissenhaft – reinster Henry Moore.

Obwohl es erst später Nachmittag war, stand für mich bereits fest, dass ich den Rest des Tages und die Nacht hier verbringen wollte, in diesem magischen Garten auf dem Grat, von dem aus ich das glitzernde Madrid im fernen Süden und das orangefarbene Segovia im Norden sah. Ich legte Rucksack, Socken und Schuhe ab, ließ sie im Schatten des ersten Zacken zurück und machte mich auf, den Grat zu erkunden und über die Felsen zu klettern. Ich folgte den quarzweißen Pfaden, die sich zwischen Findlingen und Bäumen hindurchwanden. Die zweite Spitze von Westen her war eine Granitburg von noch größerem Ausmaß. Ich kletterte ihre Hänge hinauf bis zum Gipfel. Eidechsen huschten immer wieder ruckhaft stoppend davon, hängten sich kopfüber an Felsnasen, als wollten sie mit ihrer Adhäsionskraft angeben.

Ich entdeckte eine breite, in den Fels gekerbte Rinne, wie die Gosse einer Kegelbahn, und legte mich rücklings hinein, sodass meine Schultern bequem umschlossen wurden und meine Fußsohlen vom rauen heißen Stein kribbelten. Unter mir sank der Granit Jahrtausende in die Tiefe, und Hunderte Meter über mir schraubten sich zwei Mönchsgeier in der Thermik der Felsspitze langsam in die Höhe. Die Wärme des Granits durchzog meinen Körper und ich nickte ein.

Als ich erwachte, flog kaum fünfzehn Meter vor mir ein neugieriger Geier vorbei. Er hatte etwa die Größe eines Flugdrachens, einen schildkrötenähnlichen Hals und Kopf und schlabbrige Haut. Mit knarrenden Flügeln flappte er vorbei. Offenbar wollte er herausfinden, ob ich zum Aas taugte oder wenigstens zu einer Art Prometheus, der, an den Fels gefesselt, einer genaueren Untersuchung unterzogen werden konnte. Ich richtete mich auf, zeigte energisch, dass ich Leben und Freiheit genoss, und er drehte ab.

Meine Leber schädige ich auch ohne fremde Hilfe.

Spät am Nachmittag, zwischen der ersten und zweiten Spitze von Westen her, oder der sechsten und siebten von Osten, entdeckte ich in einer kleineren Nebenspitze eine natürliche Höhle, die groß genug war, dass zwei Menschen darin liegen konnten. Ein Teil von ihr war als Unterschlupf eingerichtet und mit aufeinandergetürmten Steinen abgetrennt worden. Es gab zwei Teelichte und eine halbvolle Flasche Wasser. Ich hätte mir keine bessere Unterkunft wünschen können, sie bot Schutz und war zugleich angenehm abgelegen. Ich holte meine Siebensachen, und als es dämmerte, zündete ich die Kerzen an, und mein Schatten flackerte im kleinen Felsraum über die Wände.

Die Nacht: milchweißer Halbmond, kühle Luft. In den Wäldern weiter unten schickten die Eulen ihre Rufe durch die Dämmerung. Leise rauschte der Wind in den Kiefern. Verwehende Geräusche, zwei Sternschnuppen.

~~~

Der Tagesanbruch war taulos trocken. Als die Sonne kam, war sie ein Sturm aus Gold, der sich über mein Gesicht legte, Miguels *Luz Eterna.* Ich aß Äpfel, Brot und Käse und sah das Licht das Land überfluten. Wo es unten im Tal die dunklen Kiefern erreichte, schienen diese zu zittern. Ich war auf unkomplizierte Weise glücklich, zu dieser Zeit an diesem Ort zu sein.

Die Hochstimmung begleitete mich den ganzen langen und faulen Tag,
~~~

den ich auf den vielen Pfaden des Waldes unter einer Zitronenscheibe von Tagesmond und einer heißen Hartgeldsonne verbrachte. Eine schillernde Grille saß an einem Schattenplatz am Wegesrand. Hoch oben in einer Kiefer kauerte sich eine Eule zusammen, braun und rundschultrig wie ein Bienenstock. Ich entdeckte die Ruine eines Königspalastes, in dem die Könige und Königinnen beim Überqueren des Gebirges die Nacht verbracht hatten. Eine Falkin stieg in Spiralen auf, glitt dann in flachem Fall davon. Ich verfolgte ihren Sinkflug, und als der Hintergrund vom Himmel zum Wald wechselte, bekam sie Farbe und wurde braun.

Im Wald standen zwischen den lebenden Kiefern auch viele abgestorbene. Borkenlos glänzend: Geisterbäume inmitten des Grüns. Für etwa eine Stunde nutzte ich sie als Wegmarkierer oder Wegmacher und folgte ihnen aufs Geratewohl. Silbern und verdreht erinnerten sie an gefrorene Wassersäulen, die kopfüber aus der Erde herausgeströmt kämen. Wie auf dem Broomway überkam mich das Gefühl, auf der Unterseite der Welt zu gehen und nicht auf ihrer Oberfläche.

An diesem Nachmittag, als die Sonne am heißesten und die Fliegen am emsigsten waren, segelte ich von einem Bergrücken dreihundert Höhenmeter in die Tiefe, wo ich, wie Miguel mir gesagt hatte, Badebecken im Fluss finden würde. Mir war unvorstellbar, dass es hier irgendwo Wasser gab, doch bald hörte ich es gluckern und sah den blauen Strom, der sich zwischen den Steinen hindurchwand. Ich folgte dem anwachsenden Wasserlauf und entdeckte bald eine Reihe kleiner tiefer Becken. Rasch zog ich mich aus und badete unter Huh! und Hah! im eiskalten Wasser, dann legte ich mich auf einen flachen Fels am Flussufer und ließ die Wärme von Stein und Sonne in mich dringen.

Die Nacht verbrachte ich im dichtesten Teil des Waldes, umgeben von einem ungestimmten Grillen-Orchester. Beim Sonnenuntergang fiel das bernsteinfarbene Tageslicht schräg durch die Kiefern und ich sah Millionen vom Licht vergoldete Pollenpartikel herunterwehen, eine kontinuierliche Dusche aus Baumstaub, der sich auf meine Haut legte und durch die Luft wirbelte.

»Wenn ich [die Welt] betrachte«, schrieb Nan Shepherd 1945, »macht sie einen Buckel und faltet jede Schicht der Landschaft auf.« Eine brillante Beobachtung über das Beobachten. Shepherd wusste, dass Landschaft nichts ist, was sich aus der Distanz betrachten und bewundern lässt wie ein Ornament im Fries oder die gerahmte Leinwand. Landschaft ist kein passives Objekt unserer Betrachtung, sondern vielmehr ein flüchtiger Teilnehmer – ein ebenbürtiges Subjekt, das einen Buckel macht und sich vor uns, in uns auffaltet. Das Wort Landschaft wird noch allzu oft mit Szenerie und Dauerhaftigkeit assoziiert, als unbewegliches, malerisches Dekorum.[3]

Ich finde treffender, es als ein Nomen zu sehen, das ein Verb in sich trägt: Landschaft schafft, sie ist dynamisch und bewirkt Bewegung, sie erschafft und formt uns nicht nur über die Spanne unseres Lebens, sondern auch von Moment zu Moment, von Ereignis zu Ereignis. Ich möchte Landschaft als einen Sammelbegriff verstehen für die Temperatur und den Druck der Luft, den Einfall und die Spiegelungen des Lichts, die Beschaffenheit und die Oberfläche von Felsen, Böden und Gebäuden, für Geräusche (Grillenkreischen, Vogelrufe, vom Wind bewegte Bäume), Gerüche (Kiefernharz, heiße Steine, zerriebener Thymian) und die unzählbaren anderen vergänglichen Phänomene und Stimmungen, die zusammengenommen die veränderliche Präsenz eines bestimmten Ortes in einem bestimmten Augenblick ausmachen.

Später in der Nacht glühten im Tiefdunkel des Kiefernwaldes zwei Paar Tieraugen, orange und grün.

~~~

Ich erwachte, von Pollen gepudert. Ein blaubrauner Himmel lag über der Hochebene. Noch im Morgengrauen ging es los, stundenlang in Serpentinen durch die Kiefern bergab, dann hinaus durch offenes Gelände und Gestrüpp. »Santiago: 587 km« stand auf einem Schild am Wegesrand, das zudem mit einer Jakobsmuschel, dem Motiv des Jakobswegs, gekennzeichnet war. Zu weit für mich.

An einer Wegbiegung fand ich eine riesige braune Feder, fast einen halben Meter lang, mit klebrigen Blutflecken am Kiel. Sie stammte entweder vom Stoß oder vom Flügel eines Geiers. Als ich sie aufhob, wog sie fast nichts: Widerhall und Gegenpart zu Dilworths Skulptur aus Walknochen
~~~

und Dolerit. Die oberen Fahnen waren hart und braun wie eine Mönchskutte, aber zum Kiel hin zerzausten sie zu weißen Daunen, jeder Ast so fein, dass ich nichts spürte, wenn ich damit über meine Finger strich.

Durch die sengende Ebene näherte ich mich Segovia, mit jedem Schritt wirbelte Staub auf, Staub im Mund, Staub in den Augen. Rotmilane mit ihren tief gegabelten Stößen zogen wachsam ihre Kreise über mir. Segovia ist schon lange ihren mittelalterlichen Mauern entwachsen, nach Süden hin stehen riesige Lagerhallen und ein nagelneuer Bahnhof. Trotzdem scheint die Stadt über dem sie umgebenden Tiefland zu schweben, wie Ely über den Fens, und während ich der Stadt näherkam, fühlte ich mich wie auf einer allegorischen Reise: das Überqueren eines kiefernbestandenen Gebirgszugs über etliche alte Pfade, das Übernachten am Wegesrand unter einem Himmel voller Geier, dann das Betreten einer befestigten mittelalterlichen Stadt, die man beim ersten Blick von einem Berggipfel gesehen hatte, und die nun über der sengenden Ebene schwebte.

Die Kathedrale blieb weiterhin mein Orientierungs- und Zielpunkt, obwohl ich jetzt auch die Spitzen des Alcázar sehen konnte, der Burg, die sich von Norden an die Altstadt schmiegte. Auf meinem Weg traf ich einige ältere Spanier, die ohne Hemd durch die Mittagshitze liefen. Ein Mann mit Hosenträgern überm blanken Bauch fragte mich, ob ich unterwegs nach Santiago sei. Ich sei von Madrid und Cercedilla über die Berge gekommen, erwiderte ich, und wolle nun weiter nach Nordwesten, bis Santiago würde ich es aber wohl nicht schaffen. Er nickte zustimmend und begleitete mich eine Weile schweigend, bis er durch ein Gatter, das er mit der Hüfte öffnete, vom Weg abbog und auf ein unbestelltes Feld trat.

Am Spätnachmittag erreichte ich den Kathedralenvorplatz im Herzen der Stadt. Dort setzte ich mich in den Schatten, ruhte mich aus, beobachtete die *plaza*. Ein paar Tauben stiegen mit widerhallenden Flügelschlägen applaudierend auf. Krummschnäbelige Geier-Wasserspeier ragten über die Außenmauern der Kirche. Auf der Hauptkuppel saßen Hunderte Tauben, Stare und Krähen, die aussahen, als bereiteten sie sich darauf vor, das Gebäude in die Luft zu heben.

In dieser Nacht, von der südlichen Stadtmauer, erschienen die Guadarramas als ein langer, niedriger Schattenriss, überstrahlt von einem hohen roten Mond.

Kurz vor Sonnenaufgang schlich ich mich aus Segovia davon und folgte dem Jakobsweg in nordwestlicher Richtung, auf der eigentlichen *meseta*. Wieder lag ein Hitzeschleier in der Luft, das Land flirrte himmelwärts, und ich stellte mir vor, wie Pilger in ganz Spanien und ganz Frankreich auf den einen heiligen Ort zuliefen und dort zusammenströmten, Santiago de Compostela, und dabei eine Landschaft durchreisten, die für den Fuß die Wirklichkeit und für den Geist eine Schimäre war.

Eis

Kailash & Minya Konka ~ Pilger & Bergsteiger ~ Pandajagd ~ Jon Miceler ~ Charlies Tod ~ Peter-Pan-Haftigkeit ~ Sonnenlosigkeit ~ Karims Spieltheorie des Autofahrens ~ Den Dadu hinauf ~ Die Expedition von 1932 ~ Darshan! ~ Kangdings Missionar ~ Geheiligter Quarz ~ An Jatsos Dornenzaun ~ Pyramidale Berge & ihre Kraft der Verzauberung ~ An den Fluss ~ Ein Waffenarsenal aus Eis ~ Höhenkrankheit ~ Der Töpferofen der Kälte ~ Gomchen & tumo ~ Milarepa & seine Traumpfade ~ Eine geheiligte Landschaft ~ Die vollendete Kora ~ Der Liebesverkehr ~ Tod in den Bergen ~ Zarte Gletscher ~ Ein Keil Alpenkrähen ~ Fußaufdrücke ~ Begegnungen mit der eigenen Vergangenheit ~ Der Geisterpfad

Der heiligste aller heiligen Berge des Buddhismus ist der Kailash im westlichen Tibet, in dessen Gebiet der Ganges, der Brahmaputra, der Indus und der Sutlej allesamt ihre Quelle haben und an dessen Fuß seit Jahrtausenden die Pilger über eine beschwerliche Strecke ihre Runden drehen. Bei der extremsten Form dieser Kora – wie die Umkreisung der heiligen Stätte im Uhrzeigersinn im tibetischen Buddhismus heißt – muss der Pilger die gesamte Strecke mit einem ritualisierten Kniefall zurücklegen: verbeugen, niederknien, Stirn auf den Boden legen, mit den Fingern den Boden markieren, aufstehen, beten, Schritt nach vorn bis zur Markierung, verbeugen, niederknien ... und dies über dreiundfünfzig Kilometer auf einem Pfad aus rauem Fels bis hinauf zum Drölma-Pass in einer Höhe von 5700 Metern.

Kailash ist der berühmteste der heiligen Gipfel, aber – zumindest in meinen Augen – nicht der anmutigste. Diese Ehre gebührte dem Minya Konka, dem Weißen Schneegipfel des Königreichs Minyak, einem pyramidalen Berg, der in fernöstlicher Einsamkeit die letzte große Erhebung der zentralasiatischen Gebirgskette bildet. Der Minya Konka ist ein Koloss: 7590 Meter hoch, fast 1000 Meter höher als der Kailash. Von seinem spitzen Gipfel fällt der Berg sechs Kilometer senkrecht nach unten, in die Schwemmebene des Sichuan-Beckens. Schaut man von dort durch eine der spärlichen Wolkenlücken hinauf, scheint der Gipfel losgelöst von der Erde in der Luft zu schweben.

Seit Beginn des 13. Jahrhunderts sind buddhistische Gläubige zu Fuß oder zu Pferd zum Minya Konka gepilgert. Einige von ihnen nehmen die Kora auf sich und umrunden das gesamte Massiv, eine Reise, die mehrere Wochen dauert. Andere kommen, um ein während der Kulturrevolution von den Roten Garden zerstörtes, heute von den reinkarnierten Buddhas von Minya Konka bewohntes Kloster zu besuchen, das von Westen auf den Gipfel blickt. Wieder andere kommen einfach nur, um den Berg zu sehen. »Die Macht eines solchen Berges«, schreibt der buddhistische Lehrer Lama Govinda über die Gipfel des himalayischen Buddhismus:

ist so groß und zugleich so subtil, dass Menschen von nah und fern […] *sich von ihm angezogen fühlen wie von einem unsichtbaren Magneten, und unsagbare Mühen und Entbehrungen auf sich nehmen in dem unerklärlichen Drang, sich dem Zentrum dieser heilversprechenden Macht zu nähern* […] *Diese ehrfürchtige* […] *Haltung ist nicht durch wissenschaftliche Fakten, wie die in Zahlen ausdrückbare Höhe, bestimmt, die den modernen Menschen in erster Linie beeindruckt. Ebensowenig ist der religiös empfindende Mensch von der Idee beherrscht, den Berg erobern oder bezwingen zu wollen.*

Der Minya Konka hat aber auch andere Verehrer angezogen. Seit den 1920er Jahren – als zwei Söhne Teddy Roosevelts, die in Sichuan ihre Männlichkeit bewiesen, indem sie Pandas schossen, den Berg entdeckten – sind auch Bergsteiger »wie von einem unsichtbaren Magneten« angezogen zum Minya Konka gereist, um den spitzen, eisgerippten Gipfel zu erklimmen. Viele von ihnen haben bei dem Versuch ihr Leben gelassen, da der Aufstieg tatsächlich überaus schwierig ist. Bis 1999 sind mehr Bergsteiger auf dem Weg gestorben, als den Gipfel erreicht haben.

Diese zwei Arten von Berganbetern bilden einen unvereinbaren Gegensatz. Die Kora steht für eine Demut, die im Verhältnis zum überheblichen

Streben des Bergsteigers nach dem höchsten Punkt wie ein Korrektiv erscheint. Kreis und Kreislauf, potenziell unendlich, gegen die symbolische Endgültigkeit des Gipfels. Der Pilger der Kora bescheidet sich damit, nach oben und nach innen ins Mysterium zu schauen, während sich der Bergsteiger danach sehnt, nach unten und nach außen auf Erkenntnis zu schauen.

~~~

Zu Beginn des Winters rief mich mein Freund Jon Miceler an, um mich zu einer kurzen Expedition zum Minya Konka einzuladen, einer Wanderung über die Pfade, die einst die Teeanbaugebiete von Sichuan mit Nepal und Tibet verbanden, und die daran anschließenden Pilgerrouten – manche über 700 Jahre alt –, die auf dem Gipfel zusammenlaufen. Ich wollte schon seit Längerem eine Pilgerreise unternehmen und verspürte zunehmend ein fast ungehöriges Verlangen nach hohen Bergen. Es gab nichts, das ich lieber getan hätte, und so reiste ich nach Chengdu, der Hauptstadt der Provinz Sichuan im Westen Chinas, um Jon dort zu treffen. Er hatte in den drei Wochen zuvor versucht, mit dem Wagen über die Burmastraße zu fahren.

»War nix«, sagte er kleinlaut. »Schrecklicher Schlamm. Stress mit der Genehmigung. Und viel zu viele Blutsauger.«

Jon ist Tibetologe, Universalgelehrter und Entdecker. Und außerdem Pilger und Bergsteiger. Gebürtiger Amerikaner, die Mutter Buddhistin, der Vater Arzt. Fast zwanzig Jahre lang hat er die Kulturen und Landschaften des östlichen Himalayas erforscht: als Fremdenführer, als Historiker und zuletzt als regionaler Leiter für den World Wildlife Fund. Seine Leidenschaft gilt dieser bemerkenswerten Ecke der Welt, dem Grenzverlauf Burma-China-Tibet-Indien, und besonders ihrer Spiritualität und Naturgeschichte. Er spricht fließend Chinesisch und passabel Tibetisch und hat sich fast sein gesamtes Leben im Buddhismus dieser Bergregionen unterweisen lassen.

Einen besseren Begleiter für diese Gegend hätte ich mir nicht wünschen können. Jon ist körperlich und geistig sehr fit. 1,90 m groß, schlank und kräftig, ein sommersprossiges, sonnenpoliertes Gesicht, randlose Brille und wuschelige dunkle Haare. Auf der Ebene bewegt er sich in tänzelndem Galopp, der Kilometer frisst, am Hang mit einem Fischgrätschritt, der Höhen-
~~~

meter frisst. Er hat vier Mal den Kailash umrundet und zu Fuß unzählige Transsekten erforscht, wie Ökologen sagen: Das heißt, entlang einer Linie die Daten eines bestimmten Untersuchungsraums zu erfassen, was in Jons Fall zuweilen über Monate ging. Durch das Ablaufen von Transsekten lassen sich Kenntnisse über eine Region erlangen, die sonst nicht zu gewinnen wären: Der Wanderer dokumentiert, wo und was er sieht – Tierarten, Exkremente, Kratzspuren, Wetter, Erosion –, wobei die Zufälligkeit der Funde entlang einer Transsekte gerade den Vorzug dieser Methode ausmacht. In den über zwanzig Jahren, die Jon die himalayischen Pfade bereits abläuft, hat er ein ungeheures Wissen aus erster Hand zusammengetragen – was die Griechen *metis* und die Chinesen *nei heng* nennen: Wissen durch Erfahrung –, doch trägt er es mit Leichtigkeit und gibt es großzügig weiter.

Jons Helden sind der Pflanzenjäger Frank Kingdon-Ward, der Dichter Gary Snyder und der legendäre Feldbiologe George B. Schaller, mit dem Jon befreundet ist. Schaller war in den 1970er Jahren mit dem Autor Peter Matthiessen nach Nepal gereist, in den nordwestlichen Himalaya, wo sie das Bharal, das himalayische Blauschaf, finden wollten: Diese Reise gab Anstoß für Matthiessens 1978 erschienenen Klassiker *Auf der Spur des Schneeleoparden.* Schaller war berüchtigt für seine Ausdauer beim Wandern und sein unbeirrbares Sammeln von Felddaten. »Ich muss dich warnen«, hatte ein Freund an Matthiessen geschrieben, als er erfuhr, dass dieser Schaller ins Hochgebirge begleiten würde, »als sich das letzte Mal ein Freund mit George auf eine Wanderung durch Asien begab, kam er erst zurück – besser gesagt: kehrte er erst um –, als ihm das Blut in den Stiefeln stand …« Aber Matthiessen bestand den Schaller-Test, ebenso wie Jon, der 2001 mit ihm eine Expedition in das Gebiet der nördlichen tibetischen Chang-Tang-Hochebene unternommen hatte, wo sie die Geburtsstätten des Tschiru, einer stark gefährdeten Tibetantilope, entdeckten.[1] Nun war mir ein wenig bang, ob ich den Miceler-Test bestehen würde.

~~~

Jons Plan für unsere Expedition war einfach, stand aber auf wackeligen Beinen. Wir würden mit leichtem Gepäck reisen und auf gutes Wetter hof-
~~~

fen. »Manchmal öffnet sich im tiefsten himalayischen Winter ein Wetterfenster«, sagte er. »Haben wir Glück, gibt's blauen Himmel und Sonne und schreckliche Kälte. Haben wir Pech, gibt's schreckliche Kälte und Wolken und Schneesturm.«

Wir folgten den Pfaden, wie wir sie gerade fanden, doch stets mit dem Ziel vor Augen, um den Berg herum und weiter nach oben zur westlichen Wand des Minya Konka und dem gegenüberliegenden Kloster zu gelangen. Den Berg zu besteigen stand außer Frage, aber ich überlegte doch, ob wir unseren Ausflug nicht als Erkundungsgang für eine spätere Gipfelexpedition nutzen könnten. Jon fegte den Gedanken rasch beiseite. »Du wirst den Minya Konka nicht besteigen und wirst es auch nicht versuchen wollen. Wenn wir ihn das erste Mal sehen, erzähle ich dir eine Geschichte, die dich davon überzeugen wird.«

Unsere Expedition bestand aus zwei Zelten, zwei Ponys und vier Personen: Jon, mir, einem tibetischen Reiter und Erik, einem jungen kanadischen Kletterer. Erik war dünn wie eine Spiere und noch größer als Jon. Mit 1,87 m war ich der Kleinste in unserem Trio. Ich fühlte mich wie eine Kiefer unter Mammutbäumen. Eriks unübersehbare Physis kontrastierte auf angenehme Weise seine Verträumtheit und Sanftmut. Er war erst vierundzwanzig, hatte sich aber bereits einen Namen als Kletterer auf Fels und Eis gemacht. Aufgewachsen im kanadischen Flachland, hatte er erste eigene Erfahrungen gesammelt, indem er neue Kletterrouten auf den gefrorenen Wasserfällen des Ontario-Sees ausmachte. Einige seiner Freunde hatten sich darauf spezialisiert, die Eisberge in der Baffin Bay zu erklimmen. Und schon lange träumte er davon, einmal einen extrem schwierigen Berg wie den Minya Konka zu besteigen.

Jon war in jungen Jahren ein zäher Kletterer gewesen und hatte Bigwall-Touren an extrem hohen Steilwänden im Yosemite-Nationalpark und Pionierbesteigungen im Himalaya angeführt. Aber er hatte auch bereits mehrere Freunde an die Berge verloren. »Einer von ihnen«, erzählte er mir, als er in einer Ecke des Apartments Ausrüstung in gummierte Taschen packte, »ist erst vor ein paar Monaten ums Leben gekommen, als ihn eine Lawine mitriss, hier ganz in der Nähe. Als ich davon erfuhr, begriff ich nach dem ersten Schock und meiner Trauer, dass Charlie genau auf diese Weise hatte sterben wollen. Alt zu werden hätte ihn nicht glücklich gemacht, nein, ganz und gar nicht.«

Viele Bergsteiger und Entdecker haben diese Peter-Pan-Idee, nicht altern zu wollen, und leider erfüllt sich diese Sehnsucht bisweilen durch den Tod in hohen Bergen oder hohen Breiten. Extreme Kälte verlangsamt den Verwesungsprozess und verleiht dem Leichnam eine tiefgekühlte Unsterblichkeit – George Mallorys Leiche, die fünfundsiebzig Jahre nach seinem Tod auf den oberen Terrassen des Mount Everest gefunden wird, die Zeichnung von Haut und Muskeln auf dem Rücken ist kraftvoll wie die einer Marmorskulptur; Captain Scott, der einen seiner letzten Briefe an J. M. Barrie schreibt, während er in seinem kleinen Zelt auf dem antarktischen Polarplateau erfriert, nur wenige Kilometer von Nahrung, Sicherheit und Wärme entfernt; und die Leichen der Franklin-Crew vor der Beechey-Insel, die 138 Jahre nach ihrem Tod aus dem Eis geholt werden und mit ihren glasigen Augen und überraschten Gesichtern aussehen, als wären sie soeben aus tiefem Schlaf gerissen worden. Barrie selbst stellte in einem Vortrag zum Thema Mut, den er 1922 hielt, explizit eine Verbindung zwischen Peter Pan, Scott und den unheimlichen Konservierungskräften des Eises her. »Wenn ich an Scott denke«, erklärte er seinem Publikum, »kommt mir immer die seltsame Geschichte des jungen Mannes in den Sinn, der von einem Gletscher stürzte und nicht mehr aufzufinden war; ein wissenschaftlicher Begleiter errechnete, dass die Leiche irgendwann, viele Jahre später, wieder an der Oberfläche auftauchen müsste. Einige Überlebende kehrten tatsächlich zu dem Gletscher zurück, um zu sehen, ob die Vorhersage zutraf; es waren inzwischen alte Männer; und ja, die Leiche war da, und sah so jung aus wie am Tag ihres Todes. So treten auch Scott und seine Begleiter aus der weißen Unermesslichkeit wieder hervor, auf ewig jung.«

~~~

Wir verließen Chengdu in westlicher Richtung, unter einem Spülwasser-Himmel mit dunklen, tief hängenden Wolken, und fuhren das flache Ufer des Sichuan-Beckens entlang.

»Auf der Sichuan-Ebene scheint fast nie die Sonne«, sagte Jon. Erik, der das letzte Jahr dort gelebt hatte, nickte leidgeprüft.

»Es gibt den Bericht eines Missionars und Entdeckers aus den 1870er
~~~

Jahren«, fuhr Jon fort, »in dem er beschreibt, wie die Hunde die Sonne anbellten, wenn sie doch einmal herauskam, weil sie nicht wussten, was zum Teufel das sein sollte.«

Karim, unser Fahrer, trug eine schwarze Lederjacke mit Adlerwappen auf der Brust und sang mit seiner Heliumstimme Tibet-Pop. Die Landschaft strömte an uns vorbei. Terrassen voller Reisfelder mit verschlungenen Bewässerungskanälen. Bambushaine, aus denen einzelne Stämme wie Antennen in die Luft ragten. Reihen von Teesträuchern, adrett gestutzt wie die Buchsbaumhecken in einem Renaissancegarten. Karim hatte eine außergewöhnlich gefährliche Fahrweise, testete mit den entgegenkommenden Lkws, wer stärkere Nerven hatte, und nutzte zum Überholen langsamerer Fahrzeuge die holprigen, jäh abfallenden Ränder der Fahrbahn. Von Jon darauf angesprochen, gab er die spieltheoretische Erklärung, seine Fahrkünste seien über alle Zweifel erhaben, ganz einfach weil er bis dato noch nicht gestorben sei. Dies setzte er uns in aller Ausführlichkeit auseinander, wobei er uns auf der Rückbank über seine Schulter ansah und mit beiden Händen gestikulierte, um einzelne Aspekte seines Raisonnements zu veranschaulichen. Als wieder ein Lastwagen hupend an uns vorbeidopplerte und mein Herz ein weiteres Mal rasen ließ, verlegte ich mich darauf, aus dem Heckfenster über die Kuppe des Reserverads zu schauen. Dort sah alles friedlich aus.

So verbrannten wir die Kilometer zu den Bergen. Fette Fliegen klatschten wie Spucke an die Windschutzscheibe. Die Pappeln am Straßenrand *scha-scha-schaten* durchs offene Fenster. Graue Straße, grauer Himmel. Das Gelände stieg an und die Straße schmiegte sich in ihrem Verlauf an den Dadu He, einen Zufluss des Yangtse. Sein schlickiges Wasser hatte eine Schlucht in den Sandstein gegraben. Die Wände der Schlucht ließen keine Sonne herein, sodass wir unter einem Dach aus Sonnenstrahlen, den Stichbalken dieser Konstruktion, durch feuchten Schatten fuhren.

»Als die erste amerikanische Expedition 1932 versuchte, den Minya Konka zu besteigen, fuhren sie den Dadu auf einem Floß stromaufwärts«, sagte Jon. »Sie wurden vom Ufer aus beschossen. Damals regierten hier die Warlords. Es gab zwar keine Opfer, aber unter Beschuss genommen zu werden, bevor sie den Berg überhaupt erreicht hatten ...« Er schaute aus dem

Fenster und blinzelte selig bei der Vorstellung an eine Zeit, in der solche Abenteuer noch möglich waren.

Bilder flogen an uns vorüber. Ein Schwein, das mit zusammengebundenen Knöcheln von einem Baum hängt, während ihm ein Mann mit einem Messer so durch den Bauch fährt, dass ihm das meterlange blaue Gedärm über den Arm quillt. Eine Frau mit einem Baby im Tragetuch, die im Licht einiger weniger Sonnenstrahlen steht. Nach fünf Stunden Fahrt stießen wir in einen Tunnel, aus dem wir Kilometer später unter blitzblankem Himmel in gleißendes Licht wieder hinausfuhren, und da war er, der Minya Konka, brüllend weiß am Horizont, viel höher, als ich ihn mir vorgestellt hatte. Karim hielt am Straßenrand und wir stiegen aus. Ein Dunst aus Eiskristallen und Wolken umgab den Gipfel wie ein seidener Segensschal.

Der Tunnel hatte uns durch die Wetterscheide in eine neue Welt geführt. Mit einem Schritt von Sepia zu Kodachrome. Ich musste daran denken, was E. M. Forster über Bahnhöfe gesagt hatte: Sie sind »unser Tor ins glorreiche Unbekannte. Durch sie treten wir hinaus ins Abenteuer und in die Sonne«. Genau das war für mich der Tunnel: ein Übergang in ein herrliches neues Reich, das auf der anderen Seite noch unvorstellbar gewesen war. Hier fiel das Licht hart und silbern auf das Land – das »Schwertlicht des Himalaya«, wie Matthiessen es genannt hatte.

»Es gibt ein Wort auf Sanskrit, *darshan*«, sagte Jon, während wir zum Konka hinaufschauten. »Es bezeichnet die leibhaftige Begegnung mit etwas Heiligem, hier auf der Erde; das Heilige ist darin physisch greifbar.« Ich hatte das Wort bislang nicht gekannt und freute mich, es nun gelernt zu haben. *Darshan* war eine gute Alternative zu dem üblichen Wow!, das ich ausstieß, wenn ich einen beeindruckenden Berg erblickte.

Wir fuhren weiter, über steil ansteigende Serpentinen und durch Täler mit schroffen kiefernbestandenen Hängen. Die Sonne brannte durch die gefrorene Luft; ein heller Lichthof aus Eiskristallen; Kiefernnadeln, die im Schwertlicht funkelten.

Um sechs Uhr abends erreichten wir den Ort Kangding, einen jahrhundertealten Knotenpunkt der Teerouten nach Lhasa. Der gesamte in Yunnan und Sichuan angebaute Tee wurde hier umgeschlagen und von schwerbewaffneten Karawanen nach Batang, Qamdo und schließlich Lhasa transportiert.

Jon traf auf einen taiwanischen Kletterer, der uns erklärte, welche Pässe in dieser Phase des Winters noch begehbar waren. Und er empfahl uns, in dem fernabgelegenen Dorf Yulongxi nach einem Mann namens Batso zu fragen. Batso habe gute Pferde und sei vertrauenswürdig. Später aßen wir Nudeln mit einem jungen Mann namens Kris, der seit einigen Jahren in Kangding lebte und ein christliches Gästehaus betrieb. Er war in Sri Lanka geboren, in der indischen Himalaya-Region zur Schule gegangen, und hatte feuchte Augen wie ein Seehund. Kris sprach Singhalesisch, Hindi, Chinesisch und Tibetisch, außerdem Englisch.

»Ich bin kein Missionar«, sagte Kris sanft, »aber alles, was ich hier tue, ist von meinen Glauben getragen.«

»Er ist ein Missionar«, sagte Jon, als wir die Nudelküche verließen.

Am nächsten Morgen fuhren wir weiter. In Haarnadelkurven von Kangding zum Zheduo-Pass auf über 5 000 m Höhe. Ein Chörten und im Wind flatternde Gebetsfahnen. Porzellanschnee. Hinter uns, Richtung Westen, eine breite Niederung, eine trockene mondartige Landschaft, durch die sich ein eisiger weiß-blauer Fluss zog. Lange Stunden durch blankes braunes Land. Schnee, der in Streifen auf den Feldern lag, abgetaut auf den Furchendämmen, in den Furchen selbst eine weiße Bastion. Herden kotschwänziger Yaks. Der ferne hohle Klang schwerer Steine, die der Strom durch das Flussbett wälzt. Solide tibetische Steinhäuser mit aufwendig bemalten Traufen. Eisbriketts auf dem Fluss. An Brücken und Tore gebundene Gebetsfahnen, die aus den gedeckten Farben der Umgebung hervorstachen.

Wir fuhren sieben Stunden, in denen aus fester Straße erst ein Weg, dann ein Pfad wurde, bevor er sich fast gänzlich verlor. Einmal hielten wir in der scheinbar endlosen Niederung an einer heiligen Stätte: ein niedriger, rhombusförmiger Erdhügel von der Größe eines kleinen Gehöfts, auf dem Hunderte Mani-Steine aufgeschichtet worden waren: Steintafeln mit eingeritzten Gebeten. Aus diesem Mani-Haufen ragten mehrere Holzstäbe, an denen Gebetsfahnen mit weiteren Texten flatterten. An einem Ende des Hügels stand ein großes Steingrab aus weißen Steinen.

»Die Qiang, die im Norden von Sichuan leben, schreiben weißen Steinen eine besondere Kraft zu«, sagte Jon. »Sie sammeln Stücke aus weißem Quarz und Marmor und stapeln sie zu diesen Gräbern, die riesig werden können! Ich habe welche von Dutzenden Metern Durchmesser gesehen. Diese Steingräber sind in diesem Landstrich die heiligsten Orte.« Ich steckte mir zwei weiße Steine ein, spitz zulaufende Keile aus weißem, rosa durchzogenem Quarz.

In den letzten zwei Stunden Tageslicht suchten wir im Tal nach Batso. »Etwas weiter oben« lautete unweigerlich die Antwort. Kopfnicken, nach Norden wedelnde Hände. Als die Dämmerung hereinbrach, fanden wir ihn endlich. Er hieß Jatso, nicht Batso, und wohnte in einer Siedlung aus fünf Häusern am Fuß eines roten Felsgrats auf 4000 Metern Höhe. Über einen Trampelpfad schlenderte er uns entgegen, in keinster Weise von unserem Besuch überrascht. Er war jünger als ich und sah unverschämt gut aus, ein Johnny-Depp-Verschnitt. Ein Zaun aus Dornengestrüpp markierte das von ihm bewirtschaftete Feld, und vom Hof seiner Familie hatte man freie Sicht auf den Minya Konka, dessen Gipfel nach Osten hin allerdings von anderen hohen Bergen verdeckt war.

Die Gebäude von Jatsos Siedlung duckten sich mit ihren dicken Mauern und schweren Dachziegeln nah an den Boden, um Winter für Winter der Kälte zu trotzen. An den Hausecken flatterten reihenweise Gebetsfahnen. Die Holzläden der Fenster waren mit aufwendigen Schnitzereien verziert und blau, golden und rot bemalt. Orangefarbener Naturstein war, wie Gesteinsschichten im Fels, in dekorativen Linien in die Mauern eingesetzt. An den Rändern der Dachziegel glomm golden das abendliche Licht und schillerte silbern im windgeschüttelten hohen Gras. Ein Vogel, den ich nicht bestimmen konnte, flog durch die Niederung nach Süden. Im Westen hingen über den Schneefeldern zwei lentikulare Wolken.

Am Abend stellten wir unsere Zelte in Jatsos Hof auf, gerade außer Reichweite seines angeleinten Hundes. Der Himmel war wolkenlos und von mehr Sternen übersät, als ich je gesehen habe. Aus einem Gebäude drang Kinderlachen. Ich blickte nach oben, den Kopf steil im Nacken, den Mund offen vor Staunen angesichts all dieser Schönheit. Die schneebedeckten Gipfel fingen und reflektierten die Färbung des Mondes. Jatsos Hund bellte und bellte die ganze Nacht hindurch.

~~~
~~~

Pferdeschellen, knirschende Schritte, mein rasselnder Atem: Wandererdasein auf 4500 Metern Höhe. Schritt für Schritt, geduldig, angestrengt, auf der bloßen Spur eines Pfades. Die Welt versank im nächsten Tritt, und öffnete sich in einem Blick gen Himmel. Das Sonnengold am Himmel, das sein wärmeloses Licht herabschüttete; harter Schnee, hohe Albedo.

Wir hatten Jatsos Haus früh verlassen, als gerade zwei Raben durch die blaue Luft über der Umfriedung strichen. Über eine wacklige Holzbrücke querten wir einen Fluss, dessen Wasser an den Rändern gefroren war, in der Mitte aber tief und grün dahinfloss. Dann hinauf durch ein weglos ansteigendes Tal, voller Wacholderbüsche, unter kreisenden Geiern, der nördliche Himmel gezackt von unbezwungenen Gipfeln – zahlreiche Dreiecke, alle aus Granit. Der Schnee, über den wir liefen, trug die Spaltmarke feinfüßiger Huftiere, die Pfotenzeichnung von Füchsen und den Kot unbekannter Kreaturen. Von Vogelfüßen gedruckte kleine Pfeile wie Wegmarkierungen: Hier entlang, hier entlang!

Nach vier Stunden hatten wir uns zu einem Pass hochgearbeitet. Und dort – drei Kilometer vor uns, vielmehr über uns – war der Minya Konka, so nah, wie ich es nicht erwartet hatte. *Darshan!* Ich setzte mich nieder in den Schnee neben eine Stange mit verwitterten Gebetsfahnen, japste nach Luft und staunte über diesen Berg, dessen Architektur ich zu begreifen versuchte.

Der Gipfel spaltete sich in drei Hauptgrate, die sich jeweils in weitere Nebengrate mit zinnenartigen Spitzen verzweigten, von denen wiederum Verästelungen abgingen. Dieses dendritische Prinzip schuf eine Struktur von immenser Komplexität. Die Flanken der Hauptgrate waren so tief gezahnt, dass die Riffelungen selbst aus dieser Entfernung zu sehen waren, und an der breiten Südwestseite ragte ein weißer Gletscher hervor. Genau im Herzen dieses Labyrinths stand der Hauptgipfel, scharf wie ein Haifischzahn, und biss in den Himmel.

Von diesem westlichen Pass aus gesehen wirkt der Minya Konka wie die Kinderzeichnung eines Berges: eine Pyramide aus weißem Eis und schwarzem Fels. Insofern bildet er eine Familie mit den anderen großen pyramidalen Bergen der Welt: der Ama Dablam im nepalesischen Himalaya; dem Mount Assiniboine in den kanadischen Rocky Mountains, bei dessen Besteigung mein Bruder sich beide Füße gebrochen hatte; dem Matterhorn – das mein Großvater in Tweedjacke und mit Nagelschuhen bestiegen hatte – und dem Khan Tengri im kirgisischen Tian-Shan-Gebirge, einem 7000 Meter hohen Gipfel aus rosafarbenem Marmor, der in einem bestimmten Abendlicht hellviolett leuchtet. Pyramidale Berge erfüllen eine platonische Vision, den Traum eines Ideals. Die Klarheit ihrer Form hat etwas Erhebendes. Wer in die Nähe solcher Berge kommt, dem ist, als hätte er einen Mythos oder ein Epos betreten. »Die Wirkung dieses merkwürdigen Matterhorns ist in der Tat so groß«, schrieb John Ruskin 1856, »dass ihr selbst die ernstesten Philosophen nicht widerstehen können.« Historisch gesehen haben diese Berge die meisten Verehrer angezogen und die meisten Leben gefordert.

Als wir dort auf dem Pass saßen, schien der Gipfel des Minya Konka unwahrscheinlich leicht zu besteigen. Ich wusste, dass Erik das Gleiche dachte: dass wir einfach über den nächsten Spalt hüpfen, die Lawinenhänge hinauftanzen, über die Grate balancieren, die windbeutelförmigen Gletscher hinaufrutschen und den Zaubergipfel berühren könnten … Ich schüttelte mir die unsinnigen Gedanken aus dem Kopf. Der Wind fegte über den Pass, kein Ort, um noch länger herumzutrödeln. Tief unter uns die Felsschlucht des Flusses, die unser Gebirge vom Konka-Massiv trennte. Wir mussten erst kilometerweit gehen, bevor wir würden schlafen können, irgendwo dort unten in diesem Tal.

Also hinunter, steil hinunter, über Schieferhänge und Geröllhalden, die in der Sonne über den Pfad strömten, dass die Pferde auf den Vorderhufen dahinschlitterten und mit den Hinterhufen bremsen mussten, dass hirschlederne Taschen vor und zurück wippten und die Schellen Alarm bimmelten. Wir gingen hinterher, folgten einer Flussschneise vom Pass hinab ins Tal, zwischen jungen Kiefern, Himalaya-Eichen und Rhododendronbüschen hindurch, und der Pulverschnee, durch den wir stolperten, reichte stellenweise bis ans Knie. Der Strom war teilweise gefroren: wie mitten im Sprung in ambitionierten Posen gehalten – Kerzenleuchter, Tintenkleckse, Hutfedern. An der Westseite des Tals glänzten die Wipfel der fernen Eichen wie Messing in der Sonne. Ein schneller heller Vogel flog auf eine knorrige Kiefer. Auf einer Lichtung machten wir Rast an einer Schäferhütte. Ich lehnte mich mit dem Rücken an die warme Mauer, blickte hinauf zur Sonne und zum Berg und kniff die Augen zusammen.

Stunden später kamen wir am Hauptfluss aus dem Wald. Direkt flussabwärts hing an der senkrecht abfallenden Wand ein gefrorener Wasserfall in der Schlucht, dreißig Meter breit und um ein Vielfaches hoch. Lange Speere, Lanzen aus Eis, schillernd im späten Licht: ein Waffenarsenal. Am Himmel zog der Mond auf. Wir fanden einen schmalen, vereisten Uferstreifen aus Sand und Kies, von Gras überwuchert, gerade groß genug für zwei Zelte. Jatso band den Pferden die Hinterläufe zusammen und besorgte totes Holz, um ein Feuer zu machen, während wir anderen die Zelte aufbauten. In der Flussmitte kreisten gemächlich Eichenblätter, bis die Strömung sie davonriss.

Als die wichtigsten Aufgaben erledigt waren, kämpfte ich mich durch den Busch flussaufwärts außer Sichtweite des Lagers, zog mich aus, brach das Eis an der Uferkante und nahm ein rasches Bad, um den Schweiß des Tages abzuwaschen. »Ihr Briten seid alle gleich«, sagte Jon, als ich blassblau um Mund und Lippen, aber glücklich zum Camp zurückkam. »Immer wild auf ein Bad in den Bergen. Für Tilman war der Tag nicht vollendet, ehe er nicht gebadet hat.« Jon hatte aus flachen Steinen eine grobe Feuerstelle errichtet und ein Holzfeuer entzündet. In der Mitte waren drei längliche Steine zu einem Dreifuß zusammengestellt, auf dem nun ein großer Metallkessel kochte. Wir hockten auf Steinen und wärmten unsere nackten Füße an den Flammen.

Eine halbe Stunde später versetzte mir die Höhenkrankheit einen Schlag wie mit dem Hammer. Wer die Höhenkrankheit je selbst erlebt hat, weiß, wie sie einen vollkommen entkräftet. Schwindel, Knochenschmerzen, Schädeldröhnen. Ein mittelalterlicher Folterhelm aus Roheisen, der dir über den Kopf gezogen wird. Ein schwerer Anfall kann tödlich sein. Ein schwächerer macht einen stumm und sterbenselend. Jedes Mal, wenn mich in der Höhe diese Krankheit befällt, schwöre ich mir, nie wieder einen Berg zu besteigen. Einmal, auf einer Hütte in den französischen Alpen, habe ich diesen Schwur sogar auf Papier festgehalten und unterschrieben – als Eid an mein künftiges Gewissen –, doch in meiner völligen Orientierungslosigkeit war mir der Zettel dann verloren gegangen. Auf 6400 Metern Höhe im nepalesischen Himalaya habe ich einmal einen Schneepfad gesehen, der von vorausgehenden, höhengebeutelten Wanderern zu beiden Seiten mit Blut und Erbrochenem vollgespuckt war. Angeblich gibt es ein altes Mittel gegen die Höhenkrankheit: Man hält sich ein uringetränktes Tuch vor Mund und Nase. Das habe ich allerdings nie versucht.

Zwei Stunden später konnte ich wieder sprechen. Wir saßen in bitterkalter Dunkelheit ums Feuer, während der Kessel kochendes Wasser in die Flammen spuckte und die Flammen zurückfauchten. Durch die Nacht drang das kalte Klirren der Pferdeschellen. »Wie hat Kerouac gesagt?«, fragte Jon, bevor wir alle in unsere Zelte gingen. »›Lasst uns an Flüssen schlafen und unsere Ohren rein werden.‹«

Von allen Nächten, die ich beim Wandern im Freien verbracht habe, war diese mit Abstand die kälteste. Die Temperatur sank bis auf -20 °C: Obwohl die Kälte trocken war, drang sie mir bis tief in die Knochen. Keiner von uns fand wirklich Schlaf, abgesehen von Jatso, mit dem ich das Zelt teilte und der unter dem Dom seiner Decken zehn Stunden animierend schnarchte. Irgendwann in der Nacht kroch ich hinaus, um mich durchzuschütteln und wieder Wärme in den Leib zu bringen. Der Himmel war von den dunklen Wänden des Tals gerahmt. Ich sah eine Sternschnuppe, dann einen Satelliten durch die Dunkelheit zwinkern. Von der Feuerstelle schimmerte es flackernd goldgrau. Ein quarkgelber Mond. Altes Land, hohe Felswände, Stille, der Mond, das Feuer, und das Gefühl tiefer Ruhe und Verbundenheit.

Als ich im morgendlichen Halbdämmer wieder hinaustrat, trug alles im Tal frostige Zacken. Ich zog meinen Schlafsack aus dem Zelt, merkte, dass er zu einem festen Kokon gefroren war, und lehnte ihn aufrecht gegen einen Baum. Dann suchte ich nach meiner Hose, die ebenfalls gefroren war. Ich stellte sie neben den Schlafsack. Es war so kalt, dass sogar Jatso sich einen Schal um Nase und Mund wickelte und die Hosenbeine in die Socken steckte.

Aber in solch wilder Natur zu erwachen, bei einem solchen Wetter, an einem solchen Morgen? Das schien mir mit Schlaflosigkeit und Kerntemperaturverlust günstig erstanden. Jon kitzelte das Feuer wach. Wir setzten uns rundum und rösteten unsere nackten Füße, damit aus Eis wieder Fleisch wurde. Unser Diesel war über Nacht dick wie Gelee geworden, weshalb Erik die Flaschen ins Feuer legte, um wieder eine halbwegs nutzbare Flüssigkeit zu bekommen. Von den hohen Gipfeln im Westen tippten Sonnenstrahlen zu uns herüber, dann kroch die Sonne selbst gleißend über die östlichen Spitzen und flutete das Tal mit Wärme und Licht.

Ich fragte Jon, wie die frühen buddhistischen Heiligen gelebt hatten: Männer, die fast ihr ganzes Leben unter diesen Bedingungen in den Bergen verbrachten. Wie hielten sie das aus?

»Genau dafür sind sie hierhergekommen«, erwiderte er. »Täler mit dichten Wäldern, das Rauschen des Flusses, die Stille des Himmels. Das brauchten diese *gomchen* – diese großen Meditatoren – zur inneren Sammlung. Männer wie Milarepa, der Eremit aus dem 11. Jahrhundert, der seine spirituellen Wanderungen in Verse verwandelte und ein großes, komplexes Netz aus Traumpfaden für den Hochhimalaya schuf, Lieder, die heute noch gesungen werden.

Milarepa lehrte eine bestimmte Form des tantrischen Yogas, *tumo*. Wer darin geübt war, konnte aus eigener Kraft eine extreme Körperwärme entwickeln. Milarepas Sekte des tantrischen Buddhismus war berühmt, weil ihre Mitglieder immer nur eine Schicht dünne weiße Baumwolle trugen. Vermutlich verdankten sie es ihrer inneren *tumo*-Wärme, dass sie auch unter härtesten Bedingungen dort draußen sitzen und meditieren konnten.«

»Ich erinnere mich noch«, fuhr er fort, »an meinen Besuch bei einer Gruppe von Ladhaki-Eremiten im Nordwesten Indiens, Höhlenbewohner, die eine ähnliche Form des Buddhismus praktizierten. Diese Männer waren für einen bestimmten Trick berühmt, den sie einigen wenigen ausgewählten Fremden vorführten, zu denen ich allerdings nicht gehörte. Sie tränkten auf 4000 Metern Höhe ihre Gewänder in Wasser, setzten sich damit nach draußen in den Winterwind und dampften sie trocken. Stell dir vor! Ihr *tumo* war wie ein innerer Ofen, der das Wasser verdampfen ließ.«

»Ein bisschen *tumo* hätte ich letzte Nacht auch gut gebrauchen können«, sagte ich.

Der morgendliche Aufstieg über einen schmalen Pfad durch funkelnde Wälder aus Eichen und Kiefern bescherte mir einige der schönsten Stunden meines Lebens. Das von den Blättern gefilterte Sonnenlicht warf Muster auf den Pfad. Das untere Ende des Tals lag versunken im Nebel. Darüber erhob sich eine weitere Gebirgskette, schneebedeckt und unbekannt. Wir meinten, durch ein chinesisches Rollbild zu laufen. Im Unterholz des Waldes wuchs dichter Rhododendron, dessen Blätter, dort wo die Sonne sie traf, bronzefarben glänzten. So ging es hinauf, durch Wälder, über vereiste Ströme und auf Pfaden aus Laub und Erde durch Tunnel sich neigender Eichen. Der Weg war durch Steinhaufen markiert, manche hatten Nischen, die ab und an mit Blüten, Blättern und Federn gefüllt waren.

»Jetzt sind wir auf den Pilgerrouten«, sagte Jon.

Weiter und immer weiter hinauf, stundenlang, bis unser Pfad schließlich scharf nach Norden bog. Von da an waren am oberen Hang des Berges zunehmend Spuren von Pilgern zu sehen – Zettel mit Gebeten, von Steinen beschwert; in Ehrerbietung abgelegte Kleidungsstücke; Reihen von Gebetsfahnen. Unser Nebenpfad ging wie der Zubringer eines Flusses in der Hauptpilgerroute auf, und wie ein Fluss teilte sich dieser neue Pfad, wenn er auf Hindernisse stieß, suchte sich seinen Weg, um Findlingen, Bäumen, Stupas und *Mani*-Steinwällen auszuweichen, an denen die Pilger Miniatur-Koras vollzogen, kleine Rundwege, deren Verlauf in der trockenen Erde zu erkennen war. Mich überraschte, wie belebt die Route zum Minya Konka zu sein schien, denn die chinesische Kolonisierung Tibets in den 1950er Jahren und die darauffolgende gewaltsame Unterdrückung des traditionellen tibetanischen Buddhismus hatten die Pilgerschaft, vor allem für normale Tibeter, enorm erschwert. Die Zahl der Pilger, die die Kora unternahmen, war drastisch gesunken.

Ich war begeistert davon, diese jahrhundertealten Pfade zu gehen, denen schon so viele Pilger, angezogen vom großen heiligen Berg und seinen Gefährten, gefolgt waren. In meinem Kopf kreiste ein spanisches Palindrom, das von der Pilgerschaft handelt und sich in meinen Laufrhythmus fügte: *La ruta nos aportó otro paso natural* – Der Pfad führt uns zum natürlichen nächsten Schritt. Die chiasmische Struktur verdeutlicht auf kluge Weise die Transformation, die der Pilger durchläuft, wenn er zu seinem Ursprung zurückkehrt und sein Geist auf sich selbst zurückfällt. Er bleibt scheinbar unverändert und vollzieht zugleich einen tiefgreifenden Wandel. Es erinnert an Thomas' Methode, auf eintägigen Wanderungen einen »groben Kreis« zu gehen, sodass er, »indem ich immer nach links oder immer nach rechts abbiege, durch den Zufall viel Schönheit entdecke und zuletzt an meinen

Ausgangspunkt zurückkehre«. Heller Schellenklang – dann ein Mann, der auf einem rotbraunen Pferd um die Ecke bog, herrschaftlich gekleidet in Brokat und Seide, in flussgrünen, roten und blauen Farben, mit Drachen und anderen Motiven verziert. Die Seide glänzte wie eine Rüstung in der Sonne. Der Mann nahm die Zügel in die linke Hand, erhob die rechte zum Gruß und verschwand hinter der nächsten Kurve zurück oder voran in die Zeit, aus der er gekommen war, eine rundum stimmige Erscheinung in diesem Zauberwald.

Schließlich traten wir aus einem Torbogen aus Bäumen ins Freie und sahen das Kloster des Minya Konka, direkt vor uns am oberen Rand einer Schlucht, und der Berg, der noch den ganzen Morgen hinter Hängen und Bäumen verborgen gewesen war, schien nun direkt über dem Kloster zu thronen.

Noch nie hatte ich eine derart sakralisierte Berglandschaft erlebt, in der jede menschliche Spur entweder Ausdruck von Verehrung oder Zeichen von Hierophanie war. Alles wies hinauf zum Gipfel. An den Westhängen standen Wälder weißer Masten, drei bis vier Meter hoch, an denen weiße Gebetsfahnen im Wind flatterten und das *om mani padme hum* in jede Richtung wehten. Breite Steine mit Kreuzen oder Fußabdrücken zeigten an, wo einige Lamas durch intensive Meditation Bilder von sich selbst erschaffen und sich in die Luft erhoben hatten. Es gab Stupas und viele *Mani*-Steinhaufen, und schließlich das Kloster selbst, dessen Fenster und Türen alle zum Minya Konka aufblickten.

»*Nayri*«, sagte Jon. »*Nayri* ist der tibetische Begriff für einen heiligen Ort wie diesen: *ri* bedeutet ›Berg‹ und ist überall in Tibet zu finden; *nay* bedeutet so viel wie ›Verkörperung des Heiligen‹. *Nay* findet sich manchmal in einem Felsen oder in einem Baum, für gewöhnlich aber in einem Berg.«

Wir setzten unsere Rucksäcke ab, banden die Pferde an und saßen still auf einer Grasböschung neben dem Kloster in der Sonne. Schmutziggraue Moränehänge lenkten den Blick hinauf zum Südkamm des Minya Konka, der sacht zum Gipfel anstieg. In der Schlucht unter uns flogen Raben nach Norden. Der Pfad terrakottafarben. Auf dem Panzer eines blauschwarzen Käfers, der auf das Kloster zukroch, sammelte und kräuselte sich das Sonnenlicht. Glimmende Räucherstäbchen, an denen orange Glutringe hinabglitten und blaue Rauchkringel in die stille Luft schickten. Vor dem Kloster ging ein Mönch auf und ab und ließ mit den Fingerspitzen eine Reihe schwerer bronzener Gebetsmühlen rattern. Ich verspürte ein vertrautes Prickeln im Bauch, das hohe Berge oft in mir auslösen, eine Mischung aus Angst und einer Art von Lust.

In *The Living Mountain* beschreibt Nan Shepherd, wie sich ihre Beziehung zu den Bergen im Laufe ihres Lebens veränderte. Als junge Frau trieb sie die Sehnsucht nach dem »intensiven Geschmack der Höhe« an, sodass sie an den Cairngorms allein »ihre Wirkung auf mich« interessierte. Mit der Zeit lernte sie jedoch, weniger egozentrisch und zielbesessen in die Berge zu gehen, um »mit dem Berg zu sein, wie man etwa einen Freund besucht, mit dem man einfach nur zusammen sein möchte«, oder den Berg »zu umrunden, um zu sehen, ob es ein guter Ort ist«. Das Umrunden ersetzte bei Shepherd das Gipfelfieber; Plateau statt Spitze. »Ich glaube, dass ich jetzt im kleinen Maßstab ermessen kann«, schreibt sie im letzten Absatz des letzten Kapitels ihres Buches, »warum der Buddhist auf Pilgerschaft zu einem Berg geht.« Sie praktizierte nun ihre eigene Kora, und die Cairngorms waren für sie im materialistischen Sinne zu geheiligten Bergen geworden, weil sie sowohl ausreichend Wunder bargen als auch teilweise erklärbar waren. In der Sonne sitzend und zum Minya Konka aufblickend dachte ich daran, dass ich eine ähnliche Verwandlung durchgemacht hatte; als junger Mann hatte ich nur den Gipfel im Sinn, mich nach unkartiertem, unerforschtem Land gesehnt, doch heute war ich glücklicher, auf schon von anderen Menschen betretenen Pfaden deren Spuren zu folgen.

Ein Mann und eine Frau kamen uns entgegen, zwischen ihnen trottete ein Pferd, auf dem ein kleiner Junge saß, in Pelz und Steppdecken gewickelt. Sie blieben stehen, um mit uns zu sprechen. Das Pferd fraß ein wenig dünnes Wintergras vom Wegrand. Der Mann hielt den golden umflochtenen Halfterstrick locker in der Hand. Seine Frau lächelte, die Hände vor der Brust gefaltet. Beide trugen dreckige, stark abgenutzte Stiefel. Bauern, die an die hundert Kilometer entfernt wohnten und just an diesem Tag die Kora des Minya Konka vollendet hatten, wie der Mann Jon erklärte. In seiner Erklärung schwangen weder Stolz noch Eigenlob mit, es war die schlichte Mitteilung einer Tatsache, und aus seiner Erschöpfung sprach schiere Freude.

»Jetzt will ich dir die versprochene Geschichte erzählen«, sagte Jon, nachdem die Pilger weitergezogen waren, und zeigte zum Minya Konka hinauf. »Eine Geschichte, die dich für alle Zeiten vom Gipfelstürmen heilen wird. Denn ich muss dir leider sagen, dass alle Wege zu diesem Gipfel mit großer Wahrscheinlichkeit in den Tod führen und du auf jedem Weg, der diesen Berg hinaufführt, mit einem Bein schon im Grab bist. 1980 öffnete China zum ersten Mal seit 1949 seine Tore für westliche Bergsteiger, was zu einem Ansturm auf das berühmte Bergjuwel führte. Obwohl es damals noch viele unbezwungene Berge gab, stellte der Minya Konka eine besondere Herausforderung dar. 1932/33 hatte es ein amerikanisches Team dort hinaufgeschafft, eine hochdramatische Besteigung, dann 1956 ein chinesisches Team, und das war's auch schon. Deswegen machte sich 1980 mein Freund Rick Ridgeway – der erste Amerikaner, der den K2 bestiegen hat – zusammen mit dem Bergführer Kim Schmitz, einem gewissen Yvon Chouinard, dem Gründer von Patagonia, und einem jungen Bergfotografen, Jonathan Wright, auf den Weg, um sich an den Minya Konka zu wagen. Als sie am Kloster ankamen, spielte das Wetter verrückt, und nachdem sie auf der Moräne ihr Basislager errichtet hatten, begannen sie den harten Aufstieg, der sie über Fels und Eis zunächst nur zum Nordwestkamm führte. Man kann schon von hier aus sehen, wie schwer dieser Abschnitt ist.« Jon wies hinauf zum Kamm: ausladende Schneefelder, extreme Falllinien.

»Die Gruppe hatte gerade die Wände am Anfang des Kamms erreicht, als eine gewaltige Lawine auf sie herabstürzte. Die Zerstörung, die der Schnee angerichtet hatte, war furchtbar. Kim brach sich mehrere Wirbel. Yvon hatte Glück und wurde nicht allzu schwer verletzt. Aber Jonathan Wright hatte einen Genickbruch. Rick schaffte es noch, zu ihm hinüberzukriechen, dann starb Jonathan in seinen Armen. Es war dort oben, dort an der Wand.

Irgendwie gelang es ihnen, Jonathans Leiche nach unten zu bringen. Sie begruben ihn in einer Gletscherspalte, ließen ihn tief ins Eis hinunter, doch so, dass sein Grab in Sichtweite des Gipfels lag. Dann markierten sie den Ort mit einem Steinhaufen. Natürlich war die Expedition damit beendet. Kim schaffte es mit seinem mehrfach gebrochenen Rücken immerhin noch zurück und wurde sogar wieder vollständig gesund.

1999 nahm Rick zu mir Kontakt auf, weil ich ihm helfen sollte, eine zweite Expedition nach Konka zu organisieren. Aber diesmal ging es nicht darum, den Berg zu besteigen. Es war eine Pilgerschaft anderer Art. Rick wollte Jonathan Wrights Tochter Asia – die noch ein Baby war, als ihr Vater starb – an den Ort seines Todes begleiten. Sie trieb die Frage um, weshalb ihr Vater sein Leben riskiert und letztlich sein Leben für diese Berge gegeben hatte, und Rick wollte ihr helfen, diese Wanderung zu unternehmen.

Schon in die Nähe des Berges zu kommen war eine Höllentour. Das Wetter war grauenhaft – Schneesturm, Blitz und Donner –, aber schließlich erreichten sie doch das Kloster, und von dort stiegen Rick und Asia auf den Gletscher hinauf. Oben führte Rick Asia an die Stelle, wo er meinte, ihren Vater begraben zu haben.

Zu ihrem Schrecken und ihrer Freude fand Rick den Steinhaufen, entdeckte unter den Steinen aber auch einen Fetzen Gore-Tex. Sofort begriff er, was geschehen war. Der Gletscher war gewandert, mitsamt dem Steinhaufen, und hatte Jonathans gefrorenen Leichnam auf die überraschend zarte Art der Gletscher an die Oberfläche geschoben.«

Jon hielt inne. »Rick bat Asia, erst einmal ein paar Meter entfernt zu warten, und fragte sie, ob sie ihren Vater tatsächlich sehen wollte. Sie wollte. Also kam sie zu Rick hinüber und sah ihren Vater, der nicht aus dem Grab auferstanden war, sondern den das Grab hatte auferstehen lassen. Er sah fast noch so aus wie am Tag seines Todes. Sie konnte sein Gesicht berühren, und tat es. Auch eine Haarlocke schnitt sie sich ab. Dann begruben die beiden Jonathan zum zweiten Mal, zwanzig Jahre nach seinem Tod.«

~~~

Am Nachmittag gingen Erik und ich über die westliche Moräne des Minya Konka in Richtung des Grabes von Jonathan Wright. Ein pfadloses Gelände, ein Labyrinth aus Steinen und Schmelzbächen, dessen Topografie sich durch die Bewegungen des darunterliegenden Eises permanent verändert. Wir hüpften von einem schreibtischgroßen weißen Felsblock zum nächsten und querten watend die größeren Wasserläufe oder bauten uns aus Baumstämmen improvisierte Brücken. Im grauen Lehm sahen wir Fußabdrücke, die von einer sehr großen Katze stammen mussten. Ich beobachtete fünf
~~~

Moschushirsche, die die Hauptmoräne des Konka hinaufsprangen, sich einen Weg über den Kamm suchten und dann in einer anmutigen Diagonale über den steilen Geschiebehang hinabbewegten.

Wir folgten dem Verlauf des größten Stroms, vorbei an Findlingen, die eine Schicht elfenbeinfarbenes Eis bedeckte, als wäre Wachs von einer Kirchenkerze darauf getropft. Ein Schwarm Finken stob unter schrillem Geschrei vom Ufer fort.

Vom höchsten Punkt, den wir erreichten, hatten wir einen guten Blick auf die gefährliche Schönheit des Nordwestkamms: seine zerklüftete Riffelung, die Hunderte Meter breite Eiskuppe, auf der Wright sein Leben gelassen hatte. Ich verspürte keinerlei Verlangen, diesen Berg zu besteigen, sondern war einfach froh, ihn bei diesem Wetter und diesem Licht sehen zu können. Aus immer kleiner werdenden Steinen schichtete ich zwei Steinhaufen, um diesen Aussichtspunkt zu markieren.

Ein paar Tage später verließen wir den Minya Konka über einen anderen Pass. Auf unserem mühsamen Weg in die Höhe erschreckten wir einen großen Schwarm Schneetauben, die laut flügelschnappend davonflogen. Drei harte Stunden bis zum Pass. Nach Süden hin reihten sich zerklüftet Felsscharten und Schneegipfel. Dort war der Schnee verweht, geschmolzen und wieder gefroren, sodass er hart und glänzend war wie weißes Vinyl. Ein Keil Alpenkrähen schnatterte über unsere Köpfe hinweg, helle Schnäbel, feste Körper, die meinen Blick hinab ins Tal zogen. Auch die Schneetauben waren noch zu sehen, stiegen und kreisten vor dem Minya Konka wie in der Luft tanzende Quarzsplitter. Jatso murmelte Mantras vor sich hin, *om mani padme hum, om mani padme hum,* während wir den Pass überschritten und den Abstieg zurück zur Erde antraten.

Vom anderen Ende des Schneefelds führte eine lange Spur von Fußabdrücken zu uns herauf. Sie waren jedoch nicht in den Schnee eingedrückt, sondern ragten aus ihm heraus: eine Reihe niedriger Schneesockel, vielleicht acht oder neun Zentimeter hoch. Aufdrucke statt Eindrücke; die Sockelspur eines unbekannten früheren Wanderers, der das heilige Reich des Minya Konka-Gebirges betreten hatte.

~~~
~~~

Ein Fuß tritt in den Schnee – Mensch oder Tier –, und der nach unten gerichtete Druck des Fußes komprimiert den unter ihm liegenden Schnee in die Form des Abdrucks. Die Sonne lässt den rund um diesen Abdruck lockerer liegenden Schnee schmilzen, oder der Wind trägt ihn fort, und ganz allmählich erodiert der Schnee, bis er auf die Höhe des Abdrucks gesunken ist, und sinkt dann weiter, bis der komprimierte Schnee des Fußabdrucks sockelartig aufragt. Ein solcher Fußabdruck erscheint uns widersinnig, da der nach unten gerichtete Druck des Tritts eine vom Boden emporwachsende Struktur geschaffen zu haben scheint, eine Umkehrung der Schwerkraft. Er ist der Form nach ein Palindrom: Was zusammengedrückt war, erhebt sich, abwärts wird aufwärts.

Einige Male bin ich beim Abstieg von einem winterlichen Berg auf dem Pfad, auf dem ich auch hinaufgestiegen war, meinen eigenen Fußabdrücken begegnet, die als Sockel im Schnee standen. Das Frappierende an solchen Momenten liegt in der Begegnung mit eigenen Spuren, die aber der Vergangenheit angehören. Die Welt hat sich zwischen meinem Aufstieg und meiner Rückkehr nur leicht, aber merklich verschoben, und zu diesem Gefühl kommt die Ahnung hinzu, die Welt der Berge dort oben, die Stunden und Kilometer zwischen Auf- und Abstieg, könnte mich verändert haben. Manchmal erschienen mir diese Sockel wie die Fußspuren eines unsichtbaren Wanderers, dessen geisterhafte Füße sich von unten durch die Oberfläche der Erde drücken wie durch eine elastische Folie und als Spuren auf unserer Seite der Welt hervortreten: eine kopfstehende Geistererscheinung, die sich so leichthin durch das Erdreich bewegt wie wir durch das Reich der Luft.

Nach meiner Rückkehr vom Minya Konka fuhr ich mit David und drei anderen Freunden nach Schottland, in die Grey Corries, eine Gebirgskette östlich des Ben Nevis, wo wir drei Tage lang über eine alte Viehtrift und Gipfel- und Kammwege wandern wollten. Das Wetter war bemerkenswert: heftig fallender Neuschnee, helle Wintersonne und ein heulender Wind, der den Schnee zum Leben erweckte. Wir gingen durch ein Whiteout, so glatt und rein, dass es außer der Schwerkraft keinerlei Orientierungsmöglichkeit gab. Wir sahen sechzig Meter lange Sprühnebelwolken vom scharfen Gipfel des Stob Coire Easain nach Norden davonziehen, die aussahen wie der Segensschal aus Eiskristallen, der den Gipfel des Minya Konka umgeben hatte. In einem östlichen Bergkessel, wo die Form des Landes den Wind zum Wirbeln brachte, rauschte ein kleiner Schneezyklon von gut fünfzehn Metern Höhe die Berghänge entlang. Ein oder zwei Mal kreuzte der Weg eines solchen Zyklons den unseren: das anschwellende Brummen, als er näherkam, die zischend wirbelnden Schneekristalle in Nase und Augen, und die Stille danach. Ich fühlte mich, als wäre ein Geist durch mich hindurchgefahren.

Am letzten Tag, als wir von der letzten Flanke des letzten Berges abstiegen, fand ich eine Fußspur und folgte ihr, was ich besser unterlassen hätte, da sie uns in große Schwierigkeiten brachte. Die Fußabdrücke begannen mitten auf einem offenen Schneefeld, als wäre ihr Urheber aus der Luft auf das Land getreten, und sie waren nicht in den Schnee gedrückt, sondern ragten aus ihm hervor. Ich hätte dieser Spur von dieser Flanke einen Steilhang hinab nicht folgen dürfen, aber natürlich tat ich es doch, denn wenn man sich seiner Route nicht sicher ist, vertraut man sich allzu bereitwillig seinem Vorgänger an. Also folgte ich den Sockeln, und die anderen folgten mir.

Unter dem Schnee war Heidekraut, das mit seinen struppigen blassen Stängeln keinen Halt bot, und rutschiges glänzendes Moorgras. Bald betrug die Neigung vierzig Grad zur Horizontalen, dann fünfzig, dann sechzig. Die Felsen, die aus dem Hang ragten, waren vereist, und ließen unsere Hände und Füße abgleiten. Der Hang fiel im weiteren Verlauf steil in die Tiefe ab, und trotzdem gingen die Fußabdrücke weiter und führten uns mit stets gleicher Schrittlänge das Gefälle hinab, immer weiter, immer tiefer, immer steiler.

Ich hätte ihnen nicht weiter folgen dürfen, und tat es doch, einfach weil sie weitergingen, nun über einen schmalen, heidebewachsenen Sims, der ein Wildpfad gewesen sein mochte. Die Spuren führten zu einer drei Meter höher gelegenen Rinne aus hartem Eis, die jäh auf einen weiteren schmalen Sims abfiel, vor einer zwanzig Meter tiefen Stufe im Stein. Von dort führten die Spuren über eine Eisrinne weiter nach unten.

Ich hätte die Rinne nicht hinunterrutschen dürfen, und tat es doch. Schleudern, aufprallen, Fersen ins Eis rammen, um nicht über den Rand in den Abgrund zu schießen. Nach mir kamen auch die anderen hinabgeschlittert, einer nach dem anderen, und wir schoben uns weiter den Sims entlang.

Die Felswand nun direkt vor dem Gesicht ging ich weiter, obwohl sich der Sims zu einem immer schmaler werdenden Felsvorsprung verjüngte. Der Wind riss und rüttelte am Hang. Schwindelgefühle; Nadeln aus Sonne auf Schnee. Findlinge bedrängten uns. Die mächtige Anziehung des Abgrunds; der Puls in den Ohren.

Dann wurde der Felsvorsprung so schmal, dass man nicht mehr von einem Vorsprung sprechen kann; nur noch Heide und Fels, vielleicht zwanzig Grad vor der Senkrechten. Wir waren inzwischen stumm und konzentrierten uns auf jeden einzelnen Griff und Tritt. Unter uns der Abhang, hinter uns ein gewiss unumkehrbarer Weg, vor uns offensichtlich unwegbares Gelände – über das die Fußsockel weitertappten; immer noch derselbe Abstand, dieselbe lockende Spur. Ich blieb stehen. Die anderen hinter mir ebenfalls. Mir war schlecht. Adrenalinschuss, Panik, durchsetzt von Momenten schwebender Ruhe, Nadelstiche der Angst in meinen Schläfen. Im Tal unter uns das ganz normale Leben: Von einer Windschutzscheibe blitzte die Sonne herauf, während das Auto die Straße entlangfuhr, ein Wanderer folgte einem Pfad am *loch* entlang, über den Birken kreiste eine Möwe.

Vielleicht drei Minuten gestockter, grauenhafter Zeit klebten wir dort auf dem Felsvorsprung, in denen sich niemand bewegen wollte, weder vor noch zurück. Ich erinnerte mich daran, wie sich echte Angst in den Bergen anfühlt, und es gefiel mir nicht. Schließlich entschied ich, dass der Tod vor uns mit größerer Sicherheit wartete als hinter uns, also trippelten wir den Weg Schritt für Schritt zurück, krallten uns an den Löchern der Eisrinne fest und folgten den eigenen Fußspuren – hinauf zum Hang des Gratgipfels, hinaus aus der Gefahrenzone, dorthin, wo alles seinen Anfang genommen hatte. Als wir wieder sicheren Boden erreicht hatten, legte ich mich bäuchlings in den Schnee und blieb eine Weile liegen. Wir lachten und schüttelten uns die Hand, David sang einen Song von Blondie, dann folgten wir anderen Fußspuren, nach Westen. Bis heute kann ich mir nicht erklären, wie diese gleichmäßig schwebenden Fußsockel in solch unwegbarem Gelände zustanden gekommen waren.

IV

Heimkehr

(England)

RIDGEWAY

Schnee

Prähistorische Landschaftskunst ~ Heilige Architektur ~ Landschaftstheater & das Schauspiel der Wahrnehmung ~ Schwarze Pferde, weiße Pferde ~ Die Antarktis von Wiltshire ~ Die Illusion, zu fliegen ~ Eric Ravilious ~ Nicht-im-Einklang-Sein ~ Holzschnitt als Wegebau ~ Nivellierendes Licht, lockender Pfad ~ Matt glänzende Sonne ~ Eine Insel in der Luft ~ Nordwärts ~ Leben am Frostpunkt ~ Der Stoßzahn eines Narwals ~ Turbulenzen, Verschwinden ~ Die Rodler ~ Ein glühendes Augenpaar

Kurz nach unserer Wanderung entlang der geisterhaften Fußspuren in Schottland fiel überall im Süden Englands Schnee, und David und ich machten uns auf eine Reise über den Ridgeway, der über den Kamm der Marlborough Downs in Wiltshire führt, vom White Horse in Uffington nach Avebury mit seinem rätselhaften Silbury Hill. Als Ridgeway bezeichnet man für gewöhnlich die Hunderte von Kilometern lange Trittspur über jungsteinzeitliche Kreide, wovon der Icknield Way – je nachdem, wo man das Ende der Vorzeit ansetzt – entweder ein ursprünglicher Bestandteil oder eine nachträgliche Erweiterung ist.

Der durch Wiltshire führende Abschnitt des Ridgeway verläuft über den wohl heiligsten Boden Englands. Vor drei- oder viertausend Jahren waren hier umfangreiche sakrale Eingriffe in die Landschaft vorgenommen worden. Es wurden Megalithen und ganze Reihen von Steinblöcken errichtet, Sarsensteine zu breiten Straßen aneinandergereiht, Wehranlagen ausgehoben und, auf welche Weise auch immer, der kryptisch schlichte Silbury Hill gebaut – ein riesiger Kegelstumpf aus gestampfter Kreide. In Avebury und Silbury, wie auch am Minya Konka, sehen wir, dass Topografie und Glaube in einer ganz klaren Beziehung zueinander stehen können. Pfade, Wege und Cursūs waren integrale Bestandteile dieses jungsteinzeitlichen Landschaftstheaters. Der Archäologe Christopher Tilley argumentiert in seiner epochemachenden Arbeit *The Phenomenology of Landscape* (Phänomenologie der Landschaft), dass wir zum Verständnis vieler heiliger Landschaften im jungsteinzeitlichen Großbritannien zunächst die Bedeutung der alten Pfade begreifen müssen, die diese teils verbinden, teils aber auch einen Bogen um sie machen. Das Annähern und das Umgehen waren elementar für das Schauspiel der Wahrnehmung: Die »starken Pfade«, wie Tilley sie nannte, halfen »Muster« zu entdecken, die anzeigen in welcher Beziehung »die Stätten und die umgebende Landschaft zueinander standen«.

David und ich beschlossen, den Ridgeway an diesem Wintertag nicht zu Fuß zu begehen, sondern uns eines eindeutig unvorzeitlichen Mittels zu bedienen, nämlich Langlaufskiern. Das Einzige, was Langlauf und Abfahrt gemeinsam haben, ist das grundlegende Prinzip der Fortbewegung. Es gibt keine Lifte, keine Skihütten, keine Schneekanonen, keine Treuhandfonds. Beim Skilanglauf durchquert man Landschaften, die in keiner Weise speziell dafür verändert wurden – man braucht nur Schnee, sonst nichts. Mit Langlaufskiern kann man Berge ebenso gut hinauf- wie hinunterfahren. Sie schenken beglückend viel Freiheit und Mobilität.

Kurz nach Sonnenaufgang verließen wir London in Davids weißem Bulli und tuckerten über die A40 nach Westen. Ölig-schwarze Schneehaufen am Straßenrand; der Himmel tief und verhangen; eine versteckte Sonne vergoss schwaches, schlüpfriges, silbriges Licht. Irgendwo bei Swindon ließen wir den Bulli in einer verschneiten Nebenstraße stehen, stiegen auf unsere Skier und folgten einer breiten eingesunkenen Trasse, zu beiden Seiten von schwarzem Weißdorn überragt, die zu den Kuppen der Kreidehügel hinaufführte, zum Ridgeway.

Oben auf dem Kamm war es fünf Grad unter null; im Ostwind, der an den Hecken zerrte, noch kälter. Drei Rappen standen still wie Statuen in der Mitte eines schneebedeckten Feldes, das durch den Kontrast und die Entfernung so flach zu sein schien, dass sie wie Scherenschnitte wirkten. Unweit von ihnen stand auch ein Schimmel, der vor dem Schnee jedoch grau war. Von Westen knallten Gewehrschüsse herüber, zogen in Wellen über die gewellte Landschaft. Wir verfielen in unseren Skirhythmus: *gleiten, schwingen, setzen, grätschen, drücken.*

Die tiefe Sonne tauchte die Landschaft in trüben Schimmer, der sich nie zu einem Leuchten verdichtete, sondern aus dem schon lange liegenden Schnee nur noch mehr Dunkel heraufsog. Wo die Kreide offen lag, war sie gelb wie ein Eisbärenfell oder die Knie eines alten Mannes. Ich fand das alles düster-schön: Die Luft dickte ein im schrägen Licht. Es war so absurd wie erhebend, auf Skiern über diesen alten Pfad zu gleiten.

In den ersten zwei Stunden sahen wir keine Menschenseele. Kälte und Dämmer hatten die Menschen aus der Landschaft getrieben. Wir waren in ein weiteres Xenotopia geraten: die Antarktis von Wiltshire, eine durch die Eigentümlichkeit des Klimas herbeigeführte Grenzüberquerung. Die Luft wirkte schneegeladen, als müsse es jeden Moment zu schneien beginnen. Buchenschonungen zu beiden Seiten des Weges. Auf den Hängen und Plateaus brachten uns die Skier mit jedem Schritt noch zwei Meter weiter, und manchmal schien es uns dort oben auf den hohen Kämmen, als würden wir fliegen: der Schnee unter uns wie weiße Luft, die unsere Fantasie beflügelte.

Diese Sinnestäuschung wird, wie ich heute weiß, in den englischen Kreidelandschaften häufig erlebt – eine landläufige Verwirrung des Geistes durch die Landschaft – die den Wanderer ebenso wie den Skifahrer betrifft. Virginia Woolf verglich das Gehen über die Grate der Downs mit einem Flug durch die Lüfte. Thomas erlebte, wie seine Fantasie mit ihm abhob, als er hoch über sich die Turmfalken bei der Jagd beobachtete. W. H. Hudson beschrieb 1900, wie sein Geist auf den Kämmen der Downs »luftiger wurde und die Schwerkraft vergaß« und ihn dort »auf diesen wunderbaren grünen Hügeln« fast immer ein »Verlangen zu fliegen« packte. Manchmal schien es ihm, er könnte »große Reiherflügel heben und gleichsam mühelos zu anderen Aussichtspunkten fliegen«.

An diesem Tag wurde mir klar, warum dieser Traum vom Fliegen auf den Kreidehügeln so mächtig ist. Es liegt an den bloßliegenden, ununterbrochenen Linien der Landschaft mit ihrem wellenförmigen Auf und Ab. Für den frei schweifenden Blick und die vermeintlich freie Bewegung des Körpers gibt es kaum Hindernisse: Keine Kluft oder Klippe hält mich auf, nur wenige Bäume bremsen den Blick. Die Wiederholung der Hügelform suggeriert eine unendliche Weite und infiniten Regress. Auch der Torf auf den Downs trägt zu diesem Eindruck bei: eine aus Pflanzen bestehende Ko-

kosmatte, deren natürliche Elastizität sogar die von Moorboden übertrifft und den Fuß nach dem Auftreten regelrecht hochfedern lässt. Und dann sind da noch die Vögel, die wahren Gleiter und Segler der Hügel: Bussarde, Eulen, Turmfalken, Lerchen, Krähen und Mauersegler im permanenten Überflug.

Die vielbeflogenen Kreidehügel haben schon seit langer Zeit flügellose Wanderer angelockt, Wunschaeronauten, Lufträumer und andere Verehrer der erhöhten Aussicht. Von all diesen Menschen faszinierte mich am meisten Eric Ravilious (1903–1942), der britische Landschaftsmaler und Wegbesessene, der die englischen Kreidelandschaften liebte, besonders im Schnee, und zu allen Jahreszeiten ihre Windungen und Wege malte. Wenn ich mir vorzustellen versuche, wie Edward Thomas die Downs gesehen haben musste, denke ich oft an, oder besser *in* Ravilious' Gemälden.

~~~

Ravilious war Aquarellist, Holzschnittmeister und Wandmaler, einer der bekanntesten englischen Maler der 1930er Jahre, Wanderer auf vielen alten Pfaden und Fährten, der die Abgeschiedenheit und alles Weiße liebte, und Visionär des Alltäglichen war. Unbekannte nannten ihn Eric. Freunde nannten ihn Ravilious. Enge Freunde nannten ihn ›The Boy‹: ein Spitzname à la Peter Pan – Zauberspruch gegen das Altern, Chrisam gegen den Tod. Er sah gut aus: kantiges Gesicht, große dunkle Augen, gerade Nase, dunkles Haar und lange Finger, die stets einen Pinsel, Stift oder eine Zigarette hielten. Er mochte Tennis, Billard, Propellermaschinen, den Winter, die Schattenlosigkeit des Lichts auf dem Meer, den Norden, Keramik, Buchsbaumholz, Kristall und Eis. Als stets akkurater aber auch impulsiver Mensch hatte er die Angewohnheit, den Kopf aus dem Zugfenster zu halten, bis ihm der Hut im Wind davonflog.

Er wuchs im englischen Kreideland auf, und bevor er sich unwiederbringlich in das Eis und Licht des hohen Nordes verliebte, verehrte Ravilious die Kreide des Südens. Seine Kindheit verbrachte er in Eastbourne. Hinter der Stadt bauschte sich der Höhenzug der South Downs, und an den Abenden und Wochenenden, wenn Ravilious' Vater über dem Alten Testa-
~~~

ment brütete und eigene Kommentare zu den Texten verfasste (eine intensive Individualexegese, die er fast sein gesamtes Erwachsenenleben betrieb), erkundete der auf sich gestellte Sohn die Umgebung. Er machte Ausflüge, schlief im Freien (in Hecken gekauert oder unter dem sternbedeckten Himmel) und folgte stundenlang den lockenden Linien der Downs: den blickführenden Kämmen, den mäandernden Wasserläufen und den Kreidepfaden, die sich durch das Land wanden. Er las *Tom Sawyer* und *Huckleberry Finn* und träumte von den Abenteuern, die ihn unten auf den Wegen entlang der Flüsse erwarteten.

Die Downs mit ihrem weichen, ausgleichenden Sonnenlicht, ihren Pfaden und ihrer Einsamkeit waren die Grundierung für Ravilious' Fantasie. Sie prägten, wie er schrieb, sein Verständnis von Malerei und seine Art zu malen, »weil die Farbe der Landschaft so anmutig und ihre Struktur so schön offenbar war«.[1] Durch die Downs lernte er bestimmte Landschaftsmerkmale schätzen: klare, fließende Linien und die Aura von Weltabgewandtheit. Diese Gegend – uralt und zugleich von menschlicher Hand geprägt – beeinflusste sein Temperament und seine Empfindsamkeit, so wie sie es, wenngleich in anderer Weise, bei Thomas tat. In beiden Männern hinterließ sie Schatten der Melancholie und führte zu einer psychischen Dissoziation, die beider Kunst und Persönlichkeit durchdrang. Ravilious entwickelte, wie ein Freund sagte, »eine gewisse Skepsis gegenüber jeder Art von Verbindlichkeit und persönlicher Beteiligung«. Ein anderer beobachtete, dass Ravilious »immer nicht ganz da zu sein schien, als stimmte sein Dasein nicht ganz mit seiner materiellen Existenz überein«.[2] Dieses Nicht-im-Einklang-Sein kennzeichnet auch seine Malerei. Wer seine Werke betrachtet, könnte meinen, zwei übereinandergelegte Klarsichtfolien mit demselben Bild zu sehen, die aber nicht ganz passgenau übereinandergelegt wurden, oder zwei nebeneinander verlaufende Pfade, die sich nie wirklich überlagern.

Teilweise rührt das Gefühl der Loslösung und Abwesenheit in Ravilious' Bildern von seiner Motivwahl, den oft wiederkehrenden Pfaden, Spuren und Abdrücken: Fußabdrücke in Schnee oder Schlamm, die ungesehene Wanderer hinterlassen haben, menschenleere Pfade, die den Blick und die Fantasie des Betrachters aus dem Bild hinaus und zu verheißungsvollen Dingen hinter dem Horizont locken. Ravilious war von Wegen besessen: Er drang tief in Thomas' Werk ein, verehrte Samuel Palmer, der im Morgengrauen, im Abendlicht, zu allen Tages-, und Nachtzeiten auf den Fußpfaden rund um sein Heimatdorf Kent wanderte, und verschlang Alfred Watkins' Buch *The Old Straight Track* (Der alte gerade Weg) von 1927 mit seiner Vision eines verborgenen Netzes jungsteinzeitlicher Handelsrouten, das England und die ganze Welt überzieht. Ravilious' Mentor am Royal College of Art war Paul Nash – auch er ein Liebhaber von Kreide und Kalk, ein Wanderer der alten Wege und Maler der Pfade.

Ravilious wanderte über die Kreidepfade der Downs und machte sie zu seiner Kunst. 1929 schnitzte er den Riesen von Wilmington in Buchsbaumholz für einen Tierkreiszeichenkalender, in dem der Riese als Stier auftaucht: eine große weiße, vom Vollmond gekrönte Figur. 1934 malte er seinen eigenen Gartenweg. In *Chalk Paths* (Kreidepfade) von 1935 wetteifern drei Pfade darum, unseren Blick in die Ferne zu führen, während ein Stacheldrahtzaun ihn bremst. Ein Gemälde von 1936 präsentiert die Wohnwagen der Reisenden am Rand einer alten Straße. Ein undatiertes Werk mit dem Titel *Eastleen Road* schaut einen Wiesenpfad in Sussex entlang. Auch Dutzende weitere Bilder zeigen Pfade: ein kurzer Blick hinter ein Wasserrad, aus dem Fenster eines Hauses oder Zugs; Pfade, die durch Felder, über den Rand einer Klippe oder hinauf zu den anderen bemerkenswerten Kreidefiguren der Downs führen (zum Pferd von Uffington oder dem Riesen von Cerne Abbas). 1937 besuchte er Gilbert Whites Selborne in Hampshire und ging durch die Hohlwege, von denen White in seinem dritten Brief an Thomas Pennant erzählt hatte. Ravilious' Holzschnitt eines Selborner Hohlwegs zeigt einen tief in der Landschaft liegenden, von Bäumen überragten Pfad, dessen Eingang von einer fliegenden Schleiereule bewacht wird. Die Eule hat ihren Kopf mit dem Visier aus Federn dem Betrachter zugewandt und schaut ihn fragend an.

Wie die Pfade regte auch das Licht der Downs Ravilious' Fantasie an: das Weiß auf Grün, die Leuchtkraft und die perlmuttartige Farbe, die Kreide, Grasflächen und das nahe Meer zusammen ergeben. Wer im Hochsommer oder im tiefsten Winter über die Downs gewandert ist, weiß, dass die besondere Kraft des Lichts darin besteht, unseren Blick zu nivellieren und jeden Gegenstand gleich weit entfernt wirken zu lassen. Das ist die charismatische

Sinnestäuschung der Downs: Alle Erscheinungen liegen scheinbar auf einer einzigen ansteigenden Ebene, in die sich die Pfade hineingraben. In dieser Hinsicht ist das Licht der Downs mit einem anderen nivellierenden Licht verwandt, dem der Polarregionen, das normalerweise schräg einfällt und ähnlich feinkörnig ist.

Licht und Pfad gehen in Ravilious' Kunst eine unverkennbare Verbindung ein. Zusammen erzeugen sie eine einmalige Disharmonie. Er schuf Szenen, die angehalten wirken, wie erstarrt, und zugleich ein künftiges oder zeitgleiches Geschehen erahnen lassen. Der Betrachter empfindet eine gewisse Unstimmigkeit: Er fühlt sich, als wäre er in einen Raum zwischen zwei Welten geraten oder befände sich in zwei sich gegenseitig ausschließenden geometrischen Systemen zugleich.

~~~

An diesem Tag auf dem Ridgeway kam es mir vor, als wären wir in eines von Ravilious' Gemälden getreten. Das Gefühl angehaltener Bewegung, von sich anderswo abspielendem Geschehen. Der Pfad, der uns durch die vom Licht verflachte Landschaft lockte. Der Schnee weithin durchfurcht: von alten Kreidepfaden, den Spuren der Fahrräder und Trecker, den Linien unserer Skier und Fährten von Hund, Hase, Kaninchen, Fasan und Mensch. Auf den Hängen sahen wir die hohlen Stängel des Wiesenkerbels und die vergilbten Gräser und gerieten am Fuß der Weißdornbüsche in tiefe Schneewehen, die wie Kristalle emporwuchsen: Strich und Kreuzstrich der Dornen und schwarzen Zweige im Schnee.

Gelb, weiß, grau, graublau: Die Kälte hatte die Landschaft auf ihre Aschfarben zurückgebrannt. Da und dort ein feuerrotes Leuchten: Weißdornbeeren wie Blut in den Hecken, die Funken vorbeifliegender Rotdrosseln. Bisweilen zeigte sich zwischen den Wolken eine tiefe gelbe Sonne. Wacholderdrosseln schwatzten in den Büschen, pickten Weißdornbeeren, warfen die Köpfe zurück und schluckten sie hastig. Sarsensteine standen in Herden, die runden Rücken schneebedeckt. In der Luft zogen Bussarde allein oder in Paaren ihre Runden und suchten nach Aas, das es in dieser schon lang anhaltenden Kälteperiode im Überfluss gab. Wir sahen einen Turmfalken
~~~

auf einem Telegrafenmast hocken, sein Kopf in den Schultern versunken. Wir sahen bronzezeitliche Rundhügel und jungsteinzeitliche Hünenbetten. Zwei braune Hasen rannten in heller Aufregung über ein großes Feld und warfen mit den Hinterläufen den Schnee auf. Im Blätterdach eines langen schmalen Buchenhains schnatterten Krähen, riefen, flogen auf und setzten sich wieder, als ob der Wald brodelte.

Irgendwann am späteren Nachmittag, die Sonne glänzte nur noch matt, kamen wir um eine Biegung des Ridgeway und sahen zum ersten Mal ein seit nahezu 5000 Jahren unverändertes Stück reinen Landschaftstheaters: Silbury Hill, der sich weiß in der Ferne erhob und hoch über der umgebenden Landschaft zu schweben schien, eine weitere durch dieses Buch fliegende Insel.

In diesen letzten kurzen Stunden des Tages bewegten wir uns durch eine Welt ohne Menschen und Farben. Einmal schwang sich südlich von uns ein Reiher vom flachen Boden auf, eine Faltkonstruktion aus Stangen und Leinwand, die sich gerade noch rechtzeitig zusammensteckte und entfaltete, ehe sie abhob und mit ihrem nordwärts ziehenden Flügelschlag die Zeit bremste.

~~~

Fast sein ganzes Leben konnten die Downs Ravilious' Bedürfnis nach Landschaft befriedigen. Besonders im Winter, wenn sich die Buchenwäldchen wie Tintenstriche im Aquarell abzeichneten, verkörperten sie sein ästhetisches Ideal: scharfe Linien, bleiches Licht auf bleichem Land. Doch gegen Ende der 1930er Jahre wuchs in ihm der Wunsch nach einem anderen Ort, einer Anderswelt. Wie viele Engländer vor und nach ihm verlegte er dieses Anderswo in den hohen Norden – in ein Traumland am Polarkreis mit Mitternachtssonne und Eisbergen, die in lackschwarzem Wasser treiben, mit Nordlichtern, den Graten graublau überzogener Berge und der letzten Sonne des Jahres, die wie Folie am Horizont schimmert. Seit seiner Kinderzeit war Ravilious wie gebannt von der Romantik der Polarregionen. Er hatte fast alle großartigen Bücher über Expeditionen und Abenteuer in der Arktis gelesen. Er sammelte Karten und Bilder aus dem 19. Jahrhundert, die den hohen Norden abbildeten, sogar Kupferstiche der Reisen von Barents, Ross
~~~

und van Heemskerk. Die Farbe Weiß – und wenn nicht Farbe, so doch diese Schattierung oder Atmosphäre oder Abwesenheit – scheint auf ihn eine besondere Anziehungskraft ausgeübt zu haben: Erst fand er sie in der Kreide des Südens, dann im Eis des Nordens.

Bei Ausbruch des Zweiten Weltkriegs war Ravilious regelrecht vom Norden besessen. Sein großer Wunsch, dorthin zu gelangen, machte ihn ruhelos, doch dann ergab sich 1939 die Möglichkeit – mit seiner Einberufung als *War Artist,* als Kriegsmaler, durch die er bei den Royal Marines den Dienstgrad eines *acting captain* (stellvertretenden Kapitäns zur See) und zugleich Einfluss auf seine Stationierung erhielt, sodass in den letzten drei Jahren seines Lebens – wie Peter Davidson es formuliert – »der Schnee und der Schneeglanz auf den kahlen Hügeln Ravilious stetig nordwärts zogen«.

Im Mai 1940 kam der sehnsüchtig erwartete Einberufungsbefehl. Ravilious sollte an Bord der HMS *Highlander,* deren Mission es war, die Alliierten beim Angriff auf Narvik zu unterstützen, nach Norwegen fahren und den Polarkreis überqueren. »Auf Wiedersehen, Tush«, schrieb er an seine Frau Tirzah. »Ich komme so schnell wie möglich zurück, aber du weißt ja, es liegt nicht in meiner Hand.«[3]

Mehrere Tage querten sie bei ruhiger See Breitengrad um Breitengrad, als Begleitschutz für den Flugzeugträger HMS *Glorious,* und je weiter nördlich sie kamen, umso länger wurden die Tage. Ravilious saß an Deck, wo er stundenlang arbeitete, oder lehnte ohne Mantel in der Nordsonne an der Achterreling und schaute der Heckwelle nach, wie sie zu Cremeweiß und Grün gerann: eine weiße Spur durch die See, ein Kreidepfad, der ihn lockte, vom Schiff herunterzusteigen und auf ihm heimzugehen, heim nach Süden, zu Tirzah.

Schwere Seegefechte folgten. Ravilious' Schiff wurde von Flugzeugen, Minen und Unterseebooten angegriffen. Doch diese Gefahren erwähnt er in seinen Briefen in die Heimat kaum. Die Angriffe erschienen ihm nebensächlich. Viel wichtiger war für ihn, dass die Sonne niemals hinter dem Horizont versank. Auf 70° 30' 00" malte er die Mitternachtssonne in Schürhaken-Orange über der nördlichen See, deren Tiefblau schon fast in Schwarz überging.

Die Kunstwerke, die Ravilious in diesen Wochen schuf, waren womöglich seine besten, und gewiss seine sonderbarsten. Die Bilder sind voller

Leben, jedoch bar von Menschen. Sie besitzen eine einsame Wachsamkeit: Ravilious der Wachhaltende. Die silbrige Kargheit der Arktis scheint sie durchdrungen und mit Stille erfüllt zu haben. Sie sind am Frostpunkt.

Auch der Ton seiner Briefe wurde traumartiger. Die Atmosphäre sei »abgeschieden und herrlich«.[4] Wenn das Schiff in Nebelbänke fuhr, wähnte er sich in einem »überirdischen Dasein«.[5] Seeschwalben flitzten vorbei, Delfine wriggten neben dem Schiff her, und einmal sahen sie ein leeres, gekentertes Rettungsboot. Er beobachtete die vorüberziehenden deutschen Flugzeuge, die wie Münzgeld hoch im zinkfarbenen Himmel schimmerten, und fühlte sich kurz, als hätte er sich in ein Glasröhrchen verwandelt, zylindrisch, zerbrechlich: wohl eine Folge des Beobachtetwerdens von oben ...

Als Ravilious nach 12 000 Kilometern und vier Wochen auf See, nach so vielen Toten und Wundern, wieder heimkehrte, bemerkte er, dass er sich verändert hatte. Die Welt schien ihm weiter und immer weniger wichtig. Nur der Norden besaß weiterhin seine Anziehungskraft. Nach wenigen Wochen daheim wollte er sehnlichst wieder fort: nach Island, dann nach Grönland, und in die russische Arktis – vielleicht nach Nowaja Semlja.

Der Beratungsausschuss der *War Artists* beauftragte ihn allerdings, zu malen, wie das White Horse von Uffington zur Tarnung mit Torf überdeckt wurde – nachdem sein Umriss vor Jahrtausenden aus dem Torf gestochen worden war –, damit es den deutschen Bombern nicht als Orientierung oder Angriffsziel diente. Und er sollte malen, wie die dazu abkommandierten Feuerwehren die Kreidewege mit schwarzer Tinte besprühten, damit die Deutschen auch sie nicht als Navigationshilfe nutzen konnten.

Doch dann wurde er nach Island versetzt. Der Zeitpunkt war alles andere als günstig. Tirzah hatte in einer Notoperation eine Brust amputiert werden müssen, und sie war erst seit einer Woche aus dem Krankenhaus zurück, als Ravilious abreisen sollte. Eigentlich hätte er sich in England um seine Familie kümmern sollen, aber er tat es nicht. Er kaufte für Tirzah eine Ausgabe seines zweitliebsten Buches, Boswells *Dr. Samuel Johnson,* schnitt es mit einem Sägemesser entzwei, gab eine Hälfte ihr und nahm die andere in sein Reisegepäck: Ja, sie würden wieder vereint. Er sprach mit einem Freund über die Islandreise, die ihm einen langgehegten Wunsch erfüllte, als eine Möglichkeit, die äußeren Grenzen der physischen Welt zu erforschen.

Er flog an einem ruhigen Tag im späten August 1942. Die vulkanischen Berge, die ihn aus der Höhe betrachtet an Mondkrater erinnerten, warfen dunkle, gestreifte Schatten, die aussahen wie Blätter. Auf einem Markt in Reykjavík nahm Ravilious den Stoßzahn eines Narwals in die Hand und hätte ihn fast gekauft. Er sammelte Blumen und Muscheln, um sie als Andenken an den Norden mit nach Hause zu nehmen. Von der Hauptstadt ging es in einer steißstrapazierenden Fahrt nach Kaldadarnes, einem angloamerikanischen Militärflughafen an der isländischen Ostküste: Betonstein-Baracken mit grünem Wellblechdach vor der Dünung niedriger Berge.

Er war erst eine Nacht und einen Tag dort, als in Kaldadarnes ein Flugzeug aus dem 269. Küstengeschwader als vermisst gemeldet wurde: eine Hudson Mark III, die beim Angriff auf ein U-Boot weit draußen vor der Küste verschwunden war.

Im Morgengrauen wurde Ravilious wachgerüttelt. Es sollte sogleich eine Suchaktion beginnen: Drei weitere Hudsons wurden ausgeschickt, um die Gegend abzusuchen, in der das erste Flugzeug verschwunden war, etwa 500 Kilometer weit auf See. Ob Ravilious als Beobachter mitfliegen wollte, um die Suche und womöglich die Rettung zu malen?

Als die drei Hudsons abhoben, war ein Sturm im Anzug. Sie suchten lange, fanden aber nichts und machten kehrt, ein Rodeoritt durch die Turbulenzen. Der Funkkontakt zwischen den Flugzeugen wurde erst sporadisch, dann brach er ganz ab.

Nur zwei der Hudsons kehrten nach Kaldadarnes zurück. Ravilious' Maschine, die FH 363, blieb aus. Pilot, Navigator, Funker, Bordschütze und ein Maler, der als kleiner Junge auf den Downs davon geträumt hatte, über das Eis des Nordens zu fliegen, blieben aus. Fünf Mann verschollen in einem Flugzeug auf der Suche nach einem verschollenen Flugzeug.

~~~

Am späten Nachmittag kamen David und ich auf dem Kammweg über die Hügel in einen tiefverschneiten Wald aus Birken, Haselnussbäumen und Buchen. Eiszapfen an den Zweigen, in den Luftbläschen das letzte gebündelte Licht. Ein schimmernder Waldsee, das Wasser schwarz und dick wie
~~~

Druckfarbe. Wir durchquerten eine angelsächsische Befestigungsanlage, die als doppelter Graben in ostwestlicher Richtung verlief. Als wir aus dem Wald kamen, schauten wir von einem Hochplateau hinunter auf das Gipfelpaar von Walker's Hill und Knapp Hill,[6] der beiden abgerundeten Kreidehügel, die ein Tor bilden, durch das der Ridgeway führt.

An den Hängen des Knapp Hill waren zu unserer Überraschung und Freude wieder Menschen: Scharen von Rodlern mit farbenfrohen Jacken und Schals. Schon aus anderthalb Kilometern Entfernung erkannten wir ihr knalliges Rot und Blau im Schnee und hörten das Geschrei der Kinder und das Knirschen der Schlitten im alten Schnee. Wir fuhren auf unseren Skiern die Ebene zwischen den Bergen hinab, glitten leise durch den Pulverschnee, der so leicht war, dass er von den Skispitzen stob. Als wir das Tor erreichten, kletterten wir den Walker's Hill hinauf bis zum Hünengrab auf dem Gipfel, dessen Konturen in harte Eisschichten eingefasst waren. Abenddämmerung: der Himmel durchzogen von purpurnen, blutroten Streifen. Die Rodler auf dem gegenüberliegenden Hügel johlten und rutschten und lachten. Ein Junge im Dufflecoat rannte den Hang mit ausgestreckten Armen hinunter. *Auftrieb entsteht durch das Vorwärtsstreben des Lebens über dem gebogenen Flügel der Seele.*

Dieser unvergessliche Tag bescherte uns am Ende noch eine Überraschung. Die Nacht hatte sich gesenkt und wir machten uns mit dem Bulli auf den Rückweg. Nur wenige Kilometer hinter dem Ridgeway bog David von der Nebenstraße auf die Schnellstraße ab. Da lief, südlich von uns, ein großes schwarzpelziges Tier über den verschneiten Grünstreifen, im hochschultrigen Schleichschritt großer Raubkatzen, dann entglitt es ins Dunkel der Hecke. Wir sahen es nur wenige Sekunden. Für eine Hauskatze war es viel zu groß, und für einen Fuchs oder ein Reh hatte es den falschen Gang und die falsche Größe. Als David gerade beschleunigte, fuhr ich in meinem Sitz herum und sah zwei große gelbe Augen, die wie Scheinwerfer aus dem Weißdorn durch die Dunkelheit herüberleuchteten. »Das war ein Panther«, sagte ich zu David. »Ich weiß, ich habe ihn auch gesehen«, sagte er, während er weiterfuhr. Die ganze Fahrt lang stellten wir Spekulationen über diese düstere Gestalt an. Später fanden wir heraus, dass schon viele große schwarze Katzen in den Marlborough Downs gesichtet worden waren. Ich wünschte, wir wären auf den Seitenstreifen gefahren und mit Taschenlampen zurückgegangen, um im Schnee und Schlamm nach Tatzenabdrücken zu suchen. Dann wieder dachte ich, dass es – nach dieser Tour über den alten Pfad durch diese andersweltliche Landschaft – vielleicht besser war, keinen Beweis oder Gegenbeweis zu haben, sondern ein klares Bild unklarer Herkunft: das wilde Feuer dieser zwei glühenden Augen aus dem Dunkel.

Flintstein

Sturm in den Downs ~ Der Trost einer Landschaft ~ Aufgelöster Egoismus ~ Karten von Sehnsüchten & Verlust ~ Der regenfeuchte Hügelpfad ~ Doppelt geprägte Schritte ~ Stromer, Tramps & Vagabunden ~ Nacht im Chanctonbury Ring ~ Heimsuchung & Angst ~ Die Suppe des Teufels & die haarigen Biker ~ Der gestrenge Reverend C.A. Johns ~ Gefaltet, gerippt & gerollt ~ Baum & Vogel; Wurzel & Schritt ~ Nacht auf dem Kingston Down ~ Düppel & Distelwolle ~ Noch ein Schimmel ~ Die Flüchtigkeit eines Ortes ~ Vergebliche Verfolgung ~ Erreichen der Küste in Cuckmere ~ Graugrüne Wellen ~ Der Flintfund ~ Innere Reise & Geisterland

Die langen weißen Wege ... sind eine Versuchung. Zu welchen Abenteuern sie uns locken! Sie entführen uns in die dünne Luft der Zukunft oder in die Unterwelt der Vergangenheit.

EDWARD THOMAS, 1909

Fußabdrücke im feuchten Weiß des Pfads. Der Kamm der South Downs, über den ich wanderte, war zur Landschaftsgrenze geworden, die die Welt in unterschiedliche Reiche aus Wetter, Licht und Farbe unterteilte. Der Boden dieses Weges – feine Kreide, rein genug, um damit zu schreiben, mit karamellfarbenem Flint gesprenkelt – glänzte noch vom Regen. Vor mir führte er hell über die Hügel und verschwand nur kurz außer Sichtweite, bevor er sich den nächsten Hang wieder hinaufschwang und schließlich in der Ferne verlief.

Das Sturmlicht, in dem ich wanderte, ließ den Flachs in knalligem Grün pulsieren und verwandelte die Felder von jüngst gereifter Gerste in rotgoldenen Sand. Über den Wäldern dunkle Krähenscharen, Regenschwaden wie ins Wasser getropfter Kerzenruß. Die Downs sind die einzige Erhebung in einer sonst flachen Landschaft, sodass man manchmal wie in der Wüste oder auf dem Meer bereits Stunden im Voraus sehen kann, welches Wetter im Anzug ist.

Am Vormittag erlebte ich zauberhafte Stunden, in denen die Monsunfronten nach Ost und West an mir vorbeizogen. Dann, kurz nach Mittag, erwischte mich doch ein schweres Gewitter. Gelb flackernde Sonne, die eintrübte zu Sepia. Regentropfen, die sich in die Erde bohrten. Der Pfad ein reißender Fluss, der die Kreide weißwusch. Erfrischender sommerlicher Hagel. Dann wieder Regen, hart und schnell, dass ich statt Tropfen nur Zylinder sah, als blickte ich durch Ornamentglas, und schließlich kam wieder die Sonne, und die Luft repristinierte. Ich hatte mich in einem Wäldchen aus Eschen, Eichen und hochstämmigen Buchen untergestellt und dachte wehmütig an Hippolyte Taines pastorales Wort, man höre »die erste Musik Englands« im »feinen Prasseln des Regens auf Eichen«.[1] An jenem Morgen hatte der Regen nichts Musikalisches an sich. Eher etwas Martialisches: Wetterkrieg.

An diesem Tag sollte ich noch viele Male nass werden. Bei jedem Schauer verdüsterte und verwob sich die Welt. Und nach jedem Schauer ließ die einsetzende Sonne die Erde dampfen und die Gerüche des Landes aufsteigen. Sonnenlohe Regenwände, die nach Südosten abzogen, über den Ärmelkanal, um an der französischen Küste zu landen. Ich versuchte, mir die Zeit zwischen den Gewittern einzuteilen, um so, von Deckung zu Deckung, voranzukommen. Regengefüllte Hufabdrücke, glänzende Fußspuren, sonnenvergoldet. Ich ging wie auf Wolken und war froh, im Freien zu sein und zu wandern. Vor mir lagen noch weitere fußläufige Tage auf einem Pfad, der nach Osten insinuierte – in der alten, arglosen Bedeutung des Verbs, vom Lateinischen *insinuare,* »in leichten Kurven verlaufen, mäandern«.

Ich war an diesem Tag frühmorgens in Winchester losgegangen, um den South Downs über einhundertfünfzig Kilometer entlang der Kammlinie nach Osten bis nach Eastbourne an die See zu folgen, wo die Kreide schroff zum Ärmelkanal hin abfällt. Die ersten Kilometer führten mich vorbei an Kressefarmen und durch Buchenhaine, die mich von oben mit Blättern bombardierten.

Auf dem Icknield Way hatte ich Edward Thomas' Fährte aufgenommen, auf der Kreide wollte ich meine Spurensuche beenden. Die Downs standen im Mittelpunkt seines Buches *South Country* (Südland), und sie waren sein

Herzensland: die Gegend, in der er die längste Zeit seines Lebens verbracht hatte und gewandert war. Im Dezember 1906 zog Thomas – mit seiner Frau Helen und ihren beiden Kindern, denen bald ein drittes folgen sollte – von Hampshire nach Kent. Seine neue Heimat lernte Thomas durch Wanderungen über ihre Pfade kennen; in zehn Jahren lief er Tausende Kilometer über die Downs. Sie wurden zu seiner vertrautesten Landschaft, die ihn tröstete wie andere die Religion oder die Musik. »Auf den alten Wegen, über denen immer der Turmfalke kreiste«, erinnerte sich Helen, »konnte er vergessenen Fußpfaden und verborgenen Wegen nachspüren und sein melancholisches Grübeln abschütteln, dann war er zufrieden.« (Ein Vorhall auf Albert Camus' halb herablassenden, halb neidvollen Tagebucheintrag, er werde eines Tages die Geschichte »eines Zeitgenossen schreiben, der allein durch die eingehende Betrachtung einer Landschaft von seiner Zerrissenheit geheilt wird«). Die Pfade schützten Thomas vor sich selbst: Sie zeugten von der Teilhabe an einer gemeinsamen Geschichte und suggerierten Kontinuität und die Auflösung allen Egoismus:

Roads go on
While we forget, and are
Forgotten like a star
That shoots and is gone.

Wege führen fern
Wir aber vergessen
Und werden vergessen
Wie ein verglühter Stern.

Thomas liebte die historischen Synchronitäten der Kreide: Die Linien der alten Pfade fanden ihre Entsprechung in den Ackerfurchen des gestrigen Tags. Ihm gefiel, wie menschliche Markierungen und Eingriffe Jahrtausende überdauerten – Hügelgräber, Hünenbetten, Kalksteinbrüche, Schwemmen – und von einer Landschaft zeugten, die Erinnerungen in sich trug, fast schon geweihte Erde. Er notierte Listen mit Ortsnamen aus Hampshire und Sussex und freute sich an ihrem »poetischen Reichtum«. Er sprach lange mit den Menschen, denen er auf den Pfaden der Downs begegnete. Und er wanderte: über kleine Straßen zu einsamen Gehöften oder verlassenen Scheunen, über die Feldwege der Flintgräber, die Pfade der Schmuggler und Wege der Hasen, und er erfand eine elegante Typologie der verschiedengestaltigen Pfade: die »luftige Bewegung« und die »vogelartigen Kurven« der Wege, die von den Gipfeln des Kamms hinabführten zu Lehm, Sand und Fluss; die bustrophedonische Bewegung eines Pfades, der sich »um den Kopf eines Kars schlingt«; die lange gerade Linie der Wege über die Downs, in denen sich »eine Kurve verbirgt«; die »Garbe eines Halbdutzends von Fußpfaden, die nebeneinander verlaufen« und durch Felder führen, bis sie an einer Brücke oder vor einem Tor zusammenlaufen und sich verflechten; die »grasüberwachsenen breiten Spuren«, die unter den Eschen und »mitten durch violetten Hartriegel und herzpurpurne Waldrebe« führen. Am Ende eines jeden Sommers hielt er Ausschau nach einem »Gentleman der Straße«, den er auch den »Regenschirmmann« nannte und der seit vierzig Jahren auf der Walz war, immer mit einem Kinderwagen im Schlepptau, in dem sein Schirm mit Ebenholzgriff lag und, in jenem August, als Thomas ihm erstmals begegnete, auch ein Kohlkopf. Oft kampierte der Regenschirmmann an den abgelegeneren, wilderen Straßen Hampshires: unter einer weitausladenden Eiche oder dunklen Fichte, oder in einer breiten Wiesensenke.

Mehr als jeder andere lockte mich Thomas auf die Pfade, und im Zuge meiner Wanderungen hatte ich weite Strecken seiner Schriften gelesen – die Naturgeschichte, die Reisebücher, die Briefe, das Kriegstagebuch, die Gedichte – sowie vieles von dem, was über ihn geschrieben worden war. Mit den Jahren und Kilometern meines Wanderns war mir Thomas' Schreiben schließlich wie eine Traumlandkarte erschienen: eine anwachsende imaginäre Karte ohne Zentrum, ein Schaubild der Sehnsüchte und Verluste, die er auf die realen Gegenden seines Lebens projizierte, allen voran auf die Downs. In gewisser Weise wusste Thomas wohl, dass genau darin sein Schaffen bestand: in der fortwährenden Erkundung seiner inneren Landschaften, von denen er mit seinen Wanderungen durch bestimmte Gegenden und auf bestimmten Pfaden erzählte.

~~~
~~~

Meine erste Nacht auf den Downs verbrachte ich in meinem kleinen Zeltkokon im zweifelhaften Schutz einer Kiefernschonung namens War Downs, während die Regentropfen die Nadeln herabrutschten. Ich habe schon angenehmere Nächte unter einem Zeltdach verbracht. Aber als der Morgen dämmerte, hörte der Regen auf, und die Luft war warm, weshalb ich mich früh wieder auf den Weg machte. Thomas' Gedicht *Roads* von 1916 huschte mir durch den Sinn, und ich versuchte, es mir im Gehen aufzusagen.

The hill road wet with rain
In the sun would not gleam
Like a winding stream
If we trod it not again.

Der regenfeuchte Hügelpfad
Erschiene für uns nicht
Wie ein Flusslauf im Licht
Wenn niemand ihn erneut betrat.

Wilde Clematis wuchs in Wölkchen die Hecken hinauf. Kletterpflanzen – Zaunrübe, Efeu, Geißblatt, Winde – krochen heimlich über die Zweige der Bäume und hingen wie herabgerutschte Knäule von Schlangen über dem Pfad. Wo der Regen die Kreide ausgewaschen hatte, war sie glatt wie Seide.

Im Nordosten sah ich die wohlgeformte Anhöhe über Steep, dem Dorf, in dem Thomas zehn Jahre mit seiner Familie in drei verschiedenen Häusern gewohnt hat. Das erste, Berryfield Cottage, lag am Fuß eines mit Kriechwacholder getüpfelten Kreideplateaus, das ein kleiner Tann krönte. Das Haus lag angenehm abgelegen. Um zur »Außenwelt« zu gelangen, wie Helen sie gern nannte, musste man über einen gewundenen Weg, der so tief ins Land eingegraben und so dunkel war, »dass der Eingang von der Hauptstraße wie der Eingang zu einem Tunnel aussah«. Nachts hörten sie den Wind in den Buchenwäldchen, das Husten und Bellen der Füchse und die Schreie der Eulen. Doch selbst dort, in dieser Landschaft, in der er sich wohlfühlte, konnte Thomas seine Depression nicht besiegen. Tagelang saß er schweigend im Berryfield Cottage, mit hängendem Kopf, erschöpft von der Bürde des Lebens, das Gesicht eingesunken und grau unter den »erdrückenden Anfällen von Elend und Schwermut«. Zu den Kindern war er dann brüsk und harsch; zu Helen noch brüsker, noch harscher. Oft konnte nicht einmal die Landschaft seinen Zustand lindern. Eines verzweifelten Tages im Winter 1908 nahm er den Revolver aus der Schreibtischschublade, steckte ihn ein und verließ das Haus, ohne Helen etwas zu sagen. Am späten Nachmittag kehrte er zurück, unversehrt, die Schuhe schlammverkrustet und voller Laub, doch was er dort oben auf dem Plateau durchlebt hatte, wollte er ihr nicht erzählen; ihr etwas anzutun damit hatte ihn davor bewahrt, sich selbst etwas anzutun.

Es gab auch schöne Zeiten in Steep, wenngleich sie selten waren. Manchmal schliefen er und Helen in dem Wäldchen hinten in ihrem Garten, lagen in der Dämmerung auf dem Rücken und betrachteten die Muster, die die Vögel über ihren Köpfen im Flug entstehen ließen. Anfangs versuchte Thomas noch, Helen die Namen der Sternbilder beizubringen, doch es verlangte sie gar nicht danach, sie freute sich, wenn der Nachthimmel für sie einfach ein einziges großes Bild blieb. Bei gutem Wetter gaben sie die Kinder manchmal zu den Nachbarn, ließen die Arbeit ruhen, griffen sich die an der Hintertür lehnenden Stöcke und wanderten los. Sie liefen hinüber nach Selborne, Gilbert Whites Heimatort; oder sie nahmen den Zug nach Canterbury und kehrten über den Pilgrim's Way nach Winchester zurück. Einmal verbrachten sie vierzehn Tage in Wiltshire und sahen sich das White Horse in Uffington an. Helen war hingerissen vom Atavismus dieser »uralten Wege«, von dem Gefühl, in ihren Schritten mit der »Geschichte und Tradition« verbunden zu sein. Thomas brachte ihr bei, anders zu gehen: »mit dem Körper, nicht nur mit den Füßen«, damit sie die Landschaft, in der sie sich bewegte, besser spürte.

Für Helen war jeder Schritt, den sie in Thomas' Gegenwart machte, doppelt geprägt und hinterließ eine zweifache Spur: in der Landschaft und in ihrem Gedächtnis. »Jeder Hügel, jeder Wald und jede Aue, jeder Grasweg und jeder steile Kreidepfad war durch die Wanderungen, die ich zusammen mit Edward darauf unternommen habe, für immer in meinem Herzen«, schrieb sie nach seinem Tod.

~~~
~~~

Bei Buriton, an der Countygrenze zu Sussex, sah ich in der Ferne eine Gestalt mit breitem Rücken auf dem Pfad gehen. Ich beschleunigte den Schritt und sah sie bald genauer. Es war ein schlanker, kleiner Mann um die fünfzig, und der breite Rücken stellte sich als Rucksack heraus. In den seitlichen Netztaschen steckten zwei abgewetzte, schon lange etikettlose Coca-Cola-Flaschen. Sie sahen aus wie ein Raketenantrieb. Bei jedem Schritt schlug eine am Griff an den Rucksack gebundene Bratpfanne gegen eine Metallschnalle. Das Gepäck des Fernwanderers: leicht ramponiert, aber praktisch. Ich fiel in den Rhythmus seiner Schritte und wir begannen zu reden. Sein Name war Lewis. Ein Mann von bedächtigem, ruhigem Wesen. Er trug eine Brille aus Drahtgestell. Vor sechs Jahren, nach dem Tod seiner Frau, sei er aufgebrochen. Er habe das Haus verkauft und sich auf Wanderschaft begeben. Und so hatte er ganz Großbritannien durchquert, von Norden bis Süden. Auch Frankreich und Spanien hatte er durchwandert, war in Nordafrika gewesen und wollte nun China und den Himalaya für sich entdecken. Die meiste Zeit aber hatte er auf den Britischen Inseln verbracht. Er lebte auf den Fernwanderwegen. Jeden Tag, ganz gleich zu welcher Jahreszeit, stand er gegen fünf Uhr auf und versuchte, noch vor dem Frühstück sieben oder acht Kilometer zurückzulegen. Die Colaflaschen füllte er mit Wasser.

»Ab und zu gönne ich mir eine Nacht in einem Bed and Breakfast«, sagte er, »aber meist schlafe ich einfach auf dem Weg, auf dem ich gerade gehe.«

Er langte nach hinten und tätschelte die Zeltrolle an seinem Rucksack. Jede größere Wanderung bekam ihr eigenes Tagebuch. Immer dasselbe Format: ein leinengebundenes Din-A5-Heft mit rot-schwarzem Einband, solide genug, um es in seinen Rucksack zu stopfen. Hatte er ein Heft vollgeschrieben, schickte er es seinem Bruder in Newcastle. »Er hat inzwischen drei Dutzend bei sich im Regal«, sagte Lewis. »Irgendwann mache ich ein Buch daraus.«

In der Nähe von Amberley erhob sich eine Schleiereule aus dem Schilf. Wir blieben stehen, um sie bei ihrer Jagd über dem Flussufer zu beobachten; langsam folgte sie dem Verlauf Richtung Norden und entlockte den Grasmücken im Röhricht einiges Schrillen. Ein tagaktives Gespenst mit machtvoll lautlosem Flügelschlag. »Gehen Sie ruhig«, sagte Lewis zu mir, »ich habe es nicht eilig.«

Es gibt heute zwei eng miteinander verwobene Wandertraditionen. Die erste wurde vom willentlichen Wanderer à la Borrow oder Whitman geprägt, der sich nach Romantik sehnt. Die zweite von der düsteren und leichter zu übersehenden Schattengeschichte der Landstreicher, Vagabunden, Tippelbrüder, Flüchtlinge, Versehrten und Arbeitslosen, die an und auf der Straße leben und sich ein karges Leben »zusammenstromern«. Zehn Meilen am Tag hieß die Satzung der Stromer. So viel Strecke sollte am Tag gemacht werden. Die Jahre, in denen die Wanderschaft über die alten Wege in Großbritannien ihre Blütezeit erlebte, von den 1880er Jahren bis in die 1930er Jahre, waren auch die bedeutendsten Jahre in der Geschichte des Tramps. Die zweite Hälfte des 19. Jahrhunderts brachte das endgültige Ende der englischen, im frühen Mittelalter etablierten Zunftkultur, die vorsah, dass jemand, der Arbeit suchte, einfach dorthin ging, wo gerade Arbeit war. Für viele Rückkehrer aus dem Ersten Weltkrieg gab es plötzlich keine Arbeit mehr und auch keine Aussicht auf eine feste Anstellung. Somit blieb ihnen nur das Leben auf der Straße, und in den nächsten zwanzig Jahren erlebte das Vagabundieren eine regelrechte Blütezeit. Unzählige schliefen im Freien und fristeten ein hartes Dasein. Landauf, landab sah man Rauch über den Hainen und Gehölzen aufsteigen, in denen sich die ausgestoßenen Kriegsverlierer zeitweilig eingerichtet hatten. Und ihre Zahl wuchs noch an, als die Wirtschaftskrise der 1930er Jahre Millionen Menschen in Europa und Amerika in die Arbeitslosigkeit stürzte.

Die herzzerreißendste Episode in Laurie Lees wundervollem Buch *An einem hellen Morgen ging ich fort* (1969) ereignet sich kurz nachdem er sein Dorf in den Cotswolds verlassen hat und über die Kreide von Sussex in Richtung London trippelt. Er ernährt sich von Datteln und Keksen und schläft am Wegesrand: eine Nacht in einem Heuschober, eine Nacht im Chanctonbury Ring. Es ist 1934, die Wirtschaftskrise erreicht ihren Höhepunkt. Lee ist noch ein Neuling auf der Straße und lernt gerade erst, welchem Menschenschlag er dort begegnet: hauptsächlich Freizeitwanderern, aber auch einigen professionellen Vagabunden (sie erkannte er daran, dass sie »am Straßenrand Tee kochten, alles ganz in Ruhe taten und lange ihre Füße begutachteten«). Dann sah Lee noch eine dritte Gruppe, »die in einem düsteren Zug gen Norden stapfte«. Das waren die »Massen von Arbeitslosen, die damals ziellos durch England zogen«. Diese Menschen *gingen wie Schlafwandler ihres Weges, immer allein, und sprachen nur selten mit ihresgleichen. Im Landesinneren schienen es mehr zu sein als an der Küste – vielleicht hatte die Polizei dafür gesorgt. Sie wirkten wie eine zersprengte Armee, die aus dem Krieg heimkehrte, mit eingefallenen Wangen und müden, toten Augen. Manche hatten Taschen mit Werkzeug bei sich oder schäbige Kartonkoffer; andere trugen die Geister einstiger Straßenanzüge; einige zogen, wenn sie Rast machten, behutsam die Schuhe aus und polierten sie flüchtig mit einer Handvoll Gras. Unter ihnen waren Tischler, Schreiber, Techniker aus den Midlands; viele waren seit Monaten auf der Straße, wanderten kreuz und quer durch das Land, durch ein Labyrinth von Absagen, die Tretmühle der Dreißigerjahre.*

Eine traurige Passage, und eine glänzende Beobachtung, aus der großes Mitgefühl spricht – vor allem im »flüchtigen« Polieren der Schuhe von Männern, in deren Beruf es besonders wichtig war, blankgeputzte Schuhe zu haben; ihrem symbolischen Versuch, den Staub der Straße von sich fernzuhalten – und die ein Bild jener umherziehenden Brigaden zeichnet, die in den üblichen Darstellungen über Wanderlust, Abenteuer und freie Pfade meist nicht vorkommen.

~~~

Östlich des Beacon Hill erreichte ich einen langgezogenen Kamm aus Kreide. Das Rufen der Häher und Krähen in den Wäldern klang wie ein Buzzer in einer Gameshow. Zur Linken und Rechten säumten Mehlbeerbäume den Pfad, die Blattoberflächen graugrün, die Unterseiten grellsilbern. Ich wanderte durch ein Feld aus Knabenkraut und violettem Klee, dessen Antheren ich aß, um den süßen Nektar zu schmecken. Dann vorbei an Gräbern und Gedenkstätten verschiedener Zeitalter: bronzezeitliche Hügelgräber, in denen einst die Asche der Verstorbenen in Tongefäßen aufbewahrt wurde; neolithische Hünenbetten; ein Bildstock für einen 1940 getöteten deutschen Flieger, voll von Erinnerungskreuzen, Rosenblüten und Flintsteinen. Dann trat ich aus einem dunklen, eibenreichen Wald und stieg auf eine sich
~~~

mindestens drei Kilometer erstreckende Anhöhe. Bleiches Licht, grau glänzende Buchenstämme, ein Trecker, der ein fernes Feld zu Cord pflügte. Im Wind flackerndes Gras, zirpende Grashüpfer. Übers ganze Feld lagen weiße Flintsteine verstreut, dazwischen rollten Schafswollflusen dahin.

In der Abenddämmerung lief ich durch einen ausgehöhlten Pfad, der sich östlich von Storrington die bewaldete Anhöhe der Downs hinaufwand. Die Tiefe des Pfades zeugte von seiner jahrhundertelangen Nutzung, und sein Verlauf gefiel mir: Er bewegte sich in abgerundetem Zickzack zwischen den Bäumen hindurch wie ein hügelauf mäandernder Fluss. Im Wald war es deutlich dunkler. Als ich um eine Kurve bog, kam gerade ein Dachs aus einer Bingelkrautböschung gewuselt, blieb stehen und starrte mich aus grünblitzenden Juwelenaugen an, ehe er über seinen Pfad hügelab davonraste und auch ich weiter meines Weges ging, aus dem Wald hinaus auf das Hochplateau der Downs, den Chanctonbury Ring, wo Lee geschlafen hatte und auch ich eine Nacht verbringen wollte, was ich heute bereue.

Der Chanctonbury Ring ist ein Kreis aus Buchen auf der Kuppe eines Hügels, in dem sich in der Bronze- und Eisenzeit eine Festung mit einem römischen Tempel befunden hatte. 1760 beschloss ein gewisser Charles Goring, ein junger Adliger aus dem Dorf Wiston am Fuß des Hügels, den Befestigungsanlagen seine eigene Portion Geschichte hinzuzufügen. Er pflanzte einen weiten Kreis Buchenschösslinge und soll – so lautet eine Variante der Geschichte – Tag für Tag Wasser in Flaschen den Hang hinaufgetragen haben, um seine Setzlinge auf dem kargen Gipfel zu bewässern (einer anderen Variante zufolge ließ er seine Bediensteten das Wasser tragen).

Jedenfalls schlugen die Setzlinge Wurzeln, gediehen und bilden heute ein dichtes Kuppeldach. Zweihundert Jahre lang war Chanctonbury die bekannteste Landmarke der South Downs. An einem Juliabend im Jahr 1932 kamen 16 000 Menschen in Sonderzügen der Southern Railway aus London, um im Mondschein über diesen Abschnitt der Downs zu wandern und vom Ring aus den Sonnenaufgang zu betrachten. Der Westeuropa-Orkan von 1987 allerdings verheerte Chanctonbury. Heute fehlen die meisten und größten Bäume im Ring, dessen Inneres zu einem wuchernden Eschen- und Brombeergestrüpp verkommen ist.

Trotzdem fühlte ich mich an jenem Abend dort oben überraschend fern von allem. Im Süden fackelte Brighton vor sich hin wie ein entfernter Brandherd. Der Weald im Norden war fast vollkommen lichtlos. Der Himmel ein trübes Silber. Als ich meine Isomatte zwischen zwei der noch verbliebenen Buchen ausgerollt hatte, war es endgültig dunkel, und ich zog Schuhe und Socken aus. Das kaninchengemähte Gras tat meinen Füßen gut, ich grub meine Zehen hinein, ehe ich mich aufmachte, den Ring zu umrunden. Als ich beinahe wieder an meinen Ausgangspunkt zurückgekehrt war, trat ich in einen Haufen Schafsköttel und brauchte einige Minuten, um die Bescherung zwischen den Zehen mit ein paar Grasbüscheln zu entfernen. Nachdem ich gegessen hatte, legte ich mich schlafen; ich hielt ein Ohr an den Boden und stellte mir die Tiefen der Geschichte vor, die in ihm steckten – Jungsteinzeit, Eisenzeit, Bronzezeit, römisches und augusteisches Zeitalter, allesamt durchzogen von den Wurzeln der Buchen. Eine halbe Minute gelang es mir, den schwindelerregenden Gedanken festzuhalten, dann sank ich in besinnungslosen Schlaf.

Den ersten Schrei hörte ich gegen zwei Uhr morgens. Das lange spitze Schreien eines Menschen, das zum Ende hin abfiel. Es kam von der gegenüberliegenden Seite des Baumrings. Meine Gedanken waren schlafenswirr: *Ein Kind in höchster Not? Ein Hase in den Klauen eines Wiesels oder Fuchses?* Nein, unmöglich: Das Geräusch kam mindestens aus Baumwipfelhöhe. Also ein Vogel, vermutlich eine Eule. Aber eine Eule, wie ich sie noch nie gehört hatte: weder das pelzige Heulen eines Waldkauzes noch der kratzige Ruf einer Schleiereule. Ich spürte eine leichte Angst, tat sie gleich wieder als albern ab. Doch dann folgte ein zweiter Schrei, der etwas anders klang: tiefer und körniger, zum Ende hin aufsteigend, wie eine Klinge, die geschliffen wird. Wieder mehr Mensch als Vogel, wieder nicht identifizierbar, wieder aus Baumwipfelhöhe. Zwei oder drei Minuten lag ich still da und lauschte den Schreien. Dann bemerkte ich – und ein Kribbeln schoss mir in Schultern und Finger –, dass sich die Stimmen getrennt hatten und auf mich zukamen: Sie kreisten nun, immer noch in Baumwipfelhöhe, um den Baumring, die eine Stimme im, die andere gegen den Uhrzeigersinn, und näherten sich allmählich meinem Lagerplatz. Ich wollte aufstehen, schreien, meine Taschenlampe als Blendwaffe benutzen; stattdessen blieb ich still liegen und hoffte auf ein Ende. Inzwischen trafen sich die Schreie fast direkt über mir im Dunkeln, in sieben oder acht Metern Höhe. Nach einer Viertelstunde hörten sie auf, und ich fiel in unruhigen Schlaf.

Nach meiner Rückkehr fand ich einiges über die Folklore des Chanctonbury Ring heraus. Heute weiß ich, dass es einer der Orte auf den Downs ist, die am häufigsten von Geistern und Gespenstern heimgesucht werden. In zahlreichen Volkssagen aus Sussex, von denen die meisten am Ende des 19. oder Anfang des 20. Jahrhunderts schriftlich festgehalten wurden, gilt er als Tor in die Anderswelt. 1909 berichtete Arthur Beckett in seinem Buch *The Spirit of the Downs* (Der Geist der Downs): »Wenn Sie den Chanctonbury Ring in einer mondlosen Nacht sieben Mal umrunden, ohne stehenzubleiben, kommt der Teufel aus dem Wald und überreicht Ihnen eine Schüssel Suppe«,[2] als Entgelt für die Seele, was mir ein ziemlich schlechter Tausch zu sein scheint. Bewegtere Varianten dieser Anleitung zur Geisterbeschwörung behaupten, man müsse den Ring siebzehn Mal umrunden, bei Vollmond, und nackt, oder man müsse ihn rückwärts rennend umrunden, und zwar sieben Mal, bei Mitternacht am Mittsommerabend. Zu den auf diese Weise beschworenen Geistern zählten neben dem Teufel ein Druide, eine Lady auf einem Schimmel, ein weißbärtiger Schatzsucher, ein kleines Mädchen sowie Julius Caesar mitsamt seiner Armee. In manchen Nächten war dort oben schon einiges los.

Ich hörte auch, dass viele Menschen, die im Chanctonbury Ring übernachten wollten, von einem oder mehreren unsichtbaren Wesen mit Gewalt vom Hügel vertrieben worden waren. In den 1930er Jahren erklärte Dr. Philip Gosse aus Steyning in seinem Buch *Go to the Country* (Hinaus aufs Land): »Selbst an strahlenden Sommertagen beschleicht einen das unheimliche Gefühl, von einem unsichtbaren Wesen verfolgt zu werden. Sowie ich den dunklen Wald betrete, spüre ich etwas hinter mir. Bleibe ich stehen, bleibt es auch stehen; gehe ich weiter, folgt es mir.« Ein Bericht aus dem Jahr 1966 ähnelte meinem Erlebnis auf sehr beunruhigende Weise. Eine Gruppe von Motorradfahrern hatte die Nacht im Ring verbracht. Bis weit nach Mitternacht war alles ruhig geblieben, als plötzlich ein Krächzen zu hören war, dann die wehklagende Stimme einer Frau, die die äußere Einfassung des Rings zu umkreisen schien. Die Biker ergriffen Hals über Kopf die Flucht und klagten später über körperliche Beschwerden, Kopfschmerzen und taube Gliedmaßen. Als ich das las, erschrak ich über die Ähnlichkeit mit meiner eigenen Erfahrung, spürte dann aber auch einen gewissen Stolz, dass ich ertragen hatte, was eine ganze Gang haariger Biker in die Flucht schlagen konnte.

~~~

Ich erwachte in eisvogelbunter Morgendämmerung: orange Cumuluswolken im Osten und blau gestreifte, dichte Cirruswolken über mir. Mit Kopfschmerzen und tauben Gliedern lief ich um den Ring und suchte nach einer Erklärung für die nächtlichen Schreie. Nichts. Nach Ostsüdost schlängelte sich ein weißer Kreidepfad über hohe Hügel, und ich beschloss, ihm zu folgen, das leicht abfallende Grasufer von Bramber Bank entlang, das elegant ins obere Tal des Adur übergeht. Über einen halben Kilometer zertrat ich Tausende gestreifter Schnecken der Gattung *Helix nemoralis,* von denen der Pfad übersät war. Auf einem Feld wimmelte es im Greiskraut von Raupen des Jakobskrautbären. Ein anderes Feld war rosa von Malven, die wie die Papierblumen eines Zauberers aus der Erde schossen. Dazwischen bogen und zogen sich Treckerspuren. Die Sonne brannte schon, als ich die mittelalterliche Kirche in Botolphs erreichte, wo mein Freund Rod Mengham – durch und durch ein Mann der Downs, dazu Dichter, Archäologe und Autor – im Schatten des Kirchturms auf mich wartete, um ein paar Kilometer mit mir zu gehen. Ich freute mich sehr, ihn zu sehen.

Östlich des Adur verlaufen die Downs als drei langgestreckte, durch Flussniederungen voneinander getrennte Plateaus. Auf dem höchsten Punkt der ersten Anhöhe, des Edburton Hill, stehen noch die Fundamente einer Turmhügelburg, die im Frühjahr und Frühsommer eine kniehohe Wildblumenwiese schmückt. Dort legten Rod und ich uns in die Blumen und sprachen unter trockenem Westwind über Thomas und Ravilious und darüber, dass ich nie und nimmer im Chanctonbury Ring hätte übernachten dürfen. Mit schnellen Flügelschlägen zog ein Bussard auf der Suche nach Aufwinden über die Böschung, als plötzlich eine Flügelspitze warme Luft spürte und er sofort reagierte, die Körperhaltung änderte und sich mit starr gebogenen, in die Luft gekrallten Flügeln, vorgestreckten Handschwingen
~~~

und gespreiztem Stoß im aufsteigenden Strom spiralförmig in die Höhe treiben ließ.

Ich erkannte nur wenige der Dutzenden Pflanzenarten in dieser Wiesenpracht, Rod ein paar mehr: Ackerkraut, Reseda, Wiesenklee, Klappertopf, Majoran, Skabiose, Flockenblume, Liebfrauenstroh, Eschenschösslinge, sprießenden Weißdorn und da und dort die aufragenden Donnerkeile des Besenkrauts. Und durch all diese Pracht fädelten sich die schnurartigen Stängel der Ackerwinde. Ich hatte versucht, mir mithilfe eines Handbuchs aus dem 19. Jahrhundert, *Flowers of the Field* (Die Blumen des Feldes) von Reverend C. A. Johns – eines extrem beliebten viktorianischen Breviers, das Thomas besessen und benutzt hatte – wenigstens ein paar der häufigsten englischen Wildblumen einzuprägen. Mit Johns Hilfe war Thomas ein versierter Amateurbotaniker und autodidaktischer Spezialist für die »Märchenflora« der Kreide geworden. Thomas' Kinder wiederum kannten die Kreidepflanzen so gut, dass sie Eleanor Farjeon bei ihrem ersten Besuch der Familie in Steep hundert unterschiedliche, von ihnen selbst ausgewählte Arten benennen ließen (siebzig erkannte Arten: bestanden, achtzig Arten: mit Ehren bestanden).

Johns *Flowers of the Field* stammte noch aus einer Ära, in der das Wort Benutzerfreundlichkeit ein Fremdwort war. Dazu nur ein Beispiel, der gestrenge Eintrag zum Ackerkraut, einer in der Kreide weitverbreiteten und für ihre Heilwirkung bekannten Art:

Agrimonia (Odermennig)
Krautige Pflanze mit wechselständig gestielten, unpaarig gefiederten Laubblättern, *untereinander unverwachsenen* Nebenblättern *und kleinen gelben aufrechten Blütentrauben; Kelchblätter: 5, achsel- oder endständig* [...] *freie Fruchtblätter 2, mit 1 Fruchtknoten im stachelbesetzten Blütenbecher; Früchte mit 1 oder 2 Achänen.*

Ich versuchte mir eine Beschreibung vorzustellen, die mich noch ahnungsloser an einem Exemplar dieses Gewächses vorbeilaufen ließe. Zugleich lag in der vorausgesetzten Expertise etwas erfrischend Viktorianisches: als läse man in einer Gebrauchsanleitung für eine Waschmaschine, die sich ausschließlich an professionelle Elektriker richtet. Zudem waren Johns' Beschreibungen von nachgerade lyrischer Präzision. Blätter »in Knospenlage« waren

entlang der Mittelrippe gefaltet *wie ein Brief, so bei der Kirsche; wie ein Fächer* gerippt, *so bei der Buche;* in sich eingerollt *wie eine Schriftrolle, so bei der Pflaume; an den Rändern* nach innen gerollt, *so bei der Seerose; an den Rändern* nach außen gerollt, *so beim Ampfer;* klappig, *wenn sie einander berühren, ohne zu überlappen; oder* contort, *wo sie einander wie Dachziegel überlappen.*

Wie ich dort in der Wiese lag, müßig und träge von Sonne und Wanderung, im Apothekenduft der Blumen und unter dem feinen Summschleier der Fliegen, stellte ich mir vor, ich schliefe ein und die Ackerwinden rankten sich um meine Gliedmaßen und würden mich ganz überdecken, bis ich, wenn ich wieder aufwachte, wie Gulliver in Lilliput für immer an den Boden gefesselt wäre.

~~~

Der Quell von Thomas' Melancholie lag tief in ihm selbst, in seiner zweifachen Sehnsucht nach Reise und Rast, Bewegung und Sesshaftigkeit. Als junger Mann hatte er tief aus Borrow getrunken und »überall den vagabundierenden Geist« gesehen. Thomas war übervoll von Yeats' Romantik der Wege, der Pfade, dem »weißen Band möglicher Reisen«[3], wie Robert Louis Stevenson es formulierte. Er werde »nie / Des Weges müde«, schreibt Thomas in *Roads* (Wege), »Ganz gleich, wie steil, wie rüde / Er sich in die Ferne zieht.« Diese Veranlagung ließ ihn den Mauersegler als sein Totemtier auswählen, einen ausdauernden und für seine rasanten Flugmanöver bekannten Zugvogel.

Zugleich wünschte sich Thomas, einem Ort für lange Zeit treu zu bleiben. Manchmal – wenn er unter den Mehlbeerbäumen lag oder Kräuter und Ranken pflanzte – verspürte er den Wunsch, »für immer Wurzeln zu schlagen«. Der Baum (stetig) und der Vogel (unstet) sind die zwei bestimmenden
~~~

Wesen in seinem Werk; der Wald (fest) und der Pfad (beweglich) die zwei bestimmenden Landschaftsmerkmale; die Wurzel (Bohren in die Tiefe) und der Schritt (Bewegung voran) die beiden gegensätzlichen Metaphern für unsere Beziehung zur Welt.

Thomas spürte früh, dass die Spannung zwischen Mobilität und Wechsel auf der einen und Sesshaftwerdung und Beständigkeit auf der anderen Seite die modernen Zeiten bestimmen würde – wobei Erstere allgegenwärtig und Letztere verloren gehen würden (falls es sie überhaupt jemals gegeben hatte), um als Moment der Nostalgie wiederzukehren. Er selbst spürte die Spannung zwischen Fernweh und Heimatsuche, wenngleich sie bei ihm erst im Anfang war. Auch ich kenne diese Spannung. »Es ist schwer, irgendeinen Frieden zwischen diesen beiden unvereinbaren Sehnsüchten zu schaffen«, schrieb Thomas 1909, »der Sehnsucht, über die Erde zu gehen, weiter und weiter, und der Sehnsucht, sich an einem Ort niederzulassen wie in einem Grab und aller Veränderung die Tür zu weisen.« »Jahrelang«, notierte Helen nach seinem Tod, »war Hampshire seine Heimat, sein County.« Doch dann packte ihn wieder die Unruhe, und »er verließ Hampshire und ging zur Armee, und von da an fand er keine Heimat mehr«.

~~~

Ehe sich die Ackerwinde ans Werk machen konnte, stand ich auf, und wir setzten unsere Wanderung fort; auf müden Beinen stapften wir gen Osten, kreuzten Landstraßen, Parkplätze und den Devil's Dyke, ein steilwandiges Trockental, das in der letzten Eiszeit aus der Permafrostkreide gefräst worden war. Am Nachmittag, als wir hoch oben auf dem längsten Kamm der Downs standen – der Plumpton Plain –, blickte ich sehnsuchtsvoll hinauf zu den Bussarden und wünschte mir, selbst Flügel zu haben, um in kürzester Zeit über kilometerlange Wege zu gleiten.

In Kingston trennten sich unsere Wege. Ich bog auf die Jugg's Road ab, jenen breiten alten Fußpfad von Brighton nach Lewes, der auf das Gipfelplateau Kingston Down hinaufführt und auf dem einst die an der Küste gefangenen Fische über die Downs zu den Marktflecken auf der Nordseite transportiert wurden. Auf der Suche nach einem Schlafplatz schlenderte
~~~

ich über das Plateau. Ich sah Schwemmen und Hügelgräber, und einen großen, auf dem Schirm liegenden Wiesenchampignon, dessen schwarze Lamellen verkohlten Buchseiten glichen. Schließlich entschied ich mich für eine sattgrüne Grasfläche zwischen zwei Stechginsterbüschen, die mir als Windfang dienen würden. Das Gras war von Labkraut durchzogen, eine weiche Matratze.

Hoch über mir trällerten die Lerchen, und ihre Melodien fielen wie Spreu zur Erde herab. W. H. Hudson hatte einmal beschrieben, wie er an einem klaren Sommerabend 1899 auf den Kingston Ridge gewandert war, wo die Disteln der Downs ihre Samen in den Wind schossen, ein Wirbelsturm »aus kaum sichtbaren silbernen Sternen«. Ein außergewöhnlicher Anblick. »Ich gab mich ganz diesem Vergnügen hin«, schrieb er schlicht, »und konnte mir nichts Besseres wünschen.« Er erinnerte sich an ein ähnliches Phänomen in den südamerikanischen Pampas, wo er auf einem nächtlichen Ausritt durch mannshohe Distelwolle galoppiert war und sein Pferd vor dem »unwirklichen Silbernebel« scheute, der »in seltsam hellem Weiß im Dunkeln leuchtete«. Ich erinnerte mich daran, dass die Gipfel der South Downs im Zweiten Weltkrieg von dünnen Metallstreifen übersät waren, sogenannten Düppel, abgeworfen von deutschen Flugzeugen, um die britischen Radargeräte zu täuschen. Distelwolle, Düppel, Melodien wie Spreu, Silbersplitter, Töne, Wörter und Szenen, die beginnen, sich zu verschieben und zu verschwimmen ...

Thomas wird oft ein Landschaftsdichter genannt, obwohl ihn die Flüchtigkeit eines Ortes ungleich mehr faszinierte als dessen Beständigkeit. Die Gegenwärtigkeit von Natur schlug ihn in ihren Bann – das Zwitschern einer Amsel in einer Hecke, die Kühle des Sternenlichts, die Berührung der Federfahnen am Finger –, doch wusste er zugleich um die Brüchigkeit von Landschaft, die ungewollte Adhäsion von Erinnerungen, die diesen und jenen Ort miteinander verbinden, den unwirklichen Silbernebel der Assoziation, durch den wir uns bewegen und alles betrachten, sowie um die plötzlichen Verschiebungen und Täuschungen, denen unser Geist unterworfen ist, gerade dann, wenn wir uns am wahrhaftigsten in der Welt fühlen. Räume sind in Thomas' Gedichten oftmals die Summe der Orte, die man zurückgelassen oder noch zu erreichen hat.

Aus diesem Grund ist Thomas' Lektüre ein dissonantes Erlebnis. Seine Gedichte sind alles andere als harmonische Träume, und wenngleich er wusste, welch innigen Trost eine Landschaft spenden kann, sah er auch die Brüche und wunderlichen Wendungen, die auf unsere Reisen Einfluss nehmen können. F. R. Leavis sagte treffend, Thomas arbeite »am Rande des Bewusstseins«. Oft geht es ihm in seinen Texten darum, anzudeuten, was nicht fassbar oder erreichbar ist. In dem sehr späten Gedicht *Lights Out* heißt es:

Many a road and track
That, since the dawn's first crack,
Up to the forest brink,
Deceived the travellers
Suddenly now blurs,
And in they sink.

Mancher Weg und mancher Pfad
Hat, wenn der Morgendämmer naht,
Die Reisenden getrogen,
Die es an den Waldrand zieht.
Als er plötzlich flieht.
Und war wie aufgesogen.

Trügen, fliehen, aufsaugen; für Thomas war auch die Vergangenheit brüchig und bestenfalls in Teilen rekonstruierbar. Erinnerung und Landschaft waren beide in stetigem Fluss. An der Nadel des Plattenspielers fängt sich Staub: Stimmen, sofern sie überhaupt zu hören sind, erreichen uns verzerrt oder sind nur kurz im Rauschen zu hören, während wir am Senderrädchen drehen.

In seinem Buch *Footsteps* (Schritte) von 1985 bezeichnet Richard Holmes die Tätigkeit eines Biografen als »eine Art Verfolgungsjagd, das physische Lesen einer Fährte, die jemand anderes in der Vergangenheit gelegt hat«. Im Laufe seiner eigenen Verfolgungsjagden erkannte Holmes schließlich, dass der Biograf in den Fußstapfen des anderen den Gegenstand seiner Arbeit niemals erreichen kann, sondern bestenfalls Ahnungen zweiten Grades von einer früheren Gegenwart bekommt: ein Nachglühen, Geister auf der Netzhaut, psychische Gespinste. »Man kriegt ihn nicht zu fassen«, warnte Holmes, »nein, man kriegt ihn nie ganz zu fassen ...« Ich hatte mich auf den Weg gemacht, um mich Thomas über jene Pfade zu nähern, auf denen er gegangen war, doch meist war er mir entwischt, höchstens einmal kurz erschienen wie eine dahinschwebende Figur an einer Wegbiegung oder in einem Loch in der Hecke, ein bleibendes Rätsel. Zugleich hatte ich so viel von den Menschen gelernt, denen ich auf meinen Reisen begegnet war: Menschen, für die Landschaft wie für Thomas auf höchst komplexe Weise mit Selbstwahrnehmung zu tun hat und für die bestimmte Orte oder Wetterlagen große Anmut besitzen können. Ian auf seinen Seewegen, Miguel auf seinen Waldpfaden, Steve Dilworth zwischen seinen Findlingen, Anne Campbell und Finlay draußen auf dem Moor, Nan Shepherd auf und in den Bergen, Raja auf dem Passweg zwischen Israel und Palästina, Menschen, die die Pfade offen hielten. Das, so dachte ich jetzt, war die eigentliche Entdeckung: keine geisterhafte Wiederkehr meines Thomas, sondern die Erkenntnis, dass für ihn und viele andere der menschliche Geist gleichsam eine Landschaft ist[4] und Wandern eine Möglichkeit, sich in ihm zu bewegen. Über mir jagten Mauersegler durch die am Hang einbrechende Dämmerung. Sie wendeten so scharf und schwungvoll, dass es aussah, als verliefen in der Luft durchsichtige Röhren, durch die die Vögel sausten, anders konnte ich mir so kontrollierte Bögen nicht erklären. Ihre Flugpfade gaben dem Himmel Kontur, und ihre Routen folgten den Bergen und Tälern des Windes, die sich dort oben immer wieder neu formten, sodass die Luft ihre eigene, in der Bewegung der Vögel sichtbar werdende Topografie zu besitzen schien.

~~~

Wieder einmal weckte mich am nächsten Morgen das Jubilieren der Lerchen. Nach meiner Erfahrung mit Lerchen wusste ich inzwischen, dass an Schlaf fortan nicht mehr zu denken war, also wanderte ich noch vor Sonnenaufgang hinab nach Lewes und weiter die Südhänge des Mount Caburn
~~~

hinauf, zum einzigen Gipfel der Downs, der die Hauptkette leicht überragt. Die zartrosa Köpfe des Majorans nickten in der sich langsam erwärmenden Morgenluft. Ich pflückte das Köpfchen einer Skabiose und zupfte am wilden Thymian.

Bei Glynde überquerte ich die Ouse: schlammiges Ufer und erste Schleifen, die sich kurz vor dem Meer auf dem Weg zum Mündungsdelta bildeten. Der Pfad stieg weiter an und führte auf den Firle Down. Rötlichblau blühende Karden, deren dicht stehende Samenkapseln sich auf dem Fruchtstand in die Höhe schraubten. Auf einem der Köpfe saß eine Biene, kopfüber ins Blau getaucht, die Beine in ihrer Nektarekstase weit von sich gestreckt, als triebe sie auf dem Wasser.

Spät am Tag erreichte ich mit müden Beinen den Cradle Hill, in dessen östlichen Hang ein großes weißes Kreidepferd geritzt war. Unter mir mäanderte der Cuckmere ölig glänzend Richtung Meer. Ich sauste die Böschung hinab zum Fluss und folgte dann für drei, vier Kilometer dem Ufer. Der braune Schlick am Saum des Flusses war voller Vogelspuren, und meine Stiefelabdrücke gesellten sich zu den Fährten von Reiher, Kormoran und Möwe, die hier ein noch dichteres Muster bildeten als die eingangs beschriebenen Vogelspuren im Schnee, die ich in besagter Winternacht gesehen hatte.

Der Fluss hatte die Farbe von Milchschokolade. Ich fand die waschpulverweiße Flügelfeder eines Fischreihers, die ich mitnahm, und brach einen Zweig Weißer Zaunrübe, deren glänzende Blätter barock geformten Herzen glichen. Bei Exceat fuhr die dunkle Silhouette eines Kormorans mit vollem Schwung ins Wasser und tauchte mit einem Aal im Schnabel wieder auf. Der Aal zuckte und peitschte wie eine Fahrradkette hin und her, wand sich frei und entkam.

Eine Stunde vor Sonnenuntergang stand ich auf dem Gipfel eines schmalen Kreidefelsens und schaute hinunter auf Cuckmere Haven, wo der Fluss in den Ärmelkanal mündet. Eine weite, flach ins Meer abfallende Kiesbucht aus Flint, ehemals von geduckten Bunkern bewacht. Auf den westlichen Höhen die Hütten der Küstenwache, im Osten die weißen Klippen der Seven Sisters, wie eine Wäscheleine mit lauter frisch gewaschenen Laken daran.

Junge Steinkäuze machten in den Zweigen der Ahornbäume ihre ersten Flugversuche. Ein blasses Pferd stand reglos auf einem abgeernteten Feld und starrte gen Norden. Es war Hochwasser, und entlang der Küste war das Wasser die ersten dreißig Meter milchig grün. Die Wellen hatten Kreide vom Ufer und von den Klippen gespült, deren Partikel nun unlesbar graugrün in der See trieben.

Ich stieg hinab zum Strand und folgte der mit großen Flintsteinen gepflasterten Flutlinie. Ein Haufen grauer Flintsteine unterhalb der ersten »Sister« erregte meine Aufmerksamkeit, wie er so als voluminöses Gelege am Fuß der Klippe lag. Ich hob einen Stein nach dem anderen auf und war verblüfft. Auf jeden war mit Kreide ein Tier gezeichnet worden. Im Lascaux'schen Stil: naiv, mit fließenden Linien. Ein Hirsch, eine Möwe, ein Habicht, ein Seehund, eine Menschengestalt. Jemand musste am Nachmittag hier gesessen und mit einem Stück Kreide aus den Klippen diese Figuren auf den Flint gezeichnet haben.

Ich legte die größten Steine auf eine ebene Kreidefläche und setzte die anderen, der Größe nach sortiert, obenauf. Habicht auf Seehund auf Hirsch auf Mensch: ein schlichter Steinhaufen an der Flussmündung, der das Ende meiner Wanderung und das Erreichen der Küste markierte. Ich blickte hinaus über den Ärmelkanal und das mehr und mehr verschwimmende Kreideband in den Wellen. Das weiße Band des Pfades, der schneeweiße Flint, das blendende Weiß der Reiher.

~~~

Das Kreidemassiv, aus dem die South Downs aufragen, taucht hier in den Ärmelkanal und kommt in der Gegend von Pas-de-Calais in Nordfrankreich wieder an die Oberfläche. Im Ersten Weltkrieg wurden viele Schlachten der Westfront in einer Landschaft aus Kreide und Flint ausgetragen: der geologischen Fortführung der riesigen Kreideablagerungen, die Südengland bilden.

Als Thomas im Februar 1917 in die Schützengräben zog, erschrak er darüber, wie sehr die Gegend um Arras den South Downs ähnelte: als könnte er der Front einfach den Rücken kehren und auf direktem Wege zu seinen Pfaden in Hampshire zurückkehren. »Mir gefällt dieses Land«, schrieb er am 26. Februar einem Freund. »Ein offenes, hügeliges Kreideland mit groß-
~~~

flächigen Äckern und einigen Wäldchen auf den Anhöhen. Die zerstörten Dörfer waren wunderschön mit ihren Ziegeln, Strohdächern und den weichen weißen Steinen.«[5] Er nahm seine Traumkarte des englischen Südens mit an die Front und betrachtete sie oft in den knapp zehn Wochen, die er dort noch erleben sollte.

»Nach Frankreich führen alle Wege«, hatte er in *Roads* geschrieben, ein Jahr bevor er in den Krieg zog:

Now all roads lead to France
And heavy is the tread
Of the living; but the dead
Returning lightly dance:

Whatever the roads bring
To me or take from me,
They keep me company
With their pattering,

Crowding the solitude
Of the loops over the downs,
Hushing the roar of towns
And their brief multitude.

Nach Frankreich führen alle Wege,
Und schweren Schrittes gehen
Die Lebenden; die Toten wehen
tanzend heimwärts, leicht und rege:

Was immer mir die Wege geben,
was immer sie mir nehmen,
Mit ihren Mustern, ihren Schemen
Geleiten sie mich durch mein Leben,

Füllen Einsamkeit und Leere
Der Ringe, die die Höhen krönen,
Besänftigen der Städte Dröhnen
Und ihre Menschenmeere.

Was hat Thomas nach Frankreich geführt? Wir können es nicht wissen; wir können nur versuchen, seine innere Reise nachzuvollziehen, zurück in das – wie er es einmal nannte – Geisterland seiner Vergangenheit.

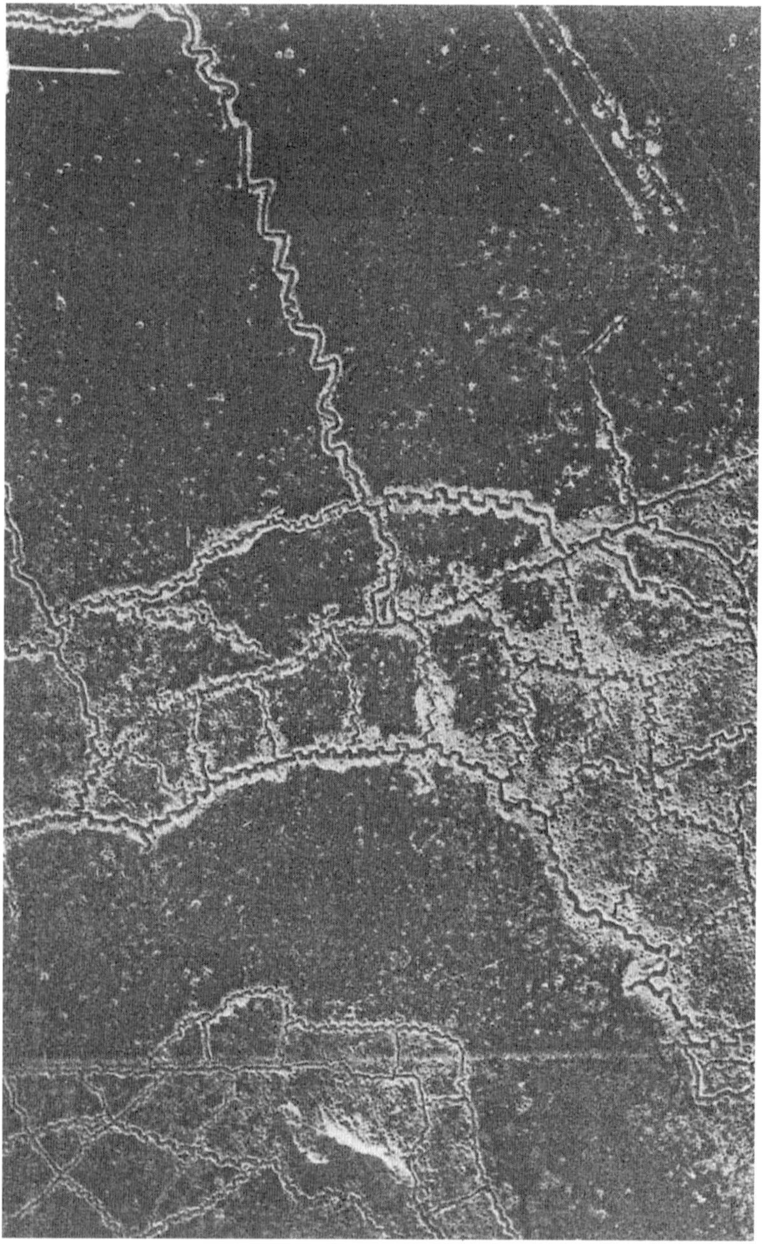

Geist

Ostersonntag, 8. April 1917, Vorabend der Schlacht bei Arras. Thomas sitzt auf einer Munitionskiste in seinem Schützengraben und blättert sich die Tage zurück durch sein Tagebuch. Stinkende Wälle aus Sandsäcken. Braunes Lampenlicht von einem doppelten Docht in einer Petroleumlampe mit geschwungenem Glaszylinder. Ein Deckel aus dünnem Eis auf dem Wasser in seinem Becher.

Stimmen wehen herüber. Die Männer singen *Mr. John Blunt:* »Und Reisende kamen, der Reisenden drei / die reisten durch die Nacht oho …«

Das Tagebuch ist ein fadengeheftetes Notizheft von Walker's, in braunes Schweinsleder gebunden. Es gibt einen Eintrag zum »sonnigen warmen Ostertag«, der lapidar so endet: Eine 150-mm-Granate war zwei Meter neben Thomas im vorgeschobenen Gefechtsstand gelandet, ohne zu explodieren; die Detonation einer anderen hatte ihn am Hals gestreift. Auf die letzten Seiten hatte er Notizen für ungeschriebene Gedichte gekritzelt: »Das Licht des neuen Mondes und jedes Sterns«; »Der frostig klare Morgen peinigt die Haut, doch erfreut meinen Geist«.

Draußen singen die Männer wieder: *It's a Long Way to Tipperary.*

5:30 Uhr ist die Stunde null. Die Offensive wird mit heftigem Artilleriefeuer vorrücken – der sogenannten Feuerwalze –, die der Infanterie den Weg für den Angriff auf die deutschen Linien freimachen wird. Thomas und seine Batterie werden einen Teil der Artillerie mit Nachschub versorgen. Tagelang haben seine Schützen mit den neuen Aufschlagzündern geübt, die die Stacheldrahtzäune wegpusten sollen. Zeitpunkt und Ausrichtung des Vormarsches müssen perfekt abgestimmt sein: zwischen den Batterien, mit den Flugbahnen der Geschütze und mit der Belastbarkeit der Geschützläufe bei derart schnellem Dauerfeuer, wie es das morgen geben wird.

~~~
~~~

Thomas hat einen weiten, leichten Gang, mit Rhythmus und Schwung. Ein lässiger Galopp, schnell, aber ohne Eile. Seine Augen sind blau (vielleicht aber auch grau), sein Haar ist lohfarben (vielleicht aber auch sandblond oder schlicht blond), sein Blick ein wenig rehkitzhaft. Er riecht nach Tweed, Torf und Tabak. In seine Jacken hat er sich lange Innentaschen nähen lassen, um Landkarten, Bücher und Äpfel mitnehmen zu können. Er wandert mit Stock; Haselnuss, manchmal Esche, am liebsten aber Holunder. Eine Armbanduhr mag er nicht tragen. Er wandert für gewöhnlich mit One-Inch-to-the-Mile-Karten, die er auf seinem untergeklemmten Wanderstab und seinen großen Händen ausbreitet, dann wieder zusammenfaltet und »einer vollkommen unsichtbaren Fährte folgend« weiterläuft. Er wandert meist schweigend, selbst in Gesellschaft. Seine Freundin Eleanor Farjeon, die ihn über Jahre im Stillen liebt, sagt über das Wandern mit Thomas, man »würde den Pfad danach nicht noch einmal so gehen. Man nähme ihn auf eine ganz neue Weise wahr.«

Seit frühen Jahren ist er ein zwanghafter Wanderer, ein Wanderwesen. Geboren wird er in Lambeth, im Londoner Süden. Seine ersten Wandererfahrungen stammen aus der Vorstadt: Wandsworth Common, Wimbledon Common. Seit frühen Jahren ist er auch ein Beobachter. Er dokumentiert Naturereignisse in einem Tagebuch. Er bemerkt, an welchem Tag im Jahr die ersten Veilchen blühen, notiert die Fundorte von Vogelnestern, protokolliert Begegnungen (ein Reiher holt sich einen Aal; ein Sperber jagt rasend schnell einem Star nach) und Phänomene (Wolken hängen wie Puddingbeutel im Himmel, vor Hitze flirrende Luft). Außerdem sammelt er, vor allem Blumen und Eier. Er klettert auf Bäume, um an die Nester zu gelangen, und lässt immer ein Ei zurück, als Anreiz für ein neues Gelege.

Er entwickelt ein umfassendes Verständnis von Botanik, das auch Unkräuter und wilde Blumen einschließt. Er lobt das Jakobs-Greiskraut dafür, wie messinghart seine Blüten erscheinen. Das Übersehene und Unbemerkte zieht ihn an: die »Blüten der Alpenrose an verlassenen Feuerstellen und Wänden« oder »der lange Keil der Schwertlilien, die neben und zwischen den Gleisen der South-Eastern und Chatham Railway wachsen«, fast im Zentrum Londons.

Er wird Helen vorgestellt, als beide eben erst siebzehn sind. Helen erkennt sofort, dass »sie ihren Frieden nur darin finden würde, für ihn da zu sein«, und genau so wird es kommen. Ihr Liebeswerben findet zumeist auf Spaziergängen statt. Sie wandern zusammen über Felder und Wege und Pfade: in Merton, Richmond Park, Wandsworth Common. Anfangs kann sie keine Birke von einer Buche unterscheiden. Sie ist kurzsichtig und hat Schwierigkeiten, Vögel auszumachen; er lehrt sie deren Rufe und Gesang, damit sie die Vögel gleichsam blind erkennt. Sie pressen und bestimmen Blumen: Blutwurz, Zaunrübe, Glockenblume, Labkraut, Kreuzblümchen. Thomas tändelt und gibt zum Besten, wie vertraut er mit Landschaft und Natur ist. Aus einem Wäldchen in Merton holt er ein intaktes, moosbedecktes Buchfinkennest, das wie ein fester Ball in der Hand liegt. An der Brutstätte der Reiher in Richmond Park klettert er auf eine Kiefer, um ein blaugrünes Ei mit herunterzubringen; ein gequetschter Himmelsglobus.

Helen fühlt sich in eine neue Welt gehoben, wird zweifach innig, mit Thomas und mit der Natur. »Heute kommt es mir seltsam vor«, soll sie sich Jahre später erinnern, »dass es einmal eine Zeit gegeben hat, in der ich nichts von der feinen, hautähnlichen Struktur der Buchenrinde wusste oder der Anordnung von Stamm und Ästen, die ja menschlichen Gliedern ähneln, oder dem schönen Bogen laubtragender Zweige, die sich öffnen wie ein schenkende Hand.« Es sagt viel über Helen, dass sie in der Form eines Zweiges eine Geste der Großherzigkeit erkennt.

Als sie sich am Tag von Helens zwanzigstem Geburtstag zum ersten Mal lieben, tun sie dies in einer grün umrankten Wiese im Haselnuss- und Buchenhain des Wimbledon Common. Thomas flicht ihr Weiße Zaunrübe ins Haar und schenkt ihr am Abend einen Ring: einen zarten goldenen Siegelring mit einem roten Stein, der einst seinem Urgroßvater, einem spanischen Schiffskapitän, gehört hatte.

Sie heiraten heimlich, als Thomas noch Student in Oxford ist. Sie wohnen in verschiedenen Unterkünften in London, bis sie sich in einem Bauernhaus in Kent einmieten. Ihre Beziehung gründet auf ihrer unumstößlichen Liebe zu ihm. Aber es ist schwer, bedingungslos zu lieben, und noch schwerer, bedingungslos geliebt zu werden. Eine solche Liebe kann den Geliebten – wie Thomas im Lauf der folgenden Jahre – zu Grausamkeiten verleiten. Liebe, die bereit ist, alles zu vergeben, und in jedem Fehler eine Tugend sehen will, kann dem Geliebten wie ein Vorwurf von Unzulänglichkeit erscheinen. Du wirst mit meiner Liebe niemals mithalten können; deine Liebe wird meiner nie gleichkommen. Außerdem kann die derart Liebende durch nichts von mir verletzt werden; ihre Liebe ist unvergänglich. Daher kann ich sie verletzen, ohne mich schuldig zu machen. Ja, ich fühle mich geradezu dazu herausgefordert. Als sich Thomas' Melancholie mit den Jahren verschärft, der Wieselbiss seiner Depression ihn immer fester und tiefer packt, verletzt er Helen mehr und mehr. Ihre Verwundbarkeit, gekoppelt mit der Unverwundbarkeit ihrer Liebe, verleitet ihn dazu, sie zunehmend emotional zu misshandeln.

Es kommen Kinder: ein Sohn, Merfyn, dann zwei Töchter, Bronwen und Myfanwy. Thomas ist oft abwesend, körperlich (auf ausgedehnten Wanderungen, bei Buchrecherchen) oder geistig (er ist zwar da, schreibt aber). Wie am Fließband verfasst er Hunderte von Kritiken, und buchlange Abhandlungen und Biografien zu festen Abgabefristen. Die Arbeit ist hart, er hackt den nötigen Lebensunterhalt regelrecht zusammen, was ihn erschöpft und bedrückt. Seine Stimmung schwankt wie das Wetter und ist manchmal auch vom Wetter beeinflusst. Starker Regen kann seine Depression fortspülen oder ihn noch hoffnungsloser versinken lassen. Wenn die schwarzen Tage kommen, lässt er sich an Helen aus, bekrittelt ihre geistige Schlichtheit oder ihren mangelnden Ehrgeiz. »Ich hasse meine Arbeit«, schreibt er in einem Brief, »ich habe keine Lebenskraft mehr, keine Originalität, keine Liebe. Ich schade nur.«[1] Helen wartet geduldig, bis sie »wieder ins Licht gelassen« wird, und reagiert auf seine Grausamkeiten, indem sie es einfach fraglos als sein Recht akzeptiert, grausam zu sein.

Er bestraft sich selbst mit harten Wanderungen: So kann er sich gleichzeitig kasteien und vergessen. Manchmal verlässt er das Haus am Abend, wandert die ganze Nacht hindurch und kehrt kurz vor Tagesanbruch erschöpft zurück. Manchmal bringt ihn die Bewegung zur Ruhe; manchmal sorgt sie nur für noch mehr Aufruhr.

Und wenn es ihm gut geht? Ach, das sind schöne Tage. Das Haus ist voller Geschichten und Gedichte. Singend badet er die Kinder. Sind sie dann abgetrocknet und angezogen, lässt er sie auf seinem Schoß sitzen, nimmt die Tonpfeife aus dem Mund und lässt all die Musik, die in ihm ist, herausströmen. Seine Stimme ist tief, er kennt viele Lieder: walisische Volkslieder, schmissige, obszöne Gesänge, ausgelassene Seemannslieder. Das Singen ist für Thomas unerlässlich: Er gehörte zu den Ersten, die in Cecil Sharps Gefolge das englische Volkslied wiederbelebten. Er veröffentlichte *Poems and Songs for the Open Air* (Gedichte und Lieder für die freie Natur), eine Anthologie mit Wanderballaden und Melodien. Volkslieder und Fußwege sind nach seiner Auffassung beide höchst demokratisch: Beide seien sie Gemeingüter, werden aber von jedem neuen Sänger oder Wanderer anders genutzt. Und beiden sei zu eigen, dass sie implizit die Idee von Privateigentum radikal ablehnen. Er bewundert *Sumer is icumen in* mehr als jede Komposition von Beethoven. In seinem Gedicht *The Path* (Der Pfad) beschreibt er einen alten Schulweg durch den Wald, der sich »wie Silber windet und weiterrinnt«. Er ist von Moos und Laub bedeckt, aber die Füße der Kinder halten ihn offen. Der Pfad ist ein Flussbett, die Kinder das Wasser, und sie lassen den »Strom ihrer Füße« über ihn fließen.

~~~

Sie verlassen Kent und ziehen nach Hampshire in das Dorf Steep. Anfangs wohnen sie im Berryfield Cottage, später in einem Haus namens Wick Green, zu dem man über einen alten, eingesunkenen, von moderndem Laub verschmutzten Pfad gelangt. Der Pfad windet sich durch Buchen und Eiben bis zu dem Haus, das lang und geduckt an der Kante einer leicht erhöhten Ebene steht, von der aus man in zwölf Kilometer Entfernung den Chanctonbury Ring und die Kammlinie der South Downs sehen kann. Das Haus war erst vor Kurzem nach den Morris'schen Prinzipien gebaut worden. Die Bretter und Balken stammten aus nahegelegenen Eichenwäldern. Die Nägel, Scharniere und Riegel wurden in der örtlichen Schmiede gefertigt, die Ziegel in der Nähe gebrannt. Auch die Schwellen sind aus heimischen Steinen. Wenn der Nebel die Täler füllt, fühlen sich die beiden wie in einer hölzernen Galeone, die ächzend auf dem weiten Meer durch die Wellen fährt.

Doch trotz seines Zaubers können sie das Haus nicht lieb gewinnen. Ihre bisherigen Behausungen haben sie immer wie Lebewesen behandelt, auf geistige Verbundenheit oder Schwächen hin geprüft, und sogar einmal ein
~~~

Haus wegen seines Starrsinns verlassen, ein anderes wegen seiner Laschheit. Thomas versucht, sesshaft zu werden: Neben der Tür zu seinem Arbeitszimmer gräbt er eine Rabatte um und pflanzt Thymian, Rosmarin, Lavendel und Waldrebe. Doch bald müssen sie feststellen, dass ihnen Wick Green, so fest es auch steht, so schön es auch liegt, einfach weil es ein Neubau ist, jedes Glück unmöglich macht. Der Wind kreischt durch das hohe Giebelzimmer, der Nebel isoliert das Haus, und die Kälte setzt ihm zu. Thomas' Depression hält ihn umklammert. Er fühlt sich von seiner Arbeit gefangen, in seiner Ehe gefangen, ist kreuzunglücklich in diesem Haus. Er sehnt sich danach, seinen Lebensweg selbst bestimmen zu können.

Auf die Enttäuschung über Wick Green reagiert er mit Wandern. Wenn er über die alten Pfade zieht, scheint sein vertracktes Leben ganz einfach zu werden, wie in einem Urbild oder Gleichnis: Weg, Wald, Mond, Wanderer. Er geht weite Strecken, selbst bei starkem Regen. Meist wirkt der Regen beruhigend auf ihn, weil er alles ausblendet. Er befreit ihn von seinen Lasten, nimmt ihm »alles bis auf die Kraft, unter den dunklen Bäumen vor mich hinzugehen und alles demütig zu genießen, als wäre ich zischendes Gras«. Meist schafft die »zarte Anmut« seiner liebsten Landschaften einen Ausgleich für seine eigene Unzulänglichkeit. Manchmal aber – in seinen dunkelsten Zeiten – empfindet er die Schönheit und den Überschwang der Natur wie einen Vorwurf. »Ich gehöre nicht zur Natur. Ich bin allein. Es gibt in meiner Welt nichts als mein totes Herz und Hirn hier drinnen und den Regen dort draußen.« Ihm ist schmerzlich bewusst, dass man die Natur allzu leicht für einen Gefährten, Freund und Tröster hält. Natur kann heilen, sie kann aber auch brutal schweigen und durch ihre Gleichgültigkeit erschüttern: der zum Meer strebende Fluss, das Weiß der Kreide, der schweifende Blick des Habichts. Er kennt aber auch die stärkende Wirkung der Natur, wenn man sich mit ihrer Beziehungsverweigerung zu arrangieren weiß – genau wie es einem tieferen Zweck dienen kann, sich eine Reaktion ihrerseits einzubilden –, wobei das eine dem anderen nicht unbedingt vorzuziehen ist.

Wenn Thomas in seinen Jahren in Kent und Hampshire einmal nicht wandert, liest er Bücher über das Wandern. Coleridge und Hazlitt, die Nonkonformisten: Wandern als Widerstand. Bunyan und die Puritaner: Wandern als Gehorsam. Cervantes und die pikarische Tradition, Malory und die mittelalterliche Ritterlichkeit, das *Mabinogion* und Wales und Giraldus Cambrensis. Cervantes, notiert er anerkennend, hatte einen »guten Sinn für Wege«. Malorys *Le Morte d'Arthur* »wäre kein so lebendiges Meisterwerk, gäbe es nicht die Wege«. Er liebt die Geschichte von Lancelot, der »über die Marschen und so manchen wilden Weg« reitet. Sogar Shakespeare sagt er nach, ein Pfad-Schreiber zu sein, da er in *Cymbeline* »ein herrliches Bild großer Gebiete zeichnet, die von schicksalhaften Wegen durchzogen sind«. Er verschlingt die Romane des 19. Jahrhunderts, in denen die Romantik der Landwege besungen wird: Stevensons *Songs of Travel* (Reiselieder), Borrows fantastische Zigeunergeschichten, die *Rural Rides* (Ländliche Ausflüge) von William Cobbett, deren Sätze ihn an das Schwingen der Arme und Beine beim Gehen erinnern, und die Schriften von Richard Jefferies – allen voran Jefferies, Thomas' Held, dessen Stil ihm nutzt »wie der Knauf eines Wanderstocks«[2]; als Stütze und Kamerad, so wie der Stock die Form der Hand annimmt. Zugleich fragt sich Thomas skeptisch, wie man das Gehen in Rousseau'scher Träumerei als eine »primitive, für den Menschen ›natürliche‹ Handlung« missverstehen kann, mittels der man sich in eine falsche »ursprüngliche Würde« zurückversetzt.

Pfade und Wege durchkreuzen auch seine eigenen Arbeiten, in Figuren und Strukturen. Er beschreibt mäandernde Straßen und er schreibt in mäandernden Sätzen. Diese selbstreflexive Schreibweise lernt er von Hazlitt, der das Gehen als Prosodie tief in die Grammatik einbettet. Ebenfalls von Hazlitt lernt er die erkenntnistheoretische Kraft einer Aussage, die zuerst gemacht und dann zum Teil wieder zurückgenommen wird. Wieder und wieder überschneiden sich in Thomas' Vorstellungswelt Text und Landschaft: »Das Schönste auf dem Boden sind die Pfade, / Von Schuhnägeln früh und spät gezeichnet, / Von Füßen und Flügelspitzen überwischt / Oder eigens dekoriert.« Die Pfade sind Sätze, die beschuhten Füße der Reisenden das Kratzen der Füllerspitze oder die sich zum Druck senkenden Lettern. Er versteht, dass Lesen und Laufen ineinander übergehen und dass wir in uns Karten der Welt tragen, die sich beständig erweitern und nach Wordsworth aus einem »Stoff aus Leben und Büchern bestehen«.[3]

Thomas beginnt auch, über das Denken nachzudenken, darüber, wie die physische Welt in uns jene Art von Wissen stiften kann, die den Verstand übersteigt. In Briefen an seinen Freund Gordon Bottomley beschreibt er seine Funde an der Küste von Suffolk: »Champagnerkorken, Matrosenmützen, Antwerpener Bierflaschen, Fischdosen, Orangen, Zitronen, Zwiebeln, Bananenbündel, glattgeschliffenes Treibholz und auserlesene flache & runde Kiesel, schwarz, weiß, taubengrau, geädert und weizengelb.«[4] »Nicht ein Kiesel aber regt mich zum Denken an, oder besser gesagt: entlockt mir etwas, das mein eigenes Denken übersteigt«,[5] schreibt er an Bottomley. Seine Unterscheidung zwischen ›zum Denken anregen‹ und ›das eigene Denken übersteigen‹ ist von eindrucksvoller Präzision; sie dokumentiert den Übergang von der Wahrnehmung der Steine durch das Selbst hin zur Wahrnehmung des eigenen Selbst durch die Steine.

Natur und Landschaft haben häufig diese Wirkung auf ihn: Bäume, Vögel, Felsen und Pfade sind nicht einfach nur Objekte seiner Betrachtung, sondern werden zu einem aktiven Gegenüber, das es ihm erlaubt, Dinge zu begreifen, die ihm andernorts oder unter anderen Umständen unbegreiflich blieben. »Etwas wussten sie – und ich auch, während sie sangen«, wird er in einem frühen Gedicht, »March« (März), über die Singdrosseln schreiben. Er spürt, dass Lichteinfall, die Oberflächen, Gefälle und Geräusche in einer Landschaft allesamt auf das einwirken, was er die »schlüssellosen Kammern des Gehirns« nennt; dass der Instinkt und der Körper (die ertastete Glattheit der Kiesel, die gesehene Körnung des Lichts) Formen des Wissens kennen müssen, die sich dem bewussten Geist entziehen. Vor allem das Wetter ist seinem Denken »immanent«, wie Eleanor Farjeon bemerkt: »Andere reden über das Wetter, Edward hat es gelebt.« Wie Nan Shepherd dreißig Jahre nach ihm erkennt er, dass wir *in* Wetter denken – »der Wind, der Regen und der strömende Weg, die kräftigen Glieder, das glühende Gehirn und alles, was sie erschufen ... Wir und der Sturm waren eins« – und dass wir vielleicht besser nicht von Geisteszuständen sprechen sollten, sondern von Geisteswetterlagen oder Geistesmeteorologie.

Langsam entwickelt er ein Modell des Denkens – mehr als das, ein Modell des *Seins* –, nicht als etwas fest Verwurzeltes, das mit der Zeit gleichmäßig wächst, sondern als eine veränderliche Menge von Eigenschaften, die auf unserem Weg durch die Welt unterschiedlich gefördert oder gehemmt werden. Landschaft und Natur lassen sich nicht einfach nur betrachten;

nein, sie hinterlassen deutliche Spuren in Körper und Geist und beeinflussen unsere Stimmung und unser Empfinden auf komplexe Weise. Sie durchdringen uns zweifach: als Fragen und als Splitter, die wir nicht mehr loswerden. Thomas weiß das, er hat es als Fußgänger, mit eigenen Füßen, wahrgenommen, was wiederum Farjeon deutlich spürte: »Er wanderte mit *sich*, mit seinen Augen und seinen Ohren und seinen Nasenlöchern, und seinen langen Beinen und seinen großen Händen.«

Es stellt sich natürlich die Frage, wie man eine solche Erfahrung – wahrgenommen, aber per Definition unsagbar – in Sprache dokumentiert, im »trüben, unwahrhaftigen Abbild der Wörter«. Das Gedicht ist die Ausdrucksform, mit der man der Erfahrung am nächsten kommen kann; das weiß er als Leser. Aber er hat selbst noch nie ein Gedicht verfasst und hat wenig Grund zu glauben, dass er dazu imstande ist.

~~~

Im Verlauf des Jahres 1913 freundet sich Thomas mit dem amerikanischen Dichter Robert Frost an. Sie gehen zusammen durch die Felder und Wälder bei Dymock in Gloucestershire, wo Frost mit seiner Frau lebt und sich eine Gruppe von Dichtern zusammengefunden hat, um gemeinsam zu wandern, zu denken und zu trinken. »Auf schlingernden Pfaden durch die Felder«[6] ziehen Frost und Thomas fast überall hin, wohin das Herz sie trägt, manchmal vierzig Kilometer am Tag, und reden über Dichtung, Naturgeschichte und den aufziehenden Krieg. Frost prägt ein neues Wort für das, was Thomas und er tun: »Gesprächsgänge«.

Frost ermutigt Thomas, den Schritt von der Prosa in die Dichtung zu wagen. Thomas sei ein Dichter hinter einer Maske aus Prosa. Frost nimmt auch Zeilen aus Thomas' Reiseberichten und arrangiert sie zu Versen, damit Thomas begreift, was er bereits geschaffen hat, ohne es zu wissen. Frost »hat die enharmonische Modulation ausgelöst«, schreibt Eleanor Farjeon sehr schön, »die aus Thomas zwar keinen anderen Menschen gemacht hat, aber denselben Menschen in einer anderen Tonart«. Derart neu gestimmt, und mit frischem Mut, beginnt er, an ersten Gedichten zu schreiben – tastend und suchend –, bis am 3. Dezember 1914 das erste vollendet ist.
~~~

Doch mittlerweile herrscht Krieg. Das Land hat sich verändert: außerplanmäßige Züge, Menschenmengen an den Bahnhöfen, Reservisten, die von fahnenschwenkenden Freunden verabschiedet werden. Thomas steht dem billigen Nationalismus skeptisch gegenüber, verachtet die aufgeblasene Kriegshetze. Aber er will unbedingt kämpfen: um seinen Mut zu beweisen, seine geliebte Landschaft zu verteidigen und seinem Leben einen Sinn zu geben, der ihm bislang so sehr gefehlt hat. Kaum ein Jahr nach Kriegsausbruch kommt er an einen Scheideweg. Frost ist schon mit seiner Familie nach Amerika übergesetzt; er ermuntert Thomas, nach Neuengland zu emigrieren und dort als Schriftsteller und Dichter zu arbeiten. Frost würde ihm helfen, sich zurechtzufinden; sie alle wären vor dem Krieg in sicherer Entfernung. Helen fleht ihn an, in Hampshire zu bleiben. Aber die Armee braucht Männer, und Thomas fühlt, wie er »langsam zu einem verantwortungsbewussten Engländer wird«.[7] Nichts zwingt ihn, sich zu verpflichten. Mit sechsunddreißig Jahren ist er alt genug, den Krieg auszusitzen. Er ist verheiratet und hat Kinder; es ist vollkommen ehrenwert für Familienväter, nicht zu kämpfen. »Er hätte in Sicherheit sein können, wenn er gewollt hätte«, wird Farjeon später schreiben.

Es ist die größte Entscheidung seines Lebens, und er stellt sie sich als Weggabelung vor. Stundenlang brütet er über seiner »moralischen Landkarte« und »durchdenkt seine Beweggründe«, wenn er »eigentlich lesen oder sich am verflochtenen Flug dreier Turmfalken erfreuen sollte«.[8] Am 7. Dezember beginnt er ein Gedicht mit dem Titel *The Signpost* (Der Wegweiser): Eine Gestalt steht zögernd an einer Kreuzung und weiß sich nicht für einen Weg zu entscheiden. »Ich lese den Wegweiser. Welchen Weg soll ich nehmen?« Wenn er doch nur den einen Weg gehen, dann umkehren und den anderen nehmen könnte ...

Im Juni 1915 schickt Frost an Thomas einen Gedichtentwurf mit dem Titel *The Road Not Taken* (Der nicht genommene Weg). Es ist diskret inspiriert von der Erinnerung an seine Wanderungen mit Thomas durch die Felder von Dymock: Frost hat Thomas' Eifer, alle Pfade ausnahmslos zu gehen, und seinen Verdruss, wenn sie auf eine Kreuzung trafen, in eine fein austarierte metaphysische Parabel verwandelt. »Zwei Wege trennten sich im gelben Wald« beginnt das Gedicht:

Two roads diverged in a yellow wood,
And sorry I could not travel both
And be one traveler, long I stood
And looked down one as far as I could
To where it bent in the undergrowth;

Then took the other, as just as fair ... [9]

Zwei Wege trennten sich im gelben Wald,
und weil ich leider nicht auf beiden gehn
und Einer bleiben konnte, stand ich lang
und sah, so weit es ging, dem einen nach
bis dort, wo er im Unterholz verschwand.

Ich nahm den andern dann, auch der war schön ...

Thomas ist tief getroffen, versteht das Gedicht als Parodie auf seine Unentschlossenheit in der Kriegsfrage. Er interpretiert es als Ansporn, fühlt sich aufgefordert: *Nun mach schon, alter Junge, entscheide dich; steh' nicht unentschlossen an der Kreuzung herum.* Es ist eine schwerwiegende Fehlinterpretation des Gedichts, aber Thomas hat sich allem Feinsinn verschlossen. Er antwortet Frost in bissigem Ton. Die Entscheidung kostete ihn nur ein paar Wochen. Anfang Juli schreibt er sein Testament und meldet sich freiwillig. Am 14. Juli wird er gemustert und sofort eingezogen: als Gefreiter 4229 im 28. Bataillon der *Artists Rifles*, die zum großen Londoner Regiment gehört. Er hat sich einem Weg verschrieben und das Wissen um dessen Unumkehrbarkeit bestärkt ihn.

Was ist der wahre Grund dafür, dass er in den Krieg zieht? Es lässt sich nicht sagen: ein weiterer Pfad, der sich in der Ferne verliert, eine weitere Spur, die im Sande verläuft. Einer jener Abgründe, die im Knick einer Karte verloren gehen. Er weiß es ja selbst nicht: »Es haben mich einige gefragt [warum ich mich gemeldet habe], aber ich wusste noch keine Antwort darauf.« Gegenüber Gordon Bottomley kann er die Entscheidung lediglich als »die Kulmination einer langen Kette von Stimmungen & Gedanken«[10] erklären. Er ist nicht einmal imstande, es Helen persönlich zu sagen, sondern schickt ihr aus London ein Telegramm. »Nein, nein, nein« ist alles, was sie dazu sagen kann, »alles, nur das nicht.«

Aber wie schnell er schreibt; die Gedichte eines ganzen Lebens strömen aus ihm heraus, jetzt, da er sich Frankreich zugewandt hat. Vers – vom Lateinischen *vertere,* sich wenden. Zwischen seiner freiwilligen Meldung und der Entsendung an die Front schreibt er fast sechzig Gedichte. Manchmal ein Gedicht pro Tag, schnell und brillant: *Roads* (Wege), *When we two walked* (Als wir zwei gingen), *The Lane* (Die kleine Straße), *The Green Roads* (Die Wiesenpfade). Einige dieser Gedichte scheinen mehr von seinem Schicksal zu wissen als er selbst; sie bringen etwas von ihm zum Vorschein, das jenseits seines Denkens liegt: »die Zukunft und die Karten / Verbergen mir, worauf ich lang gewartet habe«.

~~~

Zunächst einmal wird Thomas nach Essex ins Hare Hall Training Camp versetzt, wo er als Ausbilder in Kartenkunde arbeitet. In seinen freien Stunden schreibt er – heimlich – Gedichte. Es ist ihm egal, ob die Dichter wissen, dass er Soldat ist, aber nicht egal, ob die Soldaten wissen, dass er Dichter ist. Er ist überrascht, wie gut ihm das soldatische Leben gefällt: das Polieren der hohen Kampfstiefel – die linke Hand im Stiefel, die rechte wienert die Schuhspitze –, bis sich sein Gesicht darin spiegelt. Überrascht, wie sehr ihm die Routine gefällt: das Unterweisen einer Kompanie im Kartenlesen mit Prismenkompass, dann der Gang mit den Männern zum Manöver im Gelände. Überrascht, wie sehr ihm Essex gefällt. Überrascht, dass ihn keine Depression heimsucht; »schwarze Verzweiflung« war »gefasster Hinnahme« gewichen.

Auf der Kuppe eines Hügels im Epping Forest findet er eine heruntergekommene Hütte namens High Beech (Hohe Buche), in der Helen und die Kinder wohnen können und die für ihn leicht zu erreichen ist, wenn er Heimaturlaub hat. Als in ihrem ersten Winter dort Schnee fällt, vergeht die Zeit langsamer und das moderne Leben zieht sich zurück. »Es ist schön hier und winterlich«, schreibt er in einem Brief. »Diese Hügel wirken unpassierbar, und kommen mir vor, als hätten sie vor 2000 Jahren ganz genauso ausgesehen.«
~~~

Anfang Dezember 1916 gibt es einen Aufruf, sich freiwillig direkt in die Batterien in Frankreich versetzen zu lassen. Thomas gehört zu den Ersten, die sich melden. Am 6. Januar kommt er für die letzten Tage vor seiner Abreise noch einmal nach High Beech. Er versucht so zu tun, als wäre alles in bester Ordnung, aber Helen kann kaum einen Handgriff tun. Mit Merfyn sieht er sich Landkarten an, Helen versucht er zu erklären, wie man mit dem Prismenkompass ein Ziel anpeilt; sie weint. Beide sind schroff und gereizt; sie streiten sich offen; Helen weint; dann sind sie zärtlich miteinander. Am Morgen seiner Abreise ist der Schnee vor der Hütte eisenhart gefroren, die Fußabdrücke der Vögel wie Hieroglyphen. Thomas gibt Helen ein Buch, in das er alle seine Gedichte übertragen hat. »Denk daran, was immer auch geschieht, zwischen uns ist alles gut, für immer und ewig«, sagt er zu ihr. Eiskalter Nebel hängt in der Luft.

Thomas geht davon, ohne dass seine Füße im harten Schnee Abdrücke hinterlassen. Helen steht am Tor und sieht ihm nach, bis der Nebel ihn verschluckt. Während er den Hügel hinabsteigt, ruft er immer wieder *Huhu!* zu ihr hinauf, als würde er ankommen und nicht fortgehen. Sie antwortet *Huhu!*, und so geht es hin und her, Ruf und Antwort, leiser und leiser.

Am Tag vor seiner Überfahrt leiht er sich ein Fahrrad und radelt aus dem Durchgangslager in Kent heraus, in dem er einquartiert ist, um England Lebewohl zu sagen. Was für eine Fahrt! Heckenlose Wege über langgestreckte Höhen, die von Dornbüschen betupft und von alten, wacholdermarkierten Pfaden durchzogen sind. Ein klarer, blasser Himmel. Ein zarter Sonnenuntergang, langes Zwielicht.

~~~

Einschiffung: 29. Januar 1917. Thomas und seine Männer marschieren vor Tagesanbruch durch die Dunkelheit zum Bahnhof. Die Luft sehr kalt, sehr still. Soldaten, die auf der Stelle trampeln. Er ist einer von sieben Offizieren mit Befehlsgewalt über 150 Mann, die vier 24-cm-Haubitzen bedienen werden und zusammen die Belagerungsbatterie Nr. 244 bilden.

Die Männer singen *Pack Up Your Troubles In Your Old Kit-bag* (Pack deine Sorgen in deinen alten Kleidersack).
~~~

Ein eisiger Zug nach Southampton, wo sie warten, bis es dämmert. Thomas läuft umher, um die Zeit totzuschlagen und sich aufzuwärmen. Im Binnenland ein mit Eisschollen bedeckter See, herabstürzende Vögel, dahinter ein dunkler Wald. Einige Männer spielen Rugby auf einem Stück Ödland. Im schwindenden Licht scheinen die Möwen eher zu treiben als zu fliegen.

Um 19 Uhr gehen sie über eine sich unter ihren schweren Schritten biegende Gangway an Bord der *Mona Queen*. Die See ist rau. Thomas findet während der Überfahrt keinen Schlaf, er ruht nur und hört aus seiner Kajüte den Männern zu, wie sie lachen und fluchen.

Anlegen in Le Havre, 4 Uhr morgens. Aus den Fenstern der hohen, fahlen Gebäude fällt das Licht in Scheiben, das der elektrischen Laternen am Kai in Bögen. Sie marschieren unter leichtem Schneefall durch die Stadt. Französische Wachposten: weite Kapuzenumhänge, Gewehre mit aufgestecktem Bajonett. Zum Abendessen gibt es eine eiserne Ration, dazu zusätzlich Käse und Marmelade. Die Nacht verbringen sie in Zelten à zwölf Mann, jeder hat zwei Decken gegen die Kälte. Untergeordnete Offiziere sitzen bis spät im Licht der Laternen in der Messe und zensieren Briefe.

Tagelanges Warten, harte, klare Nächte. Truppentransporter legen an, schlichte schwarze Schiffe aus dem Nordwesten. Von Osten rollen Lazarettzüge herein, Männer mit erschütternden Wunden. Am 4. Februar schließlich verladen sie die Haubitzen, viele kalte Stunden lang. Nach getaner Arbeit sitzen sie auf Baumwollballen am Bahnsteig und warten auf den Zug zur Front.

Die Männer singen *There 's a Long, Long Trail* (Es gibt einen langen, langen Weg).

Als der Zug endlich einfährt, rufen einige Männer zum Spaß: »Fahrkarten bitte! Alle die Fahrkarten bitte!« Dann werden sie still. Um Punkt 23 Uhr ruckelt der Zug an und ein gellendes *Hurra!* wogt von Waggon zu Waggon. Dann ist es wieder still, noch bevor der Zug den leeren Bahnsteig mit dem plattgetrampelten Schnee hinter sich gelassen hat.

~~~

Der Zug klappert an Alaincourt und Amiens vorbei nach Doullens. Thomas schaut aus dem Fenster auf die bewaldeten Kreidehügel. Schon ist er wieder
~~~

zurück in seinem Südengland. Pappelreihen. Mistelzweige. Sie sind in der höchsten Gegend Nordfrankreichs, und die Straßen sind vereist.

Weiter nach Mendicourt, Quartier in halb eingefallenen Scheunen. Feindliche Flugzeuge ziehen wie bleiche Nachtfalter vorüber, fast gelassen zwischen den schwarzen Schrapnell-Explosionen. Thomas baut sich einen behelfsmäßigen Tisch für seine Schreibarbeit. Er erinnert sich, wie er einmal nachts in den Downs aufgeschaut und sich gefragt hatte, »was für Dinge der Mond dort oben wohl östlich der Maas sieht«. Und wieder weiter über granatgelöcherte Wege zu Quartieren auf der Straße nach Arras, nahebei ein Friedhof mit drei Neuankömmlingen. Schweres Geschütz ist jetzt zu hören. In der Ferne ratternde Maschinengewehre. Von einem Beobachtungsposten schaut Thomas mit dem Fernglas auf die aufgebrochene Schneelandschaft. Schimmernder Stacheldraht, tote Bäume. Eine Leiche unter der Eisenbahnbrücke. Die Granattrichter erinnern ihn an Grabhügel und flache Regenteiche. Überall Pfade: Zickzackwege über Laufroste, sich windende schmale Fährten und mittelalterliche Feldbegrenzungen, die mittlerweile zu Hohlwegen geworden sind und für den heimlichen Transport von Truppen und Nachschub benutzt werden.

Die Offiziere bekommen Corned Beef, Käse und Weißwein. Jemand hat ein Grammofon dabei, dessen gerippter, leuchtender Trichter Thomas an eine Windenblüte erinnert. Bis zu fünf Briefe schreibt er Helen in der Woche, aus der Ferne fällt es ihm leichter, eine liebevolle Ehe zu führen.

Das Grammofon spielt muntere Melodien: *Wait Till I'm as Old as Father* (Warte, bis ich so alt bin wie Vater) und *Where Does Daddy Go When He Goes Out* (Wohin geht Papa, wenn er ausgeht?).

Die Tage vergehen. Im Süden, über der nahen Ancre, donnern die Geschütze. Ein alter Schimmel trottet in einer Tretmühle geduldig im Kreis. Die Bauern machen weiter, so gut es geht. Das Grammofon spielt Gounods *Ave Maria.*

Thomas lernt die Landschaft kennen wie alle anderen Landschaften zuvor: durch Wandern und Beobachten. Er hätte an einem derart verwüsteten Ort nicht so viel Leben erwartet. Hase, Rebhuhn und Wildente auf den Feldern südöstlich seiner Geschütze. Grünes Gras lugt gerade wieder durch den schmilzenden Schnee. Kappenammern plaudern miteinander, Saatkrähen krächzen. Von den Grabenrändern fällt manchmal Vegetation zu ihnen herunter: tote Leimkrautdolden, Grasballen, Distelklumpen.

Das Grammofon spielt *Dormez-Vous* (Schlaft ein), zu dessen Ende alle stumm geworden sind.

Er schreibt ins Gefechtsbuch, schläft schlecht. Leuchtkugeln erhellen die Nacht. Wenn die schweren Geschütze feuern, spürt er die Druckwellen in den Eingeweiden. Sein Tisch und sein Regalbrett verlanden vor Briefen, die er zensieren muss. Eines Nachts ist die Artillerie plötzlich still. Er hört nur Gewehrschüsse und das Knattern der MGs. Träge liegt er da, spielt mit Worten und Klängen. Träge, Gewehr, wehrhaft und lebhaft. Wie seltsam entspannt das Gewehrfeuer im Vergleich zu den Berthas klingen kann. Die MGs hören sich an, als klopfe jemand an eine Tür.

Schließlich kommt er nach Arras; die Stadt erinnert ihn an Bath. Weiße Häuser, Fensterläden, Kuppeln, ein leerer Platz. Vieles erinnert ihn an daheim und an die Kreidelandschaften. Als die Wachen ihn auf der Straße ansprechen, nennt er das Passwort: Sussex. Ein verrückter Hauptmann nimmt seine Männer mit hinter die Linien, um Rebhühner aufzuscheuchen, er pfeift und schreit »Mitziehen!«, als wäre er bei einer Feldjagd in Wiltshire. Ein strategisch wichtiger Höhenrücken westlich von Thomas' Position, auf dem deutsche Scharfschützen versteckt sind, trägt den Namen Telegraph Hill. Eines Tages schaut Thomas auf seinem Beobachtungsposten nach oben und sieht mehrere Paare Turmfalken in der Luft, wie über Mutton Hill und Ludcombe Hill, nur dass hier über ihnen fünf Flugzeuge kreisen.

Er wechselt sein Quartier, zieht in ein großes verlassenes Haus, in dem noch Spiegel und Gemälde an den Wänden hängen. Abends liest er Shakespeares Sonette oder Frosts Gedichte. Wenn die Geschütze feuern, können er und die anderen Offiziere ihr eigenes Wort nicht verstehen, sperren die Münder auf wie Fische und versuchen, einander von den Lippen abzulesen. Er ist Adjutant eines fürchterlichen Oberst, der vorher in Indien stationiert war und noch von »den frechen alten Hunnen« spricht, als seine Männer bereits sterben.

Das Grammofon spielt *Peer Gynt* und lässt die Klänge durchs Gebäude wehen.

Thomas nimmt die Welt zunehmend als ein stummes Gemälde wahr.

Deutsche Kriegsgefangene, die im Schlamm stehen, die Hand auf der Schulter des Kameraden. Ein Inder mit Turban an einem Scheunentor, der ein Schaf an einem Halsstrick hält. Ein Reihe dürrer Bäume vor hellem Nachmittagshimmel. Eines Tages Anfang Mai sieht er, wie das Royal Flying Corps (RFC) vier Flugzeuge verliert. Der Tank des letzten steht lichterloh in Flammen, während das Flugzeug vom Himmel fällt und die beiden Piloten verbrennen. Das Land ist erloschene Asche.

Das Grammofon spielt Chopins *Berceuse.*

Batterie Nr. 244 rückt vor zu ihrem ersten Gefecht. Die Männer marschieren die Straße entlang und pfeifen *It's Nice to Get Up in the Morning* (Wie schön es ist, am Morgen aufzustehen) und *The Minstrel Boy* (Der kleine Minnesänger). 15-cm-Geschosse schniefen, die Feldgranaten singen. Maschinengewehre sprotzen. Der Wind weht das Wasser in den Granattrichtern zu eng gesetzten, sich überschneidenden Mustern, wie auf dem Blatt einer Feile.

Das Grammofon spielt *Allan Water* (An den Ufern des Allan Water).

Eines Nachts liegt er im Bett und weiß, dass er hier sterben wird, hier in diesem riesigen Raum, durch eine Granate. Zum ersten Mal hat er richtig Angst – ausgerechnet hier! Soll er in seinen Kleidern sterben? Soll er sein Bett zum Fenster oder zum Kamin verlegen? Soll er im Obergeschoss schlafen, wo er bei einem Einschlag nach unten kracht, oder im Erdgeschoss, wo er vielleicht zerquetscht wird? Er hat zu viel Zeit zum Denken: Er möchte den Tag in vollen Zügen auskosten. Bei Sonnenaufgang lauscht er den Drosseln.

Das Grammofon spielt die Gavotte aus Ambrose Thomas' *Mignon.*

Im März fällt wieder Schnee, Pulverschnee und scharfer Wind. Thomas arbeitet für die Luftaufklärung, er versucht die Fotos, die die Jungs vom RFC gemacht haben, in eine sinnvolle Anordnung zu bringen. Von oben gesehen – aus dem Blickwinkel eines Habichts oder behelmten Piloten – ähnelt das Grabensystem einem verworrenen Netz aus Pfaden und Hohlwegen, das von jedem Ort zu jedem anderen Ort führt. Neben den Fotografien nutzt er neuartige Schall- und Lichtmesstechniken, etwa die akustische Triangulation: ein aufwändiges Verfahren, um die deutschen Geschützstände zu orten und zu zerstören, die hinter den Bergkämmen liegen oder wegen ihrer Tarnung aus der Luft nicht zu sehen sind.

Ein RFC-Funker liest Longfellows *Lied von Hiawatha* laut vor: »Sie betraten einen Engpass / Wo ein Bach sie weiter führte / Wo der weiche Schlamm am Ufer / Hirsch- und Bisonspuren zeigte ...« Lerchen singen über dem Niemandsland. Man hört das laute Geplapper der Stare und die Revolverschüsse von Männern, die in den Gräben die Ratten jagen.

Er verbringt gefährliche, eintönige Tage auf Beobachtungsposten, späht mit seinem Feldstecher durch eine Holunder- und Dornenhecke, in der Spatzen und Amseln klirren. Auf beiläufige, rätselhafte Weise brechen schwere Gefechte los, immer erwartet, aber nie vorherzusehen. Sein Leben in der Heimat entgleitet ihm zunehmend. Das Warten frustriert ihn. Er glaubt sich ohne Freunde. Der Schlamm zieht an seinen Stiefeln. Am Morgen des 14. März schaut er hinaus ins Niemandsland und sieht dort ein Stück verbranntes Papier durch die Luft tanzen und auf ihn zuwirbeln. Nein, kein Papier. Eine Fledermaus, die wahrscheinlich aus einem der letzten stehenden Schuppen in Ronville geschüttelt worden war. Er bemerkt einen alten graugrünen Pfad, der das Niemandsland durchzieht, und dessen Verlauf auch in der Zerstörung noch zu sehen ist. Es wird früher einmal ein Wald- und Wiesenweg nach Arras gewesen sein. Wie schwer es ist, einen Pfad auszulöschen. In einem der größeren Granattrichter hat sich tiefgrünes Wasser gesammelt, aus dem die Gerippe ganzer Bäume herausragen. Er schreibt nach Hause an Merfyn und bittet ihn, ein Fahrrad zu ölen, damit sie beide eine schöne Tour machen können, wenn er im Sommer zurückkommt.

Das Grammofon spielt *D'Ye Ken John Peel?* (Kennen Sie John Peel?)

Das Militärische und das Natürliche sind hier so dicht zusammengedrängt, dass es schwer wird, das eine vom anderen zu unterscheiden. Wenn die Geschütze der Hunnen über ihre Köpfe hinweg Beaurains befeuern, fliegen die Granaten wie zurückkehrende Stare, zwanzig, dreißig in der Minute. Er sieht eine große Granatenexplosion emporschießen wie eine Birke. Wenn die Lerchen singen, fühlt er sich unverwundbar. Tiefliegende Samen, die durch die Explosionen und das Grabenausheben an die Oberfläche geraten sind, lassen zwischen Knochen und Feldgeschirr surreale Inseln von Frühblühern wachsen.

~~~
~~~

Es heißt, der Vorstoß komme bald. Thomas ist begierig, wenn es so weit ist, seinen Teil zum großen Angriff beizutragen. Mitte März feuern seine Geschütze zwischen vier- und sechshundert Ladungen am Tag, vor allem am Vimy-Rücken. Er verfolgt fehlgeleitete Geschosse und die Flugbahn von Granaten mit einem linseatischen Peilkompass, dessen flüssigkeitsgelagerte Kompassscheibe in der Windrose des Instruments schwimmt.

Am 24. März geht Thomas hinaus zu einer vorgezogenen Position an der Frontlinie von Beaurains. »Meine neue Stellung, stell dir vor, war eine alte Kalkgrube, in der ein junger Wald aus Birke, Haselnuss usw. gewachsen ist«, schreibt er an diesem Tag an Helen. »Ich sitze in der wärmenden Sonne auf einer Kalkhalde und lehne den Rücken an die Grubenwand. Stell dir vor, eine alte bemooste Kalkgrube, mit sogar einem Kaninchen darin, trotz all der Pfade, die kreuz und quer darüberführen. Es ist schön und sonnig und warm, nur im Schatten kalt. Der Kalk blendet. Die Kätzchen der Salweide sind zart dunkelweiß ...«

Sobald der April kommt, gehen die klaren, ruhigen Wintermorgen zu Ende und es beginnen die Vorbereitungen zur Frühlingsoffensive. Die Lerchen fangen um 5:15 Uhr in der Frühe an zu singen, die Amseln folgen um 6 Uhr, die Geschütze kurz danach. Thomas und seine Männer füllen Sandsäcke ab, um zur Vorbereitung auf die Schlacht ihre Unterstände zu verstärken. Rubin und Smith, die beiden Männer mit den besten Stimmen, singen Duette aus *The Bing Boys*. Thomas liest *Macbeth*.

Helen schreibt einer alten Freundin, Janet Hooton – der Frau von ebendem Harry, dem Thomas *The Icknield Way* gewidmet hat. Er ist immer noch Dichter, sogar dort draußen, berichtet Helen Janet stolz, »und erfreut sich an der Schönheit, die es dort gibt, und er findet Schönheit, wo sonst niemand sie finden würde ... Meine Augen und Ohren und Hände verlangen nach ihm, und fast jede Nacht träume ich, dass er zurück ist und wir wieder zusammen sind.«

Am 4. April feuern sie den ganzen Tag, schicken 600 Ladungen los, obwohl fast nichts zurückkommt. Die Artillerie bringt die Luft zum Flattern, ein Geräusch wie von schlecht getrimmten Segeln bei böigem Wind. Thomas' Füße sind ständig nass und kalt. Feine grüne Federn von Wiesenschafgarbe befiedern die Grassoden auf dem benachbarten Unterstand. Er liest *Hamlet*.

Am Wochenende des 7. und 8. April bringt die Batterie auf der alten eingesunkenen Straße, die parallel zur Front verläuft, ihr schweres Geschütz in Stellung. Der Beschuss durch die Deutschen ist ungewöhnlich stark. Er schreibt einen Brief an Helen:

Liebste,

hier sitze ich nun im Mantelsack auf dem Boden meines Unterstands und schreibe dir vor dem Schlafengehen. Die Artillerie ist wie eine Sturmflut, die sich am Ufer des Vollmonds bricht ... Das schöne Dorf umgeben vom Wald, das ich vor zwei Wochen gesehen habe, ist jetzt nur noch Schutt und Asche, umgeben von dicken, zerborstenen Stämmen. Aber die Sonne schien und Lerchen und Rebhühner und Elstern und Heckenbraunellen liebten sich, und der Graben wurde zum Durchgang für die Verwundeten, die in ein, zwei Tagen wohl eingefahren werden ...

Ich habe ziemlich gut geschlafen und jetzt gibt es Sonne und Wind und wir haben einen langen Tag vor uns und ich muss das hier abschicken, sobald es geht.

Ganz und für immer Dein Edwy

Das Grammofon spielt *Death of the Troll* (Der Tod des Trolls).

~~~

Ostermontag, 9. April, der erste Tag der Schlacht von Arras beginnt mit einem gewaltigen Trommelfeuer der britischen Artillerie – der »Feuerwalze«. Die Luft reißt und biegt sich vor Granatenexplosionen. Im winterlichen Morgendämmer erreicht hinter der vorwärtsrollenden Walze eine erste Welle Truppen die deutschen Linien.

Der Morgen ist für die britischen Batterien ein Triumph. Im Artillerieduell setzen sie die meisten schweren Geschütze der Deutschen außer Gefecht, und ihre Truppen können die deutsche Infanterie überrumpeln. Als die Schussfrequenz langsam sinkt, kommen die britischen Soldaten aus den Gräben und johlen und tanzen.
~~~

Thomas tritt aus seinem Unterstand und lehnt sich an die Türöffnung, um sich seine Tonpfeife zu stopfen. Schnee und rote Sonne; der nackte Höhenrücken fließt kilometerweit dahin. Er hat die Pfeife halb fertig gestopft, als eine verirrte deutsche Granate nahe an ihm vorbeifliegt und das plötzliche Vakuum, das dadurch entsteht, ihn zu Boden schleudert.

Sein Körper ist unverletzt. Neben ihm liegt die Tonpfeife, unversehrt. Er starb an der Erschütterung durch den jähen Druckabfall, der sein Herz zum Stillstand brachte. Auch auf den Seiten seines Tagebuchs fanden sich Druckspuren des tödlichen Vakuums – ähnlich der Wellen an der Oberfläche stehender Gewässer.

~~~

Helen näht gerade, neben ihr zieht Myfanwy bunte Wollfäden durch die ausgestochenen Löcher einer Postkarte und lässt so eine Wildente entstehen, die sie ihrem Vater nach Frankreich schicken will. Aus dem Fenster sieht Helen den Telegrammjungen anhalten und sein Fahrrad an den Zaun lehnen. Er überreicht das Telegramm. Sie liest es schweigend. Er wartet ab, ob sie eine Rückantwort aufgeben will. »Keine Antwort«, sagt sie.

Helen schreibt an Frost. Sie weiß nicht, welche Zeitform sie benutzen soll. »Für einen Moment verliert man Sehkraft und Gefühl. Mit ihm war und ist auch alles gut. Sie lieben ihn, und ich hoffe, dass wir uns eines Tages treffen und über ihn sprechen, denn er ist so groß und herrlich.«

~~~

Der Inhalt von Thomas' Taschen wird in einer Kiste an Helen zurückgeschickt. Dazu gehört das Tagebuch, und darin ein Foto, ein loser Zettel und ein zerknitterter Brief. Der Brief war von ihr. Das Foto auch. Auf dem Zettel stehen auf der einen Seite Adressen und Namen und auf der anderen drei mit Bleistift hingeschriebene Zeilen:

Wo jede Biegung in den Himmel führen könnte
Oder hinter jeder Ecke die Hölle lauert
Glänzen Wege wie Flüsse am Berg nach Regen.

Was hat Thomas wohl gesehen, als er diese letzten Verse in sein Arras-Heft notierte? Die alten Wege des englischen Südens oder die granatengepeitschten Nachschubwege, die sich zur Front winden? Beide vielleicht, übereinandergelegt, die Art Pfade, die in ihrem Verlauf zum anderen führen.

Spur

Fußabdrücke im Schlamm: zwei Paar Füße, die nach Norden wandern. Ein Mann und eine Frau, in vertrauter Nähe, parallel zur Küstenlinie, mit guten sechs Kilometern die Stunde: strammes Gehen, keine Nahrungssuche. Was wir wissen: Der Mann war ca. 1,90 m groß, die Frau einen Kopf kleiner. Der Mann hatte einen spitzen Nagel am großen Zeh; die Frau einen hohen Fußbogen. Am Tag ihrer Wanderung, vor ungefähr 5 000 Sommern, schien die Sonne erbarmungslos, wehte ein leichter Wind und brandeten nur kleine Wellen an. Rot- und Rehwild war ebenfalls in der Gegend, es lief durch das Watt und hinterließ klar gezeichnete Spuren. Und Kinder waren dort, eine Gruppe, die miteinander im Schlick spielte, herumtollte und eine Schar kleiner Fußabdrücke hinterließ.

Ich setze meinen Fuß neben den ersten Abdruck des Mannes und mache mich auf in Richtung Norden, folge der Spur seiner Schritte, falle in seinen Rhythmus. Regen und Sonne ziehen in Böen die Küste entlang. Plötzliche Lichtwechsel. Ein doppelter Regenbogen spannt sich über dem Meer nach Norden. In der Mündung Windkrafträder mit weißen Blättern. Weit im Westen, über der Irischen See, türmt sich eine gewaltige Gewitterwolke.

Die prähistorische Fährte tritt ein paar Kilometer nördlich von Liverpool zutage, an einem Küstenabschnitt mit dem Namen Formby Point, wo das Land eines der bemerkenswertesten Archive in sich trägt. Vor fünf- bis siebentausend Jahren war diese Gegend eine zerklüftete, von Meeresarmen und Rinnen durchbrochene Küstenregion.[1] Später entstanden dort allmählich Dünen, die eine bis heute bestehende Barriere zwischen Meer- und Süßwasser bildeten. Im sumpfigen Binnenland wuchs Bruchwald aus Erle, Birke, Weide und Busch-Eiche. In der Gezeitenzone gab es ein flaches, schilfgesäumtes Haff und das Küstenvorland bestand aus festem Schlick. Die Gegend bot unterschiedlichste Habitate und beheimatete außerordentlich viele Vögel, Tiere und Menschen.

Bewegten sich Menschen oder Tiere über das Küstenvorland, hinterließen sie im Schlick ihre Abdrücke. Hatte die Sonne genügend Kraft, härteten diese aus, und die Fährte war gleichsam eingebrannt. Dann legte sich feiner Sand, der von den nahen Dünen herüberwehte, in die Abdrücke. Mit der steigenden Flut – vorausgesetzt, dass die Strömung gering war – legte sich eine dünne Schlickschicht über die sonnengebrannte und sandgefüllte Fährte. Auf dieser Schicht lagerten sich weitere ab, die die darunterliegenden komprimierten und, unter den richtigen Bedingungen ihrerseits wieder Fährten aufzeichnen konnten. So konservierten die aufeinanderliegenden Schlickschichten über die Jahrhunderte Tausende von Fußwegen – wie ein stetig anwachsender Stapel Papier.

Gegen Ende der Jungsteinzeit wuchs das Land immer weiter nach Westen ins Meer hinein. Zuerst überdeckte es das küstennahe Watt, dann das Haff in der Gezeitenzone, schließlich auch die weiter vorgelagerten Sandbänke. Dieses neue Land hielt die Fußabdrücke lange sicher verborgen. Später dann, zu Beginn des 18. Jahrhunderts, zogen gewaltige Sandstürme über die Region, zwangen die Menschen, ihre Dörfer zu verlassen, und bedeckten die konservierten Fußabdrücke mit weiteren Dünen. Vor Kurzem begann jedoch das Meer die Küste von Formby Point im mittleren Bereich anzunagen. Die unteren Schlickschichten mit den Fußspuren aus der Mittel- und Jungsteinzeit wurden von der Erosion aufgedeckt – und sehr schnell abgetragen.

Wenn heute eine schwere Nipp- oder Springflut anrollt oder ein Sturm über die Irische See peitscht, wird die oberste Sandschicht fortgespült und die darunterliegende Wattfauna freigelegt. Das Meer kehrt den Fluss der Geschichte um, hebt Papier um Papier vom Blätterstapel, sodass die Zeit, während sie Tag um Tag voranschreitet, zugleich Jahr um Jahr rückwärtsgeht. Wenn sich das Meer zurückzieht, tritt eine frische Schlickoberfläche zutage – die manchmal die Abdrücke prähistorischer Fußmärsche trägt. Für ein paar Tage oder auch nur Stunden sind die Spuren dann wieder lesbar – bis zur nächsten Flut oder zum nächsten Sturm.

Schritt für Schritt folge ich dem Mann auf seinem Weg nach Norden, der gerade an einem Priel im Watt entlangführt. Wo das Watt zum stehenden Wasser abfällt, erscheint es wie ein Buch aus Büttenpapier. Ich sehe die einzelnen, jeweils daumendicken Schichten des schweren braunen Schlicks. An dieser Stelle finden sich auch Spaltmarken von Rot- und Rehwild, die Hufe der Rehe gestochen scharf und klein, die des Rotwilds wie große Fragezeichen. Der Mann schreitet voran, und ich folge ihm auf dem Fuß.

Der Schlick von Formby birgt einen erstaunlichen Schatz an Spuren. Die 5000 Jahre alten Fährten wilder Bären, Wölfe und Hunde wurden freigelegt, ebenso die von Ziegen, Pferden und Rotwild mit bis zu dreizehn Zentimeter langen Hufen – fast doppelt so lang wie die heutiger Hirsche. Die Fußspuren dahinstolzierender Austernfischer (kleine Wanderwege aus Pfeilspitzen) traten zutage, die gespreizten T-förmigen Zehenabdrücke eines Kranichweibchens, das mit seinen Jungen dahertrappst, und die tellergroßen Abdrücke des Auerochsen – jenes riesigen, zur Bronzezeit auf den Britischen Inseln von Jägern ausgerotteten Huftiers, dessen Abbild noch in der Höhle von Lascaux zu sehen ist. Ein großer Auerochsenbulle hatte eine Risthöhe von 1,80 m und maß 3,30 m vom Maul bis zum Schwanz.

Auch Hunderte menschlicher Fährten kamen wieder an die Oberfläche. Einige von ihnen waren so klar gezeichnet, dass Archäologen daraus Statur, Schrittstärke, -frequenz und -geschwindigkeit der Wandernden ableiten konnten. Zumeist handelte es sich um Frauen oder Kinder, die barfuß über das Watt liefen, vermutlich auf der Suche nach Nahrung: Krabben und Schwertmuscheln aus dem Sandwatt und aus den Wasserlachen, Vogeleier aus den Haffs und Buchten entlang der Küste. Eine erwachsene, vermutlich schwangere Frau winkelt die Zehen an, um auf dem glitschigen Untergrund besser Halt zu finden. Es wurden auch männliche Fußspuren gefunden, die Rot- und Rehwildfährten folgten, und die Tiefe der Abdrücke wie auch ihre Zielgerichtetheit weisen darauf hin, dass die Männer offenbar gerannt und auf der Jagd gewesen sind.

Schritt für Schritt Richtung Norden, immer der Fährte des Mannes nach, der starke Südwind im Rücken schiebt uns voran wie eine Hand. Er wirbelt Schleier von trockenem Sand auf, lange goldene Schlangen, die sich leichthin über die Dünen und durch den Strandhafer ziehen.

Die Abdrücke von Formby sind einerseits aussagekräftig, weil sie einzelne Wegstrecken nachzeichnen, und andererseits geheimnisvoll, weil wir so wenig über die Menschen wissen, die diese Spuren hinterließen. Wie die umsprühten Handumrisse in der Höhle von Lascaux sind sie Folgen einer konkreten, unwiederholbaren Handlung – die Haut dieser Handfläche oder jener Fußsohle wurde genau zu diesem Zeitpunkt gegen diese Höhlenwand oder in jenen Strand gedrückt –, doch erinnern sie uns in ihrer Form und Anordnung an uns vertraute, seit 3,6 Millionen Jahren so bestehende Bewegungen und Gesten. Darüber hinaus wissen wir so gut wie nichts. Wer hat diese so einzigartigen wie universalen Spuren hinterlassen? Was fühlte der Mensch, der diese Spuren hinterließ – zu einer Zeit, in der mit einem Schilfrohr die ersten Piktogramme in den mesopotamischen Lehm gezeichnet wurden?

Diesen Spuren nachzuspüren und die eigenen Fußabdrücke neben sie zu setzen ist nicht einfach nur eine Zeitreise, eine Stippvisite zurück in die Mittelsteinzeit. Nein, das Frappierende an dieser Erfahrung liegt darin, dass sie sich wie eine Kopräsenz anfühlt: Vorgeschichte und Gegenwart überlagern sich derart, dass ich nicht mehr weiß, wer in wessen Fußstapfen tritt. Die Kombination von intimer Nähe und großer Distanz verleiht den Spuren ihre aufwühlende Kraft. Sie zählen zu den ersten Überlieferungen überhaupt und stammen aus einer Zeit, aus der keine anderen Erzählungen überliefert sind. Indem wir ihnen folgen, lesen wir eine der ältesten Geschichten, die nicht in einem Buch abgedruckt, sondern als Fußabdrücke festgehalten ist.

Während ich gehe, leuchten in meiner Erinnerung Szenen auf, die ich unterwegs auf meinen Wegen erlebt habe, schnell und klar wie Dias: das grün phosphoreszierende Kielwasser der *Jubilee* auf ihrer Fahrt nach Norden, nach Sula Sgeir, die weißen Pfade des englischen Kreidelands, Manus' Drei-Stein-Fährten mit ihren Tölpelscharen, die Spiegelwelt des Broomway. Erinnerungen des Körpers kommen hinzu: an den rauen Kalkstein in Palästina, die dünnen, drahtigen Nadeln in den spanischen Kiefernwäldern, den unter den Füßen so weichen Sandsteinstaub der Black Mountains. Die sinnliche Wahrnehmung von Enge und Weite: die Bienenkorbhütte im offenen Moor von Lewis, der kleine kühle Raum im *qasr* bei Ramallah, das dunkle glasklare Wasser unter dem Steinbogen auf den Shiant-Inseln. Und so viele Menschen, so viele Wanderer und Pfadläufer.

Immer weiter, weiter nach Norden, die alten Fußspuren entlang. Salz in der Luft, Salz in der Nase. Die große Cumuluswolke zeigt eine Zeitlupenexplosion: üppige Auswüchse, die aus sich selbst herauswachsen, Schnecken und Gewölbe, Schluchten, Séracs und große weiße Samenkapseln. Eine horizontale Scherungslinie am Wolkenbauch, unter dem schwarze Regensegel hängen. Noch weiter nördlich erreichen der Mann und ich eine Stelle, an der sich kleine Fußabdrücke häufen: im Matsch spielende Kinder. Jetzt, heute, sind es zwei, die barfuß durch den Schlamm hüpfen. Plötzlich spüre ich den Sog der Gezeiten mich mit aller Kraft nachhause ziehen, zu meinen eigenen Kindern, um sie vor der Zeit und allem Leid zu schützen.

Die Datierung der Fußabdrücke von Formby gelang dank einer Technik namens Optisch Stimulierte Lumineszenz. Die OSL nutzt die chronometrischen Fähigkeiten von Quarzkörnchen. Im Dunklen – etwa wenn sie im Schlamm begraben liegen – ziehen Quarzkörnchen unablässig Elektronen an. Zur Datierung entnimmt man einer bestimmten Bodenschicht eine Quarzprobe, bringt sie lichtgeschützt in ein Labor und bestrahlt sie dort mit Neonlicht. Die Bestrahlung regt das Quarz dazu an, seine gespeicherten Elektronen abzugeben, und die Stärke und Menge der gemessenen Elektronenabgabe gibt einen zuverlässigen Hinweis auf die Zeitspanne, die das Gestein im Dunkeln gelegen hat. Eine letzte Spur aus weißen Steinen: Quarz als Zeitmarker und Wegweiser in die Vergangenheit.

Bilder steigen auf, zusammengetragen auf all den Kilometern zu Fuß. Weiße Kiesel, weiße Pferde, fliegende Inseln, leuchtende Augen, Schimären, untergegangenes Land, Träume vom Fliegen, von Kehrtwenden und Doppelungen, Wegerechten und Wegeriten, Falken und Karten: Die Bilder bewegen sich wie die Messingkugeln in einem Orrery, einem Modell unseres Sonnensystems, auf Umlaufbahnen mit unvermuteten Begegnungen. Ich möchte dieses Geflimmer ordnen; die Sammlung vereinzelter Eindrücke mit dem Stempel des Vorzeitigen besiegeln. Das Land selbst, voll von Buchstaben, Wörtern, Texten, Liedern, Zeichen und Geschichten. Und immer und überall die Pfade, die sich durch die Countys und Länder ziehen, die nicht als Orte einer bestimmten Handlung, sondern als Muster erinnert werden, mit ihren Übereinstimmungen und Abweichungen, Wahlverwandtschaften und Verschiebungen der gewohnten Anordnung. Ich stelle mir vor, die Erde aus einer so unermesslichen Höhe zu betrachten, dass ich nicht nur sehe, was ist, sondern auch, was war, und dass sich die Fußspuren der Wanderer der Jahrtausende zeigen, als leuchtende Fährte unserer Spezies.

Weiter nach Norden, immer weiter. Einer der Abdrücke, ein rechter Fuß, tritt aus dem Schlick hervor, als hätte ihn ein anderes, gespiegeltes Wesen von unten durch den Grund gedrückt, ich auf der Oberseite, das Wesen auf der Unterseite.

Die Berge von Snowdonia schweifen nach Südwesten, und ziehen den Blick mit sich. Anglesey als Schattenriss im Nebel. Vor mir stolzieren drei Saatkrähen über den Strand; eine vierte landet und die Gruppe flattert nach Norden davon. Im Binnenland lässt sich ein Sperber geruhsam auf den Zweigen einer Erle nieder, verbirgt verstohlen die orangefarbenen Augen. Eine Plastiktüte, verfangen im Strandhafer, zittert im Wind. Möwen fliegen in Vs und Ws über mich hinweg.

Am letzten Fußabdruck bleibe ich stehen, 5000 Jahre nach dem Aufbruch endet meine Spur, hier, wo auch seine endet. Ich blicke die Fährte entlang, zurück nach Süden. Das Licht wechselt wieder, und plötzlich sind die wassergefüllten Fußspuren kleine Spiegel, die den Himmel reflektieren, die zitternden Wolken und einen jeden, der in sie hineinschaut.

Anmerkungen

Kapitel 2: *Pfad*

1 Dieses Detail verdanke ich Hayden Lorimer: »Herding Memories of Humans and Animals«, in: *Environment and Planning D: Society and Space* 24:4 (2006), S. 497–518 (514).

2 Das größte Paradox des englischen Fußwegenetzes liegt vermutlich darin, dass es sich hauptsächlich den Parliamentary Enclosures Acts verdankt, den Flurbereinigungsgesetzen, die die britische Regierung zwischen 1750 und 1850 erlassen hat. Zuvor waren weite Teile des Landes ›common‹, also Gemeingut; nach Einführung dieser Gesetze wurde es notwendig, die Rechte und Pflichten der Landbesitzer und den Umfang ihrer Ländereien zu definieren, wozu Hecken und Zäune (die den Zugang verhinderten) und Fußpfade dienten (die den Zugang anzeigten und erlaubten, aber auch implizit beschränkten). Viele Pfade, über die zu gehen bis dahin erlaubt war, verschwanden; andere kamen hinzu und wurden durch Verordnungen geschützt. Die Landschaft aber war nun nicht mehr offen und konnte nicht mehr frei und nach eigenem Willen durchschritten werden. Insofern geht mit der Geburt des Fußwegesystems aus dem Gesetz sowohl ein Zuwachs an Freiheit als auch an Beschränkungen einher. Eine brillante, leidenschaftliche Darstellung dieser Geschichte des Zugangs zum Land findet sich in Marion Shoard: *This Land Is Our Land* (1987; London 1997).

3 Diese Geschichte gibt es in verschiedenen Varianten. Ich beziehe mich hier auf Herbert Jenkins: *The Life of George Borrow* (London 1912), S. 94–104. Edward Thomas übernimmt in aller Kürze, aber gerne eine Version davon in George Borrow: *The Man and His Books*, London 1912, S. 125 f.

4 Unveröffentlichter Brief von Henry Williamson an Dennis McWilliam vom 11. Juni 1968. Später verwandelte sich Williamsons volkstümliche Auffassung von ›Land‹ in eine verstörende Sympathie für den Faschismus.

5 John Keats in einem Brief an John Reynolds vom 12. Juli 1819.

6 Edna Longley, eine kluge Kritikerin Thomas' und Herausgeberin des exzellenten Bands *Annotated Collected Poems*, bestätigt, dass »die tiefsten Strukturen seiner Vorstellung von Wegen und Wanderungen geprägt waren«, *Annotated Collected Poems*, Northumberland 2008, S. 270.

7 In seinem auf faszinierende Weise verschachtelten Buch *Lines* unterscheidet Tim Ingold zwischen ›wayfaring‹ (Wege suchen) und ›navigation‹ (Routen suchen): Wer Routen sucht, fixiert den Wegverlauf »noch bevor er sich überhaupt auf den Weg macht«, der Wegesucher hingegen »folgt einem Pfad, den er schon einmal in Begleitung anderer gegangen ist, oder er folgt ihren Fußstapfen und rekonstruiert den Weg, während er ihn geht«, Tim Ingold: *Lines. A Brief History*, London 2007, S. 15 f.

Kapitel 3: *Kreide*

1 Eine erhellende Diskussion über Schattenstätten und Luftansichten findet sich in Kitty Hauser: *Shadow-Sites: Photography, Archaeology and the British Landscape,* Oxford 2007.

Kapitel 4: *Watt*

1 Der Sweet Track war ein mit Holzbündeln befestigter Weg, der in der Jungsteinzeit durch die sumpfigen Somerset Levels führte, um zwei höher gelegene, trocknere Gebiete miteinander zu verbinden: die Mendip Hills und die Presseishügel von Glastonbury. Erstaunlicherweise wissen wir durch genaue Pollendatierung, dass in Shapwick, nahe von Westhay (Ortsnamen, die eher an die Shetland-Inseln als an Somerset erinnern), im Frühjahr 3806 v. Chr. Ruten von Erle, Haselnuss, Holunder, Eiche, Esche und Linde zu Bündeln zusammengebunden und auf den Fußweg durch die Levels gelegt worden waren.

2 Die Archäologie von Doggerland ist sehr gut (und kurz) beschrieben in Laura Spinney: »The Lost World«, in: *Nature* 454 (9. Juli 2008), S. 151–153; eine längere Darstellung findet sich in Vincent Gaffney et al.: *Europe's Lost World: The Rediscovery of Doggerland,* York 2009. Ich beziehe mich hier auf beide Quellen.

3 Von John Burroughs Kommentar habe ich durch Jules Pretty erfahren, der ihn in *This Luminous Coast* zitiert (Suffolk 2011, S. 161).

4 Ich danke Jos Smith für den Hinweis auf die Parallelen zwischen diesen drei Zitaten (Martin, Deakin, Thoreau).

Kapitel 5: *Wasser – Süden*

1 Manche dieser ›Straßen‹ sind geschützte Gewässer, etwa die Carrick Roads bei Falmouth oder die Routen im Mündungsbereich des Mersey.

2 Eine exzellente Erörterung der Historiografie der Seewege findet sich in Bowen: *Saints, Settlements and Seaways,* S. 1–10.

3 Ich verdanke es vornehmlich Cunliffes Buch, hier über die Geschichte der Seewege referieren zu können; neben anderen Quellen ziehe ich auch Bowens *Saints, Settlements and Seaways* und den herausragenden komprimierten Essay »Seven Short Sails« (»Sieben kurze Segel«) von Peter Davidson hinzu, der als Epilog in Pat Laws Projekt »7 Short Sails« zu finden ist. Siehe unter *http://studiolog.heriot-toun.co.uk/7sails/7sails.php*

4 Als der Abt Adomnán im Jahr 704 n. Chr. die *Vita Columbae* verfasste, die erste Biografie des Columban von Iona, der 563 n. Chr. von Irland nach Schottland segelte und das Kloster auf Iona gründete, hielt er eine einzige Reise für erwähnenswert: die Reise über Land, von der schottischen Westküste nach Osten.

5 Siehe auch Hayden Lorimers feine Beobachtung, dass an der Meeresküste »eine andere Hierarchie der Menschen und der Mächte in der Welt spürbar wird, die in verschiedenen Feldern, in Variationen, Beziehungen, Gefühlen und Affekten Ausdruck findet, im Leben, das an seinem Puls erspürt wird, im Wechsel der Jahreszeiten, in den Massenbewegungen von Wasser und Luft, in den Tiefen und Oberflächen, im Ein- und Ausatmen, in der Beschleunigung und Verlangsamung der Energien, dem Tempo und der Dauer der Begegnungen, der Textur der Lichtstimmungen und des Lichteinfalls, in Wassererosionen durch biochemische Vorgänge und Gezeiten sowie in Strömungen, die Persönliches und Unpersönliches, Materielles und Immaterielles vermischen.« Hayden Lorimer: »Forces of Nature, Forms of Life: Calibrating Ethology and Phenomenology«, in: Ben Anderson und Paul Harrison (Hg.): *Taking Place: Non-Representational Geographies,* London 2010, S. 55–78.

6 Ich danke Peter Davidson für dieses Detail.

7 Eine ausführlichere Darstellung der *peregrini* gebe ich in *Karte der Wildnis,* Berlin 2015) S. 23–43.

8 Siehe auch Bowens Kartierung der alten, den *peregrini* gewidmeten Kirchen im Nordwesten Europas und an der britischen Atlantikküste in *Saints, Settlements and Seaways,* S. 51–80.

9 Ein *immram* ist ein ›Umherrudern‹, abgeleitet vom Gälischen *ramh,* zu Deutsch ›Ruder‹, und kann – ähnlich den Wanderungen der australischen Aborigines – sowohl eine tatsächliche Fahrt über das Wasser als auch eine mystische Reise des Geistes bezeichnen; ein *iorram* ist ein Ruderlied, das die Toten betrauert.

10 Cunliffe erzählt die bezaubernde Geschichte von den Visionen des Antiquars T. J. Westropp, der 1912 behauptete, er habe die Brasilinsel schon drei Mal in seinem Leben gesehen: »Sie hatte zwei Hügel, einer bewaldet, einer kahl; auf der Tiefebene zwischen ihnen stiegen aus einigen Türmen kleine Rauchwolken auf«. Die Eintragung »Brazil Rock« verschwand erst 1895 von den Atlantikkarten.

11 Ich entnehme Lowells Ausdruck der feinsinnigen kurzen Würdigung Ian Stephens von Gerry Cambridge: »All About Shine« (das Vorwort in Ian Stephen: *Mackerel & Creamola: Stories and Recipes,* Edinburgh 2001, S. 11–15 (13)).

12 Dieses Detail entnehme ich Tim Ingold: *Lines. A Brief History,* London 2007, S. 90. Tim Ingold schreibt diese Forschungserkenntnis Natalia Novikova zu, formuliert in »Self-Government of the Indigenous Minority Peoples of West Siberia: Analysis of Law and Practice«, in: *People and the Land: Pathways to Reform in Post-Soviet Siberia,* Berlin 2002, S. 83–97. Ich danke auch Tatiana Argounova-Low für unser Gespräch über Hodologie, in dem sie mir von ihrer aktuellen Forschung über die Beziehung zwischen Wegen und Narrativen in der Republik Sacha im Nordwesten Sibiriens berichtete.

13 Ich beziehe mich hier auf Ingolds Diskussion über die Beziehung zwischen Text, Weg und Textur in *Lines,* S. 43.

14 Inspiriert von Ingold: *Lines,* S. 92 f.

15 Ich danke Tim und Mairéad Robinson für diese Formulierung: »die Illusion einer gänzlichen Erfassung« (the delusion of a comprehensive totality).

Kapitel 6: *Wasser - Norden*

1 Der Albatros ›Albert Ross‹ wurde erstmals 1967 auf dem Bass Rock im Firth of Forth gesehen und 1972 in die große Tölpelkolonie bei Hermaness auf der Shetland-Insel Unst umgesiedelt, zu der er über zwanzig Jahre lang jedes Jahr zurückkehrte, ehe er für zehn Jahre verschwand. Zwischen 2005 und 2007 lebte er auf Sula Sgeir. Vermutlich hatte er sämtliche schottische Tölpelkolonien besucht, um sich eine Partnerin zu suchen – denn Tölpel haben eine zumindest flüchtige Ähnlichkeit mit Albatrossen, und die 700 000 weiblichen Exemplare seiner eigenen Spezies weilten unbequemerweise allesamt südlich des Äquators.

2 Siehe James McGeoch, Catriona McGeoch, Finlay MacLeod und John Love: *Súlasgeir*, Stornoway 2010; und John Beatty: *Sula. Seabird Hunters of Lewis*, London 1992. Ich danke Finlay MacLeod, der Familie McGeoch und Acair Press für die freundlich gewährte Einsicht in Material über Sula Sgeir und die *guga*-Jagd.

3 James bezieht sich hier auf einen Ausdruck des deutschen Physiologen und Farbtheoretikers Ewald Hering.

4 Das Basstölpel-Kreuz war vermutlich ein Streifen Gneis aus dem Präkambrium, angereichert mit rosafarbenem Alkalifeldspat, der durch Jahrtausende währenden Druck in die heutige Form gepresst worden ist.

Kapitel 7: *Torf*

1 Der Begriff stammt aus »Some Lewis Moorland Terms: A Peat Glossary« (»Einige Begriffe zum Moorland auf Lewis: Ein Torf-Glossar«), einem vier Seiten umfassenden Dokument mit 126 gälischen Begriffen. Es untersucht die in drei Ortschaften auf Lewis (Shawbost, Bragar und Shader) verwendete Sprache, mit der bestimmte Merkmale des Moorlands und der Torfbänke auf der Insel beschrieben und bezeichnet werden. Viele Begriffe sind bemerkenswert in ihrer kompakten Präzision; das Dokument als Ganzes ist zutiefst bewegend. Es wurde zwischen 2005 und 2007 von Finlay MacLeod, Anne Campbell und zwei weiteren Personen zusammengestellt. Für eine ausführlichere Diskussion dieses Dokuments und der Beziehung zwischen Toponymen und Ortsintimität siehe Robert Macfarlane: »A Counter-Desecration Phrasebook«, in: Gareth Evans und Di Robson (Hg.): *Towards Re-Enchantment: Place and Its Meanings*, London 2010, S. 106–130.

2 David, der mich auf dieser Wanderung begleitete, versuchte sich einmal am Barfußgehen durch Brennnesseln und meinte, es sei »wie Chili für die Füße« und würde angenehm zwiebeln. Seine Empfehlung überzeugte mich jedoch nicht hinreichend, um es ihm gleichzutun.

3 Ich danke Hayden Lorimer für den Bericht über Darlings Barfußgänge und für diese Formulierung, »Herding Memories of Humans and Animals«, in: *Environment and Planning D: Society and Space* 24:4 (2006), S. 497–518 (500).

Kapitel 8: *Gneis*

1 Persönliches Gespräch mit Steve Dilworth, August 2010.

Kapitel 9: *Granit*

1 Für weitere Einzelheiten zum bemerkenswerten Leben meines Großvaters siehe Edward Peck: *Recollections 1915–2005,* New Delhi 2005.

2 Eric Hosbawm nimmt hier seinerseits eine apokryphe chinesische Formel auf, in: *Interesting Times: A Twentieth-century Life*, London 2002.

3 Wie beschrieben im fünften Kapitel von *Berge im Kopf,* meinem ersten Buch, für das meine Großeltern und ihre Welt den Anstoß gegeben hatten, sodass es nur folgerichtig ist, sie hier noch einmal zu erwähnen.

4 Diese Geschichte erzählte mir Ronald Blythe, als ich ihn einmal in seinem Haus in Wormingford besuchte, das nur über einen tief eingesunkenen Pfad zu erreichen ist.

Kapitel 10: *Kalkstein*

1 Die besten Darstellungen von Raja Shehadehs außergewöhnlichem Leben und seiner Wanderungen finden sich in seinen eigenen Büchern, *Wanderungen in Palästina* (Zürich 2011) und *A Rift in Time: Travels with My Ottoman Uncle* (London 2010).

Kapitel 11: *Wurzeln*

1 Ich danke Alexandra Harris, die mich auf Blundens Essay »On Pilgrimage in England« hingewiesen hat.

2 Verschiedene hier dargelegte Einzelheiten sind Essays für Kataloge und anderen auf Spanisch oder Englisch verfassten Schriften von Miguel Angel Blanco entnommen. Einige davon finden sich unter *www.bibliotecadelbosque.net*

3 Das Wort ›landscape‹ wurde im späten 16. Jahrhundert (1598) als Anglisierung des niederländischen Wortes *landschap* in die englische Sprache aufgenommen. Ursprünglich in der Bedeutung ›eine Einheit oder ein Stück Land‹, entwickelte es im Laufe des 16. Jahrhunderts jedoch eine so starke Verbindung zur niederländischen Landschaftsmalerei, dass seine erste Wortbedeutung bei der Anglisierung ›die malerische Darstellung einer Gegend‹ war. Zur Beschreibung einer realen Landschaft benutzte man es erst ab 1725.

Kapitel 12: *Eis*

1 Auf einer anderen Expedition reisten Schaller und Miceler nach Arunachal Pradesh im Nordosten Indiens, um durch eine bislang nicht kartografierte Region eine Vermessungslinie zu ziehen. Hoch im Nordwesten dieser Region sahen sie den ersten Schneeleoparden, der je in Arunachal Pradesh gesichtet wurde; auf einem Bergpfad kam er ihnen entgegen. Er hing mit zusammengebundenen Beinen an einer Stange und wurde von vier Männern getragen, die ihn am Nachmittag mit der Keule getötet hatten. Schaller und Miceler begleiteten die Gruppe hinab ins nahegelegene Dorf und beobachteten schweigend, wie der Leopard gehäutet wurde.

Kapitel 13: *Schnee*

1 Brief von Eric Ravilious an Peggy Angus vom Juli 1939.

2 Undatierter Brief von John Lake an Richard Morphet.

3 Brief von Eric Ravilious an Tirzah Ravilious vom 30. Mai 1940 (?).

4 Brief von Eric Ravilious an Helen Binyon vom 30. Mai 1940 (?).

5 Brief von Eric Ravilious an Diana Tuely vom 30. Mai 1940 (?).

6 Walker's Hill und Adam's Grave, wie das Hünenbett auf dessen Kuppe mitunter genannt wird, finden auch Eingang in Thomas' Gedicht »Lob«, das von dem geisterhaften Engländer erzählt, der wandert, »um alte Pfade freizuhalten, die niemand benutzt«.

Kapitel 14: *Flintstein*

1 Ich gebe hier Peter Ackroyds Darstellung von Taines Behauptung aus dem Jahr 1860 wieder, in: *Albion: The Origins of the English Imagination,* London 2002, S. 3.

2 Über die Folklore von Chanctonbury gibt es eine hilfreiche Sammlung von Jacqueline Simpson in »Legends of Chanctonbury Ring«, in: *Folklore* 80 (1969), S. 122–131. Siehe auch Arthur Beckett: *The Spirit of the Downs,* London 1943; und Philip Gosse: *Go to the Country,* London 1936.

3 Robert Louis Stevenson, zitiert von Duncan Minshull im Vorwort zu seinem fantastischen Buch *The Vintage Book of Walking,* London 2000, S. XVII.

4 Ich entlehne dieses Diktum Rebecca Solnit: *Wanderlust: A History of Walking,* London 2000, S. 6.

5 Brief von Edward Thomas an Gordon Bottomley vom 1. März 1917.

Kapitel 15: Geist

1 Persönliche Notiz von Edward Thomas vom 9. Oktober 1907 (die später von Helen Thomas entdeckt wurde).

2 Ich beziehe mich hier und an anderen Stellen auf Lucy Newlyns subtile Diskussion von Thomas' Beziehung zu Jefferies, Hazlitt und ihrer Vorstellung vom Wandern in »Hazlitt and Edward Thomas on Walking«, in: Essays in Criticism 56:2 (April 2006), S. 163–187.

3 Das Zitat »texture midway between life and books« entnehme ich Newlyns Aufsatz »Hazlitt and Edward Thomas on Walking«. Das Original findet sich in William Wordsworth: *The Poetical Works of William Wordsworth*, hg. von Paul D. Sheats, Boston, MA 1952, S. 145.

4 Brief von Edward Thomas an Gordon Bottomley vom 15. Januar 1908.

5 Brief von Edward Thomas an Gordon Bottomley vom 7. Februar 1908.

6 Robert Frost in einem Brief an Sidney Cox vom 18. Mai 1914. Dieses Detail und das von Frost geprägte Wort »talks-walking« (›Gesprächsgänge‹) verdanke ich Matthew Hollis, der es in seiner exzellenten Biografie über Thomas' letzte Jahre zitiert, *Now All Roads Lead to France: The Last Years of Edward Thomas*, London 2011, S. 126 und 128.

7 Brief von Edward Thomas an Jesse Berridge.

8 Brief von Edward Thomas an Gordon Bottomley vom Juni 1915.

9 Ich danke Matthew Hollis, dessen Abhandlung über die Rolle, die dieses Gedicht in Thomas' Entscheidung, in den Krieg zu ziehen, gespielt hat, mir dessen mehr als metaphorische Bedeutung vor Augen geführt hat. Siehe Hollis: *Now All Roads Lead to France*, S. 233–239.

10 Brief von Edward Thomas an Gordon Bottomley vom 21. Juli 1915.

Kapitel 16: *Spur*

1 Ich beziehe mich hier und an anderen Stellen in diesem Kapitel auf das Werk und Briefe von sowie Gespräche mit Gordon Roberts, außerdem auf Jennifer Lewis und Jennifer E. Stanistreet (Hg.), *Sand and Sea: Sefton's Coastal Heritage: Archaeology, History and Environment of a Landscape in North-West England*, Sefton 2008.

Glossar

ALBEDO Die Menge des von einer Oberfläche reflektierten Lichts.

ANTHROPOZÄN Ein relativ neuer, noch nicht kanonisierter Begriff der geologischen Zeitrechnung für die erdgeschichtliche Periode, in der signifikante globale Auswirkungen menschlicher Aktivitäten zu erkennen sind (*siehe auch* HOLOZÄN).

ANTIKLINALE Geologischer Begriff für eine Linie oder Achse, in der verschiedene Erdschichten übereinander liegen.

ARCHIPEL Eine Gruppe von Inseln; oder ein Wassergebiet, in dem mehrere Inseln liegen.

BEALACH (gälisch) Ein Pass; ein Spalt oder Sattel zwischen zwei Hügeln.

BRECK (englisch) Bruch, Makel oder Fehlerstelle; daher die Bezeichnung ›Brecklands‹ für das ›gebrochene‹ sandige Heideland im Süden Norfolks.

BRUCHWALD Sumpf- oder Moorland mit niedrigen Bäumen (Weide, Erle).

BURN (englisch) Ein kleiner Wasserlauf, meist Bach.

CHÖRTEN Ein buddhistischer Ort oder Gegenstand der Verehrung.

COCCOLITH Mikroskopisch dünne Plättchen aus Kalziumkarbonat, die von bestimmten einzelligen Algen gebildet werden.

COMBE (englisch), *KAR* Allgemein eine Senke oder ein Tal. Im Kreideland Südenglands eine Senke oder ein Tal an der Flanke eines Hügels oder ein kurzes steiles Tal, das von der Meeresküste ins Landesinnere aufsteigt. In Cumbria und Schottland ein sichelförmiger Einschnitt oder ein Tal an einem Hügel.

CURRACH (schottisch) Ein kleines Boot aus Flechtwerk, das mit Tierhaut überzogen wird, ehemals in Schottland und Irland verwendet, wo die Bezeichnungen ›currach‹ und ›curragh‹ gebräuchlich sind, in England ›coracle‹.

CURSUS Ein Begriff für *NEOLITHISCHE* Erdwerke: lange, parallel verlaufende Dämme mit außenliegendem Graben und rechteckigen oder abgerundeten Enden. Das berühmteste Beispiel in England ist der Dorset Cursus.

DARSHAN (sanskrit) ›Sehen‹ im Sinne von ›etwas Göttliches schauen‹.

DENDRITISCH Verästelt, baumartig verzweigt.

DÜPPEL Metallstreifen, die im Zweiten Weltkrieg von Fliegern abgeworfen wurden, um den feindlichen Radar zu stören.

EOLITHEN Bezeichnung für die ersten bearbeiteten Steine.

FAHNE Das Geflecht einer Feder.

FELDSPAT Bezeichnung für eine Gruppe von Mineralien von zumeist weißer oder fleischroter Farbe, die in kristallinen Gesteinen zu finden sind (z. B. besteht Granit häufig aus Feldspat, Quarz und Katzensilber), *siehe auch* GNEIS.

FINDLING In der Geologie ein vereinzelter Gesteinsblock, der nicht aus den umgebenden Erdschichten stammt und von seinem ursprünglichen Standort durch Gletscherbewegungen transportiert worden ist.

GNEIS Ein metamorphes Gestein, das wie Granit aus Quarz, aus *FELDSPAT* (oder Orthoklas) und Katzensilber besteht, sich aber von Granit durch eine blatt- oder schichtartige Struktur unterscheidet.

GNOMON Der Schattenzeiger in der Mitte einer Sonnenuhr, dessen Schatten die Tageszeit anzeigt.

GRABHÜGEL Ein Hügel aus Erde oder Steinen, der auf ein Grab aufgetragen wurde. *NEOLITHISCHE* Grabhügel sind zumeist länglich und rhombusförmig; *BRONZEZEITLICHE* Grabhügel haben für gewöhnlich eine runde Form.

GUGA (gälisch) Ein Tölpelküken.

HIEROPHANIE Aufscheinen des Heiligen im Profanen.

HODOLOGIE Das Studium der Wege und Pfade (das Wort findet sich weder im Duden noch im Oxford English Dictionary, wird aber zum Beispiel von Frank Morley in *The Great North Road* (»Der große Weg des Nordens«) verwendet, der wiederum auf eine angebliche frühere Verwendung bei D'Arcy Wentworth Thompson verweist, die auf Goethe und schließlich auf Aristoteles zurückgehen soll).

HOHLWEG Ein Weg oder Pfad, der durch die erosive Wirkung von Füßen, Rädern und/oder Regenwasser in die umliegende Landschaft gegraben wurde.

HOLOZÄN Die geologische Epoche vom Ende des Pleistozäns (etwa 11700 Jahre vor unserer Zeitrechnung) bis heute; bzw. – für Verfechter des *ANTHROPOZÄNS* – bis zum Beginn des Anthropozäns.

HOODOO Eine hohe dünne Felsnadel.

HORNSTEIN Amorph geformtes, silikatreiches Kieselgestein. Zu den verschiedenen Hornsteinarten gehört u. a. Flint.

IMMRAM (irisch) Eine Wunderreise, eine Seereise in eine Anderswelt. Ein *immram* ist ein ›Umherrudern‹, abgeleitet vom Gälischen *ramh,* zu Deutsch ›Ruder‹, und kann – ähnlich den Wanderungen der australischen Aborigines – sowohl eine tatsächliche Fahrt über das Wasser als auch eine mystische Reise des Geistes bezeichnen; ein *iorram* ist ein Ruderlied, das die Toten betrauert.

ISOBARE Eine über die Erdoberfläche führende Linie mit gleichbleibendem Luftdruck.

KARST Kalksteinlandschaft mit zahlreichen abrupten Erhöhungen, Rissen, Löchern und Höhlen.

KLEINSTBIOTOPE Kleinste Flächen mit den Charakteristika einer Landschaft.

KOGNITIVE DISSONANZ Das gleichzeitige Erleben von Vorstellungen oder Erfahrungen, die einander widersprechen.

KORA Die Umrundung einer heiligen Stätte durch Pilger, nicht mit dem Ziel der Ankunft, sondern der Transzendenz. Die Wanderung dient dazu, den Geist zu konzentrieren und die Aufmerksamkeit auf eine höhere Realität zu lenken.

KRAGSTEIN Architektonischer Begriff für einen Stein, der aus einer Mauer hervorragt, um ein darüberliegendes Gewicht zu tragen.

LENTIKULAR Linsenförmig.

LERCHENWECKER Das Rufen der Lerchen am Morgen.

LIAS Ein blauer Kalksteinfels, reich an Fossilien.

LITHISCH Steinern oder zu einem Stein gehörig.

LITORAL An der Küste oder in Küstennähe.

LOCH Binnensee, Fjord in Schottland.

LOCHAN Verkleinerungsform von *LOCH*.

LUNULA Halbmondförmiger Schmuck.

LUVSEITS Auf der windzugewandten Seite.

MACHAIR (schottisch-gälisch) Küstenwiesen, meist auf Muschelsand gewachsen und mit einer großen Vielfalt an Blumen.

MAFISCH Bezeichnung für die dunkel getönten Mineralien in magmatischem, vorwiegend ferromagnesischem Gestein.

MANI Im tibetischen Buddhismus sind Mani Steinplatten, Felssteine oder Kiesel mit der Inschrift des sechssilbigen Mantras »*om mani padme hum*«.

MEGALITH Ein großer Stein, prähistorisches Monument oder Teil eines solchen.

MESOLITHIKUM Die Mittelsteinzeit. Die zeitliche Bestimmung dieser Epoche variiert je nach Gegend, in Europa dauerte das Mesolithikum ungefähr vom Ende der letzten Eiszeit bis zum Einsetzen des Ackerbaus im *NEOLITHIKUM*, der Jungsteinzeit, d.h. ca. 9 000 bis 4 000 Jahre vor unserer Zeitrechnung.

MORÄNE Aufschüttung oder Ablagerung von Geröll durch einen Gletscher oder ein Eisschild, zumeist an deren Seiten oder Ende.

MYZELISCH Pilze und Pilzfilamente betreffend.

NEOLITHIKUM Die Jungsteinzeit. Diese Epoche ist geprägt durch die Verwendung von Werkzeugen und Waffen aus geschliffenem oder poliertem Stein, später die Entwicklung der Lebensweise des Jägers und Sammlers hin zum Ackerbau, was u.a. eine größere Zahl permanenter Wege und Pfade zur Folge hatte. In Europa folgte nach allgemeiner Vorstellung um 2 000 v. Chr. die Eisenzeit (*siehe auch MESOLITHIKUM*).

ORRERY Ein Modell unseres Sonnensystems, oft mit einem Uhrwerkmechanismus ausgestattet, das die relativen Bewegungen der Erde, des Mondes und der Planeten um die Sonne darstellt.

ORTOLIT Ein Aufschluss in einem Fels; in der Archäologie ein aufgerichteter Stein.

OUROBOROS Das Bildsymbol einer Schlange oder eines Drachen, der sich in den eigenen Schwanz beißt und so einen geschlossenen Kreis bildet.

PEREGRINI Eine Bezeichnung, mit der manchmal die frühen keltischen Christen bezeichnet wurden, die weit reisten, oft über das Meer, um auf diese Weise ihre Frömmigkeit unter Beweis zu stellen.

PERIPLUS Ein Bericht oder eine Erzählung von einer Umrundung oder anderen Reise; ein Navigationsbuch.

PLEISTOZÄN Die geologische Epoche, in der die letzten Gletscherbildungen der Erdgeschichte stattfanden, 2 588 000 bis 11 700 Jahre vor unserer Zeitrechnung.

PORTOLAN Ein Buch oder eine Sammlung von Richtungsangaben für Segler, inklusive Seekarten.

PRÄKAMBRIUM Periode der Erdgeschichte, die etwa 88 Prozent der geologischen Zeit umfasst, ca. 4,6 Mrd. bis 542 Mio. Jahre vor unserer Zeitrechnung.

PSYCHOGEOGRAFIE Das Studium der Wechselwirkung zwischen Geist und Geologie; das Formen von Gedanken durch Erde und Fels.

QASR (arabisch) Ein Steinturm.

RAHE Die *SPIERE*, an der die Segel gesetzt werden; das Querstück eines Mastes.

RIFFELUNG Eisstrukturen, die sich unter bestimmten Wetterbedingungen an steilen Bergwänden bilden können.

SAMENKAPSEL Eine runde Hülse mit Samenkörnern, wie etwa beim Flachs oder bei der Baumwolle.

SARHA (arabisch) Ein Spaziergang oder eine Wanderung, die zu einer Offenbarung oder spirituellen Erneuerung führen soll.

SARSENSTEIN Ein großer Block oder Brocken aus Sandstein in einer Kreidelandschaft.

SCHÄRENPOSTEN Eine schmale, spitze Felsinsel.

SCHERUNGSLINIE Trennlinie zwischen zwei unmittelbar nebeneinander, mit unterschiedlicher Geschwindigkeit strömenden Luftschichten.

SCHWOIEN Bei einem Boot oder Schiff: sich treibend um den Anker drehen.

SELKIE Eine Robbe; in der schottischen Mythologie ein Geist, der die Form einer Robbe annimmt.

SENDERISMO (spanisch) Wandern, Bergwandern oder Pfadgehen.

SÉRAC Ein über einen Gletscher ragender Turm aus Eis.

SIERRA (spanisch) Eine Hügel- oder Gebirgskette, insbesondere mit spitzen oder zerklüfteten Gipfeln.

SINTERN Bestimmte Substanzen können unter Wärmeeinwirkung miteinander verschmelzen, ohne sich zu verflüssigen.

SPALTMARKE Fährte oder Abdruck eines Huftieres, insbesondere von Hirschen.

SPIERE Allgemeiner Begriff beim Segeln für Masten, Bäume, Rahe und Gaffel.

STRAMASH (englisch) Brodeln, Zustand der Verwirrung.

STRAVAIG (schottisch) Umherwandern ohne Blick auf einen Ausgang oder ein Ziel.

STUPA Ein buddhistisches Monument.

TOPONYMIE Ortsbezeichnung.

TOPOPHILIE Ortsliebe, Verbundenheit mit einem bestimmten Ort.

TRIMMUNG Die vorteilhafteste Stellung eines Schiffs im Wasser und / oder die vorteilhafteste Stellung der Segel.

TRITTSIEGEL Der Fußabdruck eines Tieres.

TROCKENTAL Ein Tal in einer Kreide- oder Kalklandschaft, an dessen Oberfläche kein Wasser mehr fließt; Entstehung vermutlich nach der letzten Eiszeit, als das Schmelzwasser die Kreide bis auf die Permafrostschicht erodierte.

TUMULUS Ein alter Hügel, für gewöhnlich ein Grabhügel.

WADI (arabisch) Eine Schlucht oder ein Tal, das bei starkem Regen zur Wasserrinne wird; der Fluss, der durch dieses Tal fließt.

WATTFAUNA Die im Sediment des Meeresbodens von Wattflächen lebenden Tiere.

WÖLBÄCKER Ein Ackerhochbeet, das durch die Verwendung nicht wendbarer Pflugschare entsteht. Gälisch *feannagan*.

Verwendete Literatur

Kapitel 2: *Pfad*

Walter Benjamin: *Berliner Chronik,* Frankfurt/M. 1932.

Bruce Chatwin: *Traumpfade,* aus dem Englischen von Anna Kamp, München 2012.

Friedrich Nietzsche: *Götzen-Dämmerung. Das Problem des Sokrates,* München und New York 1980.

Jean-Jacques Rousseau: *Bekenntnisse,* dt. von H. Denhardt (Projekt Gutenberg).

Wallace Stevens: »Notes towards a Supreme Fiction« in: *The Collected Poems of Wallace Stevens,* dt. von Rainer G. Schmidt (unveröffentlicht).

Walt Whitman: *Grasblätter,* dt. von Jürgen Brôcan, München 2009.

Kapitel 4: *Watt*

Henry David Thoreau: *Vom Spazieren,* dt. von Dirk van Gunsteren, Zürich 2001.

Kapitel 8: *Gneis*

Walt Whitman: »Gesang meiner selbst«, in: *Grasblätter,* dt. von Jürgen Brôcan, München 2009.

Kapitel 12: *Eis*

Lama Anagarika Govinda: *Der Weg der weißen Wolken,* Grafing 2013.

Kapitel 14: *Flintstein*

Albert Camus: *Tagebücher 1935–1951,* dt. von Guido G. Meister, Reinbek 1961.

Laurie Lee: *An einem hellen Morgen ging ich fort: Aufzeichnungen eines Vaganten,* dt. von Grete Felten, München 1970, hier dt. von Andreas Jandl und Frank Sievers.

Kapitel 15: *Geist*

Robert Frost: »The Road Not Taken«, dt. »Der nicht genommene Weg«, in: *Promises to keep. Poems,* dt. von Lars Vollert, München 2011.

Henry Wadsworth Longfellow: »The Song of Hiawatha«, dt. von A. und K. Seitz, Hannover 1859.

Weiterführende Literatur

»Es gibt tausend Gründe, weshalb wir wandern«, schrieb Edward Thomas 1913. »Weil wir des Sitzens müde sind, weil wir nicht still sein können, um aus Städten zu fliehen oder sie zu besuchen oder weil wir uns eine Fahrt nicht leisten können; und zur regelmäßigen Verwendung ist Letzterer vielleicht der beste, weil er der älteste ist.« Das Wandern ist eine uralte Kulturpraxis der Menschen, der eine fast unüberschaubare Vielfalt an Beweggründen und Sehnsüchten zugrunde liegt. Höchst umfangreich und verzweigt ist die Literatur des Wanderns und der Pfade; diese Bibliografie umfasst eine Auswahl der Bücher, Essays und Artikel, die ich zu diesem Thema gelesen habe, sowie Werke, die sich mit den vielen anderen in diesem Buch angeschnittenen Themenbereichen eingehender befassen: Archäologie, Berührung (Barfußgehen), Freude, Kartografie, Kummer, Landschaft, Metapher, Navigation, Orientierung, Pilgerreisen, Spurenlesen, Toponymie und anderes. Diejenigen Werke, die mir besonders interessant erscheinen oder denen ich besonders wichtige Informationen oder Inspiration verdanke, habe ich mit einem Sternchen versehen. Die gesicherten Fakten, Vermutungen, nicht verifizierten Annahmen und bewusst gelassenen Lücken in den beiden Biogeografien über Ravilious (*Schnee*) und Thomas (*Geist*) können in den zitierten Werken auf Korrektheit und Irrtum überprüft werden; ich habe sie ausgiebig studiert, teils aber auch aus der Erinnerung herangezogen. Alle unbeabsichtigten Fehler und vorsätzlichen Abweichungen sind von mir zu verantworten.

ABRAM, David: *Im Bann der sinnlichen Natur: Die Kunst der Wahrnehmung und die mehr-als-menschliche Welt*, Klein Jasedow 2012.

ABULAFIA, David: *Das Mittelmeer. Eine Biographie*, dt. von Michael Bischoff, Frankfurt/M. 2013.

ACKROYD, Norman, und Douglas Dunn: *A Line in the Water*, London 2009.

ACKROYD, Peter: *Albion. The Origins of the English Imagination*, London 2002.

AMATO, Joseph: *On Foot: A History of Walking*, New York 2004.

BARRIE, James Matthew: *Courage*, London 1922.

*BASSO, Keith H.: *Wisdom Sits in Places. Landscape and Language among the Western Apache*, New Mexico 1996.

BEATTY, John: *Sula. Seabird Hunters of Lewis*, London 1992.

BELLOC, Hilaire: *The Old Road*, London 1911.

BENJAMIN, Walter: »Berliner Chronik« [1932], in: *GS VI.*, hrsg. von Rolf Tiedemann und Hermann Schweppenhäuser, Frankfurt/M., S. 465–519.

BERGER, John: »A Place Weeping«, in: *Threepenny Review 118* (Summer 2009), *www.threepennyreview.com/samples/bergersu09.html*, letzter Zugriff 2. 2. 2016.

BERRY, Wendell: *The Long-Legged House*, New York 1969.

BEVERIDGE, Erskine: *North Uist: Its Archaeology and Topography*, 1911, Neuauflage Edinburgh 1999.

BINYON, Helen: *Eric Ravilious. Memoir of an Artist*, Lutterworth 1983.

BISHOP, Elizabeth: *Complete Poems 1927–79*, London 1983.

BLANCO, Miguel Angel: *Xunta de Galicia*, Santiago de Compostela 2001.
– *Die Algen und die Alpen*, Köln 2002.
– *Visiones del Guadarrama*, Madrid 2006.

BLUNDEN, Edmund: »On Pilgrimage in England: Voyages of Discovery«, in: *TLS*, 28. März 1942, S. 156.

BLYTHE, Ronald: *Field Work. Selected Essays*, Norwich 2007.

BODE, Steven, et al.: *There Is No Road: The Road Is Made by Walking*, Asturia 2009.

BORROW, George: *Lavengro, der Zigeuner-Gentleman*, dt. von Fritz Güttinger, Zürich 1992.
– *Wildes Wales. Land der Kämpfer und Dichter*, Berlin 2006.

*BOWEN, Emrys George: *Saints, Settlements and Seaways in the Celtic Lands*, Cardiff 1969.
– *Britain and the Western Seaways*, London 1972.

BROWNE, Janet: *Charles Darwin. The Power of Place*, New York 2002.

BURNE, Charlotte Sophia: »Scraps of Folklore Collected by John Philipps Emslie«, in: *Folklore* 26:2 (June 1915), S. 153–170.

CAMPBELL, Anne, und Jon MacLeod: *A-mach an Gleann*, Stornoway 2007.

CAMUS, Albert: *Tagebücher 1935–1951*, dt. von Guido G. Meister, Reinbek 1972.

*CHATWIN, Bruce: *Traumpfade*, dt. von Anna Kamp, München 2012.

CILEK, Václav: »Bees of the Invisible – Awakening of a Place«, in: *Artesian* 1 (Autumn / Winter 2008), S. 27–29.

CLARE, John: *The Poems of the Middle Period 1822–1837*, hrsg. von Eric Robinson, David Powell und P. M. S. Dawson, Oxford 1998.

*CLARK, Thomas A.: »In Praise of Walking«, in: *Distance & Proximity*, Edinburgh 2000.
– *The Hundred Thousand Places*, Manchester 2009.

CLARKE, Peter: *The Outer Hebrides. The Timeless Way*, Stornoway 2006.

COLES, Bryony & COLES, John: *Sweet Track to Glastonbury. The Somerset Levels in Prehistory*, London 1986.

COX, Richard V.: *The Gaelic Place-Names of Carloway, Isle of Lewis. Their Structure and Significance*, Dublin 2002.

CRAWFORD, O. G. S.: »The Distribution of Early Bronze Age Settlements in Britain«, in: *Geographical Journal 40* (August 1912), S. 184–197.

*CUNLIFFE, Barry: *Facing the Ocean. The Atlantic and Its Peoples, 8000 BC–AD 1500,* Oxford 2001.

CURRY, Patrick: *Ecological Ethics,* London 2011.

DARLING, Frank Fraser: *A Herd of Red Deer,* Oxford 1937.

*DAVIDSON, Peter: *The Idea of North,* London 2005.

DAVIES, Hugh: *From Trackways to Motorways: 5000 Years of Highway History,* Stroud 2006.

DEAKIN, Roger: *Notes from Walnut Tree Farm,* London 2008.

DE QUINCEY, Thomas: *Recollections of the Lakes and the Lake Poets,* hrsg. von David Wright, 1862; Harmondsworth 1970.

DRISCOLL, Rosalyn: »Aesthetic Touch: Notes towards a Sensual Philosophy of Being«, in: *Artesian* 1 (Autumn / Winter 2008), S. 39–42.

DRYDEN, John: »Annus Mirabilis« (1666), in: *The Poems of John Dryden 1649–1681,* hrsg. von Paul Hammond, London und New York 1995.

ELIOT, George: *Felix Holt: The Radical* (1866), hrsg. von William Baker und Kenneth Womack, Peterborough, ON 2000.

EMERSON, Ralph Waldo: *The Complete Works,* hrsg. von Edward Waldo Emerson, 12 vols., Boston, MA 1903–1904, hier dt. von Andreas Jandl und Frank Sievers.

ENNION, E. A. R. & TINBERGEN, Niko: *Tracks,* Oxford 1967.

EVANS, Chris: *Grounding Knowledge / Walking Land,* Cambridge 2009.

EVANS, Gareth & ROBSON, Di (Hrsg.): *Towards Re-Enchantment,* London 2010.

*FARJEON, Eleanor: *Edward Thomas: The Last Four Years,* 1958; Stroud 1997.
~ *Elsie Piddock Skips in Her Sleep,* 1932; London 1997.

FINLAY, Alec, et al.: *Irish (2),* Edinburgh 2002.

FOX, Cyril: *The Personality of Britain,* Cardiff 1932.

FOX, William: »Walking in Circles: Cognition and Science in High Places«, in: *High Places,* hrsg. von Denis Cosgrove und Veronica della Dora, London und New York 2009, S. 19–29.

FULTON, Hamish: *El Camino,* Ortega 2008.

GAFFNEY, Vincent, et al.: *Europe's Lost World: The Rediscovery of Doggerland,* York 2009.

GARROW, Duncan & STURT, Fraser: »Grey Waters Bright with Neolithic Argonauts? Maritime Connections and the Mesolithic–Neolithic Transition within the ›Western Seaways‹ of Britain, c. 5000–3500 bc«, in: *Antiquity* 85:327 (2011), S. 59–72.

GODWIN, Fay & ANDERSON, J. R. L.: *The Oldest Road: An Exploration of the Ridgeway*, London 1975.
~ und Shirley Toulson: *The Drovers' Roads of Wales*, 1977; London 1987.

GOUGH-COOPER, Jennifer, Langenbruck 2001.

GOVINDA, Lama Anagarika: *Der Weg der weißen Wolken*, Grafing 2013.

GRAHAM, William Sydney: *The Nightfishing*, London 1955.

GRIFFITHS, Jay: *Wild. An Elemental Journey*, London 2007.

GUNN, Neil: *Highland River*, 1937; Edinburgh 1991.
~ *The Well at the World's End*, 1951; Edinburgh 1996.

*HALDANE, A. R. B.: *The Drove Roads of Scotland*, 1952; Edinburgh 2008.

HARRIS, Alexandra: *Romantic Moderns*, London 2010.

HARRISON, Sarah: »The Icknield Way: Some Questions«, in: *Archaeological Journal* 16 (2003), S. 1–22.

*HAUSER, Kitty: *Shadow-Sites: Photography, Archaeology and the British Landscape*, Oxford 2007.
~ *Bloody Old Britain: O. G. S. Crawford and the Archaeology of Modern Life*, London 2008.

HAZLITT, William: »My First Acquaintance with Poets« (1823), in: *Selected Writings*, hrsg. von Duncan Wu, vol. 9, London 1998.

HILL, Geoffrey: *The Triumph of Love*, London 1998.
~ *The Orchards of Syon*, London 2002.

HILLABY, John: »The Skull Cinema«, *New Scientist*, 1. Dezember 1977, S. 589.

HOBSBAWM, Eric: *Gefährliche Zeiten: Ein Leben im 20. Jahrhundert*, dt. von Udo Rennert, München 2006.

HOGARTH, William: *The Analysis of Beauty*, London 1753.

*HOLLIS, Matthew: *Now All Roads Lead to France: The Last Years of Edward Thomas*, London 2011.

HOLMES, Richard: *Footsteps*, 1985; London 1986.

HUDSON, William Henry: *Nature in Downland*, 1900; Middlesex 2006.
~ *Afoot in England*, 1909; Oxford 2010.

*INGOLD, Tim, *Lines: A Brief History*, London 2007.

INGOLD, Tim & VERGUNST, Jo Lee (Hrsg.): *Ways of Walking*, Aldershot 2008.

JACKSON, John Brinckerhoff: *A Sense of Place, A Sense of Time*, New Haven, CT 1994.

JAMES, William: *The Principles of Psychology*, 1890; New York 1905.

Jenkins, Herbert: *The Life of George Borrow*, London 1912.
- *The Necessity for Ruins and Other Topics*, Amherst, MA 1980.

Johns, C. A.: *Flowers of the Field*, 1851; London 1919.

Johnston, Devin: *Creaturely and Other Essays*, New York 2009.

Kearney, Richard: *Navigations: Collected Irish Essays 1976–2006*, Dublin 2006.

Keats, John: *The Letters of John Keats*, hrsg. von M. Buxton Forman, 4. Auflage, 1931; Oxford 1952.

Kierkegaard, Søren: *Søren Kierkegaard's Journals and Papers*, hrsg. und übs. von Howard V. Hong und Edna H. Hong, vol. 6, Bloomington 1978.

*Lakoff, George & Johnson, Mark: *Leben in Metaphern: Konstruktion und Gebrauch von Sprachbildern*, dt. von Astrid Hildenbrand, Heidelberg 2014.

Least-Heat Moon, William: *Blue Highways: A Journey into America*, London 1983.

Leavis, F. R.: *New Bearings in English Poetry*, 1932; Michigan 1965.
- *PrairyErth (A Deep Map)*, Boston 1991.

Lee, Laurie: *An einem hellen Morgen ging ich fort*, dt. von Grete Felten, München 1973.

Leeson, R. A.: *Travelling Brothers*, London 1979.

*Leigh Fermor, Patrick: *A Time of Gifts*, 1977; New York 2005.
- *Between the Woods and the Water*, 1986; New York 2005.

Leutscher, Alfred: *Tracks and Signs of British Animals*, London 1960.

Lewis, Jennifer & Stanistreet, Jennifer E.: *Sand and Sea: Sefton's Coastal Heritage: Archaeology, History and Environment of a Landscape in North-West England*, Sefton 2008.

*Long, Richard: *Selected Statements & Interviews*, hrsg. von Ben Tufnell, London 2007.

*Lopez, Barry (Hrsg.): *Home Ground: Language for an American Landscape*, San Antonio 2006.

Lorimer, Hayden: »Herding Memories of Humans and Animals«, in: *Environment and Planning D: Society and Space* 24:4 (2006), S. 497–518.
- »Forces of Nature, Forms of Life: Calibrating Ethology and Phenomenology«, in: *Taking Place: Non-Representational Geographies*, hrsg. von Ben Anderson und Paul Harrison, London 2010, S. 55–78.

Lowell, Robert: *Robert Lowell: Collected Poems*, hrsg. von Frank Bidart, London 2003.

Lowes, John Livingstone: *The Road to Xanadu: A Study in the Ways of the Imagination*, Boston 1930.

Lummis, Charles F.: *A Tramp Across the Continent*, 1892; Omaha 1982.

Machado, Antonio: *Campos de Castilla*, 1912; Madrid 2006.

*MacLeod, Finlay (Hrsg.): *Togail Tìr / Marking Time: The Map of the Western Isles,* Stornoway 1989.
- *The Healing Wells of the Western Isles,* Stornoway 2000.
- *The Chapels in the Western Isles,* Stornoway 2007.
- *The Norse Mills of Lewis,* Stornoway 2009.

MacNeice, Louis: *I Crossed the Minch,* London 1938.
- *The Collected Poems of Louis MacNeice,* London 1966.

Martin, Martin: *A Voyage to St Kilda,* 1698; London 1753.

Marsh Wolfe, Linnie (Hrsg.): *John Muir, John of the Mountains: The Unpublished Journals of John Muir,* Madison, WI 1979.

Masefield, John: *The Poems and Plays of John Masefield,* London 1918.

Matthiessen, Peter: *The Snow Leopard,* 1978; London 1996.

McGahern, John: *Love of the World,* London 2009.

McGeoch, James, McGeoch, Catriona, MacLeod, Finlay & Love, John: *Súlasgeir,* Stornoway 2010.

Mckee, Eric: *The Working Boats of Britain: Their Shape and Purpose,* London 1983.

Melville, Herman: *Journals,* hrsg. von Howard C. Horsford und Lynn Horth, 1957; Chicago 1989.

Mengham, Rod: »Asymmetries in the Bush«, in: *Angelaki* 14:2 (2009), S. 85–91.

*Merleau-Ponty, Maurice: *Phänomenologie der Wahrnehmung,* dt. von Rudolf Boehm, Berlin 1966 / 1974.
- *Das Sichtbare und das Unsichtbare,* hrsg. und mit einem Nachwort versehen von Claude Lefort, dt. von Regula Giuliani und Bernhard Waldenfels, München 1994.

*Minshull, Duncan (Hrsg.): *The Vintage Book of Walking,* London 2000.

Moore, John: *The Life and Letters of Edward Thomas,* London 1939.

Moran, Joe: *On Roads: A Hidden History,* London 2009.

Moreton, Guy, Nedo, Michael & Finlay, Alec: *Ludwig Wittgenstein: There Where You Are Not,* London 2005.

Morley, Christopher: *Forty-Four Essays,* New York 1925.

Morley, Frank: *The Great North Road,* London 1961.

Morris, Jan: *Spain,* 1964; London 1982.

Motion, Andrew: *The Poetry of Edward Thomas,* London 1980.

Nedo, Michael (Hrsg.): *Ludwig Wittgenstein: Wiener Ausgabe Einführung / Introduction,* Wien und New York 1993.

NEWLYN, Lucy: »Hazlitt and Edward Thomas on Walking«, in: *Essays in Criticism* 56:2 (April 2006), S. 163–187.

*NICOLSON, Adam: *Sea Room: An Island Life*, London 2001.

NORMAN, Howard: »On the Poet's Trail«, in: *National Geographic* (November 2008).

O'BRIEN, Flann: *Der dritte Polizist*, Frankfurt/M. 2004.

PECK, Edward: *Recollections 1915–2005*, New Delhi 2005.

PHELAN, Jim: *We Follow the Roads*, London 1949.

POSTER, Jem: »Ghost«, in: »Ghosts: Edward Thomas and Richard Jefferies«, in: *Archipelago* 2 (Spring 2008), S. 118–125.

*POWERS, Alan: *Eric Ravilious: Imagined Realities*, London 2003.

PRETTY, Jules: *This Luminous Coast*, Suffolk 2011.

PRITCHETT, V. S.: *Marching Spain*, London 1928.

PRYNNE, J. H.: *The White Stones*, Lincoln 1969.

*RAVILIOUS, Eric: *Ravilious at War: The Complete Work of Eric Ravilious, September 1939 – September 1942*, hrsg. von Anne Ullmann, Upper Denby 2002.

RICHARDS, J. M.: *Memoirs of an Unjust Fella*, London 1980.

*ROBINSON, Tim: *Stones of Aran: Pilgrimage*, Mullingar 1986.
– *Stones of Aran: Labyrinth*, Mullingar 1995.
– *Connemara: A Little Gaelic Kingdom*, Dublin 2011.

ROUSSEAU, Jean-Jacques: *Bekenntnisse*, 9. Buch, dt. von Hermann Denhardt, Leipzig 1948.

RUDD-JONES, Nicholas & STEWART, David: *Pathways*, London 2011.

RUSKIN, John: *Modern Painters*, 1843–1860; London 1910.

RUSSELL, Bertrand: *Autobiography*, 1967–1969; London 1998.

RUSSELL, James: *Ravilious in Pictures: Sussex and the Downs*, Norwich 2009.

SAUNDERS, Nicholas J.: *Trench Art: Materialities and Memories of War*, Oxford 2003.

SHARR, Adam: *Heidegger's Hut*, Cambridge, MA 2006.

*SHEHADEH, Raja: *Wanderungen in Palästina*, dt. von Jürgen Heiser, Zürich 2011.
– *A Rift in Time: Travels with My Ottoman Uncle*, London 2010.

SHEPHERD, Nan: *The Grampian Quartet* (1928, 1930, 1933, 1977), Edinburgh 1996.
– »The Colour of Deeside«, in: *The Deeside Field 8*, Aberdeen 1937), S. 8–12.
*– *The Living Mountain*, 1977; Edinburgh 2011.

SHOARD, Marion: *This Land Is Our Land*, 1987; London 1997.

SIMPSON, Jacqueline: »Legends of Chanctonbury Ring«, in: *Folklore* 80 (1969), S. 122–131.

*SKELTON, Richard: *Landings,* Lancashire 2009.

SNYDER, Gary: *The Old Ways,* San Francisco, CA 1977.
- »Underfoot«, in: *Orion Magazine* (March/April 2009), S. 46–51.

SOLNIT, Rebecca: *A Book of Migrations,* London 1997.
*- *Wanderlust: A History of Walking,* London 2000.
- *A Field Guide to Getting Lost,* New York 2005.

SPINNEY, Laura: »The Lost World«, in: *Nature* 454 (9 July 2008), S. 151–153.

SPIRN, Ann Whiston: *The Language of Landscape,* New Haven 1998.

STAINER, Pauline: *Parable Island,* Newcastle 1999.

STRASSBERG, Richard E.: *Inscribed Landscapes: Travel Writing from Imperial China,* Los Angeles 1994.

STEPHEN, Ian: *Offshore / Onshore,* Edinburgh 1998.
- *Mackerel & Creamola: Stories and Recipes,* Edinburgh 2001.
- *it's about this,* Glasgow 2004.
- *Adrift / Napospas vlnám,* Olomouc 2007.

STEVENS, Wallace: *The Collected Poems of Wallace Stevens,* 1955; London 1984.

STEVENSON, Robert Louis Stevenson: *Essays of Travel,* London 1905.

STOTT, Rebecca: *Darwin and the Barnacle,* London 2003.

*TAPLIN, Kim: *The English Path,* 1979; Sudbury 2000.

THACKERAY, William: *Notes of a Journey from Cornhill to Grand Cairo,* in: *Miscellanies,* 1846; Rockville 2009.

THOMAS, Edward: *Beautiful Wales,* London 1905.
- *The Heart of England,* London 1906.
*- (Hrsg.): *The Pocket Book of Poems and Songs for the Open Air,* London 1907.
- *Richard Jefferies: His Life and Work,* London 1909.
*- *The South Country,* London 1909.
- *George Borrow: The Man and His Books,* London 1912.
*- *The Icknield Way,* 1913; London 1916.
*- *In Pursuit of Spring,* London 1914.
- *Collected Poems,* London 1920.
- *The Last Sheaf,* London 1928.
*- *The Childhood of Edward Thomas: A Fragment of Autobiography and the War Diary,* 1938; London 1983.
- *Letters of Edward Thomas to Jesse Berridge,* hrsg. von Anthony Berridge, London 1983.
*- *Letters from Edward Thomas to Gordon Bottomley,* hrsg. von R. George Thomas, Oxford 1968.
*- *Selected Letters of Edward Thomas,* hrsg. von R. George Thomas, Oxford 1995.

*~ *The Annotated Collected Poems,* hrsg. von Edna Longley, Newcastle 2008.
~ *Prose Writings: A Selected Edition,* hrsg. von Lucy Newlyn und Guy Cuthbertson, Oxford 2011, Bd. 1 und 2.

*THOMAS, Helen: *Under Storm's Wing,* Manchester 1988.

THOMAS, Myfanwy: *One of These Fine Days: Memoirs,* Manchester 1982.
~ 1932 foreword to *The South Country,* Stanbridge, Dorset 2009.

THOMAS, R. George: *Edward Thomas: A Portrait,* Oxford 1985.

THOREAU, Henry David: *The Essays of Henry David Thoreau,* hrsg. von Lewis Hyde, New York 2002.

TILLEY, Christopher: *The Phenomenology of Landscape: Places, Paths and Monuments,* Oxford 1994.

TWAIN, Mark: *Life on the Mississippi,* 1883; London 1986.

WATKINS, Alfred: *The Old Straight Track,* 1925; London 1974.

WATTS, Stephen: *Mountain Language/Lingua di Montagna,* London 2009.

WEST, Rebecca: *Black Lamb and Grey Falcon: A Journey through Yugoslavia,* 1942; Edinburgh 1993.

WHITE, Kenneth: *Across the Territories,* Edinburgh 2004.
~ *On the Atlantic Edge,* Dingwall 2006.

WHITMAN, Walt: *Grasblätter. Gesamtausgabe,* dt. von Jürgen Brôcan, München 2009.

WILLIAMSON, Henry: *Tarka the Otter,* 1927; London 1985.

WORDSWORTH, William: *The Poetical Works of William Wordsworth,* hrsg. von Paul D. Sheats, Boston, MA 1952.
~ *Prose Works of William Wordsworth,* hrsg. von W. J. B. Owen und Jane Worthington Smyser, Oxford 1974.
~ *Guide to the Lakes,* 1810; London 2004.

WRIGHT, Patrick: *On Living in an Old Country,* London 1985.

ZWICKY, Jan: *Wisdom and Metaphor,* Kentville, Nova Scotia 2008.

Danksagung

Ich möchte zuerst denen danken, die dieses Buch am meisten geprägt haben. Miguel Angel Blanco, Steve Dilworth, Nick Hayes, Finlay MacLeod, Leo Mellor, Jon Miceler, David Quentin, Raja Shehadeh und Ian Stephen waren inspirierende Gefährten auf meinen Pfaden und darüber hinaus. Peter Davidson, Walter Donohue, Julith Jedamus, Julia Lovell, Rosamund & John Macfarlane und Kate Norbury haben verschiedene Fassungen dieses Buches mit großer Sorgfalt und Aufmerksamkeit gelesen. Meinen Verlegern Simon Prosser und Paul Slovak und meiner Freundin und Agentin Jessica Woollard danke ich für ihre Geduld, Aufmunterung, Unterstützung und fachliche Brillanz. Es war ein großes Glück, mit den Mitarbeitern von Penguin zusammenzuarbeiten: meiner Lektorin Caroline Pretty; den Buchgestaltern John Gray, John Hamilton und Claire Mason und mit Anna Kelly, Joe Pickering, Anna Ridley und Ellie Smith. Für ihre Hilfe, dieses Buch zu wandern und zu denken, danke ich Bram Arnold, Ivan Bicknell, Ronald Blythe, Anne Campbell, Stanley Donwood, Chris Drury, Richard Mabey, Lily & Tom Macfarlane, Andrew McNeillie, Rod Mengham, Jeremy Noel-Tod, Jules Pretty, Daniel Richards, Gordon Roberts und Tim Robinson.

Für Unterstützung verschiedenster Art danke ich Ruth Abbott, Ellah Allfrey, Tatiana Argounova-Low, Patrick Arnold, Jeff Barrett, Keith Barron, John Beatty, Bella Bigsby, Steven Bode, Tim Brennan, Julia Brigdale, Andrew Brockbank, Amanda Canning, Jonathan & Keggie Carew, Jules Cashford, Adrian Cooper, Jennifer Gough Cooper, Linda Cracknell, Guy Cuthbertson, Jane Davidson, Roger Deakin, Tim Dee, Joan & Beka Dilworth, Sorrell Downer, Robin Duckett, Ed & Will, Martin Elphick, Michael England, Chris Evans, Gareth Evans, John Fanshawe, Kitty Fedorec, Alec Finlay, Alan Franks, John Freeman, Robin Friend, Hamish Fulton, Sinéad & Charlie Garrigan-Mattar, Naomi Geraghty, Tom Gilliver, Sophie Gilmartin, Jay Griffiths, Alexandra Harris, Jonathan Heawood, Matthew Hollis, Phil Howell, Michael Hrebeniak, Michael Hurley, Kevin Jackson, Tom King, Patrick Kingsley, Pat Law, Emily Lethbridge, Rachel Lichtenstein, John Llewelyn, Matt Lloyd, Stephen Logan, Richard Long, Hayden Lorimer, Laurent Loursen, Raphael Lyne, James Macadam, Andy Mackinnon, Malcolm Maclean, Rory Maclean, John MacLennan, Norma Macleod, Sara Maitland, Philip Marsden, Rick Minter, Bob Mizon, Polly Monroe, Janet Moore, Guy Moreton, Ellis Morgan, Colin Myers, Lucy Newlyn, Donald & Lucy Peck, Edward & Alison Peck, Tim Richardson, Chrisella Ross, Diyanne Ross, David Rothenberg, Jasmin & Titus Rowlandson, Pru Rowlandson, Lucia Ruprecht, Jim Rutman, Tom Service, Merlin Sheldrake, Geoff Shipp, Martin Simonson, Iain Sinclair, Michael Skelly, Richard Skelton, Jos Smith, Rebecca Solnit, Anna Stenning, John Stubbs, Kay Syrad, Orla Thomas, Tony Travis, Laurie Tuffrey, Robin Turner, Liesbeth Van Houts, Cristina Viti, Elena Vozmediano, James Wade, Dan Walwin, Stephen Watts, Natalie Whittle, Deborah Wilenski, Christopher Woodward, Ken Worpole und Patrick Wright.

Matthew Hollis und ich haben festgestellt, dass wir drei Jahre lang ähnlichen Pfaden durch Edward Thomas' Leben gefolgt waren, ohne dass wir einander begegnet wären oder voneinander wussten. Auf diese Weise die Wege des anderen zu kreuzen und in seine Fußstapfen zu treten schien unserem Thema höchst angemessen, und ich danke Matthew für seine Offenherzigkeit.

Verschiedenen Institutionen bin ich zu Dank verpflichtet: allen voran dem Emmanuel College, Cambridge, an das ich während der gesamten Arbeit an diesem Buch als Fellow assoziiert war; der Faculty of English in Cambridge, der National Library of Scotland, der Cambridge University Library und der Bodleian Library, Oxford; außerdem *Archipelago*, der *Financial Times*, *Granta*, dem *Guardian* und dem *Lonely Planet Magazine*.

Für die Erlaubnis zur Wiedergabe von Textstellen danke ich: Ian Stephen, Periplum, Pocketbooks und Survivors Press für die Gedichte von Ian Stephen; John Freeman und der Zeitschrift *Granta* (in der eine frühe Fassung von *Kalkstein* erschienen ist); Andrew McNeillie und *Archipelago* (wo eine frühe Fassung des Ravilious-Materials erschienen ist); Thomas A. Clark für die Erlaubnis, aus seinen Gedichten zu zitieren; Henry Holt und Co., LLC und Random House UK für die Verse aus »The Road Not Taken« (in: *The Poetry of Robert Frost*, herausgegeben von Edward Connery Latham, © 1969 Henry Holt and Co., LLC); David Higham Associates und dem Nachlassverwalter von Louis MacNeice für das Zitat aus »Autumn Sequel« und dem Imperial War Museum für die Abdruckerlaubnis des Fotos am Beginn des 15. Kapitels, *Geist*.

Mein tief empfundener Dank gilt Richard Emeny, Rosemary Vellender und dem Edward Thomas Estate für ihre liebenswürdige Unterstützung und die Erlaubnis, veröffentlichtes und unveröffentlichtes Material zu Thomas zu verwenden. Die Passagen aus Thomas' Gedichten zitiere ich aus dem von Edna Longley herausgegebenen Band *Edward Thomas: The Annotated Collected Poems* (Newcastle: Bloodaxe, 2008). Ich danke Professor Longley und früheren Herausgebern von Thomas dafür, seine Gedichte zugänglich gemacht zu haben.

Alle Bilder im Buch stammen von mir, mit Ausnahme des Frontispiz (*Green Lane* aus: W. G. Clarke: *A Short Historical Guide to the Ancient Borough of Thetford, in the Counties of Norfolk and Suffolk*, Thetford 1908, S. 12) und von Kapitel 4, *Watt* (© David Quentin); Kapitel 5, *Wasser – Süden* (© Ian Stephen); Kapitel 6, *Wasser – Norden* (© Michael Skelly); Kapitel 8, *Gneis* (© Steve Dilworth); Kapitel 15, *Geist* (© Imperial War Museum, Bild Q 45786, das die gegnerischen Grabensysteme an der Westfront 1917 zeigt); und Kapitel 16, *Spur* (© Alison Burns). Ich danke den Fotografen, dass ihre Bilder in diesem Buch verwendet werden dürfen. Das Foto auf S. 347, das David Quentin von mir auf dem Broomway gemacht hat, zeigt vielleicht auf die wahrhaftigste Weise, was dieses Buch zum Ausdruck bringen möchte: die komplexe Art und Weise, in der Orte, durch die wir uns bewegen, uns verdoppeln und durchdringen, als Fragen und Splitter.

1909 wurde der Roman *The Golden Bowl* (dt. *Die goldene Schale*) von Henry James in der New York Edition neu herausgegeben. James überarbeitete seinen 1904 erstmals veröffentlichten Roman für diese Ausgabe und schrieb auch ein Vorwort, in dem er über den Vorgang sprach, sich selbst zu redigieren, und über die unheimliche Begegnung mit seinem eigenen Doppelgänger, dem Autor, der er einige Jahre zuvor gewesen war. Frappierend ist, dass er sich in diesem Vorwort den ursprünglichen Autor als einen Wanderer vorstellt, der durch den Schnee der Seiten gezogen ist, und den redigierenden Autor als einen Fährtensucher oder Jäger auf dessen Spur:

Es war mir, so spürte ich es mit allen Sinnen, als ich mich mit suchenden Schritten über die helle Fläche bewegte, die glänzend dalag wie schneebedecktes Land, als hätte ich den alten Schritt verlernt und wäre wie von selbst in einen anderen verfallen, der bisweilen mit der ursprünglichen Spur fast übereinstimmte, meist aber an anderen Stellen die Oberfläche durchbrach. Höchst interessant war es zu beobachten, mit welcher Spontaneität diese Abweichungen und Verschiebungen geschahen, die auf keiner Entscheidung, sondern auf einer unmittelbaren und vollkommenen Notwendigkeit beruhten.

Das Schneefeld als die leere Seite, die Spur als eine Folge von Worten: Wie so oft gerät auch hier das Wandern in den Bereich des Schreibens und umgekehrt. Was diese Passage so großartig macht, ist, dass James beide Seiten seiner Metapher (schneebedecktes Land und Papier; Abdrücke und Druck) in einem »unmittelbaren und vollkommenen« Gleichgewicht hält, sodass keine von ihnen in den Vordergrund tritt und die andere dominiert: Sie existieren auf zwei unterschiedlichen Ebenen, jedoch zeitgleich. Dies erinnert es mich an jene seltene Erfahrung, wenn ein weißer Gegenstand perfekt auf den umgebenden Schnee abgestimmt ist und damit dem Auge die Möglichkeit zur Zuordnung und Differenzierung nimmt, sodass der Gegenstand seine Konturen verliert und vom Schnee absorbiert wird – oder, kühner formuliert, den Schnee in sich absorbiert. Wer hat wen geschluckt? Dieser seltene Effekt ist ein Komplott zwischen dem Beobachter und zwei Beobachteten – ein zufälliges Wunder von Triangulierung.

Dabei ist von großer Bedeutung, dass James sich nicht dafür interessiert, eine alte Fährte möglichst perfekt nachzugehen, sondern gerade für die Diskrepanzen, die den kreativen Akt des erneuten Begehens (des Überschreibens) begründen: Indem ich mich auf die Spuren eines Wanderers oder Autors begebe, durchbreche ich unweigerlich »die Oberfläche an anderen Stellen«. Unsere Fußstapfen sind nicht identisch, ich setze meine Schritte nicht in die Fußstapfen des anderen, obwohl ich weder von ihnen abweiche noch sie wie die Schatten eines Scherenschnitts an der Wand zu klein oder zu groß mache. James sieht unsere Fehltritte – die von der Spur abweichenden Schritte – als kreative Akte.

Ich bin unweigerlich vielen Vorgängern gefolgt und in ihre Fußstapfen getreten, sowohl was das Wandern als auch was das Schreiben betrifft, und möchte daher diese früheren Spuren würdigen, die mir den Weg gewiesen, mich aber auch zu »Abweichungen und Verschiebungen« verleitet haben. Die Atmosphären, Stimmungen und Texturen dieses Buches sind von Orten geprägt, die ich das Glück hatte zu begehen, wie auch von der Prosa von J. A. Baker, Robert Byron, M. R. James, Patrick Leigh Fermor, Norman MacLean, Cormac McCarthy, John McPhee, Vladimir Nabokov, Martha Nussbaum, Jonathan Raban, Tim Robinson, W. G. Sebald, Nan Shepherd, Rebecca Solnit, Gary Snyder und Colin Thubron; von den Gedichten von Peter Larkin und Colin Simms; den Fotografien von John Beatty, Fay Godwin und Gus Wylie; den Kunstwerken von Chris Drury, Hamish Fulton, Nick Hayes, Kurt Jackson, Peter Lanyon, Richard Long und David Nash; den Filmen von Werner Herzog, Michael Powell und Emeric Pressburger; der Musik und den Liedzeilen von Olöf Arnalds, Brahms, dem Busch Quartet, Eliza Carthy, Ivor Cutler, The Duke Spirit, Brian Eno, Johnny Flynn, P. J. Harvey, The Kevin Flanagan Quartet, Laura Marling, The Pixies, Schubert, Elliott Smith, The Smiths und Ralph Vaughan Williams; und von den Einträgen auf BLDGBLOG, Fretmarks und Some Landscapes.

Zuletzt möchte ich meinen tief empfundenen Dank meinen deutschen Übersetzern und Freunden Frank Sievers und Andreas Jandl aussprechen. Ich darf mich gewiss glücklich schätzen, mit Frank und Andreas an diesem und anderen Büchern gearbeitet zu haben, und danke ihnen für ihre gewissenhafte Arbeit, ihre Freigebigkeit, Geduld und ihre gute Laune auf dem Weg von der einen in die andere Sprache.